音频技术与录音艺术译丛

SOUND REINFORCEMENT HANDBOOK
SECOND EDITION
扩声手册（第2版）

[美] 加里·戴维斯（Gary Davis） [美] 拉尔夫·琼斯（Ralph Jones） 著

冀翔 译

U0300324

人民邮电出版社

北 京

图书在版编目（CIP）数据

扩声手册：第2版 / （美）加里·戴维斯
(Gary Davis) 著 ；（美）拉尔夫·琼斯（Ralph Jones）
著 ；冀翔译. -- 北京：人民邮电出版社，2021.3
（音频技术与录音艺术译丛）
ISBN 978-7-115-54949-5

Ⅰ. ①扩… Ⅱ. ①加… ②拉… ③冀… Ⅲ. ①舞台演
出－音频设备－基本知识 Ⅳ. ①TN912.2

中国版本图书馆CIP数据核字(2020)第220690号

版 权 声 明

- ◆ 著　　　[美]加里·戴维斯（Gary Davis）
　　　　　　[美]拉尔夫·琼斯（Ralph Jones）
　　译　　　冀　翔
　　责任编辑　宁　茜
　　责任印制　陈　犇
- ◆ 人民邮电出版社出版发行　　北京市丰台区成寿寺路 11 号
　　邮编　100164　　电子邮件　315@ptpress.com.cn
　　网址　https://www.ptpress.com.cn
　　北京九州迅驰传媒文化有限公司印刷
- ◆ 开本：880×1230　　1/16
　　印张：21.5　　　　　　　　2021 年 3 月第 1 版
　　字数：548 千字　　　　　　2025 年 4 月北京第 9 次印刷
　　　　著作权合同登记号　图字：01-2016-0259 号

定价：180.00 元

读者服务热线：(010)53913866　印装质量热线：(010)81055316
反盗版热线：(010)81055315

内容提要

　　本手册是业内经典参考书籍之一，对扩声系统各个环节所涉及的基础知识做了极为详尽的描述和解释。本手册内容涉及与扩声系统相关的声学基础和电学基础，并对线材、话筒、模拟调音台、周边效果器、功率放大器、扬声器、无线射频话筒、内部通信系统、乐器数字接口（MIDI）和时间码等相关知识进行了介绍和梳理。

　　本手册适合从事音频工作的专业人士查漏补缺，同时也适合初学者对相关知识进行全面的学习，是具有高度实用性的专业参考工具书和教材。

前 言

1974 年，Yamaha 让我为一些新的吉他音箱和一些小型调音台编写技术参数表。在我即将完成的时候，他们向我展示了一个新产品。这个新产品是一张调音台，对于一个当时主要以乐器制造商的身份（如果不是一个音乐工作者，你可能会以为它是个摩托车生产商）被人们所熟知的公司来说，这无疑是一个重要的开端，使它一跃进入专业现场扩声的核心。Yamaha 希望能够坚定地确立自己在行业中的主导地位，一个全面的使用指南则会对此颇有帮助。当时他们只提供了一个设备原型面板和一些粗略的参数，没有细节的图表和数据，所以我联系了工程师 John Windt，和他一起对调音台的性能进行了测试。我用铅笔和便携式打字机完成了 PM-1000 操作手册的初稿。

PM-1000 的确让 Yamaha 在专业扩声的版图中占有一席之地。这一手册很受欢迎，以至于后来不得不加印了很多次（远远超过了调音台的数量）。由于对扩声基本原理的详细讨论，这一手册已经在几所大学中成为了标准教材。

在接下来的 10 年里，Yamaha 让我为各种各样的功率放大器、信号处理器和调音台等设备编写使用手册，并且保持与 PM-1000 手册一样的水准。不幸的是，为每一个产品制作和印刷 30 ~ 60 页的说明书的成本极高，不仅如此，排版也很困难——尤其是关于设备操作的"核心内容"只有 8 ~ 16 页的时候。出于这一原因，Yamaha 工厂和我萌生了为扩声行业编写一份通用性指南，而非逐一为每个设备提供大篇幅使用手册的想法。

最终，在 PM-1000 手册发布 10 年后，Yamaha 决定推进这一项目。刚开始我们预计这本书的篇幅为 96~160 页，且在一年之内可以完成。然而，扩声手册的第 1 版最终共有 384 页，包含 256 幅配图，耗时 3 年完成。第一次印刷的 10000 册在一年之内售罄，随后当我们完成第 2 版时，不得不进行了两轮加印，再提供 5000 册来满足需求。显然，这本书已经被广泛地接受，我们对此感到非常开心。

扩声手册的编写是我所做过的最大的项目。这离不开 Yamaha 美国公司工作人员的支持和足够的耐心，同样也离不开他们的母公司 Yamaha 日本公司的全力支持。我们所有人之所以能够承受收集资料、编辑资料和成书过程中的巨大压力，是因为这本书的出版是我们所有人都希望达成的重要目标。

这一目标是为对扩声感兴趣并希望学习基础知识的人们提供一个实用的参考资料。在第 2 版中，我们完善了很多配图，并且添加了一些全新的话题，纠正了一些小差错和一些排版印刷错误。通过大幅改组章节，我们让这本书变得更加易于使用。

最初我们打算通过活页装订的方式来制作本书的第 1 版。但由此产生的高额费用令我们难以承担，所以选择软封面作为本书（原英文版）的装订方式。希望随着需求的增加，还会有新的版本能够继续出版。我们希望您能够从这本书当中获得知识以及良好的阅读体验。

Gary D. Davis

圣莫尼卡，美国加利福尼亚州，1989 年 6 月

我们要将这一手册献给整个扩声行业，以及那些努力工作、致力于为世界带来更好的声音和音乐的人们。我们要特别感谢已故的 Deane Jensen 对声音技术的发展所做出的贡献。

致 谢

我的同事 Ralph Jones 为手册的编写和配图做出了巨大的贡献。Ralph 在 Meyer Sound 实验室的工作经历和他所接受的正统音乐教育，在我从众多音频设备制造商处获取的资料和知识以及我本人的物理专业背景之间起到了非常好的平衡作用。非常感谢你，Ralph，也感谢你的妻子 Claudette，她在截稿日之前为我们提供了很多帮助。

正如我在前言中所提到的，Yamaha 美国公司和日本公司（前身为"Nippon-Gakki"日本乐器制造株式会社）的工作人员为这一项目提供了很大的帮助——在经费、内容的编写、校对方面都为我们提供了大量的帮助，并且在我们需要的时候提供了可靠的专业咨询。我们拥有很多自由空间来编写规定内容，以及规定内容之外我们认为有必要写下的内容（包括在必要时写下竞争品牌的名字），而不是让这个手册成为 Yamaha 的产品介绍，他们的这一做法值得称赞。特别感谢 John Gatts 和 Bob Davis 对这一项目的监督，也要感谢 Craig Olsen 在最初的内容架构上给予的帮助。Nancy Mastroianni，一个专业的校对者，受 Yamaha 所托来检查字符使用的不一致垂悬分词和其他排版上的错误。来自美国新泽西州特伦顿的音响师 Steve Getson 在第一次印刷之后发现了多处排版印刷错误。在我们的要求下，Word'sworth 的 Brian Weiss 在校对方面也提供了大量的帮助。在此需要特别指出的是，我们依旧行使了作者的权利，所以本书如果存在一些不规范的用法，这可能不是 Brian 或 Nancy 的过错。

Bob Davis 在 Yamaha 区域经理 Ray Bloom 和独立顾问 Rolly Brook 的协助下完成了两个版本手册中所有注释和编辑的整理工作。如果没有这些有价值的帮助，我可能会一直停滞不前。谢谢你们。

我和工程师 John Windt 通过很多电话，他对于系统接地和系统设计的丰富知识为本书增添了非常有价值的内容。同样感谢已故的 Deane Jensen（Jensen 变压器公司）为本书提供了有关变压器、差分平衡、音分以及其他有关电路设计的极为有用的信息。

来自 Sonics Associates 的 Lynn McCroskey 和 Alvis Wales 在平衡和非平衡电路的问题上提供了大量的帮助，此外他们还对"风对声音传播产生的影响相对其他因素较小"这一观点提出了有用的建议。

Swintek 无线话筒的 Bill Swintek 允许我们使用之前我们为他编写的一部分数据，HME 的工作人员则提供了关于无线话筒和无线内部通信系统的大部分资料，这就使得本书中的这一部分内容远比之前准确和完整。

感谢工程师 Bob Ludwig 对调音台不同摆放位置优势和劣势的解释。感谢 Crown International Corporation 提供其 PZM 话筒的照片及信息。

来自 Dragonsense 录音棚的作曲家 / 合成器演奏家 / 顾问 Christopher L. Stone 在关于 MIDI 和 SMPTE 的讨论过程中提供了最为主要的帮助。特别感谢 J.L. Cooper Electronics 的 Jim Cooper 对 MIDI 部分的校对以及所提供的非常有价值的修改意见和建议。

我还要感谢 Carolyn 和 Don Davis，他们的 Syn-Aud-Con 培训和《音响系统工程》一书极大地加深了我对音响和声学的理解。

最后要感谢 Georgia Galey，我勤奋的办公室经理。她在这本书从概念变为实体的过程中做了大量的工作：把一些资料录入电脑、校对和排版、跟进进度、影印以及一些必要的琐事——换言之，她无论在何时何地都全身心地投入到这个项目当中。

Gary D. Davis

注：虽然没有被问及，但我还想说明一下：Bob Davis、Don Davis 和 Gary Davis 彼此没有血缘关系。他们只是碰巧分享了一个姓氏并且在同一领域工作。

译者序

由 Yamaha 美国公司组织编写并出版的《扩声手册》由 Gary Davis 和 Ralph Jones 执笔。该书分别于 1987 年和 1989 年发行了第 1 版和第 2 版，是扩声行业最为经典的著作之一。

在 Yamaha 中国公司陈浩老师的鼓励下，我于 2014 年年底向人民邮电出版社有限公司递交了翻译申请，于 2015 年正式启动翻译工作，整个翻译过程耗时一年半，最终于 2017 年年初完成了译稿，于同年 8 月完成了校对工作。此后，又对译稿进行了多次细节完善。

目前，我从事现场扩声和录音的行业教育工作。在演出和教学工作中积累的经验和疑惑促使我拿出勇气来"挑战"这本专业巨著。在翻译过程中我不禁惊叹，虽然距离首次出版已过去 30 年时间，《扩声手册》所阐述的基本原理和概念仍然适用于我们今天的工作。"在翻译中更好地学习"是我翻译此书的初衷。

即使经过翻译，语言壁垒在技术交流的过程当中仍然存在，中英文在语言习惯和技术术语上的差异有时很难通过翻译来进行恰当有效的表达。为了减少翻译带给原文内容的影响，我以括号和标注的方式保留了一部分英文术语，并做了备注。如果您在阅读过程中对中文术语感到疑惑，可通过查询英文的方式做更为准确的了解。

此外，由于出版年代较为久远，针对本书中出现的过时的或者已被淘汰的部分技术，本人以备注的方式标出。

《扩声手册（第 2 版）》的中文译稿超过 50 万字，这是迄今为止我所做过的最庞大的翻译项目。这离不开 Yamaha 中国公司工作人员的支持和耐心。在这里我要感谢 Yamaha 中国公司的刘克然先生所给予的大力帮助，也感谢所有参与校对工作的 Yamaha 的工程师。

我还要感谢人民邮电出版社有限公司的宁茜女士，她在本书的版权接洽、编辑和出版过程中做了大量的工作。我的学生何铠辰完成了全书的第一次文字校对和公式的录入工作；孙璟璠完成了第 5 章～第 7 章的第二次文字校对工作及全书的第三次文字校对工作；于典完成了第 12 章的第二次文字校对和全书的公式录入工作，在此对她们表示由衷的感谢。

此外，我还要感谢吴泽昕先生对第 10 章无线系统内容的校对、王子恒先生对第 11 章中 11.6、11.10 和第 17 章内容的校对、郭好为先生对第 19 章内容的校对，以及杨杰先生对第 20 章内容的校对。他们的辛勤工作是对我的知识盲区的重要填补。

如果您在阅读过程当中发现一些错误和不易理解的地方，请不要责怪这些帮助过我的朋友，因为最终成稿仍然是由我本人来完成的。

与作者一样，我希望本书能够为对扩声感兴趣并希望学习基础知识的人们提供一个实用的参考资料。希望您能够从这本书当中获得知识以及良好的阅读体验。

冀翔

2020 年 8 月于北京

谨以此书献给我的家人——我的夫人龚夔和女儿泓如，谢谢你们的支持！

目　录

目　录

目　录

目 录

目　录

目　录

目　录

目　录

第1章　什么是音响系统？

在充满了众多技术的当今世界，各种各样的音频系统几乎成为了每个人生活的一部分。几乎所有家庭都拥有一套音响或是一台简单的收音机。多数商店都使用了某种内部通信或公共广播系统。一些汽车音响系统要比家用音响系统更加复杂。

这本手册的内容针对一类专门的音频系统，它被称为扩声系统。鉴于这本手册的出发点，"音响系统"这一术语被用来特指扩声系统。无论是业余爱好者还是服务于公共广播和音乐演出的专业人员，人们日复一日地使用着复杂程度不尽相同的扩声系统。

总的来说，扩声系统并不像家庭音响那样简单。虽然操作原理相同，但扩声系统要求使用者对相关理论有着更高程度的理解。

本手册是对于这些理论的介绍。它的目的是为专业人员设计和操作一套扩声系统提供必要的知识。同时，当遇到与此类系统相关的问题时，本手册也能够充当参考资料。第1章介绍了音响系统的基本概念。

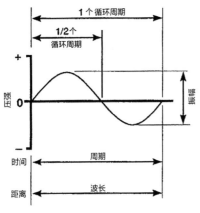

图 1-1　声波的表现形式（正弦波在空气中传播一个周期）

1.1　音频信号

1.1.1　声波

我们所听到的声音实际上源于一种被称为声能的物理动能。声能由物理介质（通常是空气）中起伏的压力波动构成。

一个完整的声学压力波动周期是由半个周期的空气分子压缩（高压强）以及半个周期的空气分子舒张（低压强）构成的。相对于振幅较弱（较小）的声音来说，振幅较大（更响）的声音对空气分子的压缩和舒张程度都更加强烈。

我们将气压波动的速率称作声波的频率。我们将气压波动速率在每秒 20 个周期到 20,000 个周期的声波归类为可听见的声音。频率与乐音的音高特性相关。虽然音高是一种比频率更为复杂的特性（它同时还涉及振幅），但总的来说，频率越高，人们能感知到的音高就越高。我们以赫兹（Hz）为单位来描述频率，即每秒波动的周期数：

$$20Hz = 20c \div s（周期 \div 秒）$$

声波波动一个完整周期所需要的时长被称为声波的周期。一个声波的周期被表示为秒÷周期（即完成一个循环周期所需要的时间），通过方程表达则为：

$$周期 = 1/频率$$

在海平面标准温度（59°F 或 15℃）下，声波在空气中的传播速度为 1,130ft/s（344m/s）。声音的速度与频率无关。某一频率的声音在一个完整周期内覆盖的物理尺寸被称为波长。波长可以通过如下方程来表示：

$$波长 = 声速 \div 频率$$

1.1.2　声音的电学表达

音频信号是声音在电学上的表达，它以波动的电压或电流为表现形式。在音频设备所能够负荷的范畴内，信号电压或电流与其表达的声能以相同的速率发生着波动，而声波的振幅与电学音频信号的振幅也按照一定的比例进行度量和标记。

音频信号的振幅或强度被称作信号电平。在音频系统当中存在着很多不同的工作电平。电平（声学的或电学的）通过分贝来进行描述。第4章将详细阐述分贝的相关内容。

1.1.3 相位

一个声波（或音频信号）与一个已知时间参考的时间关系被称为信号的相位。相位通过角度来表述。一个完整的正弦波周期等同于 360°。

时间参考可以是一个任意选取的、随机的固定时间点。图 1-2 展示了一种被称为正弦波的音频信号。

正弦波是一个纯音，是没有谐波的基频（类似于长笛的声音）。图中表述的正弦波的相位是以 T_0 为参考点的。它恰好是声波的起点，当然它也可以被指定为声波周期当中的任一时间点。

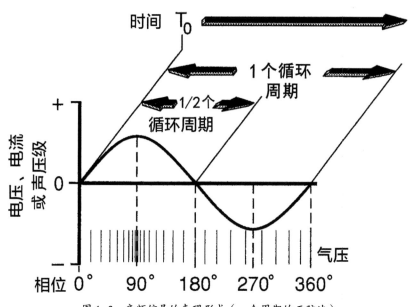

图 1-2　音频信号的表现形式（一个周期的正弦波）

时间参考也可以来自其他信号。在这样的情况下，参考信号必须与被测量信号相似：只有与相似或者相关对象进行比较才是有意义的。如图 1-3 所示，音频信号处理器配有一个输入（V_{in}）和一个输出（V_{out}）。输出信号的相位以输入信号为参考来进行表述。

在图 1-3（b）中，输出信号被认为与输入信号同相（两个正弦波在同一时间、以同一方向穿过 0 轴）。在图 1-3（c）中，输出信号与输入信号存在 90°的相位差（一个正弦波在穿过 0 轴时，另一正弦波以同样方向位于峰值）。在图 1-3（d）中，输出信号与输入信号存在 180°的相位差（两个正弦波在同一时间穿过 0 轴，但方向相反）。请注意这些相位关系会随频率的不同而发生改变，在实际的音频电路当中也是如此。

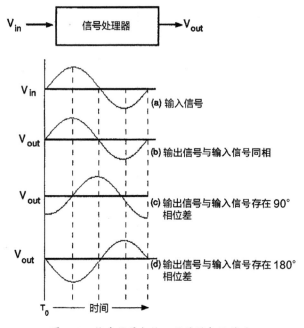

图 1-3　输出信号与输入信号的相位关系

1.1.4 正弦波叠加

相位对于音响系统来说非常重要。控制相位的主要原因在于它影响了声音的叠加方式。

（B）出于艺术处理的目的让声音更响。一个人声组合在酒吧里的演唱有可能被清楚地听到，但不容易让人兴奋。一套音响系统可以使声音变得"超然于现实"，以此带来更好的音乐效果。

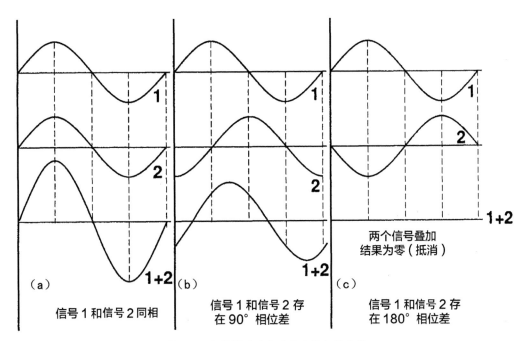

图 1-4 相位影响两个正弦波叠加的方式

当音频信号在调音台中进行混合，或声波在空气中进行混合时，它们以代数方式进行叠加。图1-4 展示了相位对两个具有相同频率和幅度的正弦波在不同相位关系下进行叠加所产生的结果。

在图 1-4（a）中，两个正弦波同相，它们的叠加得到了一个幅度两倍大小的正弦波。在图 1-4（b）中，两个正弦波之间存在 90°的相位差，它们叠加得到了一个幅度 1.414 倍大小的正弦波。在图 1-4（c）中，两个正弦波 180°反相，它们互相抵消。

1.2 音响系统的基本用途

一个音响系统是若干电子元器件的功能性组合，它被设计用于对声音进行放大（增加强度）。这么做通常出于几种原因，其中最为常见的有以下几个。

（A）帮助人们更好地听到某些声音。如在大型音乐厅中，最后一排的听众可能无法听清舞台上的人说什么。一套音响系统能够让声音更加清晰可闻。在这种情况下，我们意图让最后一排的听众获得与前排听众相同的响度（但不需要更响）。

（C）帮助人们在活动现场外听到声音。讲座或会议有可能吸引超出房间容量的听众。一套音响系统可以将演讲和讨论传递至别的房间，以帮助更多的听众听到内容。

还有一些音响系统被用于回放录音或广播。这种情况的总体要求与扩声相似，但录音机、CD机、唱机或收音机会取代话筒和电声乐器，且人们对回授问题的顾虑更少。

1.3 理想化的音响系统模型

音响系统将声学信号转换为电信号，通过电学手段放大，然后再将增强后的电信号转换为声学信号，以此来完成声音的放大。

在音频电子元器件中，将能量从一种形式转换为另一种形式的装置叫作换能器。改变音频信号单一或多种特征的装置叫作信号处理器。使用上述术语，我们可以对音响系统做最为简单的建模（图 1-5）。

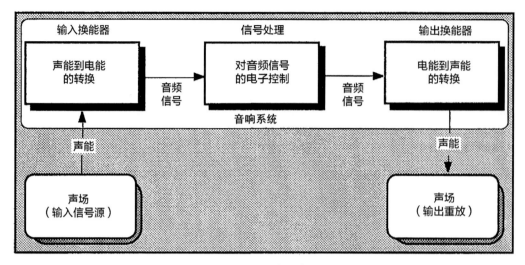

图 1-5　理想化的音响系统模型

输入换能器（如话筒或拾音器）将声音转换为波动的电流或电压，它们是原始声音在电学上的精确表述。这些波动的电流或电压信号被称为音频信号。

信号处理能够改变音频信号的单一或多个特性。在简单的情况下，它会增加信号的功率（具有这种功能的信号处理器被称为放大器）。在实际的音响系统当中，该框图表示了多个设备——话筒放大器、调音台、效果器、功率放大器等。

输出换能器（如扬声器或耳机）将经过放大和处理后的音频信号再次转换为声音。

1.4　输入换能器

在一套音响系统当中，输入换能器将声音转换为音频信号。扩声系统中最常见的输入换能器有如下几种。

（A）空气压力话筒或速度话筒——它们会把空气中传播的声波转换为音频信号，并且通过话筒线进行传输。

（B）接触式拾音器——它将在具有一定密度的介质（木头、金属、皮肤）中传播的声波转换为音频信号。它有时被用于拾取原声弦乐器，如吉他、曼陀林、小提琴等。此种换能器通常是晶体，有时则是电容性的。

（C）磁拾音器——它将磁场中引入的声音波动转换为音频信号。常见于弦式电声乐器（如电吉他、电贝斯）。

（D）磁头——它将磁带上的波动磁场（印在磁带上的磁迹）转换为音频信号。

（E）留声机唱头——它将唱针的物理运动转换

为音频信号。在专业系统中，动磁式唱头最为常见。

（F）激光唱头——它将记录在光盘上的信息转换为数字数据流，随后数据流被数字－模拟转换器转换为模拟信号。

（G）光学传感器——它将胶片上透光与不透光的密度变化转换成音频信号。这种换能器通常用在电影的音轨上。

上述每种输入换能器都具有各自的特点，为了进行恰当的使用，我们必须了解这些特点。第 10 章将会详述与话筒相关的内容。

1.5　输出换能器

在一套音响系统中，输出换能器将音频信号重新转换为声音。在扩声系统中最为常见的输出换能器有以下几种。

（A）低音扬声器——它专门被设计用于还原低频信息（通常为 500Hz 以下）。低音扬声器有时被用于回放低频和中频信息（通常不高于 1.5kHz）。通常，低音单元采用锥形驱动器的设计，直径为 8~18 英寸（1 英寸 =2.54cm）。

（B）中频扬声器（中频扬声器的正式称谓是 Squawker[1]，虽然这是来自高保真领域的过时术语）——它专门被设计用于还原中频信息（通常高于 500Hz）。中频扬声器重放的频率上限通常为 6kHz。如果使用锥形驱动器作为中频扬声器，它的直径通常

1　原文中"中频扬声器"的英文名称为 Midrange Loudspeaker——译者注

为 5~12 英寸。如果使用压缩驱动器，其振膜直径为 2.5~4 英寸（一些特殊的单元直径可达 9 英寸）。

（C）高音扬声器——它被设计用于还原最高的频率信息（通常高于 1.5kHz，或者高于 6kHz）。如果使用锥形驱动器，其振膜直径为 2~5 英寸。如使用压缩驱动器，其振膜直径为 1.5~4 英寸。

（D）全频扬声器——它是将低音扬声器和高音扬声器（可能有中频扬声器）整合在一个箱体之内的整体系统。从名称就可以看出，这种设计被用于还原全频带信息。在实际应用中，这种扬声器的频率响应很少能延伸至 60Hz 以下。

备注：一个全频驱动器 [2] 是一个被设计用于还原全频段的单个扬声器单元，它与配有多个驱动器的全频扬声器系统不同。

（E）超低音扬声器——它将全频系统的频率下限延伸至 20Hz 或 30Hz。而它的频率上限很少在 300Hz 以上。超低音扬声器几乎全部采用锥形驱动器的设计，直径通常为 15~24 英寸，还有一些特殊的单元配有直径为 5 英尺（1 英尺 =30.48cm）的锥形驱动器。

（F）超高频扬声器——它将全频系统的频率上限延伸至更高的范畴（通常高于 10kHz）。这种换能器在专业音响系统中通常采用压缩驱动器或者压电式驱动器的设计，而高保真系统则使用更加复杂和深奥的超高频扬声器技术。

（G）监听扬声器——它是指向舞台演员而非观众的全频扬声器。它将节目的一部分内容返送给表演者，以帮助他们保持音准和节奏，这种扬声器也被人称为"返送"。在录音棚中，监听扬声器或控制室监听扬声器是一种全频的、高精确度的扬声器系统，它被用来评估录制声音的质量。

（H）耳机——它是一种紧贴耳朵的全频换能器。有些耳机的设计隔绝了环境（外部）的声音，而有些并非如此。在音响系统中，耳机有时会被用作节拍器监听，或者被工程师用于检查演出的缩混和录音情况。耳机同时还是内部通信系统的一部分。

每一种输出换能器都具有其独特的特点，了解这些特点是正确使用的前提。第 13 章将会具体阐述输出换能器的问题。

1.6 音响系统的实际模型

图 1-6 展示了一个简单的实际音响系统。它可以用于前文提到的演讲大厅，作为小组讨论等活动的扩声系统来使用。

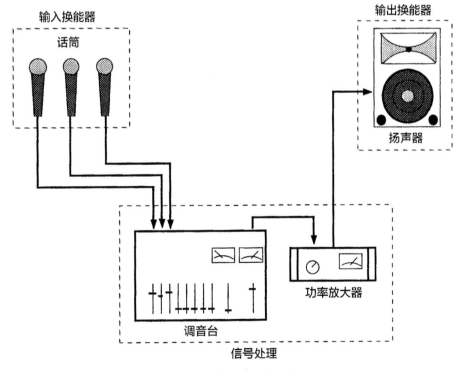

图 1-6 一套简单的音响系统

---

2 Driver 在扬声器系统中被译为"驱动器"——译者注

图 1-6 中的系统被用来对 3 位讨论参与者（或委员、理事）的声音进行放大。通过概念化的分析，可以将这套系统分为 3 个部分：（A）输入换能器，（B）信号处理，以及（C）输出换能器。

（A）输入换能器——3 只话筒将它们拾取的参与者的声音转换成音频信号，通过信号线传递至信号处理设备。

（B）信号处理——3 只话筒分别与调音台的 3 个输入端相连。调音台具有如下功能。

（1）话放——调音台的话筒输入端将来自每只话筒的音频信号放大至线路电平的水平。

（2）均衡处理——调音台提供了对每一只话筒的音色平衡进行单独调整的方法。这使调音台的操作者能够获得更加悦耳或者可懂度更高的声音。

（3）混合——调音台将经过均衡处理的 3 路话筒信号叠加在一起，形成了单一的线路电平输出信号。

调音台的输出端与功率放大器相连。功率放大器将调音台的输出线路信号（0.1~100mW）放大至能够驱动扬声器的水平（0.5~500W）。

（C）输出换能器——扬声器将功率放大器的输出信号重新变回声音。此时的声音量级已经远远大于说话者自身未经放大的音量了。

还有一个不那么明显，但对于音响系统来说同等重要的因素：环境。当扬声器输出的声音在演讲大厅中传播时，房间的声学特性会使其发生改变。

如果这个房间的声学特性"沉寂"或者混响很少，那么房间对声音清晰度的影响微乎其微。如果房间充满反射，而音响系统又没有针对其声学特性进行设计和安装，那么房间的声学环境将对声音影响极大，甚至有可能将音响系统的作用削弱至微乎其微。

声学环境是音响系统不可缺少的部分，安装音响系统时必须考虑其影响。第 5 章和第 6 章将会详细阐述声学环境对音响系统的影响。

每一个音响系统，无论规模大小，几乎都是这个基本模型的扩展。适用于简单音响系统的原则同样适用于大规模音乐会级别的扩声系统。

第2章 频率响应

频率响应是音频技术中使用最为频繁的术语之一。在第2章，我们将对这一概念进行定义，检验它如何应用于不同种类的音频设备，并且描述频率响应和节目素材之间的关系。

2.1 定义

一个设备的频率响应描述了信号的频率和振幅在设备输入端和输出端之间的关系。另一个描述此种关系的术语为振幅响应。频率响应通常被用来描述信号从设备的输入端到输出端所能通过的可用频率范围[1]。

如图2-1所示，一个未知的信号处理装置（或黑箱）的输入端与一个可以产生不同频率正弦波的信号发生器相连，输出端则与一个以分贝为计量单位的电平指示装置相连。

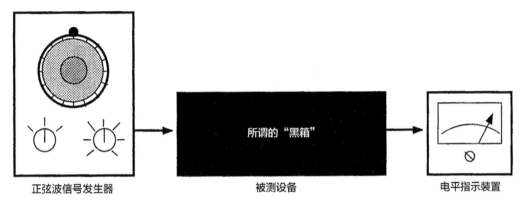

正弦波信号发生器　　　　　所谓的"黑箱"　　　被测设备　　　　　电平指示装置

图2-1　用于测量频率响应的模型

理想状态下的振荡器能够在所有频率上产生电平相等的信号（而在现实中，其线性特征并不完美），因此黑箱输入端的信号电平是一个常量。当我们在一定范围内让振荡器进行扫频时，就能够看到由电平表计量的黑箱输出端电平发生的变化。如果我们记录下每个频率的输出电平，就可以绘制出如图2-2所示的曲线，它展示了输出电平（纵轴）与频率（横轴）之间的关系。

图2-2中的曲线被称为频率响应曲线，它向我们展示了黑箱从输入端到输出端能够通过的频率范围，以及在此范围内输出电平的波动情况。

我们必须知晓一个很重要的前提，即频率响应曲线是建立在被测设备输入端的输入电平保持不变的基础之上的。正是由于这一点，它才能揭示设备将信号从输入端传送至输出端的保真度。在测试频段内输出电平的波动越小，输出端就越能真实地还原输入端信号的情况。

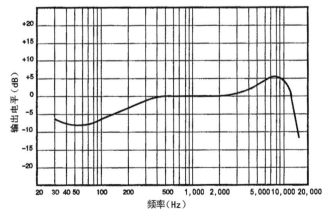

图2-2　黑箱的频率响应图（输出电平与频率的关系）

提示：

1. 如果被测设备得到的输入信号并不能在

1　如今，基于快速傅里叶变换的音频测量系统的出现，"频率响应"这一术语的意义已经不限于描述频率和信号振幅的关系——译者注

全频段保持同样的电平，那么也可以针对输出曲线进行矫正（或者为了得到一个平直的输出响应曲线，有意识地改变输入信号的电平）。这样得到的曲线被称为"归一化"（Normalize）曲线。

2. "频率响应"这一术语仅用于信号处理设备和换能器——也就是任何有信号通过的设备。当提及信号发生装置（振荡器、乐器等）时，恰当的术语应为"频率范围"。

2.1.1　基本参数表达方式

通常，频率响应参数较简单的表达方式如下。

频率响应：30Hz ～ 18kHz，±3dB。

需要注意的是，频率的范围（30Hz ～ 18kHz）

必须有一个限定条件，"在 ±3dB 之间浮动"，这是参数的公差，它告诉我们当输入端信号在测试频段内保持相同的输入电平时，输出信号可能产生的最大偏差。

如果没有给出公差，频率响应这一参数就变得毫无意义，因为我们只能猜测设备将如何对信号施加作用。事实上，有些设备可能在频率响应范围内产生惊人的峰值或谷值——它们会极大地改变信号的状态。然而当公差没有被标注时，贸然将其假设为 ±3dB 是具有一定风险的。这也是如此重要的评价条件在技术参数中经常被忽略的原因。

图 2-3 展示了频率响应曲线上的波动偏移情况。

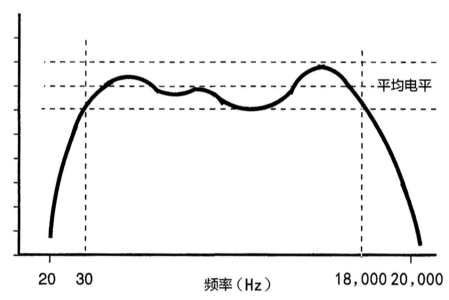

图 2-3　频率响应曲线的波动偏移

一些在录音棚中使用的设备具有极为平坦的频率响应（图 2-4）。这种响应曲线可能描述的是一个功率放大器或者线性放大器的特性。

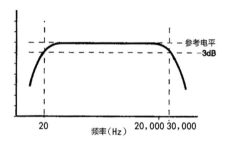

图 2-4　一个"平坦"的频率响应曲线

在这种情况下，频率响应的上限和下限通常以

输出电平比平均（参考）电平小 3dB 的频点为边界。图 2-4 所描述的设备的频率响应可以表达如下。

频率响应：20Hz ～ 30kHz，+0，-3dB。

如果被测设备的频率响应远远超出人类的听觉范围（20Hz ～ 20kHz），则只对可闻域以内的频率响应进行标记。图 2-5 中被测设备的频率响应可以表达如下。

频率响应：20Hz ～ 20kHz，+0，-1dB。

反之，如果选择 -3dB 为临界点来规定频率上下限，被测设备的频率响应可以表示如下。

频率响应：10Hz ～ 40kHz，+0，-3dB。

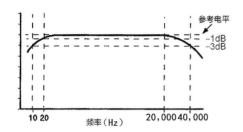

图 2-5 一个带宽很宽的"平坦"的频率响应曲线

2.1.2 倍频程关系及测量

频率响应测量和参数标记有时是以倍频程或 1/3 倍频程为基准的。这种测量的精度比前文提到的方式要低很多。但由于与人耳听觉特性相符（并且可以通过倍频程或 1/3 倍频程的均衡来进行调整），这种测量方法被广泛地运用在扬声器的测试当中。

倍频程是两个乐音之间特殊的音程关系。当两个音高的频率之比为 2:1 时，倍频关系成立。在这种情况下，人耳对这两个音高的感觉是相同的（出于这种原因，音阶当中具有倍频关系的音高都用同样的字母来进行标记）。

从频率的角度来考虑，相比低频区间，八度音程关系所覆盖的频率范围在高频区间上要宽得多。如 40Hz 的倍频是 80Hz（频率间隔为 40Hz），但 1,000Hz 的倍频则是 2,000Hz（频率间隔为 1,000Hz）。然而我们的听觉则认为这种音程关系在音乐上是相似的。

这是因为人耳对于频率的响应呈对数特征（对数将在本书的附录 A 中进行讨论）。因此，音频响应曲线图，包括前文提到的图表，都以对数为标尺来标记频率轴。在这种标尺当中，随着频率的升高，坐标点之间的距离越来越近。当频率以 10 为倍数上升（10、100、1,000 等）时，坐标点之间的距离重复相等。由于人耳对频率的感知并不是线性的，因此通过倍频程和 1/3 倍频程来划分线性频率轴，将其分割为可以被均等感知的频率范围分量。在频率响应测量和参数标记时，每一个分量的平均电平通常以直方图的形式给出（图 2-6）。

在这里，每一个频段的中心频率之间都遵循

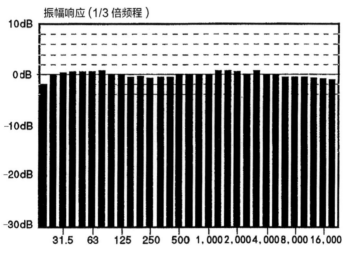

图 2-6 以 1/3 倍频程为区间测得的频率响应

1/3 倍频程的关系。横轴上给出的频率都是用于 1/3 倍频程测量的标准频率点：同样的中心频率也被用在 1/3 倍频程图示均衡器当中。这里采用的是 ISO（国际标准组织）的标准，因此如果你拥有一台符合 ISO 标准的倍频程或 1/3 倍频程均衡器，它便能够和符合 ISO 标准的实时频谱分析仪相匹配。

在这种情况下，用于测量的激励信号就不再是正

弦波，而是被称作粉红噪声的特殊信号。粉红噪声是一种随机生成的信号，在每个倍频程中以相同的能量激励整个频段，听上去像奔流的瀑布。

由于频率更高的倍频程之间包含更多的频率，所以粉红噪声在高频区间所呈现出的曲线是逐步滚降的[2]。这意味着单一高频频率的能量要小于单一低频频率的能量，因此当整个倍频程内的信号相加时，

---

2 此时采用的频率轴应为线性轴——译者注

其能量与其他倍频程内的能量相等。当粉红噪声被用作激励信号时，被测设备的输出端被划分为倍频程或1/3倍频程，每个频段内的平均能量会被分别测量。

需要指出的是，这种测量所掩盖的信息和它所揭示的一样多。虽然它提供了关于某一设备频率响应基本特征的美好画面，但这种方法会忽略掉几乎所有的能量峰值或谷值。在一个充满反射的房间里，测量的结果会更多地揭示房间的特征而非被测扬声器的特征。

2.2 实际音频设备的频率响应

一个实际的音频系统是由多种不同设备组成的网络，信号必须通过这个网络才能到达听众的耳朵。系统的每一个环节都有各自的频率响应特征，并在某种程度上使信号发生改变。系统的整体频率响应是信号链中所有元素的综合响应。

频率响应最为平坦的音频元器件是电路和信号线。

2.2.1 电路和信号线

从电学的角度来看，信号线是音频系统当中最简单的元件，这一事实也决定了它们大体上拥有良好的响应特性。信号线可能会在极端频率下产生频率响应方面的问题，但这些问题往往来源于线材的设计、长度，以及它连接的电路类型。

如图2-7，普通的音频线包含1~2个信号导体，它们由绝缘层和屏蔽导体包裹。

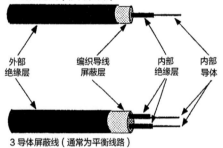

2 导体屏蔽线（非平衡线路）

外部绝缘层　编织导线屏蔽层　内部绝缘层　内部导体

3 导体屏蔽线（通常为平衡线路）

图 2-7　常规音频线结构

音频信号通过信号线内部的导线进行传输。屏蔽导体与电路的接地点相连，它的作用是最大限度地捕捉静态或无线干扰信号，使它们分流至接地端。

（"Hum"这种由电磁干扰引起的噪声[3]通常无法被屏蔽导体削弱，而金属包裹屏蔽层则会对此有所改善；相比之下，在平衡信号线中通过两个信号导体组成的双绞线是减少这种低频交流噪声的最好方式。这是通过共模抑制的原理来进行噪声抑制，本书在第11.6节会对其做出解释。）

注意：下一段可能有些复杂，它解释了信号线为什么能够影响频率响应。

总的来说，与信号线相关的频率响应问题大多来自信号导体与屏蔽层之间产生的电容，以及信号导体之间产生的电容。这种电容与信号线自身的电阻相互作用，可以起到R-C低通滤波器的作用，削弱高频，使声音变暗。这一作用的效果与信号线的长度成比例，布线的距离越长，情况越严重。当然，这种情况在很大程度上取决于信号线所连电路的输出阻抗。我们可以使用特殊的线路放大器进行长距离信号传输。有一些信号线还在信号导体之间呈现出一定的电感特性，它产生的感抗（再加上电路的阻抗），会产生一个R-L高通滤波器，削弱低频响应。这正是在实际工作中选择正确线材如此重要的原因。

电子线路是一种高度发达且可控的技术。除非被设计用于改变声音的频谱（如音色控制），电路通常具有非常平坦的频率响应。

图2-8为高品质功率放大器的频率响应图。我们可以看到，在可闻音频范围内，响应是非常平直的，它仅仅在最高和最低的频率区间产生衰减。

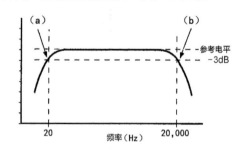

图 2-8　常规功率放大器的频率响应

在图2-8（a）处，低频滚降有时被称为次低音滤波器极点（Subsonic Filter Pole）。它的作用是阻止超低频进入系统，从而避免其损坏扬声器或因对音

3　后文一律将 Hum 译为"低频交流噪声"——译者注

频信号进行调制而产生不必要的失真。

图 2-8（b）的高频滚降有时被称为瞬态互调失真（TIM：Transient Inter-Modulation）。在通过限制高频响应将瞬态互调失真最小化的同时，它还阻隔了可能损坏高频单元的超高频能量进入系统。

我们可以在任何专业的音频处理设备当中看到类似的特性。但数字延时器和数字信号处理器则是例外，它们在输入和输出端都使用了非常陡峭的低通滤波器（即反混叠滤波器和平滑滤波器）来避免由数字信号处理带来的问题。这些设备在门限频率以上都设有一个极为陡峭的滤波器——斜率高达每倍频程 150dB。对于模拟音频处理设备来说，除非在设计过程中刻意限制，否则其频率响应在整个音频频率范围内会保持平坦。

2.2.2　话筒

由于现代话筒技术的高度发展，制造在音频频率范围内拥有平坦频率响应的话筒成为了可能。在实际使用过程中，对话筒的选择还要考虑其音乐和谐波上的特性，因此它会呈现出一种经过刻意控制的非平坦频率响应偏差。

这种偏差被称为表现力峰值。它通常以 2 ～ 5kHz 区间内的某一频率为中心，在较宽的频带内提升 3 ～ 6dB。这种峰值能够为语音提供清脆感，并增强其可懂度。

电容话筒往往会在 8 ～ 10kHz 附近产生峰值。这通常是由振膜的共振造成的，它能够对声音添加少许尖锐或明亮的特性。

带式话筒通常在 200Hz 附近产生峰值，同时展现出表现力峰值和少许的低频提升。这为其带来了温暖的声音特质，使其非常适合人声和某些乐器的拾取。

总的来说，动圈话筒在 10kHz 以上的频率范围内呈现出非常快速的衰减。同样，它们在 100Hz 以下也表现出逐渐衰减的低频响应。除此之外，声音与话筒相互作用的角度也影响着频率响应。从侧面入射的声音与轴向拾取的声音听上去很可能不同，这就是指向性话筒所具有的明显特征。在现场扩声中，用于人声或者独奏乐器的话筒可能拥有非常尖锐的响应特征，通过使用多个频率的谐振来提升声音的明亮度，帮助其在一个复杂的缩混当中凸显出来；而这些特性也可能使该话筒不适合拾取其他乐器或人声，对录音工作来说也并不理想。没有哪只话筒能够适用于所有应用场合。

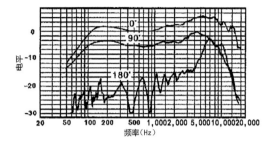

图 2-9　一个常规心形指向（单指向）动圈话筒的
轴向和偏轴向频率响应

任何话筒的特性都是若干复杂的设计要素综合作用的结果。我们建议在查看技术参数的同时，也在实际工作中使用话筒，这样才能对其特性有较为深入的了解。1986 年，由 Yamaha 推出的一系列新话筒配备了独特的材料（镀铍夹层的振膜）和创新性的制作工艺（如采用网印蚀刻技术的精确导孔），以此获得一个更宽的频率响应以及平滑的偏轴向响应。在任何情况下，一个话筒最重要的特性可能永远无法被测量和记录。为某一工作选择话筒仍然是一个非常主观的任务，耳朵是最好的向导。

2.2.3　扬声器

在音响系统的所有要素当中，扬声器在频率响应上有着最为严重的偏差。在一个扬声器的频率响应上出现 10dB（甚至更高）的能量峰谷并不是一件不寻常的事情。事实上，在基于 1/3 倍频程的频率响应测量中，±4dB 的响应偏差已经可以被认为是较好的情况了。

对于扬声器来说，这个看上去较大的偏差是完全可以被容忍的，其中一部分原因是扬声器的换能器需要控制大功率信号和较高的声压，因此对它们的设计思路需要向耐用度和换能效率做出妥协。扬声器还必须通过不同的换能器来还原全频段的声音。将这些换能器组装在一起构成一个功能性的单一装置是非常复杂的事情，它对系统的频率响应有着显著的影响。

用于扩声的扬声器大致可以分为两类：全频扬声器，以及用于还原有限频率范围的特殊单元。后者通常作为前者的补充，以扩展其频率响应。

总的来说，用于扩声的全频扬声器的频率响应通常为 100Hz ～ 10kHz 或 100Hz ～ 15kHz。这种指标能够满足大多数情况的需求。如一些用于公共广播系统的小尺寸扬声器，其频率响应范围较窄但适用于语音，这种扬声器的响应范围通常为 300Hz 到至少 3.5kHz。

在这些特殊的、频率范围有限的扬声器单元中，最为常见的就是超低扬声器和高频单元。超低扬声器被用于还原 300Hz 以下（通常为 100Hz 以下）的频率，其频率下限能够到达 30Hz。它被用于扩展扬声器系统的低频响应。高频单元通常工作在 5 ～ 8kHz 以上，它被用来扩展扬声器系统的高频响应。

实际的扬声器辐射是具有指向性的，也就是说，它们集中向某一方向进行辐射。当偏离辐射轴向时，声音不仅会变小，它们的频率响应也会变得不再平滑。

更多关于扬声器频率响应特性的内容，参见第 13 章"扬声器"。

为了将某一设备或系统的频率响应与其声音特性联系起来，我们需要了解一些常见节目源的频率范围。

2.3 人声和乐器的频率范围

2.3.1 语音

与人类听觉的全频带相比，语音覆盖了一个相对较窄的频带——为 100Hz ～ 6kHz。在这个区间当中，语音的能量主要集中在 1kHz 以下，大约 80% 的能量集中在 500Hz 以下。

虽然语音的高频内容很少，但几乎所有的辅音能量都集中在 1kHz 以上。因此，高频的缺失会极大地影响语音的可懂度。

作为实际应用当中的最低要求，一个用于还原语音的系统带宽必须涵盖 300Hz ～ 3.5kHz。这是一个普通电话听筒的频率响应，而其他各类通信装置也有类似的有限响应带宽。通常，可以通过在 2 ～ 5kHz 处引入一个 3 ～ 6dB 的表现力峰值响应来提升可懂度。

尽管如此，相比电话听筒来说，现场扩声的实际应用需要更高的保真度。出于这种原因，公共广播系统应该在 100Hz 到至少 8kHz 的范围内拥有较为平坦的响应。表现力峰值同样能够提升系统的可懂度——

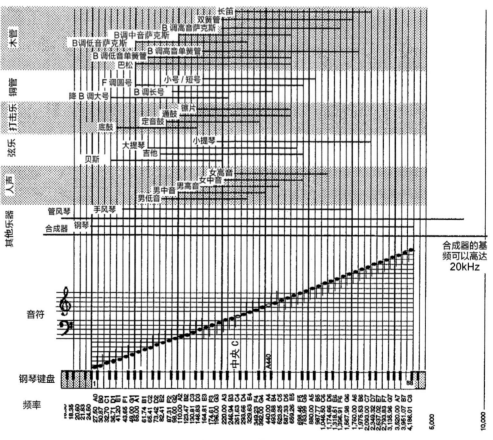

图 2-10　常见乐器及声乐的频率范围

但它也会提高回授的可能性，因此必须谨慎使用。

2.3.2 声乐与乐器

图 2-10 可以很好地描述乐器和专业声乐演唱的频率范围。

相比语音，对乐器信号的特征进行描述比较困难。某一乐器的频率范围和能量分布在很大程度上取决于它所服务的音乐风格——乐器之间的配合、编制、制作风格等。有些音乐风格十分依赖 20 ～ 100Hz 这一能量区间，以获得它所期待的震撼效果，而这些频率在其他音乐风格中可能完全不需要。

从事现场扩声的专业人员必须学会通过自己的耳朵来仔细分析音乐素材以及由系统表现力所带来的声音体验。这种能力只能通过在不同设备上对不同声源进行长期的听音练习才能获得。在声音工作当中，仔细聆听并检验你听到的内容是十分重要的，只有这样才能逐步建立起自己的听觉经验。

2.3.3 谐波

如图 2-10 所示，我们似乎可以看到乐器涵盖的频率上限大约为 4kHz。但我们知道人类的听觉范围要远远超过这个区间，如果系统范围仅限于此，那么听上去会非常沉闷，缺乏高频。造成如此明显矛盾的原因是图 2-10 并没有将谐波表现出来。

我们所听到的每一个乐音都是由拥有不同振幅的不同频率正弦波组成的。这些正弦波组合在一起形成了声音，而频率和幅度的关系决定了声音的品质或音色。不同于三角波或方波，乐音最终形成的波形无法通过一个简单的词汇被描述出来。

当一个拥有复杂波形的乐音(与噪声的概念相对)具有一个确定的音高时，这个波形最终可以通过合成一系列具有精确关系的正弦波来获得。这些正弦波被称为谐波，它们的频率之间呈现出简单的整数倍关系。我们所听到的音符，其音高所在的频率为基频，它通常（但不总是）是这一复杂波形中所有正弦波里强度最大（振幅最大）的一个。

基频以上的正弦波成分的频率是基频的倍数。如果基频为 500Hz，那么谐波会出现在 1kHz、1.5kHz、2kHz、2.5kHz 等频率上。图 2-11 通过图形的方式展示了乐音的谐波频谱。

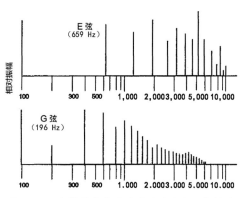

图 2-11　小提琴在空弦时的谐波内容。较低的乐音有着更为紧密的谐波分布

随着频率不断加倍，谐波的振幅（或强度）通常会不断下降，因此高次谐波的强度往往低于基频。但情况也并不总是如此。有时，单独的谐波要比基频强度更大。在这种情况下，声音听上去会更加紧凑，更加接近于管乐器（如双簧管或单簧管等）。

如果声音的正弦波分量之间并不是以简单的整数倍关系存在，那么音高的感觉就会消失，音质开始趋向于噪声。如鼓的声音，它具有复杂的谐波成分，以非整数倍的关系存在着。

无论声音的正弦波成分是否为整数倍的关系，它们之间具体的振幅关系决定了声音的质量。出于这种原因，平坦的频率响应对于扩声系统来说非常重要。如果响应非常不平坦，那么声音的质量将会被改变。

2.4　声学因素的影响

任何一个音响系统的频率响应都会受到它所处环境的影响。

在室外，影响系统响应的主要因素是风、温度和空气吸收。声音在空气传播的过程中，风会使其发生轻微的变化，而大风则会对声音产生调制作用。气温的变化也会改变声音，它的作用甚至比风更加明显。空气吸收主要对高频能量起作用。随着声音在空气中传播，高频的衰减速度比低频的衰减速度快得多。这也是为什么在一定距离外，人耳听到的声音会显得模糊。空气对高频能量的吸收量级受到相对湿度的影响。

在室内，影响系统响应的最主要因素来自墙壁、房顶和地板表面的反射，以及房间的共振。反射不仅仅使声音产生混响的效果，还会在某些频率产生抵消，进而在系统响应中产生谷值。房间共振可能使系统响应产生谷值，但更为常见的是产生峰值。上述所有因素都会对系统的声音进行染色。

由环境因素施加给音响系统带来的影响将在第 5 章"室外声音"和第 6 章"室内声音"中详述。

第3章 分贝、声压级及相关内容

3.1 何为分贝?

为了解释分贝（dB）这个音频行业当中最为普遍又最令人困惑的术语，人们做了多种尝试。"dB"是单词"decibel"的缩写，如果对其进行恰当的表述，理解起来并不是那么困难。如果你对"decibel"的概念有些困惑的话，那么接下来的内容会让这些疑惑得到解答。

3.1.1 分贝的数学定义

分贝是两个物理量的比值，而这两个物理量通常与能量相关。使用分贝的原因是它采用对数作为表达方式，这样可以用很少的位数来表达同样的量值。同时，由于人耳的灵敏度也是"对数的"，分贝的数值与我们的听感相似，所以使用分贝比使用绝对数值或简单的比值更好。因此，使用分贝的目的是让事情简化，而非变得复杂。

1decibel（分贝）实际上是 1Bel（贝尔）的十分之一（这是以亚历山大·格雷厄姆·贝尔命名的单位，因此首字母"B"是大写的）。那么贝尔是什么呢?

贝尔被定义为电学、声学或其他物理量之间能量比值的对数。（现在我们要描述的是瓦特的比值——虽然是对数运算的一部分，但这一比值并不能够用来表示功率的增加。）我们可以通过贝尔来表示两个功率值 P_0（W）和 P_1（W）之间的关系：

$$\text{Bel} = \log（P_1/P_0）$$

由于计数范围更加合理，使用分贝作为单位对于音响系统来说更加方便。由于分贝是贝尔的十分之一，因此它可以通过如下数学表达式进行表达：

$$\text{dB} = 10\log(P_1/P_2)$$

上式的内容是 $\dfrac{P_1}{P_2}$ 取对数的 10 倍，我们有时会加入一个"×"来表示乘号，如：

$$\text{dB} = 10 \times \log(P_1/P_2)$$

（此公式与前一公式相同）

如果你不熟悉对数的话，可能会认为表达式右半部分的系数应该是 1/10 而非 10，但上述表达式的确是正确的。

对你来说，现在就掌握对数的概念并不是那么重要，重要的是你需要了解取对数的是两个功率的比值，而非功率本身。让我们将实际数值代入分贝的方程式来进行演示。

问题：如何通过分贝来表示 2W 与 1W 之间的比值?

$$
\begin{aligned}
\text{dB} &= 10 \times \log（P_1/P_0） \\
&= 10 \times \log（2/1） \\
&= 10 \times \log 2 \\
&= 10 \times 0.301 \\
&= 3.01 \\
&\approx 3
\end{aligned}
$$

即，2W 与 1W 的比值为 3dB。

注意：如果没有可以进行对数运算的计算器，或者没有对数表格的话，你需要了解 2 的对数为 0.301，这样才能解出上面的方程。因此，有一台可以进行对数运算的计算器对你很有帮助。

问题：如何通过分贝来表示 100W 与 10W 之间的比值?

$$
\begin{aligned}
\text{dB} &= 10 \times \log（P_1/P_0） \\
&= 10 \times \log（100/10） \\
&= 10 \times \log 10 \\
&= 10 \times 1 \\
&= 10
\end{aligned}
$$

即，100W 与 10W 的比值为 10dB。

通过以上两个例题，我们发现了一个通过分贝来表达功率比例的有趣现象。

（A）当一个功率是另一个功率的 2 倍，前者的分贝值比后者大 3dB（或者一个功率是另一个功率的一半时，前者的分贝值比后者小 3dB）。

（B）当一个功率是另一个功率的 10 倍，前者的分贝值比后者大 10dB（或者一个功率是另一个功率的 1/10 时，前者的分贝值比后者小 10dB）。

由此我们可以明白为何要通过分贝来表达功率值。如，1,000W 比 100W 大多少？这是 10:1 的关系，因此答案是 10dB。那么 1mW 和 1/10W 的关系是怎样的呢？ 1mW 是 1/1,000W，是 1/10W 的 1/100，因此它比 1/10W 小 10dB[1]。

分贝可以用来表达电压的比值，请参看下文。功率比值和电压比值所具有的分贝关系是不同的。

功率和电压之间呈平方关系。我们在此不做深入讨论，仅给出如下结论，当涉及电压问题时，电压分贝值是功率分贝值的 2 倍，即：

$$dB_{volts} = 20log（E_1/E_0）$$

这里 E_0 和 E_1 是两个电压值。让我们来看看这意味着什么。2 倍功率对应 3dB 提升，而 2 倍电压对应 6dB 提升。同样 10 倍功率对应 10dB 提升，而 10 倍电压对应 20dB 提升。以下方程将说明这种关系。

100W 与 10W 的比值关系如何通过分贝来表达？

$$
\begin{aligned}
dB_{watts} &= 10 \times log（P_1/P_0）\\
&= 10 \times log（100/10）\\
&= 10 \times log10\\
&= 10 \times 1\\
&= 10\ dB
\end{aligned}
$$

100V 与 10V 的比值关系如何通过分贝来表达？

$$
\begin{aligned}
dB_{volts} &= 20 \times log（E_1/E_0）\\
&= 20 \times log（100/10）\\
&= 20 \times log10\\
&= 20\ dB
\end{aligned}
$$

那么，为什么功率增加 10 倍带来的是 10dB 的增量，而电压增加 10 倍却带来了 20dB 的增量呢？让我们分别计算一个 8Ω 的负载在 10V 和 100V 电压下输出的功率。功率方程为：

$$P = E^2/R$$

即，功率等于电压的平方除以阻值。可知功率与电压的平方成正比，电压加倍，功率变为原来的 4 倍。在此基础上，我们分别将 10V 和 100V 代入上述方程的 E（电压项）：

$$
\begin{aligned}
P_0 &= 10^2/8\\
&= 100/8\\
&= 12.5\ W
\end{aligned}
$$

$$
\begin{aligned}
P_1 &= 100^2/8\\
&= 10,000/8\\
&= 1,250\ W
\end{aligned}
$$

我们可以看到，10 倍的电压增强会带来 100 倍的功率增强。现在让我们将 10V 和 100V 电压的输出功率作比值（如 12.5W 和 1,250W）。

$$
\begin{aligned}
dB_{watts} &= 10 \times log（P_1/P_0）\\
&= 10 \times log（1,250/12.5）\\
&= 10 \times log（100）\\
&= 10 \times 2\\
&= 20\ dB
\end{aligned}
$$

由此可知，虽然 100V 是 10V 的 10 倍，但当我们以分贝为单位时，会得到 20dB 的功率比值。这也是为什么在分贝的方程中，电压比值（相比功率比值）在 log 前会有一个 2 作为系数。同样，对电流来说，分贝值也存在同样的规律（分贝方程在计算电流比值时使用 20 作为 log 的系数）。

如果将参考值 P_0 设为 1W，那么 dB=10log（P_1/P_0），该方程遵循表 3-1、表 3-2 规律。

表 3-1　大功率比值（以 dB 为单位）

P_1 的功率值（W）	（相对 1W）的分贝值
1	0
10	10
100	20
200	23
400	26
800	29
1,000	30
2,000	33
4,000	36
8,000	39
10,000	40
20,000	43
40,000	46
80,000	49
100,000	50

1　原文计算有误，1mW 和 1/10W 之间相差的分贝值应为 −20dB——译者注

由此，使用分贝来表达物理量的相对比值好处就体现出来了，仅仅用 50dB 就可以表示 100,000:1 的比例（在这个例子中是 100,000W）。如果需要参考较小的分贝值（如功率比例在 1:1 至 10:1），表 3-2 也许会有帮助。

表 3-2　小功率比值（以 dB 为单位）

P_1 的功率值（W）	（相对 1W）的分贝值
1.0	0
1.25	1
1.6	2
2.0	3
2.5	4
3.15	5
4.0	6
5.0	7
6.3	8
8.0	9
10.0	10

3.1.2　相对值与绝对值

对于"dB"来说，最为关键的概念是，它本身没有绝对值。但是，当我们给定一个标准参考值作为"0dB"时，任何高于或低于这个给定的"0 参考"数值都可以用来描述一个特定的物理量。这里将给出一些能够描述这一概念的例子。

例 A：这个调音台的最大输出电平为 +20dB。

这种描述是没有意义的，因为没有给出"dB"的"0 参考"。就好像你告诉一个陌生人"我可以做 20 个"，但不指出具体是 20 个什么。

例 B：这个调音台的最大输出电平为 1mW 以上 +20dB。

例 B 做出了具体的描述，它告诉我们该调音台能够针对某些负载输出 100mW（0.1W）功率。我们是如何知道它能够输出 100mW 呢？通过 20dB 的描述，我们知道 10dB 代表功率增加 10 倍（从 1mW 到 10mW），另一个 10dB 则代表功率再增加

10 倍（从 10mW 到 100mW）。当然，上述表达方式十分不方便，因此有了一些更加简捷的方式来表达相同的概念，我们将在下一节对它们进行解释。

3.2　分贝与电信号电平之间的关系

3.2.1　dBm

dBm 这一术语被用来表示电功率的量值，它总是使用 1mW 为参考值，即 0dBm=1mW。dBm 与电压或阻抗之间没有直接的关系。

作为行业标准，dBm 出自 1940 年 1 月出版的 *Proceedings of the Institute of Radio Engineers*[2] 中 "A New Standard Volume Indicator and Reference Level"[3] 一文，作者为 H.A. Chinn、D.K. Gannett 和 R.M. Moris。

dBm 最早是为了测量 600Ω 电话线路提出的术语。在 IRE[4] 的文章中，参考值为 0.001W，即 1mW。这一功率会在一个 0.775V_{rms} 的电压上施加在 600Ω 线路时恰好被散耗掉[5]。出于这种原因，很多人会错误地认为 0dBm 意味着 0.775V，但这只在阻抗为 600Ω 的情况下才成立。无论如何，0dBm 总是代表 1mW。

例 C：这个调音台的最大输出电平是 +20dBm。

例 C 告诉我们的内容与第 3.1.2 节中的例 B 完全相同，但语言更为简练。它没有赘述"最大输出电平为 100mW"，而是"+20dBm"。

例 D：这个调音台在负载为 600Ω 时的最大输出电平是 +20dBm。

例 D 告知我们的输出功率与例 B 和例 C 相同，但它提供了负载为 600Ω 的额外信息。这使我们能够计算出在这一负载条件下的最大输出电压为 7.75V_{rms}，即使输出电压并没有被明确地给出。

3.2.2　dBu

多数现代音频设备（调音台、磁带机、信号处理器等）对电压十分灵敏。除了考察功率放大器驱动扬

2　Proceedings of the Institute of Radio Engineers, Volume 28：无线电工程师会议纪要，第 28 期。
3　A New Standard Volume Indicator and Reference Level：音量指示与参考电平的新标准。
4　无线电工程师协会。
5　术语"RMS"是 Root Mean Square 的缩写，译为均方根，第 3.4 节会对其进行解释。

声器的情况外，输出功率的分贝值并不经常被列入考虑范围，这种情况下我们通常会使用"瓦特"，而非与"dB"相关的物理量。

"dBm"表达的是功率比值，那么它与电压是什么关系呢？虽然在负载阻抗已知的情况下，通过功率可以算出电压，但这种联系并不直接[6]，还会让事情变得复杂。我们之前说过，引入 dB 的概念正是为了让读数变得简单。出于这种原因，我们引入了另一个与 dB 相关的术语，dBu。

dBu 对表达输出或输入电压来说更为合适。而这也是人们对 dB 产生困惑的主要原因—— dB 通常使用不同的 0 参考值，dBm 隐含着一个参考值，而 dBu 则隐含着另一个。让我们继续解释，并且分析几个常用 dB 术语之间的关系。

由 dBu 表示的电压在（且仅在）负载阻抗为 600Ω 时与 dBm 意义相同。但是，dBu 的数值不受负载影响：0dBu 始终为 0.775V。

将 dBu 作为一个标准单位，是为了避免和另一个与电压相关的 dB 单位 dBV 相混淆，参见第

3.2.5 节。

例 E：这个调音台在负载为 10kΩ 或更高时的最大输出电平是 +20dBu。

例 E 告诉我们调音台的最大输出电压为 7.75V，这与例 D 的计算结果一致，但具体含义则大不相同。例 D 中的输出电路驱动 600Ω 的负载，而例 E 中的最小负载阻抗为 10kΩ。如果这个调音台连接了一个 600Ω 的终端设备，它的输出电压下降，失真增加，甚至有可能被烧坏。

我们为什么可以做出这些假设？来看看文字间隐藏的含义。例 D 将功率作为输出参考值（dBm），因此在输出功率给定的情况下，如果负载阻抗升高，就需要更高的电压来获得同样的输出功率。反之，例 E 给出了最小负载阻抗，如果与更低阻抗的负载相连，将需要更高的输出功率。从输出电路榨取超出其工作范围外的更多功率（通过 dBu 的电压比值关系和最小负载阻抗可以得到），将导致输出电压降低，同时可能导致失真或元件损坏。

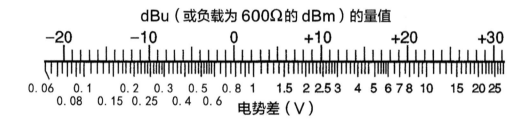

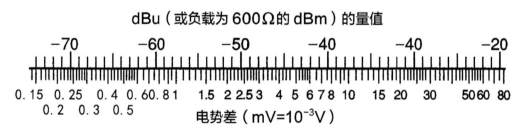

图 3-1 dBu（或负载为 600Ω 的 dBm）与电压之间量值关系的诺模图

3.2.3 dBV 与 dBv

dBu 是近期开始使用的以电压作为参考值的

术语。很长时间以来，dBV 代表着以电压为参考值的物理量，0dBV=1V_{rms}。在那个时代，在 dB

6　事实上，在当今，我们仅在设备通过非常长的线缆来驱动后级设备时才会考虑 dBm 这一物理量。如在大型扩声系统或多控制室的广电制作设施当中，600Ω 平衡电路对于抵御外部噪声和高频损失都是极为重要的。

单位后使用小写 v 来表示与 dBm 代表的功率值相匹配的电压值（即 dBv 是一个与电压相关的术语，0dBv=0.775V），这一标准也被美国全国广播工作者协会（NAB：National Association of Broadcasters）及其他机构采用。"dBv"采用小写的"v"，当电路输出端负载阻抗为 600Ω 时，它与 dBm 所提供的数值相同，十分便于和参数标注为 dBm 的设备进行比较。但这种便利仅在设备具有电压敏感输入（高阻抗）时才有意义，用在别处则会引起严重的错误。

例 F：

（1）额定输出电平为 +4dBv。

（2）额定输出电平为 +4dBv。

以上两种表述看似相同，但仔细观察后会发现二者在 dB 后分别使用了小写"v"和大写"V"。这意味着前者的额定输出为 1.23V_rms，而后者的额定输出为 1.6V_rms。

遗憾的是，人们通常无法清楚地区分"dBv"（在 600Ω 电路中以 0.775V 为 0 参考）和"dBV"（以 1V 为 0 参考而不涉及电路阻抗）。为了避免混淆，国际电工委员会（IEC）将大写"V"的 0 标准定为 1V，而 NAB 则同意使用小写"u"来表示在通过 600Ω 负载测量 dBm 时可能获得的电压值（虽然负载本身必须是最小负载）。"dBu"当中的"u"表示"空载的"[7]，这一术语被工程师用于表述输出端没有负载（开路）或者微小负载的情况（例如现代音频设备常见的高阻抗输入端）。

例 G：

（1）额定输出电平为 +4dBv。

（2）额定输出电平为 +4dBu。

虽然现在人们更加倾向于使用后者，但上述两种表述是相同的。这两种说法所描述的额定输出电平为 1.23V_rms。

简要地说，dBu（或 dBv）与 dBV 之间的唯一差别就是它们为"0dB"选择了不同的参考电压。0dBV 的参考电压为 1V，而 0dBu 和 0dBv 的参考电压为 0.775V。

注意：如果熟悉较早的 Yamaha 手册，你会发现 dBu 和之前所提到的 dBv，或者"dB"是同样的单位。

3.2.4 将 dBV 转换为 dBu（或 600Ω 负载下的 dBm）

当考虑电压（并非功率）问题时，可以通过在 dBV 的数值上增加 2.2dB 来获得 dBu（或 600Ω 负载下的 dBm）的数值。要将 dBu（dBm）转换为 dBV，只需要反过来，将 dBu 的数值减去 2.2dB 即可。

表 3-3 展示了 dBV 和 dBu 之间的数值关系，以及它们所代表的电压。

表 3-3　dBV 与 dBu 之间的换算关系

dBV 数值 （0dBV=1V 无阻抗参考值，其阻抗往往很高）	电压（均方根）	dBu 或 dBm 数值 （0dBu=0.775V 无终端负载，0dBm=0.775V 负载阻抗为 600Ω）
+6.0	2.0	+8.2
+4.0	1.6	+6.2
+1.79	1.23	+4.0
0.0	1.00	2.2
−2.2	0.775	0.0
−6.0	0.5	−3.8
−8.2	0.388	−6.0
−10.0	0.316	−7.8
−12.0	0.250	−9.8
−12.2	0.245	−10.0
−20.0	0.100	−17.8

3.2.5 将 dBV、dBu 和 dBm 与技术参数联系起来

在很多产品中，你会看到留声机（Phono Jack）输入端和输出端电平使用 dBV（1V 参考电压）来标定，这是它们所遵循的标准。而卡侬接口和一些二芯或三芯电话插头（Phone Jack）的输出端电平会通过 dBm（1mW 参考功率）或 dBu（0.775V 参考电压）来标定。

通常，留声机的输入端和输出端被用于连接高阻抗设备，它们通常具有压敏特性，对功率并不敏感，因此它们的额定量值会被标记为"-10dBV"。这一标准在民用音频设备领域使用了很多年。常规的卡侬接口输入和输出端通常用于连接低阻或高阻的设备。由于早先的低阻抗设备对功率敏感，所以卡侬接口的额定值被标记为"+4dBm"或"+8dBm"，现场扩声、录音和广播电视领域分别使用这两种标准（然而在如今，dBu 已经能够满足人们的要求，虽然 dBm 仍在使用，但这种较老的规格在慢慢消失）。相对于卡侬接口，二芯或三芯插头的输入和输出接口通常具有较高的电平和较低的阻抗，当然也会有例外。

一个低阻抗的线路输出通常会接入一个高阻抗的输入，这样在电平方面不会产生很大的变化。注意，如果一个高阻抗的输出被接入了一个低阻抗的输入，那么输出信号很有可能过载（这会增加失真并降低信号电平），频率响应也会受到不良的影响。在一些情况下，设备可能会被损坏，因此我们需要仔细阅读设备的参数指标。

3.2.6 dBW

我们已经解释过，dBm 是对电功率量值的表述，是参考电压为 1mW 时的比值。dBm 在处理小功率（百万分之一级瓦特）时非常适用，比如话筒的输出，或信号处理设备的常规电平（毫瓦级）。某杂志希望通过较小的 dB 值来表达较大的功率，如功率放大器几百瓦的输出。出于这种原因，该杂志设立了另一个 dB 的功率参考值：dBW。

0dBW 代 表 1W。因 此，一 个 100W 的 功率放大器可以表达为 20dBW[10log(100÷1)= 10log(100)=10×2=20dB]。一个 1,000W 的功率放大器可以表达为 30dBW，以此类推。事实上，如果涉及功率放大器，表 3-1 和表 3-2 也可以考虑使用"dBW"（dB，以 1W 为参考值）。

3.3 分贝与声学能量之间的关系

术语"声级"（Sound Level）通常指声压级（Sound Pressure Level），它同时也表示声功率。虽然声功率是一个不常用的术语，但你需要了解其中的区别。声功率是通过扬声器（或其他装置）在各个方向上辐射的总声能。声压则是在某一个位置上进行测量的，表示单位面积所获得的来自声源的能量。

3.3.1 dB SPL

dB 可以用来描述声压级。另一个用来表达电压的术语为电动势（EMF：Electromotive Force）。人的鼓膜对声压作用力的阻碍作用，与电路阻抗对电源驱动电荷的阻碍作用相似。因此，当使用 dB 来描述声压级比例时，我们通常使用"20log"方程：

$$dB_{SPL} = 20\log\left(p_1 / p_0\right)$$

这里的 p_0 和 p_1 为声压，单位为 $\dfrac{\text{达因}}{\text{平方厘米}}$（dyn/cm^2）或 $\dfrac{\text{牛顿}}{\text{平方米}}$（N/m^2）。

这一方程告诉我们，如果声压级为 2 倍关系时，分贝值大 6dB；如果为声压级为 10 倍关系，分贝值大 20dB，以此类推。

我们如何感知声压级呢？事实上，当一个声音比另一个声音大 3dB 时，我们几乎无法察觉哪个是更大的那一个；而当一个声音比另一个声音大 10dB 时，我们会觉得它比另一个大 1 倍（响度是一个主观物理量，它受频率和绝对声压级的影响很大）。

声压级是否具有一个绝对的参考值呢？"SPL"是否具有一个可以量化的意义呢？答案是肯定的。通常 0dB SPL 被定义为听觉的阈值，它是年轻人在听力未受损伤的情况下，对 1～4kHz 这一人耳最为敏感的频段的响应。它所表示的压强为 0.000,2dyn/cm^2，或 0.000,002N/m^2。相比将不同的声压级与不同的压强联系起来，阐明声压级与日常声源之间的关系就显得更有意义，如表 3-4 所示。通常这些内容都是近似值。

表 3-4　常见声源的声压级（同时标注了声源和人耳之间的正常距离）

11.43mm 口径的柯尔特自动手枪（距离 7.62m）	140
36.75kW 的警报（距离 30.48m）	130
听觉痛阈	120
常规录音棚控制室监听，用于：　　　　摇滚乐（3.05m）	110
电影配乐（6.1m）	100
高响度的古典音乐	90
繁忙的街道交通（1.52m）	80
飞行中飞机的客舱	70
日常谈话（0.91m）	60
夜晚位于郊区的家庭	50
安静的剧场	40
轻声细语（1.52m）	30
极为安静的录音棚	20
树叶沙沙声	10
消声室	0
可闻阈（年轻人，1 ~ 4kHz）	

注意：0dB SPL 以下的声音也有可能被人耳感知，这一数据是在有限的研究下获得的。

　　需要注意的是，有些消声室存在很大的噪声问题，事实上一个没有反射的房间并不代表它能够有效地阻隔外部的声音。虽然负数声压级的确存在，但根据定义，它们是可闻阈以下的能量，因此没有给出。

3.3.2　dB PWL

　　声功率由声学上的瓦特来表示，它也可以使用 dB 这一术语进行描述，即 dB PWL。这一术语也和功率一样，使用"10log"作为能量比例方程：

$$dB_{PWL} = 10\log（P_1 / P_0）$$

　　声功率和 dB PWL 在计算一个封闭空间的混响时间，或测试一个扬声器系统的效率时非常重要，但它们很少出现在技术参数表中，也很少被普通的音响系统操作者使用。由于声压与人类接受响度的联系更为紧密（也更容易测量），因此使用 dB SPL 是更加普遍的。

　　如果我们在表 3-1 和表 3-2 中使用声功率而非电功率，那么这些 dB 值就可以写成"dB PWL"（分贝，声功率）。

　　需要顺带一提的是，dB PWL 和 dBW 之间没有什么联系，前者表示声功率，而后者表示电功率。如果一个扬声器被送入 20dBW 的环境中，它可能仅仅会产生 10dB PWL。我们换个更简单的说法，将 100W 的电功率输入到一个扬声器当中，它可能仅产生 10W 的声功率。这一现象指出了扬声器的换能效率为 10%，这对于一个倒相式（开孔式）扬声器当中的锥形换能器来说已经很高了。

3.4　何为 RMS？

　　"RMS"是 Root Mean Square（均方根）的缩写。这是音频领域内用于描述信号电平的数学表达。RMS 在描述一个复杂波形或者正弦波的能量时非常有用。它既不是峰值，也不是平均值，它通过获取波形的瞬时电压，将它们的平方做平均，然后再做平方根来获得。对于一个周期性信号，如正弦波来说，我们可以通过乘以一个常数来获得其 RMS 值。但对于一个非周期性的信号，如语言或音乐，其 RMS 值就必须通过一个特殊的电平表或者探测电路来进行测量。

　　一个正弦波的 RMS 值是其峰值的 0.707 倍（图 3-2）。

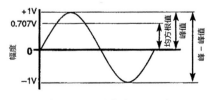

图 3-2　正弦波的 RMS 值

你可能会想到很多功率放大器的制造商都会在产品上标注"若干瓦特的 RMS 功率",这比"若干瓦特的音乐功率"要好得多。在当前语境下,音频信号的 RMS 值与直流信号消耗掉的等效能量相关。如一个功率放大器在 8Ω 负载下的标称功率为 200W$_{rms}$,这个功率放大器会在 8Ω 的负载上施加一个 40V 的电压。请记住 $E = \sqrt{PZ}$,或者电压等于功率乘以阻抗的平方根($E = \sqrt{200 \times 8} = \sqrt{1,600} = 40V$)。如果一个 40V 的直流信号被 8Ω 的负载阻抗所消耗,则会与 40V$_{rms}$ 正弦波(或其他音频信号)作用在负载上产生相同的热量。

为什么要使用信号的 RMS 值呢?因为 RMS 值与功率放大器的实际做功相关。当我们使用"节目功率"或"音乐功率"的说法时,实际做功的情况是非常主观的——它在很大程度上取决于节目源自身的特征。任何节目的 RMS 值都能够很好地反映节目源的能量内容。但只有一个小问题:"均方根功率"这一说法是没有意义的。

为什么?功率是电压乘以电流得到的产物。通常,对于一个功率放大器来说,我们测量它在输出电压的 RMS 值,并乘以输出端电流的 RMS 值,这样并不能得到功率的 RMS 值,因为这种情况下的电压和电流的相位不一致,因此它们相乘之后得到的结果在数学上并不成立。使用均方根功率的意图是符合一定道理的,但这个说法本身并不成立。制造商们仍然使用正弦波测试信号来驱动与虚拟负载相连接的功率放大器,并通过电压和负载阻抗来计算输出功率。在技术上更加严谨的说法是,使用"连续平均正弦波功率(Continuous Average Sine Wave Power)",而非"均方根功率"。

RMS 值并不仅仅用于功率放大器领域。在大多数(并非全部)情况下,当你看到用于表示前级放大器或线路放大器输入端灵敏度的电压数值时,这就是一个 RMS 电压。如 0dBm 的参考功率为 1mW,它等于 0.775V$_{rms}$ 作用于 600Ω 阻抗的负载电路,0dBV 就是 1V$_{rms}$。

RMS 值对于音频测量来说有着另一项优势,它们与平均值相似(但不完全相同)。即使在出现很高的信号峰值时,信号的平均值也不会有太大的变化。反过来说,峰值信号即使发生剧烈变化也不会对平均值产生较大的影响。当我们希望去评估一个信号的响度(由听音者感知的音量)时,RMS 值与人耳对音频能量的灵敏度响应更为相似。因此,很多压缩器、降噪系统和其他信号处理设备都采用了 RMS 探测电路。用于广播电视制作的限制器是一个值得我们关注的例外。在这种制作环境下,即使短暂的瞬态峰值也会造成过调制以及随之而来的信号散杂发射(Spurious Emissions),因此在这种应用场合中,我们通常使用峰值探测器。

3.5 音量、电平和增益

在音频领域,有三个最常被误用或乱用的术语,它们是音量(Volume)、电平(Level)和增益(Gain)。清楚地理解这些术语的含义,并统一它们的用法是十分重要的。

音量被定义为功率量值。对于音频设备来说,当你提高音量,实际上就增大了功率。但是,这一术语被用来描述声音的密度或一个电信号的幅度。当然,"Volume"一词也表示一个空间的容积。最好的方法是避免使用这个说法,因为我们有更好的、更加不容易被混淆的术语。

电平被定义为某一物理量相对于任意参考值的量级。如声压级,通过 dB 的方式来表达其与参考值 0.000,2dyn/cm^2 相对应的量值。再比如信号处理器中的信号电平,通常用 dBm 表示,它的参考值为 1mW。

增益这一术语有若干定义。如果没有特别说明,它通常用来表示传输增益,即信号的能量增幅,用 dB 来表示。有时电压的增幅会被表示为电压增益,但我们必须留意,电压增益可能代表着功率的损失,具体情况取决于相关的阻抗数值。关于这一术语最令人困惑的地方是信号处理设备和扬声器之间的电压关系及功率关系。

如我们测得一个信号处理器的输出电压为 0.775V$_{rms}$。这个信号被送往一个功率放大器,然后是一个扬声器。施加在扬声器上的电压为 0.775V$_{rms}$,请问功率放大器的增益是多少?

答案是……你并没有足够的信息来给出答案。乍一看,你可能会猜测"0dB"或者没有增益,因为功率放大器的输入和输出电压相同。"0dB 电压增益"是一个安全答案,但这并没有传达任何有意义的信息。相反,你需要知道功率放大器输入端和它在扬声器中发生的能量损耗,因此需要了解阻抗情况。

再比如一个输入阻抗为 600Ω 的功率放大器被

馈送了一个 0.775V_rms 的信号。它为一个 8Ω 的扬声器提供了 0.775V_rms 的电压。请问功率放大器的增益是多少？

首先，我们来计算输入功率：

$$P = E^2/Z$$
$$= 0.775^2/600$$
$$= 0.600,625/600$$
$$= 0.001$$
$$= 1 \text{ mW}$$

你已经知道了结果，因为 0.775V 作用在 600Ω 负载上的功率为 0dBm，或 1mW。

接着我们来计算带给扬声器负载的功率：

$$P = E^2/Z$$
$$= 0.775^2/8$$
$$= 0.600,625/8$$
$$= 0.075W$$
$$= 75mW$$

现在计算输出功率和输入功率的比值，以 dB 为单位：

$$dB_{power} = 10\log(P_1/P_0)$$
$$= 10\log(75/1)$$
$$= 10\log75$$
$$= 10 \times 1.875,061,263$$
$$\approx 19dB$$

可以看到，即使输入和输出电压相同，功率放大器也具有 19dB 的增益。事实上，由于输入端参考值为 0dBm，所以 75mW 的输出为 +19dBm。

3.6　响度

有关声压级、分贝和频率响应的概念在前面的章节已经提及，而响度与它们均有联系。

有些人同时使用"声压级""音量"和响度来表达相同的意思。这样是不正确的，因为响度含义并非那么简单，它是一个具有确切含义的术语。

3.6.1　等响曲线和"方"

我们可以通过声级计以 dB SPL 来测量声压。如果一个在音频频带内具有平坦频率响应的测试信号（噪声或正弦波）被送往一个具有平坦响应的功率放大器，然后送往一个理论上理想化的、拥有平坦响应的扬声器中。对于在室外环境中的听音者来说，所得到的结果应该在所有频率上都具有相等的声压。一个采用平坦响应设置的声级计（线性标度，如果没有的话，可采用 C 计权标度）应当在测试信号扫过整个频率范围（或者声级计的滤波器对噪声测试信号进行扫频滤波）的过程中都指示同一 dB SPL 数据。

尽管如此，我们可以确定听音者无法"平坦地"感知这种理论上平坦的系统。事实上，多年的研究表明，人类听觉本身就具有不平坦的频率响应。两位科学家，弗莱彻（Fletcher）和芒森（Munson）通过一系列等响曲线来描述这种现象。还有一些人获得了更为准确的呈现方式，图 3-3 中的 Robinson & Dodson 曲线展示了人们在不同的频率下需要多少声压才能够获得与 1kHz 相同的响度听感。总的来说，频率越低，需要的声压就越高，同样在很高的频率上，需要较高的声压才能够让我们认为其响度与 1kHz 相同。绝对声级越小（图中较低的曲线），说明我们对低频的灵敏度就越低。

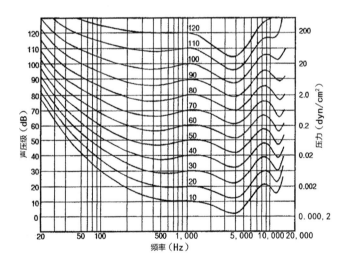

图 3-3　等响曲线

另一个术语，方（Phon）也被用来描述响度。从图 3-3 中我们可以看出，方的数值在 1kHz 时总是与声压级（dB SPL）相同。在其他频率上，标度就有所不同。让我们以顶部的曲线为例，在 1kHz 处，它与表示 120dB SPL 的横向曲线（标度在图左侧）相对应。我们称其为 120 方曲线。大约在 3.5kHz，120 方曲线下潜至 105dB SPL。在曲线的两端，45Hz 和 9.5kHz，都达到了 130dB SPL（有多个不同的等响曲线组，虽然它们在不同条件下测得，但趋势都与该曲线相似）。

这告诉我们，扬声器必须在 45Hz 或 9.5kHz 产生 130dB SPL 的声压，才能够让我们感觉到与 120dB SPL 的 1kHz 相同的响度。我们的耳朵在频率的高低两端显得更加不灵敏，尽管如此，同样的扬声器在 3.5kHz 只需要产生 105dB SPL 就能够让人觉得它和 120dB SPL 的 1kHz 同样响。在这一频率上，我们的听觉更加灵敏。

3.6.2 从等响曲线当中我们能够得到什么结论

如果观察整个等响曲线，你会发现听觉灵敏度的峰值在 3~4kHz 处，在这个频率范围内外耳道会产生共振。如果你意识到人的鼓膜有多小，那么就会明白它对低频（较长的波长）的响应为何如此困难，这也是为什么等响曲线在频率降低时会向上偏转。鼓膜的重量和其他组成部分限制了高频的响应，我们可以从高频段上扬的曲线来观察到这一点。但是我们也会观察到一些反常的现象——这可能是由于内耳耳蜗和局部共振导致的生理上的限制造成的。

事实上，所有的曲线都有着些许不同的曲度，这告诉我们听觉并不是线性的，它的灵敏度是跟随绝对声级的变化而变化的。

人耳的非线性也使声级计的制造者引入了补偿滤波器——在测量声压级时，这种滤波器与等响曲线相反。这种滤波器也被称为"A 计权"（图 3-4）。请注意，在以 1kHz 作为参考时，A 曲线在 50Hz 时降低了 30dB，在 20Hz 时超过了 45dB，并且在 1.5~3kHz 范围内有所提升，在超过 6kHz 时灵敏度开始低于 1kHz 标准。这是图 3-3 中 40 方等响曲线的反转。

由于人耳的灵敏度特性，A 计权的曲线最适合低声压的测量（图 3-4）。请记住 40dB SPL（1kHz）相当于一个非常安静的剧场或安静住宅的平均响度。当测量响度较高的声音（如摇滚音乐会）时，人耳会具有一个"较为平坦"的灵敏度特征。我们可以通过比较 100 方或 110 方（这类音乐会的常规响度）等响曲线与 40 方等响曲线得到这个结论。为了让测得的声压与人所感知的声级更加接近，我们需要一个响应更为平坦的声级计。这就是 B 计权和 C 计权方程的作用。与这一常识相违背的是，美国职业安全与卫生管理局（Occupational Safety & Health Administration）和多数政府机构还在使用 A 计权作为高声压级噪声的测量标准。这将会导致他们获得较低的读数，而对于 A 计权的不恰当使用恰好为那些不希望被管制的单位提供了便利。

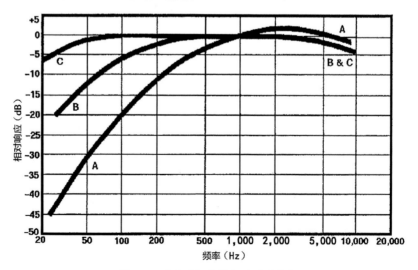

图 3-4　用于声级计计权的滤波曲线

你可以看到若干种计权的表达方式：

"dB（A）"意味着"dB SPL，A计权"，"dB（A wtd.）""dB SPL（A weighted）"与 dB（A）意思相同。

此外，当响度超过 120 方时，多数人都会感到不适。人的听觉痛阈在 120~130dB SPL（1kHz）。

作为特殊群体，儿童和妇女通常比成年男子更加敏感。

注意：造成永久性听力损伤的声压级因人而异，同时也取决于暴露在高声压级中的时间长度。有时，"暂时的听觉痛阈转移"的出现会减弱人的听觉灵敏度，它可以持续数分钟甚至数小时而不产生长期的损伤。重复暴露在同样的声级之下可能会产生永久性的听觉痛阈转移（或者其他生理上的损伤），而单次暴露在同样的声压级下就不会产生此类问题。此话题已经超出了本书描述"危险"声级的范畴，但任何一个从事现场扩声工作的人都应谨慎对待长时间对观众输送超过 95dB（C）SPL 的声压。此外，某些政府条例中也详细规定了最大峰值和（或）平均声级。

3.6.3　响度补偿

很多高保真前置放大器和汽车音响系统都配备了响度开关或控制。实际上，这些功能是针对低声压级听音环境所设计的。简单的响度开关会插入一个量值固定的低频提升，更为复杂的电路则会加入一些高频提升，而最为复杂的一种电路则会提供持续可变的控制，以便在降低音量的同时相应地提升低频和高频（最终它很可能只减少了中频）。你会发现它实际上是根据图 3-3 中的等响曲线反转后得到的响应特征来设计的功能。这使音乐在较低的响度下听上去更加自然。

除非你希望得到一个夸张的响应，否则上述功能可能并不适合高声压级重放环境。但我们可以从这种方法中得到提示，在声压级较低的听音环境下，通过提升高频和低频能量对系统进行均衡修正。如果你正在为一个小型俱乐部设计一套用于声学乐器扩声的系统，可以将声级计选为 A 计权（根据计权读数进行均衡处理以获得平坦的响应时，它能够自动给出你所需要的目标曲线），或者在低频和高频端做少许的提升。留意回授问题，并且记得在为高能量的摇滚乐队做系统调整时，需要去除上述加权均衡。

第4章 动态范围和峰值余量

4.1 动态范围

4.1.1 定义

一个节目最响和最弱的段落之差通过分贝来表示，就是这个节目的动态范围。有时节目中最弱的部分会被环境噪声所掩盖。在这种情况下，动态范围则是指由分贝来表示的节目最响段落和本底噪声之间的差值。换句话说，动态范围定义了一个节目在可闻范围内电平变化的最大范围。

动态范围也可以用来描述音响系统。每个系统都有一个内在的本底噪声，它是系统中残留的电噪声。音响系统的动态范围等于系统峰值输出电平与本底电噪声之间的差。

4.1.2 常规摇滚音乐会的动态范围

在此，我们将会描述一个拥有极宽动态范围的音乐会，而这样的音乐会你几乎从未遇见过。话筒处的声级（不是位于观众席的话筒）变化范围为40dB SPL（在短暂安静片刻进入话筒的观众声、风声、交通噪声）到130dB SPL（超出听觉痛点——当然，表演者是对着话筒而非对着人耳喊叫）。那么这场音乐会的动态范围是多少？我们可以用峰值减去本底噪声来获得：

动态范围 = 峰值电平 – 本底噪声
= 130dB SPL–40dB SPL
= 90dB

这场音乐会在话筒处的动态范围为90dB。

注意：我们将动态范围标记为普通的"dB"而非"dB SPL"。记住，dB是一个比值，在这个例子当中我们仅仅用它来描述130dB SPL和40dB SPL二者的关系；差值是90dB，但它和以0.000,2dyn/cm² 为参考值的dB SPL声压级毫无关系。动态范围几乎总是用dB来表示，并且从不使用dB SPL、dBm、dBu或其他任何采用参考值的dB值。

4.1.3 音响系统在电学上的动态范围

这场音乐会对于音响系统在动态范围方面的要求又是什么呢？音响系统当中的电信号电平（以dBu标记）与话筒处的原始声压级（dB SPL）是成比例的。当然，具体的电平强度取决于话筒的灵敏度、话筒放大器的增益和功率放大器的增益等因素，一旦这些因素确定后就会变成一个常量，因此我们假设它们均为常量，并把关注点放在电路的额定电平上。

因此，当话筒处的声压级到达130dB SPL时，调音台输出端的最大电平可能会达到+24dBu（12.3V），每个功率放大器的最大输出功率会在250W时到达峰值（当然，也可能会有多个功率放大器，每一个都能够获得250W的峰值功率，但是我们先把这个例子设计的简单一些）。同样，当声压级跌落到40dB SPL时，最小线路电平跌落到–66dBu（388μW），功率放大器输出功率减小到250nW（250乘以10^{-9}W）。

当进入话筒的声学内容被转换为调音台输出端的电信号时，它还具有相同的动态范围吗？

动态范围 = 峰值电平 – 本底噪声
= +24 dBu–(–66 dBu)
= 90 dB

是的，整个节目在调音台的输出端与话筒的输入端保持着相同的动态范围，那么在功率放大器的输出端又是如何呢？我们并没有给出关于250nW或者250W的dB关系，但可以通过第3.1节给出的部分公式进行计算：

$$dB = 10 \times \log(P_1/P_0)$$
$$= 10 \times \log(250/0.000,000,250)$$
$$= 10 \times \log(100,000,000,0)$$
$$= 10 \times \log(1 \times 10^9)$$
$$= 10 \times 9$$
$$= 90 \ dB$$

从初始声源到话筒，从电路部分到扬声器的输出，从 dB SPL 到 dBu 或 dBm 或 dBW 的一致性始终贯穿着整个音响系统。重要的是了解 1 个 dB 就是 1 个 dB，如果声压级改变了 90dB，电功率也是如此。我们发现这看上去很奇怪，因为我们在第 3.1 节使用两个不同的 dB 方程：$10\log(P_1 / P_0)$ 和 $20\log(V_1 / V_0)$——但当它们自身的比值通过 dB 进行描述时，10log 和 20log 就不再起作用。通过 dB 来表达两个声压级之间的差值始终与（该声压级差所激励的）电路当中的功率差（dBm）或电压差（dBu）相符——还有一个前提是假设功率放大是线性的（如没有压缩、均衡、限制器或削波的介入）。

相似的关系存在于各种扩声系统、录音棚、Disco 系统或广电系统当中。

4.1.4 系统的声学动态范围

我们已经讨论了节目源进入话筒的动态范围，以及它在调音台和功率放大器中电信号的动态情况，但从扬声器系统中输出的动态范围又是怎样的呢？答案是它也具有相同的动态范围。如果扬声器无法还原这样的动态，那么它们可能会在峰值时发生失真（或者烧毁），或者无法对最弱功率做出响应，或者同时出现上述多种问题。

我们在实际应用中应该重放多高的声压级？这取决于扬声器和观众之间的距离，以及在观众中需要得到多大的响度。假设我们不希望损坏鼓膜，就不希望观众的听感像是歌手以最大的音量在 1 英寸的距离下对着他们的耳朵叫喊。对于这种刺激的感觉，我们能够接受的合理峰值声压级大约在 120dB SPL。不通过数学计算（我们在第 5.1 节再作计算），使用现有的数据，让这些扬声器在某一环境下（持续地）产生 130dB SPL。当然，我们知道如果它们在峰值上产生 130dB SPL 声压级，那么就会在最安静的段落产生 40dB SPL 声压级，动态范围为 90dB。

基于以上内容，我们还知道如果声音的峰值在到达观众的过程中由于空气和距离因素衰减了 10dB，从 130dB SPL 变为 120dB SPL，那么在安静段落所产生的 40dB SPL 也会衰减，变为 30dB SPL，而这会低于观众席当中的环境噪声。这意味着观众可

能无法听见演出中最为安静的段落。这也告诉我们为什么需要通过电子方式来控制动态范围。在这种情况下，对于最响峰值进行压缩处理可以允许我们将整体电平提高，以此来增加安静段落的响度。相关处理详见第 4.3 节。

4.2 峰值余量

4.2.1 定义

我们在第 4.1 节中提及的系统，其平均电子线路输出电平为 +4dBu（1.23V），与它相对应的话筒处所接收的声压级为 110dB SPL。这个平均电平通常被称为额定节目电平。额定电平与节目峰值之间的差值为峰值余量。在话筒处声压级一定的条件下，让我们来计算一下前文提到的音乐会音响系统需要多少峰值余量。

峰值余量 = 峰值电平 – 额定电平
= 130dB SPL – 110dB SPL
= 20 dB

这里需要再次指出，峰值余量总是用 dB 来表示，因为它描述的是一个比值，而不是绝对的数值；峰值余量为 20dB 而非 20dB SPL。同样，电路中的峰值余量为 20dB，计算如下：

峰值余量 = 峰值电平 – 额定电平
= +24 dBu – (+4 dBu)
= 20dB

这里的 20dB 为峰值余量，不可以用 20dBu 来表示。假设功率放大器在其失真临界状态下工作，输出 250W 的峰值功率，已知额定功率为 2.5W，那么它仍有 20dB 的峰值余量。如何得到这一结果？让我们根据第 3 章中的知识来进行计算：

$$
\begin{aligned}
dB &= 10\log(P_1/P_0) \\
&= 10\log(250W/2.5\,W) \\
&= 10\log(100) \\
&= 10 \times 2 \\
&= 20\ dB
\end{aligned}
$$

图 4-1 从声学和电学两个方面描述了一个常见音响系统的峰值余量和动态范围。图中信号噪声比体现了本底噪声和额定电平之间的差值。你能够看到这

一指标如何与动态范围和峰值余量联系起来。此外，信号噪声比、峰值余量和动态范围之间存在着十分微妙的关系，你不能总是通过将信号噪声比与峰值余量相加得到动态范围。

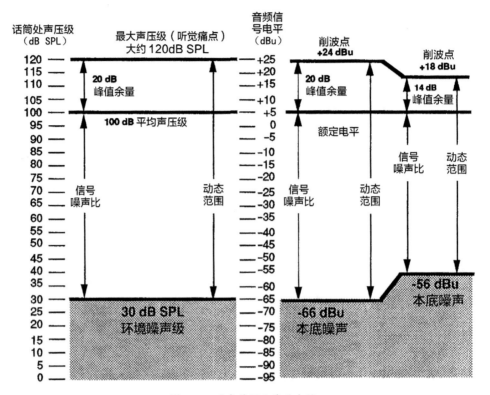

图 4-1 动态范围和峰值余量

这种说法看上去与我们的定义相违背，但如果去了解字里行间的意思就不是这样了。我们知道，动态范围是节目信号中最响与最弱的差值。节目内容有可能是正弦波、人声或者音乐信号。这种节目信号即使低于音响系统本底噪声若干个 dB，通常也是可以被听觉识别的。毕竟噪声是一个随机的宽频信号，而节目信号则是具有某种结构的、频带相对较窄的信号。

从另一方面来说，信号噪声比的下限从本底噪声延伸至某一任意的额定电平。如果在此基础上加入峰值余量，即从额定电平到最大电平，那么得到的分贝数将会小于动态范围——如果我们认可在本底噪声之下的信号也可以被识别。

这里的问题是如何判断节目信号低于本底噪声多少分贝时能够被识别。这在很大程度上取决于特定节目、噪声的特性，以及听音者。采用我们最初的假设是更有把握且容易测量的，动态范围从本底噪声开始这种说法，即使在技术上也并不总是准确，但它具有可重复性。

4.2.2 为何峰值余量十分重要

作为一个参数，峰值余量告诉我们音响系统承受较响节目峰值的能力。假设有两个音响系统都工作在相同的额定电平下，拥有更高峰值余量的那个能够在失真或损坏前承受更大的峰值。对于峰值余量的要求随着节目内容的特点和音响系统用途的不同而不同。

一个在工厂环境中用于公共广播的音响系统可能拥有非常高的额定声级（以克服周围机器的噪声），但它不需要太多的峰值余量——或许最多 6dB 就足够了。这是因为它主要用于还原语音或警报声，这些声音可以被控制在一个很小的声压级范围内。事实上，如果广播系统工作在 110dB SPL 的额定声级下，6dB 的峰值余量意味着系统峰值将会达到 116dB SPL，这距离人耳听觉的痛阈只有几个分贝值。如果是我们之前讨论过的音乐会系统，20dB 的峰值余量意味着峰值声压级将会达到 130dB SPL。如果是这种情况，工人们可能在广播一段时间之后就会因为听力损伤而发起联名诉讼了。

从另一方面来说，一个用于交响乐队扩声的音响系统可能需要超过 20dB 的峰值余量。这是因为交响乐队的平均声级非常低，我们假设是 90dB，而定音鼓、小提琴拨弦或者其他乐器在最响的时候可能会到达 120dB SPL（瞬时）。这就意味着 30dB 的动态余量。如果音响系统仅有 20dB 的峰值余量，那这些音乐中的多数峰值内容就会失真。或许在一个密集的、响度很高的摇滚演出中，这种情况是可以被接受的，但经过古典音乐训练的耳朵能够识别出短暂的失真，并认为这是音响系统不自然的表现。这种系统很有可能遭到演奏者、指挥和观众的拒绝。

这意味着交响乐演出需要比摇滚乐演出使用更多的功率放大器和扬声器吗？完全不是这样的。相同数量甚至更少的设备也能够通过合理的设置来提供额外 10dB 的峰值余量。

记住，10dB 相当于 10 倍功率，你如何从一套相同的系统中多获取 10dB？如果仔细一些你就会发现，我们描述的是同样的峰值声压级——在上述例子中是 120dB。我们只是需要更多的峰值余量。如果不能增加最大电平的话，我们可以减小额定电平——这也正是多数人采用的办法。我们将额定声压级从 100dB SPL 降至 90dB SPL，这给了我们额外的 10dB 峰值余量。事实上，对交响乐队来说，一个拥有 117dB SPL 峰值承受能力的音响系统就已经非常好了（27dB 峰值余量），因此我们只需要将功率放大器和扬声器输出减少一半（3dB）即可。

4.3　在一套实际音响系统中控制动态范围

一个节目的动态范围和峰值余量很少能够和一套特定的音响系统完全匹配。好的系统设计应该考虑类型节目的需求，但实际情况和预算往往需要一定程度的折中。如何做出折中呢？这种情况其实总在发生。如果我们做好了准备，那么最后声音的效果会更容易被接受。

4.3.1　为什么不搭建拥有过量动态范围的系统？

一套音响系统的动态范围增大既可以通过提高最大声压级承受能力，也可以通过让环境变得更加安静。有时可以使用声学处理，这对音乐厅是一个很好的办法（它不仅增加了动态范围，还减少了过多的混响）。在一些时候，尤其是使用便携系统时，几乎没有有效的方法来处理环境噪声。因此只剩下增加声压级这一个选项。

音响系统的最大声压级的增加会导致成本的快速上涨（实际上是以指数方式增长的）。这是因为声压级每增加 3dB，就需要功率放大器和扬声器性能成倍提升。虽然我们也可以使用同样的功率放大器和灵敏度更高的扬声器——这并不是一个坏主意，但我们使用的扬声器很可能已经具有较高的灵敏度。除此之外，在很多情况下高灵敏度的扬声器体积更大、价格更高，并且可能没有合适的空间来放置或者搬运它们。或许我们可以使用具有强指向性的扬声器（如拥有很窄辐射角度的号筒），将有效的能量集中在一个较小的区域，进而向这个区域传递更高的声压级。否则，我们就要重新考虑使用更多或者功率更大的功率放大器。

在非常大型的音响系统中，为每个分贝的声压级花费上千美元并非完全不可能。出于这个原因，找到降低动态范围要求的方法就变得十分必要。而对那些规模较小的系统而言，3dB 的提升或许意味着更多的功率放大器或者扬声器，因此，除了在绝对必要时，增加系统的动态范围都是一件成本过高的事情。

4.3.2　当音响系统动态余量不足时会发生什么？

当节目源的动态范围超过了音响系统所能够承受的动态范围时，以下情况可能会分别或同时出现：

（a）由于扬声器发生削波或者损坏，节目峰值将会发生失真；

（b）由于低于电路或声学环境的本底噪声，节目中最安静的部分无法被听到。

让我们以第 4.1 节当中理论化的音乐会系统设置来解释上述现象为何会发生。我们知道，话筒处的声压级在 40dB SPL 和 130dB SPL 二者间发生改变，呈现出 90dB 的动态范围。相应的调音台输出信号电平应该在 −66dBu（388μV）至 +24dBu（12.3V），动态范围也是 90dB。最终功率放大器的输出在 0.25μW 到 250W，这也是 90dB 动态范围。

假设我们描述的音乐会音响系统由两辆卡车运

输，其中有一辆卡车坏在了高速公路上。我们不得不在最后时刻从演出地租用一套较小的系统（较少的扬声器）。相对于仍在运输途中的设备来说，租来的音响系统使用的话放本底噪声更高，调音台线路输出的能力更弱。我们很幸运地租到了相同的功率放大器，并且能够使用自己的扬声器。我们通过测量得到租赁设备的电路本底噪声为 −56dBu（1.23mW），峰值输出为 +18dBu（6.16V）。那么这套新组装的系统的动态范围是多少？

可通过以下方式解决这个问题。

（1）动态范围取决于最弱的环节。在这个案例当中，我们知道电路是最薄弱的环节。

动态范围 ＝ 峰值电平−本底噪声
　　　　 ＝ +18 dBu−(−56 dBu)
　　　　 ＝ 74 dB

这套系统的动态范围仅有74dB。

（2）由于乐队没有更改演出内容，我们知道节目的声学动态范围是90dB（图4-1）。很显然节目当中会有16dB"丢失"在音响系统中（90dB−74dB=16dB）。

节目的16dB是如何丢失的呢？可能节目峰值会产生极端的削波，因为调音台无法跟随节目的最大峰值输出足够高的电平。与最低电平信号相对应的节目最弱的部分则会被淹没在噪声当中。通常，声场中话筒位置的信号动态和系统还原能力之间相差的16dB，会同时以上述两种方式损失掉。这也告诉我们，对于高质量、高声压级的音乐重放扩声系统来说，同时具有低噪声和高声压输出能力是非常必要的。

4.3.3 如何将大动态的节目通过动态范围有限的音响系统来进行呈现

到目前为止，我们已经描述了线性电路的特征，即输入电平改变 2dB，输出电平也将改变 2dB，但这种特性并不适合我们的需求。假设输入端电平改变 2dB 时，输出电平仅变化 1dB，这样得到的节目动态范围会是怎样的？它会减半，90dB 的动态范围会变成45dB（图4-2）。

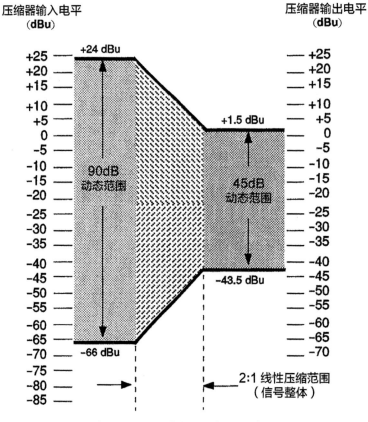

图 4-2　以 2:1 的比例压缩 90dB 节目

事实上，我们可以通过压缩器这个简单的信号处理设备来做到这点。通过将压缩比设置为较为平缓的 2:1，输入信号每个 dB 的变化将会在输出端体现为 0.5dB。这种平缓的压缩方式能够被绝大多数情况所接受（最为严苛的音乐还原除外），不仅如此，我们通常使用压缩比更高的方式进行压缩。

在第 4.3.2 节所举的例子当中，我们只需要将

动态范围从 90dB 缩小到 74dB——16dB 的动态范围损失。因此我们可以引入一个压缩比为 1.21:1 的压缩器，它将以如图 4-3 所示的方式将 90dB 动态范围压缩至 74dB（还需要进行若干电平调整，见图 4-3）。这显然比使用 2:1 的压缩比要好得多，因为它在尽可能保证原有的冲击力和自然音色的同时，让节目适应了音响系统自身的限制。

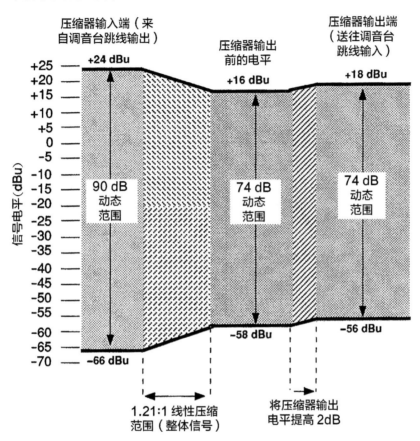

图 4-3 以 1.21:1 的比例压缩 90dB 节目

我们可能还是不希望使用任何压缩，毕竟它会带来一些副作用，如让原本安静的喘息变得更响，在某些情况下产生音量跳变，加剧了低频信号的失真等。尽管如此，峰值信号发生失真是同样无法被接受的，因此我们可以使用另一种方式：仅当信号处于某一阈值之上时压缩才起作用；当低于特定信号电平时，压缩器不工作。如果选择了适合节目额定电平的阈值，那么节目的绝大部分将保持自然的听感。对于超出阈值的部分，为了保证系统不发生失真，无论使

用何种压缩比例都可以被接受。图 4-4 展示了一个以 1.43:1 为压缩比、以 +4dBu 为阈值的压缩器。这种方式降低了对系统峰值的需求，但对于节目音量较弱的部分没有什么帮助，我们发现动态范围仅仅被减少至 84dB，还有 10dB 的节目内容会被淹没在噪声中。如果将阈值降低，或提高压缩比，节目动态中更多的内容将得以保留，压缩器输出端的整体信号电平将会提高至超过调音台本底噪声的水平。

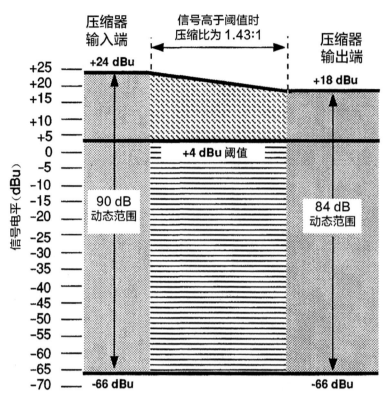

图 4-4　当信号高于阈值时，压缩比为 1.43:1

一些设备可以在阈值之上施加一个压缩比很高的压缩器（其压缩比在 8:1 至 20:1，甚至 ∞:1）。这种设备被称为限制器，它产生的效果被称为"限制"。使用这一术语十分贴切，因为无论输入信号如何变化，这种设备都能通过极大的压缩比阻止输出电平有进一步的升高。假设阈值被设置为 +15dBu，压缩比是 10:1。当输入信号小于 +15dBu 时，限制器的输出与输入信号相符。当输入电平超过 +15dBu 时，输出端变化极小。小到什么程度呢？在 10:1 的压缩比时，输入端发生 10dB 的变化只能在输出端产生 1dB 的变化。这意味着一个 +25dBu 的输入信号在限制器输出端仅增加 1dB，即 +16dBu。因为很少有输入源能够在任何情况下产生 +25dBu 的输入电平，即使这种情况发生，限制器也会将所有超过 +16dBu 的信号都限制住了，因此输出电平无法超过 +16dBu。

很多设备的功能都能够在压缩器和限制器之间进行选择，因此又被称为压限器。

我们已经针对在话放和调音台输出端之间插入压缩器的情况做了一系列讨论，并假设调音台中所有的噪声和峰值余量问题都发生在压缩器之后。然而实际情况并不是这样，因为话放通常是噪声的来源。此外，调音台的加法放大器也可能成为峰值余量的瓶颈，因此在输入端使用压缩器是有帮助的。还有一种常见情况是调音台具有充足的峰值余量和动态储备，真正限制动态范围的是功率放大器和扬声器系统。在这种情况下，将压缩器设置在功率放大器之前的任何位置都会有所帮助。

还有一种特殊情况，压缩器和它的反功能设备扩展器可以被用来克服音响系统中某个环节的动态限制。这种情况发生在模拟磁带录音机中，磁带涂层无法与电子元器件的动态响应能力相比，它往往限制了本底噪声和失真电平的水平。一种方法常常被用来避免磁带饱和以及嘶声带来的节目内容丢失问题。很多专业和民用卡座机都配备了一套降噪系统，它被称为"压扩器"（这项技术由杜比实验室和 dbx 公司等机构研发）。

一个压扩降噪系统在信号到达磁带前对其进行动态范围压缩，在磁带内容被读取后再对其进行补偿性的扩展，通过这种方式保证节目在读取和重放的过程中能够呈现出原始的动态（图 4-5）。

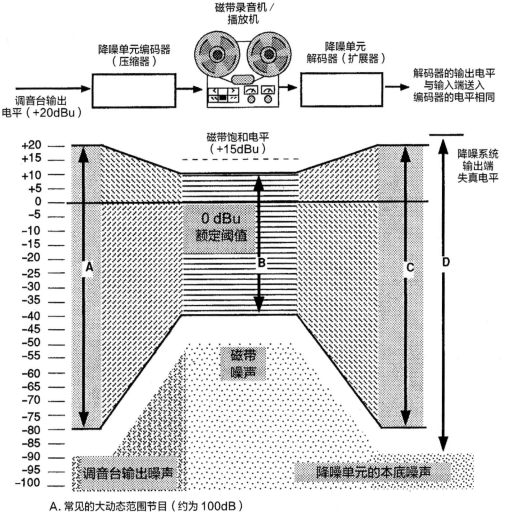

A. 常见的大动态范围节目（约为 100dB）
B. 经过 2:1 压缩（编码）的节目占据了动态范围的一半（50dB）
C. 经过 1:2 扩展（解码）的节目还原了原始动态范围（100dB），同时保证磁带噪声低于
最安静的节目段落

图 4-5　一个压扩磁带降噪系统如何进行动态范围限制

4.3.4 多少峰值余量是合适的？

请回忆一下，峰值余量是高于节目平均信号水平的电平余量。

对于峰值余量特性的选择取决于节目类型、应用场合以及功率放大系统的预算。对于一个以高保真为目的的音乐重放系统来说，15~20dB 的峰值余量是较为理想的。对于大多数扩声，尤其是需要大量功率放大器的场合来说，经费预算是一个重要的考虑因素。在这种情况下，10dB 的峰值余量通常也是比较合适的。我们通常借助压缩器或者限制器来配合选定的峰值余量，避免削波的发生。在极端环境（如工厂中）下，背景音乐和广播需要在持续高噪声级的环境下进行播放，因此最大音量需要得到限制，以避免出现过于危险的高声压级，此时 5 ～ 6dB 的峰值余量并不罕见。为了获得低峰值余量的特性，需要借助极端的压缩或者限制手段，进而导致声音变得不自然，但能够让人听得清楚。

第5章 室外声音

第5章讨论的内容是声音在室外的行为特征，以及这种特征对音响系统产生的影响。

室外环境实质上是没有反射面[1]或障碍物的环境，本章讨论的概念均处于"自由场"环境的假设中。室内声音的行为特征将在第6章进行讨论。

5.1 平方反比定律

平方反比定律描述了声压级与声源距离之间的关系。该定律的成立有两个假设条件：

（a）声源为点声源（全指向性的辐射体）；

（b）自由场环境（无反射界面）。

平方反比定律描述了声音的强度随着距离的平方发生改变，即：当观察点到声源的距离加倍，测得的声压降低6dB。

例如，如果一个扬声器在10英尺（304.8cm）处持续产生100dB SPL的声压，那么在20英尺（609.6cm）处的声压级则是94dB(100-6=94)。

6dB的声压级差所对应的声压比例为2:1。然而这并不是一个2:1的响度差，一个10dB的差值大约代表了2:1的响度变化（参见第3.3节）。当然，如果作为另一个距离声源两倍远的观察者，你所接收的声压会比之前的观察者所接收声压的一半稍大一些。图5-1展示了两倍距离带来6dB声压级衰减的原因。

图5-1（a）和图5-1（b）中描绘的半径加倍将能量扩展到了4倍的表面积上，因此声压级的衰减与观察点到声源距离呈平方反比关系。

一个点声源位于X处，在图5-1（a）中，一个半径为10英尺（304.8cm）的球以点声源为中心。这个球代表了点声源在自由场中声能的均匀分布。在图5-1（b）中，声源作为一个半径为20英尺（609.6cm）（2倍距离）的球的中心。此时球的表面积是图5-1（a）中球的4倍。

假设两个球上各有一个等面积的窗口。由于位于

X处点声源的声能在图5-1（b）中扩散的表面积是图5-1（a）中的4倍，通过图5-1（b）中窗口的声能是图5-1（a）中的1/4。

4:1的声能比可以表达为6dB，与2:1的声压级比相对应。

图5-1（a）和图5-1（b）中所描绘的半径加倍将能量扩展到了4倍的表面积上，因此声压级的衰减与观察点到声源距离呈平方反比关系

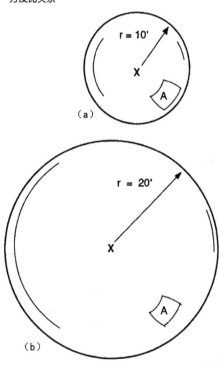

图5-1　声能或声压：平方反比定律

注意：通过分贝来表示的声功率并不会随着距离的变化而改变，因为一个声源的声功率指的是在一段时间内，声源在全方向上辐射能量的总和。无论从任何距离、任何位置上观察，一个100W灯泡的烛光量（类似于扬声器系统产生的声学输出）是不变的，但光的亮度（与声压级类似）会随着距离的变化而减弱。光的亮度随着观察表面与灯泡距离的增加而减弱，这与声压级随着距离的增加而减小是一样的。

1　地面也是反射面，原文将此因素略去——译者注

平方反比定律计算

基于平方反比定律的计算通常是现场扩声的一部分。让我们通过以下例子来看看它该如何使用。

例 1：一只扬声器的灵敏度是 102dB SPL（1W，1m）。当它被一个 1W 的持续噪声信号驱动时，在距离扬声器 30 英尺（9.14m）处的声压是多少？（假设扬声器处于室外无混响的自由场）

可通过以下方式解决这个问题。

（1）首先应该将英尺转换为米，因为扬声器的灵敏度参数使用了这个单位：

$$30\,\text{ft}/3.28\,\text{ft}/\text{m} \approx 9\,\text{m}$$

（2）使用声压级分贝公式，计算平方反比衰减：

$$20 \times \log(9\text{m} : 1\text{m}) = 20\log(9)$$
$$20 \times \log(9) = 20 \times 0.954,242,509,4$$
$$= 19\,\text{dB}$$

（3）1m 处声压级（102dB）减去衰减的 19dB：

$$102 - 19 = 83\,\text{dB SPL}$$

答案是：

距离扬声器 30 英尺（9.14m）处的声压级为 83dB SPL。

例 2：你需要为一个活动的观礼台提供扩声系统。观众席的深度是 100 英尺（30.48m）。你希望将一个灵敏度为 98dB SPL（1m，1W）的扬声器放置在观众席的前方。扬声器能够承受 100W 的持续功率。请问后排观众能够获得的最大声压级是多少？

解决这个问题的步骤如下。

（1）通过分贝来计算 1W 和 100W 的比值，使用功率分贝方如下。

$$10\log(100\text{W}/1\text{W}) = 10 \times \log(100)$$
$$= 10 \times 2$$
$$= 20\,\text{dB}$$

（2）将这一结果加在 98dB 的灵敏度上（1W 时的声压级）来获得 100W 时 1m 距离上的声压级。

$$98 + 20 = 118\,\text{dB SPL}$$

（3）使用声压级分贝公式，计算平方反比衰减：

$$100\,\text{ft}/3.28 \approx 30\,\text{m}$$

$$20\log(30\text{m}) = 20 \times 1.477,121,255$$
$$= 29.542\,\text{dB}$$

四舍五入后约为 30dB。

（4）从步骤（2）中减去衰减量：

$$118 - 30 = 88\,\text{dB SPL}$$

如果系统到达其最大承受能力，后排观众能获得的声压级为 88dB SPL。

5.2 环境因素的影响

声音在室外的传播会受到若干环境因素的影响，而这些因素在室内环境下并不明显。这些影响能够导致音响系统的行为模式偏离平方反比计算的预期结果。

影响室外声音的主要因素是风、气温梯度和湿度。这些因素所产生的影响在大型室外活动中最为明显，如体育赛事或摇滚音乐会。

5.2.1 风

风对声音产生的影响通常分为两类——速度影响和梯度影响。

风速对声音的影响可以从图 5-2 中看出。一个横风会对声波的传播施加一个速度矢量，进而改变传播方向，使它听上去好像来自另一个位置。

风速梯度在一个空气层与相邻空气层运动速度不同的情况下，会对声音产生影响。这种梯度的产生可能是由于观众席周围的物体阻挡了风的运动，比如观众席周围的树木或墙体。风速梯度对声音的影响如图 5-3 所示。

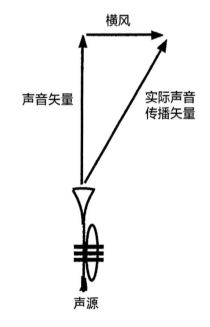

图 5-2 声音和风矢量（极端情况）

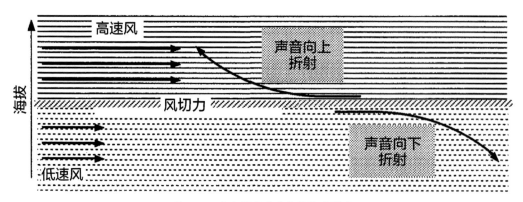

图 5-3　风速梯度对声音传播的影响

由于风速梯度对声音的传播增加了一个矢量，当声音通过梯度切面时会发生折射。假设风速在水平方向分层，当声音逆风传播时，它的折射向上，顺风传播时，折射向下。当声音垂直传播时，折射方向为左或者右。

也就是说，风带来的实际影响是很小的（飓风除外），因为风速相对于声速来说几乎可以忽略不计。风向的突然转变会使立体声声像变得不稳定。从表面上看，风似乎对声音传播产生较大影响，但实际上这是它带来的气温梯度导致的。我们随后将讨论这个问题。

5.2.2　气温梯度

声音传播的速度也受到温度的影响。相比温度较低的空气，声音在温度较高的空气中传播较快（因为空气密度小）。出于这种原因，气温梯度也会导致声音的折射现象。

图 5-4 描绘了气温梯度对室外声音的影响。在图 5-4（A）中，上层空气温度高于下层空气。这种情况通常发生在清晨，由于前一天夜晚的影响，靠近地面的空气温度较低，高层空气由于阳光的照射，其温度已经升高。在这种情况下，声音会在地面和梯度切面之间来回折射，造成声音强度在某些区域较高，某些区域较低。

图 5-4（B）则展示了相反的情况。这种情况通常发生在傍晚，地面温度仍然较高，此时声音容易发生向上的折射。

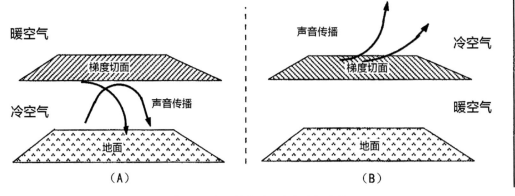

图 5-4　气温梯度对于声音传播的影响

5.2.3　湿度

当声音在空气中传播时，空气会吸收声波的能量使其减弱。这种情况通常出现在 2kHz 以上的频率，并且随着频率的升高愈发明显。这就是为什么我们听到远处的雷声只有低频。高频的"炸裂感"比低频能量衰减得快得多。

声音在空气中的衰减受相对湿度的影响很大。干燥的空气比潮湿的空气吸收更多的能量，因为潮湿空气的密度小于干燥空气（一般情况下水蒸气的质量小于空气质量）。

图5-5展示了空气吸收声能与相对湿度之间的关系。

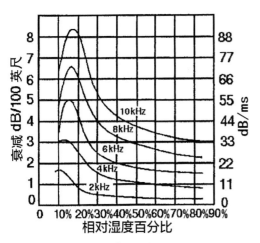

图5-5 空气吸收声能与相对湿度间的关系

当信号回路的增益不增加也不减少（即0dB增益）时，回授出现。回授会出现在系统路径中不发生反相的频率上。

如果我们减小增益直到回授刚好停止（回路增益恰好小于0），此时系统的频率响应仍然不稳定。这是因为当回路增益接近0时，整个系统会在同相的频率上产生共振。

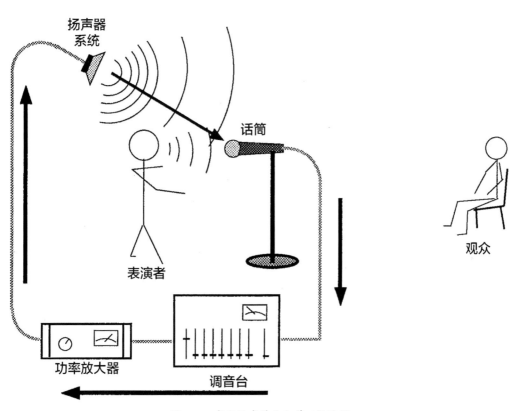

图5-6 常见的声学和电学回授路径

5.3 回授控制

假设一个简单的音响系统包含了1只扬声器、1只话筒和1台功率放大器（图5-6）。一位表演者站在话筒处，听音者坐在观众席。

当系统通电后，逐渐增加功率放大器的增益，直到在某个时候系统开始出现啸鸣声。这种啸鸣声被称作回授。图中的黑色箭头指出了回授的路径。部分从扬声器辐射的声音被话筒再次拾取，进入系统后产生了持续的回路。

根据经验，一个音响系统能够在回授增益以下6dB运行。这一经验能够为回授控制带来合理的安全边界，保证音质自然（起码不会因为回授产生空洞感或啸鸣的声音）。

5.3.1 最大增益（回授前有效增益）

现在，我们引入最大声学增益这个重要概念。

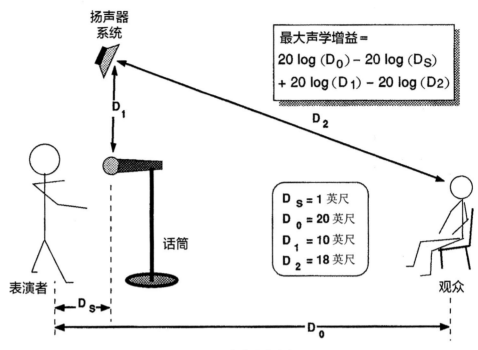

扬声器系统

最大声学增益 =
$20 \log (D_0) - 20 \log (D_S)$
$+ 20 \log (D_1) - 20 \log (D_2)$

D_1

D_2

话筒

$D_S = 1$ 英尺
$D_0 = 20$ 英尺
$D_1 = 10$ 英尺
$D_2 = 18$ 英尺

表演者

观众

D_S

D_0

图 5-7 声学增益关系

如图 5-7 所示，假设扬声器和话筒都具有全指向性，话筒距离演讲者 1 英尺（30.48cm），演讲者的声音在话筒位置测得的声压为 70dB SPL。为了简化计算，假设我们处于室外声场，因此无须考虑反射问题。

当系统关闭时，观众能够听见演讲的声压级遵从平方反比定律，距离声源从 D_0 到 D_s。

$$70\,dB - [20 \log(D_0/D_s)]$$
$$= 70 - [20 \log(20/1)]$$
$$= 70 - (20 \log 20)$$
$$= 70 - (20 \times 1.301)$$
$$= 70 - 26$$
$$= 44\,dB$$

当系统关闭时，听音者能够听到的声压级为 44dB SPL。

现在我们将系统打开，逐渐增加放大器的增益。回授将会在回路增益到达 0 时出现，即扬声器在话筒处所产生的声压与演讲者自身声音的声压（70dB SPL）相等时。

为了计算听音者能够从系统中听到多大的声音，我们通过 D_1（扬声器和话筒之间的距离）和 D_2（扬声器与听音者之间的距离）的关系，利用平方反比定律进行计算。

$$70\,dB - [20 \log(D_2/D_1)]$$
$$= 70 - [20 \log(18/10)]$$
$$= 70 - (20 \times 0.255,272,5)$$
$$= 70 - 5$$
$$= 65\,dB$$

系统的声学增益是系统打开时听音者听到的声压与系统关闭时听音者听到的声压之差。在这个例子中：

$$65\,dB - 44\,dB = 21\,dB$$

这个数据是基于回授临界点得到的。如果我们加入 6dB 的安全余量，实际最大声学增益将会下降至 15dB。

根据上述讨论，我们可以用如下方程表示最大声学增益：

$$最大增益 = n\,dB - 20 \log(D_2/D_1) - n\,dB$$
$$-20 \log(D_0/D_s)$$

这里 ndB 等于演讲者的声压级。

经过简化，并且加入 6dB 的安全余量，我们得到了标准方程：

$$最大增益 = 20 \log(D_0) - 20 \log(D_s) +$$
$$20 \log(D_1) - 20 \log(D_2) - 6$$
$$或者，最大增益 = 20 \log(20) - 20 \log(1)$$
$$+ 20 \log(10)$$
$$- 20 \log(18) - 6$$
$$= 26 - 0 + 20 -$$
$$25 - 6 = 15$$

注意，ndB 这一项被抵消了，因此增益与声源的声压大小无关[2]。这个方程同时也证明了我们可以通过以下两种方式来增加系统增益：

（A）减小声源和话筒之间的距离（D_s）；

（B）增加扬声器和话筒之间的距离（D_1）。

5.3.2 使用指向性话筒和扬声器

上一部分提到的声学增益计算都基于话筒和扬声器均为全指向的假设。在实际的扩声工作中，全指向设备并不常用，后文解释了这种情况出现的原因。

图 5-8 展示了常规心形话筒和扩声扬声器的极性图。值得一提的是，它们都具有独特的指向性特征。这些特征可以增加系统的声学增益。

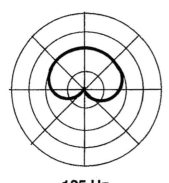

125 Hz

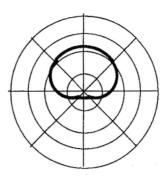

250 Hz

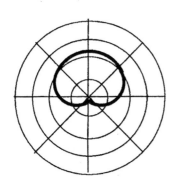

500 Hz

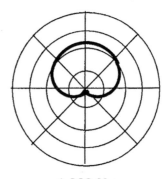

1,000 Hz

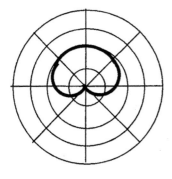

2,000 Hz

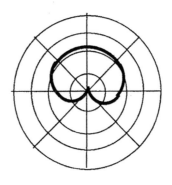

4,000 Hz

图 5-8（A） 心形话筒的极性图

YAMAHA
扩声手册
（第 2 版）

2 但我们能够从扬声器系统中实际获得的声压级与声源大小是有直接关系的——译者注

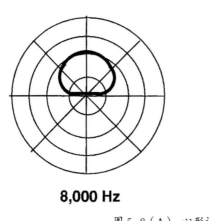
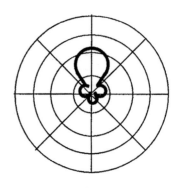

8,000 Hz   **16,000 Hz**

图 5-8（A） 心形话筒的极性图（续）

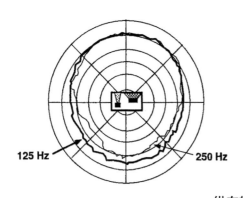
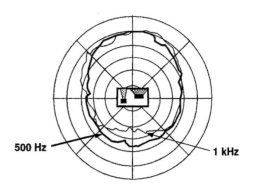

125 Hz   250 Hz   500 Hz   1 kHz

纵向辐射极性图

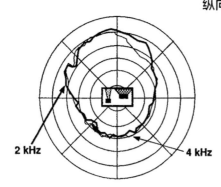
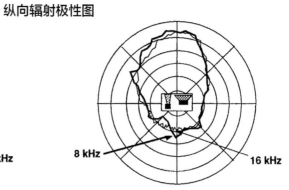

2 kHz   4 kHz   8 kHz   16 kHz

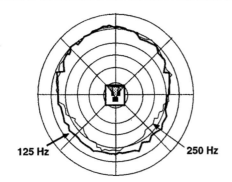
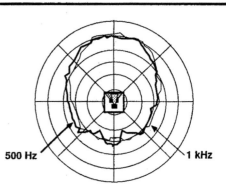

125 Hz   250 Hz   500 Hz   1 kHz

图 5-8（B） 扩声扬声器的极性图

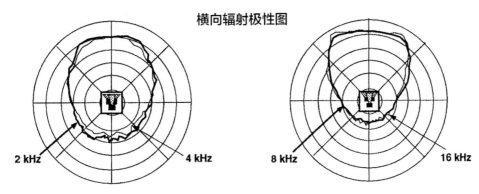

横向辐射极性图

2 kHz 4 kHz 8 kHz 16 kHz

图 5-8（B） 扩声扬声器的极性图（续）

图 5-9 描述的情况与我们在第 5.3.1 节分析的案例十分相似。

让我们将全指向的扬声器更换为图 5-8 中展现的指向性扬声器。如果我们调整扬声器的朝向，使话筒位于扬声器极性响应 -6dB 的位置，相比全指向性扬声器，此时扬声器到达话筒的声压级将减少 6dB。这 6dB 可以直接贡献给系统的最大增益。

如果我们将全指向话筒替换为图 5-8 中的指向性话筒，调整话筒朝向，使扬声器位于其极性响应 -6dB 的角度上，就能够获得相似的优势。

从理论上来说，我们将系统的最大增益增加了 12dB。

在实际情况中，问题并不是那么简单。在低频段，全频扬声器指向性趋于全指向——无论在中高频的指向性多么尖锐（这一点在第 13 章中得到了详细的验证）。同样，一个心形话筒的指向性并不是在所有频率上都相同（参见第 10 章）。事实上，心形话筒并不具有合理的平坦且平滑的响应，在实际情况中，一只响应平滑的全指向性话筒有可能提供同样的最大增益。

你可以通过设置一套简单的扩声系统，使用心形话筒和全频扬声器来验证这一点。如果将话筒置于扬声器前方，缓慢增加增益，系统将会在高频产生回授。将话筒置于扬声器后方，缓慢增加增益，系统将会在低频产生回授。

总的来说，在实际情况中，指向性元器件能够带来大约 6dB 的增益（即 2 倍增益）。通过第 5.3.1 节最后的最大增益公式，你将会看到减少 D_s（声源和话筒之间的距离）能够显著地提高系统在回授前的有效增益。同样，增加 D_1（话筒和扬声器之间的距离）也能够提高有效增益。

对于回授的最佳控制办法则是：

（A）使用指向性元器件（合理设置摆放方式与朝向）；

（B）尽可能让扬声器远离话筒（这也是为什么很多扬声器系统被吊装在舞台上方）；

（C）让话筒靠近声源（这也是为什么很多歌手看上去都快把话筒给吞了）。

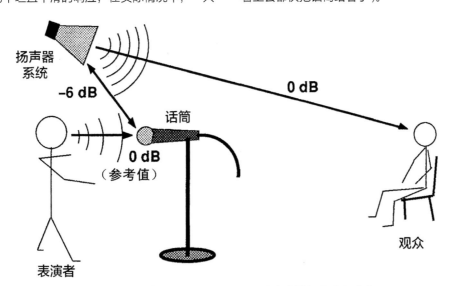

扬声器系统 -6 dB 话筒 0 dB 0 dB（参考值） 表演者 观众

图 5-9 在扩声系统中使用指向性元器件能够提高最大增益

第6章 室内声音

第6章讨论的内容是声音在室内的行为特征，它是基于第5章（室外声音）的内容展开的。

相比在自由场中的行为特征，室内声音展现出十分复杂的特性。数十年的声学研究试图将混响声场的特征进行量化。这些努力已经转化成为大量的方程，它们可以描述声音在一个特定房间中的行为特征。

我们并不会在这里仔细罗列这些计算过程，因为这与我们的目标并不相符。本章将会呈现室内声学的基本原则，并且在必要的时候做简单的数学计算。

6.1 界面

房间的墙壁、天花板和地板从某种程度上都可以透声和反射声波。图6-1展示了声波撞击界面时的情况。

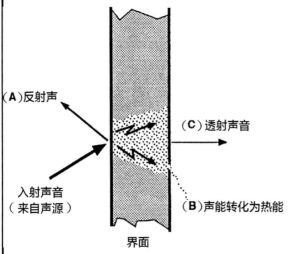

图6-1 界面对声音传播和反射产生的影响

如图6-1（A）所示，部分声能被反射了，反射能量所占的百分比取决于反射表面的硬度。

声能中没有被反射的部分进入了界面中。这些能量中的一部分被界面材料所吸收，进而转化为热［图6-1（B）］。剩余的能量（C）穿过了界面。（A）和（B）两种情况与界面材料的反射率及疏松程度相关。

当声波撞击一个较小的物体（不是墙体或天花板，而是一个颁奖台或演讲台），它会在物体周围发生弯曲，这种现象被称为衍射（图6-2）。

衍射、反射、透射和吸声的情况都取决于声波的频率和入射角度。这些现象发生的百分比基本与声音的强度无关。

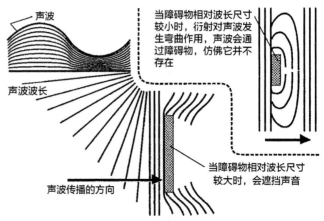

图6-2 界面的声衍射现象

吸声系数

在建筑声学中，声波入射某一材料后发生的能量损失可以通过吸声系数进行计算。吸声系数的概念由Wallace Sabine博士提出，他被誉为当代建筑声学之父。

Sabine定义了一种敞开的窗口——它不对声音产生任何反射——作为一个理想的吸声体，其吸声系数为1（100%）。同样，他还定义了一个吸声系数为0的理想反射面。任何材料的吸声系数都在0和1之间，并通过百分比来表达。

一个界面材料的吸声系数和反射声波的强度间的关系是很简单的。假设一个界面材料的吸声系数是0.15，我们可以通过如下方式来表示该界面对声波的作用。

（1）将系数转换为百分比

意味着声能的 15% 会被材料吸收。

$$0.15=15\%$$

（2）从 100% 减去吸声量，得到反射量

$$100\%-15\%=85\%$$

意味着 85% 的能量会被材料反射。

（3）最后，通过一个 10 log 函数将百分比换算为 dB

$$10 \log 0.85=-0.7dB$$

反射声压比入射声压小 0.7dB。

上述一系列计算过程可以简化为一个单独的方程，用于计算不同吸声系数而导致的声能衰减量。

$$n\text{dB}=10 \log [1/(1-a)]$$

这里的"ndB"为声能的衰减量，a 为吸声系数。

表 6-1 给出了一些不同种类界面的吸声系数。因为吸声的效果受到频率的影响，所以每种材料在不同频率都有不同的系数。

表 6-1　普通材料的大致吸声系数

材料	频率		
	125Hz	1kHz	4kHz
砖墙（18 英寸厚，无涂料）	0.02	0.04	0.07
砖墙（18 英寸厚，有涂料）	0.01	0.02	0.02
室内用石膏（在金属条板上）	0.02	0.06	0.03
浇筑混凝土	0.01	0.02	0.03
松木地板	0.09	0.08	0.10
地毯（含垫层）	0.10	0.30	0.70
窗帘（棉布，2 层）	0.07	0.80	0.50
窗帘（丝绒，2 层）	0.15	0.75	0.65
吸音板（5/8 英寸，1# 安装方式）	0.15	0.70	0.65
吸音板（5/8 英寸，2# 安装方式）	0.25	0.70	0.65
吸音板（5/8 英寸，7# 安装方式）	0.50	0.75	0.65
泰特幕（Tectum）板	0.08	0.55	0.65
胶合板（1/8 英寸，2 英寸空气层）	0.35	0.35	0.65
胶合圆柱体（2 层，1/8 英寸）	0.30	0.10	0.07
穿孔吸音板（有垫层）	0.35	0.20	0.18
满座观众席	0.90	0.95	0.45
剧场空座位（硬地板）	0.50	0.95	0.75

1# 安装方式是直接粘在石膏或者混凝土上

2# 安装方式是固定在一个 1 英寸厚的钉板上

7# 安装方式是悬吊在房顶上，其上方有 16 英寸空间

1 英寸 =2.54cm

注意，对于中频和高频来说，满座观众席的吸声系数非常接近于 1（完全吸声），这也是为什么观众坐满后会对房间的声学产生极大的影响，与硬地板上没有软包的座椅对比非常明显。在随后的内容中我们将会发现，这一事实对于室内音响系统设计来说非常重要。

6.2　驻波

形成驻波是硬反射面的显著作用之一。

图 6-3 展示了某一固定频率的持续声波，从正面入射到反射面。反射声波和随后而来的入射声波相叠加。当波峰（最大压强）重合在一起时，它们相互叠加增强。波谷（最小压强）间也会产生叠加。

这样的结果是在空气中形成一个固定的模式，包含低压力区（又称波节），以及与之交错的高压力区（又称波腹）。这种现象被称为驻波。

在驻波存在的区域来回走动，你能够很容易地识别声音很大或很小的物理位置。值得一提的是，这些最大和最小的气压位置之间的间隔为 1/2 波长。它们在空间中的分布情况取决于声音的频率。

房间中的驻波

现在请看图 6-4 中的两个平行墙面。假设墙面反射性极强。我们在中心位置放置了一个点声源。

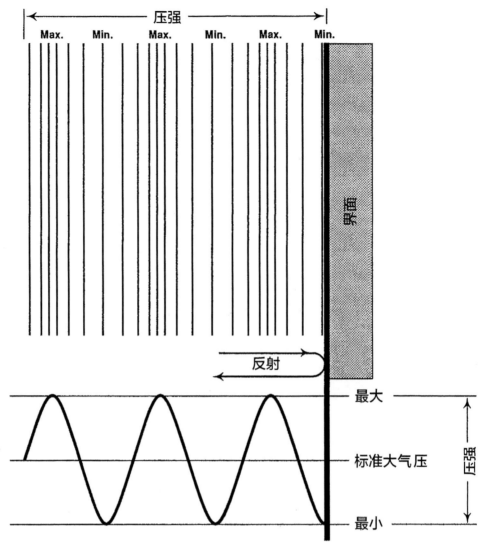

图 6-3 由于界面反射产生驻波

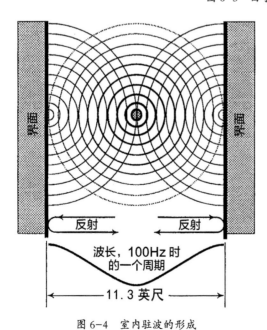

图 6-4 室内驻波的形成

假设点声源辐射一个短促的纯音。声波向各个方向辐射，向侧面辐射的声波最终会到达墙壁。部分能量被墙壁吸收，而大多数被反射回来。反射的声波从一个墙壁辐射到另一个墙壁，然后再一次发生反射。这一过程在声能被空气和墙体完全吸收耗散后才会停止。

在这种情况下，声波波长有且只有在符合墙间距的要求时，驻波才有可能产生。这种驻波也被称为房间共振、固有频率，或者房间简正模式。

举例来说，100Hz 纯音的波长为：

1,130 英尺 / s/100 周期/s

= 11.3 英尺/周期

如果图 6-4 所示的墙面相隔 11.3 英尺（3.44m），

那么连续的反射声波将会互相增强，在房间中形成稳定的波节和波腹点。同样的现象会发生在 100Hz 的整数倍频率（如 200Hz、300Hz 等，图 6-5）。

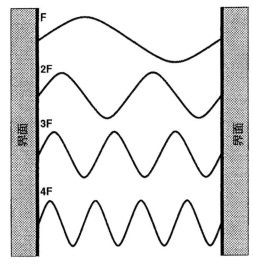

图 6-5　谐波频率的房间简正模式

假设在两个墙壁之间有若干听众，100Hz 是某一乐句的根音。坐在波节位置上的听众很可能听不清这个音，而坐在波腹位置的观众则会觉得这个音特别大。显然，驻波现象能够显著地影响房间的声音质量。

在不同的房间中，情况要比我们描述的例子复杂得多。通常我们可以认为房间具有 3 个简单的共振系统（两个来自面对面的墙体，一个来自地板和天花板），以及两个更加复杂的系统（一个来自四面墙壁，一个则来自 6 个表面）。因此，某个房间会在不同频率出现共振。

好的声学设计会将房间共振纳入考虑，通过使用非平行墙面和多种不同的吸声处理将驻波最小化。悬挂窗帘是最有效也是最简单的办法之一。

请注意在图 6-3 的例子中，反射面 1/4 波长的位置为波节。在这个区域中，压力最小，但空气分子的速率是最大的。在这个位置悬挂吸声材料对于驻波的处理效果将会远好于其吸声系数给出的效果。

6.3　混响

界面反射带来的另一个潜在的、经常被人讨论的影响是混响。混响的模型如下。

假设一个点声源位于封闭房间的中心。打开声源，声音向各个方向辐射，并最终撞击房间的界面。它的部分能量被吸收，部分发生透射，但大多数都通过反射回到了房间内。

经过一段时间后，足够的反射已经产生，实际上这一空间中已经布满了随机的声波。如果声源持续向外辐射能量，这个系统最终会达到一个平衡的状态，声源辐射的能量与界面吸收和透射耗散的能量相等。

声学研究者们通过统计学术语来描述这种平衡。抛开产生驻波共振或聚焦反射的时刻，我们可以认为在与声源保持一定距离的位置上，房间中所有点的声压相同。

假设我们现在关闭声源。房间中残留的声波继续在界面之间来回反弹，在每次反射的过程中都会失去一部分能量。在某一时刻，系统中所有残留的能量消耗殆尽，声音就此终止。

这种声音的衰减被人们感知为混响。声能跌落 60dB 所需要的时间被称为衰减时间，或者混响时间，简写为 RT_{60}。

这种衰减的时长和频谱特征——连同所有的共振——组成了房间的声学记号和特征。这些因素在很大程度上取决于房间界面的吸声特性、容积以及形状。

注意：有一些以发明者命名的方程，基于特定环境的吸声特性来计算混响时间，如 Sabine、Norris-Eyring 和 Hopkings-Stryker。Sabine 方程中的吸声单位是 Sabine。这些方程的细节已经超出了本书讨论的范畴，因此仅将它们列入图 6-6。

	公制单位： S = 表面积（单位为 m^2） V= 容积（单位为 m^3）	英制单位： S = 表面积（单位为 ft^2） V= 容积（单位为 ft^3）
Sabine 当 $\bar{\alpha}<0.2$ 时，Sabine 方程给出的结果与已经公布的吸声系数最为匹配。	$T = \dfrac{0.16V}{S\bar{\alpha}}$	$T = \dfrac{0.49V}{S\bar{\alpha}}$
Eyring Eyring 方程适用于 $\bar{\alpha} \geq 0.2$ 的具有良好特性的房间。	$T = \dfrac{0.16V}{-S\,ln\,(1-\bar{\alpha})}$	$T = \dfrac{0.49V}{-S\,ln\,(1-\bar{\alpha})}$
Fitzroy Fitzroy 方程适用于吸声体分布不佳的矩形房间。α_x、α_y 和 α_z 是面对面表面的平均吸声系数，这些界面的总面积为 x、y 和 z。	$T = \dfrac{0.16V}{S^2}\left(\dfrac{x^2}{X\,\alpha_x} + \dfrac{y^2}{Y\,\alpha_y} + \dfrac{z^2}{Z\,\alpha_z}\right)$	$T = \dfrac{0.49V}{S^2}\left(\dfrac{x^2}{X\,\alpha_x} + \dfrac{y^2}{Y\,\alpha_y} + \dfrac{z^2}{Z\,\alpha_z}\right)$
	T 为声能衰减 60dB 持续的时间，单位为 s	

图 6-6 混响时间方程

适量的混响给人以愉悦、自然和富有音乐性的听感，这些混响时间相对较短且具有平滑的频谱特征。过多的混响会导致语言清晰度下降，破坏音乐织体和冲击感。相信多数人都有过身处充斥着硬反射面的大型体育馆、体育场或交通枢纽中，为了听清楚广播内容而费尽力气的经历。这并不是因为声音不够响，而是因为混响太大。为了获得一个适宜的室内扩声系统，我们必须小心处理混响问题。

6.4 临界距离

我们已经讨论过，在一个房间的混响场中，声能强度是近乎相等的。那么平方反比定律与室内声场又有着怎样的关系呢？

为了回答这个问题，我们必须区分直达声（反射出现之前由声源辐射的初始声音）和混响声。

对于直达声来说，平方反比定律不仅适用于室外，也同样适用于室内声场。仅从声压的角度来考虑，当混响声场被激发，它会增加第二个声压分量。

图 6-7 展示了一只全指向性扬声器在混响场中辐射的情况。扬声器的直达声传播至空间中，其强度按照平方反比定律衰减。最开始主要是直达声的扩散（图 6-7A 点）。在距扬声器一定距离的位置上，声音有足够长的时间来产生混响，此时直达声的强度等于扩散混响声的强度（图 6-7B 点）。最终，在距离扬声器足够远的位置，混响声占主导地位，直达声的影响已经被排除（图 6-7C 点）。

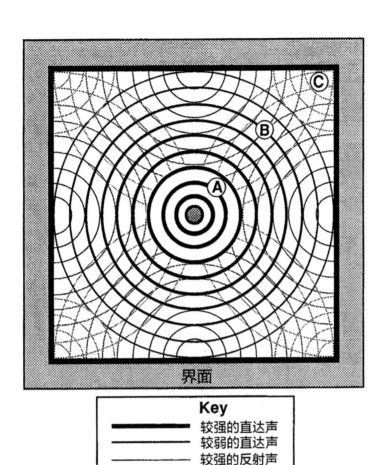

界面

Key

━━━━━ 较强的直达声
───── 较弱的直达声
───── 较强的反射声
‧‧‧‧‧ 较弱的反射声

图 6-7　以理论化的点声源位于声学环境中心为模型看混响声场的形成和发展

直达声能与混响声能相等的位置，与声源之间的距离被称为临界距离。

假设声源以同样的能量持续向房间辐射声音。随着我们逐渐远离声源，超过临界距离，进入混响能量占据主导的区域，声音的能量开始呈现出统计状态下的恒定值。

无论是通过逻辑推理还是直观判断，我们都可以通过使用指向性扬声器来增加临界距离。如果我们将系统的能量集中投射在一个轴向上，使其进入某个吸声区域（如观众席），直达声将会在这个轴向上，以更长的一段距离占据主导。这不仅仅因为声能被集中在了朝前的方向，也因为辐射到侧面的能量变少，通过墙面、天花板和地板等界面反射的能量同样变少，混响声场接收到的扬声器能量也更少。由于指向性扬声器在偏轴向上的衰减十分迅速，我们必须注意，轴向临界距离的增加是以偏轴向临界距离的损失为代价的（图 6-8）。

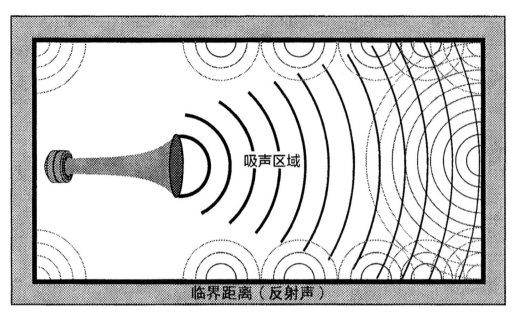

吸声区域

临界距离（反射声）

图 6-8　混响声场中的指向性辐射器

号筒的优势在于，它在部分（某个方向的）声环境中增加了直达声能。

由于直达声的衰减符合平方反比定律，而我们假设混响场的声能处处相等，因此可以得出直达声与混响声的比例也符合平方反比定律的结论。换言之，假设直达声与混响声之比在临界距离上是 1:1，那么在两倍的临界距离上，直达声能将比混响声能低 6dB（一半声能）。

对扩声的启示

前文揭示了一个基本道理，即为何指向性元器件是现场扩声中的常见选择。显然，我们不希望系统的直达声被混响声所掩盖。如果我们能够增加系统的临界距离，就能够在更远的位置上获得更好的清晰度（或者可懂度）。

在实验现象的支持下，一个理论化的结构已经由声学研究者们构建起来，它与通过计算方式得到的临界距离和直达／混响比对扩声中语言可懂度的影响相互关联。这一领域是十分复杂的，一个好的声学模型需要坚实的数学基础，以及计算机程序的帮助。出于这种原因，我们在本书不作深入讨论。

通过使用这些数据，声学研究者们已经研发出了计算语言扩声系统在特定声学环境下行为特征的方法。这些方法在系统设计过程中得到了顾问公司和承包商的广泛使用。

一旦我们进入音乐扩声领域，所有这些经验和判断就变得不再确定，通过量化的方式做出判断也变得不再容易，因为这是一个充满个人品位和主观感觉的领域。

假设我们希望音响系统能够获得尽可能高的清晰度，假设我们希望能够尽可能对声音进行控制。这两个目标意味着我们希望将系统临界距离最大化——即尽可能少地激励混响场——让观众尽可能多地听到直达声。具体的技巧会在第 17 章、第 18 章进行讨论。

第7章　方框图

第7章的主要内容是方框图的作用及符号规则。我们已经展示过一些常见的符号，它们常常被用来表示不同的电子元器件和功能。由于设备制造商会定期推出他们自己的符号，因此对这些符号做通用化的转换对阅读方框图来说是十分必要的。当然，大多数符号和信号流标记都是合理且标准化的，因此学习这些材料对理解方框图非常有价值。

7.1　总论

为了充分利用各个设备的优势和特性，我们必须完全了解它如何工作——无论是内部原理还是和上下游设备之间的关系。方框图是获得这些信息的重要工具。

方框图以图形的方式展示了设备内部的信号路径。方框图将设备视为由多个功能对象通过某种方式组成的系统。它采用简化符号，用一个个方框来表示设备的多种功能。

使用符号方法是为了以一种简单易懂的方式呈现设备的逻辑结构。

多数有源信号处理设备（调音台、延时器、均衡器等）的制造商会针对他们的设备提供方框图。我们可以在参数表中找到这些信息（通常像调音台这样的复杂设备会配备这些资料），或者在使用手册中发现它们。

方框图在外观和功能上都与电路原理图不同。电路原理图是从电子元件的层面展示设备电路的细节。制造商通常不会在说明书中公布电路原理图（这取决于公司内部政策，以及美国保险商实验室 U.L. 颁布的条例，公布这些信息需要该机构的许可），但常常会将其放入维修服务手册中。

这么做的原因是，电路原理图给出的信息通常是针对设备维修的，而对设备操作并没有用处。与终端用户的需求不同，电路原理图的组织方式和符号都针对售后技术人员的需求来进行规范。

电路原理图有时是根据元器件在不同电路板上的位置来安排的（为了维修时确认零部件位置），这使得实际的信号流难以辨认。方框图是为了展示设备模块中零部件的位置，但它们的排布要确保人们十分容易地识别信号流。电路原理图必须包含电源和接地在内的所有连接，而方框图通常会为避免视觉上的混乱而忽略这些内容。电路原理图必须显示电路中所有的元器件，而方框图仅需要标注最为主要的功能性部件。如方框图会标注一台功率放大器而非一系列的晶体管、二极管、电容和电阻。

对于技术水平较高的用户来说，方框图和电路原理图可以作为互相补充的工具来使用。在诠释电路原理图内容方面，方框图表现了设备的逻辑构成，对识别电路中不同部分的功能有着重要作用，因此被认为是极为宝贵的辅助手段。同样，电路原理图也会提供有用的信息，如检查接口之间的异常情况。

终端用户的需求基本上能够被方框图满足，通常不需要更为复杂的电路原理图。毕竟他（她）需要先了解设备如何工作以及如何操作——并非在元器件层面了解其如何构成。

图 7-1 展示了方框图中经常使用的符号。其中一部分符号也会出现在电路原理图中。

通用

反极性

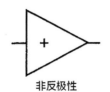
非反极性

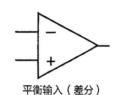
平衡输入（差分）

图 7-1　方框图符号：放大器

YAMAHA
扩声手册
（第2版）

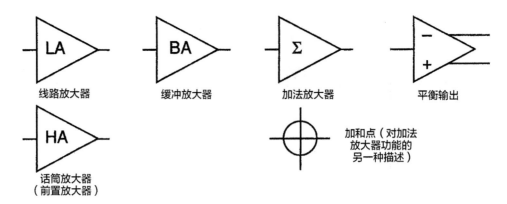

图 7-1　方框图符号：放大器（续）

以下是对图 7-1 的注解。

备注 1：这类符号在常见方框图的使用中变化最多。严格的方框图构建法则规定这类符号仅用来表示简单的放大器功能（增益级、驱动放大器、有源加法放大器等），其他有源（与无源相区别）功能需要通过一个矩形文字框加以说明。

另一种观点认为，这种符号可以被用来表示所有的有源功能（如均衡增益级），这种说法也很常见。在这种情况下，该符号会配合一个标签来定义它的功能。

7.2　符号规则

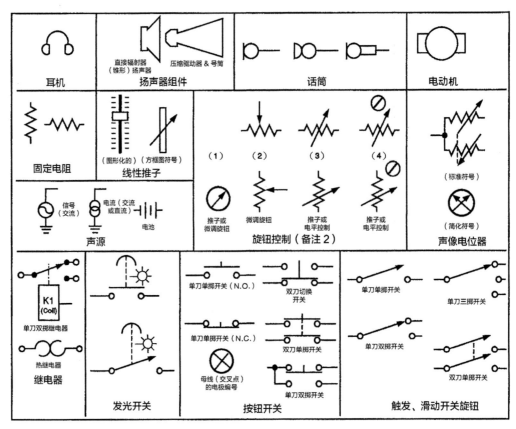

图 7-2　方框图符号：各类零部件

备注 2：在一些偶然的情况下，符号（2）和（3）会被用于表示内部增益微调控制，用户通常不会接触到这项功能。在这种情况下，符号（4）可能被用来

表示用户通过螺丝刀来进行的微调。符号（2）和（3）可能被用来表示线性推子。

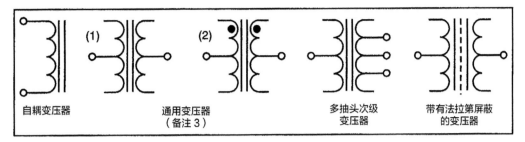

图 7-3　方框图符号：变压器

备注 3: 符号（1）表示了没有标注连接极性的变压器。除了有特别指出外，它被默认为同相连接。符号（2）是一种指示变压器极性的常见方式。点意味着 +（正极性）连接。如果一个点在顶部，而另一个点在底部，则意味着输出的极性被反转。

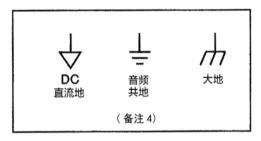

图 7-4　方框图符号：接地（备注 4）

备注 4：一些制造商并不在方框图中区分信号接地和大地（外壳接地）。在这种情况下，方框图中的接地符号可能只出现上述符号中的一种。这种做法是非常容易造成误解和困惑的。

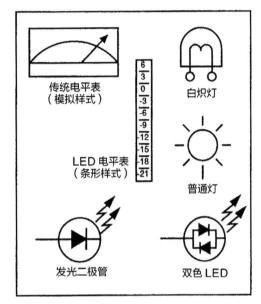

图 7-5　方框图符号：指示器

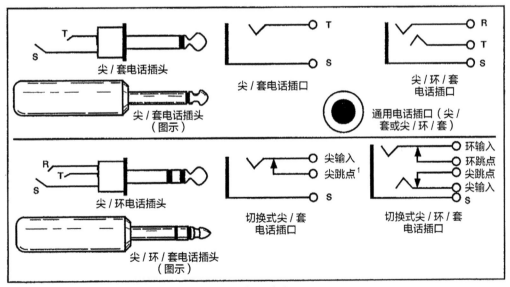

图 7-6　方框图符号：插头

---

1 原文中此处标记为"norm"，代表跳线盘当中的"Normalization"，跳线盘通常有"Half-Normal"和"Full-Normal"两种模式。"Normal"表示跳线盘上排和下排之间的插口是从内部连接在一起的——译者注

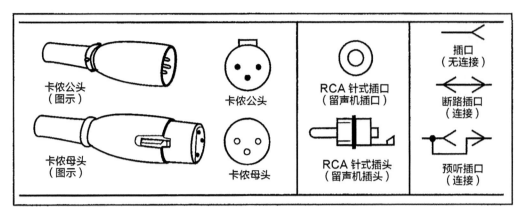

图 7-6 方框图符号：插头（续）

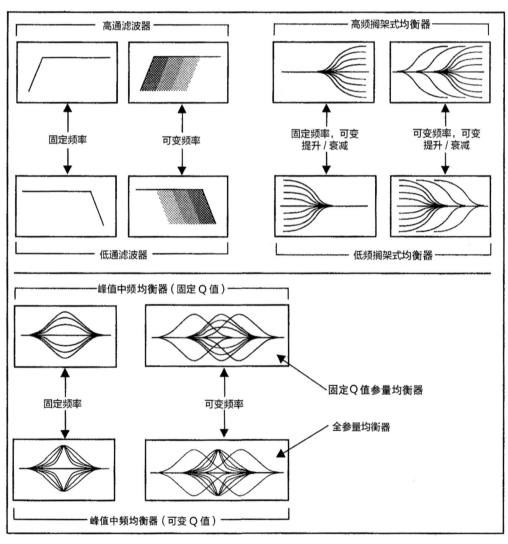

图 7-7 方框图符号：滤波器和均衡器

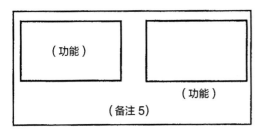

图 7-8 方框图符号：其他功能

备注 5: 关于方框图内的符号有一个非常简单的规则，"当符号表述存在不确定因素时，可以画一个方框并对其进行说明。"这种解决方案已经得到了越来越多的应用，尤其是在数字信号处理设备的方框图中。一些方框图仅仅由一个个贴着标签的方框通过直线连接在一起。这种简单的方式在某种程度上避免了不同标准下，符号差异带来的使用上的潜在困惑。

在一些方框图中，你可能见到一些本书尚未罗列的符号。这或许是因为对方框图中需要表示的部分没有既成的规定，又或许仅仅是绘图者的一时兴起。总的来说，一个负责任的技术绘图员应该对他／她绘制的方框图进行清楚的标注，并且对非标准符号进行解释。

7.3 书写规范

方框图的绘制方法通常符合西方语言的书写规范：信号流通常为从左到右，或者在必要的时候从上到下。这一习惯只有在一些特殊情况下会被打破，如为了清晰、美观或者空间的合理分配。

无论功能性的方框图被如何绘制，它们都会通过表示信号路径的直线相连接。信号流的方向可以使用箭头来表示。当然如果严格遵循从左到右的规则，那么箭头则变得不再是必要元素。

图 7-9 展示了一些标准的符号书写规范。

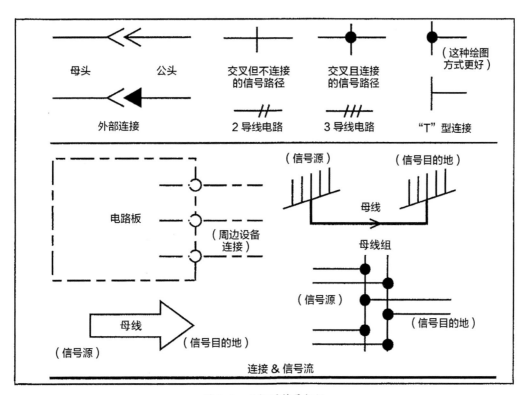

图 7-9 方框图符号标记

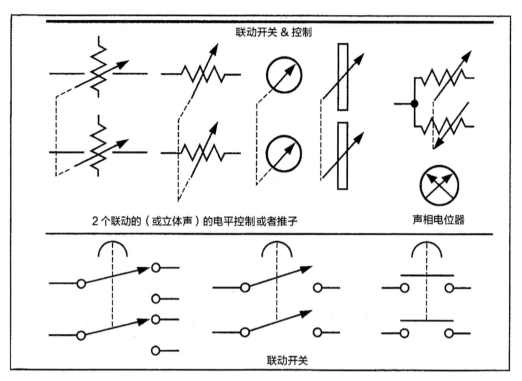

图 7-9　方框图符号标记（续）

7.4　简单方框图分析

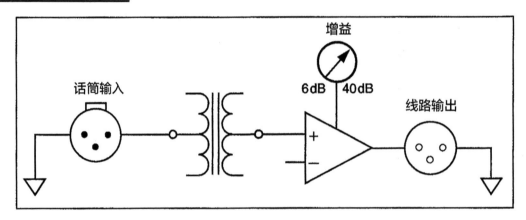

图 7-10　话放方框图

例 1: 图 7-10 展示了一个话简放大器的方框图。从中我们可以推断出关于该元件的一些信息。

从左侧开始（遵循信号流的规则），我们首先看到该元件有一个卡侬输入接口。虽然没有特别标出，我们可以认为针脚 1 为接地端。

我们还可以认为输入端的针脚 2 和针脚 3 是信号端，因为它们和变压器的主线圈直接相连。如图所示，输入端是变压器隔离的。

变压器的次级线圈与差分放大器的输入端相连（由于放大器的连接端标注了 "+" 和 "−"，单端放大器通常只会标注单一的进线和单一的出线）。图中还出现了一个旋钮式的增益控制，我们可以推测出它能够直接控制放大器的增益（而非位于某一固定增益放大器之前或之后的电平控制）。从旋钮旁边的标注我们可以看出，增益在 6~40dB 可调。

放大器配有一个平衡输出，它并没有经过变压器的耦合，而是直接驱动输出接口。

这个方框图告诉我们关于这个话放输入／输出极性的信息。从输入端针脚 2 开始观察，我们注意到它与初级变压器的 "+" 端相连。次级变压器的 "+" 端与放大器输入端的"＋"相连。我们可以认为放大器输出端的"＋"与输出接口的针脚 2 相连（这是通用标准）。同理，针脚 3 从输入端到输出端都与"－"端相连。

对于这个话放来说，卡侬接口的针脚 2 表示"＋"或非反极性针脚。

注意：对于大多数单端级间放大器来说，信号源实际上连接在放大器输入的"－"（反极性）端。这种接线方式反转了信号极性，但使控制增益和失真的反馈信号更容易被送回到电路中。输出端极性没有被反转的原因有两个，一是电路中有奇数个放大器，极性反转会被抵消。二是输入端或输出端内部已经做了极性反转处理。

例 2：图 7-11 展示了一个图示均衡器的方框图。

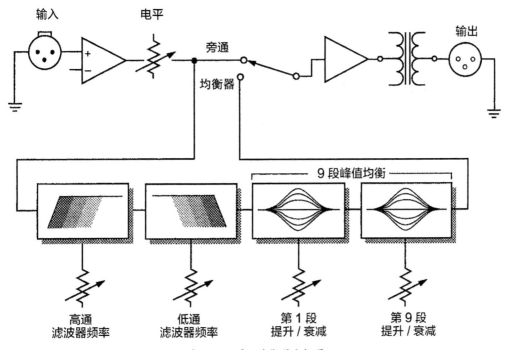

图 7-11　图示均衡器方框图

该设备也使用了卡侬接口，但针脚并未被标注。鉴于我们熟悉这种接口的针脚情况，针脚 1 总是接地，因此可以推测出接口的具体情况。

针脚 2 和针脚 3 被接入到输入端的差分放大器上。图中显示没有变压器，因此我们可以知道该设备具有电子平衡的输入。我们并不确定针脚 2 是"正"，针脚 3 是"负"，但卡侬接口的排列显示出这一结论是正确的。输入放大器看上去具有固定增益（虽然没有具体表明是何种放大增益），并配有电平控制。

在这个节点上，信号路径被分开，一个分支直接去往输出放大器，另一分支去往旁路的滤波器电路。这些是显而易见的均衡电路，图中它们以串联的方式连接在一起。

首先是一个具有可变截止频率的高通滤波器。虽然它的频率范围没有被标注，但我们可以合理推论出

它是作用于最低频率范围内的低切滤波器。（我们可以通过查阅参数表来了解这一信息。）

高通滤波器之后是一个可变频率的低通滤波器。毫无疑问，它作用于最高的频率范围，起高切作用。此外，参数表可以给出它的工作频率范围。

随后则是相似的图示均衡带通电路，图中有 2 个模块。方框上方的标注告诉我们它代表了 9 个电路，以此我们可以推测，在频率范围内，这几个模块是完全相同的。每个模块都能进行独立的提升和衰减控制。虽然方框图中没有画出，但我们可以推测该设备采用了滑动变阻器作为控制提升或衰减的手段。这也是参数表能够解答的问题。

最后一个均衡模块的输出与开关一端相连接，电路从这里向输出放大器馈送信号。这个开关被标记为"均衡／旁通"。我们可以看到这一设计的逻辑。该开关的

滑片与输出放大器相连。在"旁通"位置（滑片向上），输出放大器直接从输入端获得信号。我们认为信号不会倒退回链路中，因此均衡模块并没有介入到信号中。当旁通开关被设置在"均衡"位置（滑片向下），输出放大器接收来自高低通滤波器和均衡模块的信号。

图中展示的输出放大器采用了一种简单通用的符号。由于没有特别标注，因此我们认为它不是反极性的（也可以通过查阅参数表或使用手册来确认其信号极性）。

输出放大器驱动一个变压器，它跨接在输出接口（仍为卡侬接口）的针脚2和针脚3上，这表示输出端为平衡且变压器耦合的。

为了确定该设备的信号极性，我们可以作出一系列假设：

（1）输出放大器是非反极性的；

（2）变压器的绕线方式为同极性（极性并未标注）；

（3）均衡路径是非反极性的。

在这3个假设条件下，我们可以认为该设备是非反极性设备，卡侬接口的针脚2是"+"针脚。

上述任何一个假设都可能是伪命题。事实上这个方框图给出的关于极性的信息非常少。如很多输出放大器都做了极性反转（信号在经过放大器后极性被反转）……有时卡侬接口的针脚3代表"正"。假设这其中可能存在误导，我们需要去查阅参数表或使用手册来确认该设备的输入 / 输出极性。

例3: 图7-12展示了一个数字延时器的方框图。

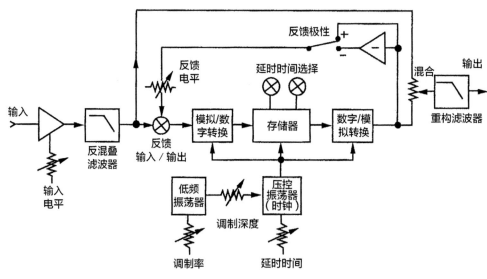

图7-12　数字延时器方框图

备注：信号路径上的箭头表明了信号的走向。在输出"混合"分压器上的指示是个例外，它的箭头表明了分压点。

这是我们研究得出的、经过最大程度简化的（但并不是最简单的）方框图。输入和输出接口都没有画出，而一些方框图也代替了相当复杂的功能。这个方框图对设备的清晰解读只限于逻辑架构。接口、输入 / 输出耦合、极性和增益等细节只出现在参数表或手册当中。

尽管如此，我们仍然可以从方框图中了解到很多关于设备的信息。

输入端配有一个缓冲放大器，其增益通过一个标有"输入电平"的单元进行控制。缓冲放大器后是一个低通滤波器，其作用可能是抑制超高频。

在低通滤波器后，信号路径一分为二。一个分支跳过了若干电路，直接与标记为"混合"的控制单元相连。"混合"控制单元的另一端与主信号处理链的输出端相连，而控制单元的滑片则与输出相连。我们可以推断出，这个控制单元的主要作用是调整干信号（经过低通滤波器、未经处理的信号）与湿信号（经过延时处理的信号）之间的比例。

低通滤波器输出信号的另一个分支与一个开关相连，这个标记为"反馈输入 / 输出"的开关可以接收来自信号链远端的第二个输入信号。我们可以看到，这个开关的第二个输入是一个反馈路径，它可以让我们决定是否使用反馈效果。

接下来是一个标注"模拟／数字转换"的矩形模块。我们知道这是一个数字延时器，因此必须有一个模拟到数字的转换器。在此之后，音频信号就从模拟域进入了数字域。

模拟／数字转换器的输出端（有时标注为"ADC"）与标有"存储器"的模块相连。这里是信号实际产生延时的地方。（关于数字延时器更多理论上的详细描述，参见第 14 章。）在这个模块的上方连接着两个开关，标有"延时时间选择"。从这里我们可以推测延时时间是通过前面板上的两个开关来进行调整的。

"存储器"模块的输出端与标有"数字／模拟"的模块相连。这显然是数字到模拟的转换器（有时标记为"DAC"），从这里开始，信号又一次回到模拟域。

在数字／模拟转换器的输出端，信号链路再一次被分开。一个分支与我们之前分析过的"混合"控制相连。"混合"控制的滑片与另一个低通滤波器相连，我们认为它的作用是将存储器部分的数字时钟频率去除，以防止其出现在输出端。到这里，我们已经分析了主要的信号链，但仍然需要分析其他一些分支。

从数字／模拟输出端送出的第二个分支再一次被分开，其中一个次级分支与一个带有开关的反相放大器相连。另一个次级分支是一个接入反相放大器另一端的前馈（Feed Forward）型回路。这个开关被标记为"反馈极性"，两个位置分别为"＋"和"－"。这是我们需要了解的反馈回路，而开关则使我们可以选择同相反馈或反相反馈（极性反转）。在这里反馈被用来产生多种回声、混响或者镶边效果，具体取决于延时时间。

开关滑片与标有"反馈量"的控制模块相连，它重新接回到"反馈输入／输出"开关。我们可以控制反馈量，根据需要来控制反馈功能。我们还能通过"反馈量"控制的箭头方向得知信号是从右向左流动的。

尚未分析的还有方框图底部的旁链。这个旁链为该设备的数字信号处理部分提供了时钟信号。这是一个控制信号链路而非音频信号链路。

3 个数字模块的时钟信号都出自一个标有"VCO"的模块。它是"压控振荡器"（Voltage Controlled Oscillator）的缩写。我们知道这个设备的时钟率是通过电压来控制的，它控制着延时时间。

我们还能看到，压控振荡器配有一个面板控制，标记为"延时时间"。在延时范围开关规定的区间内，我们可以线性地控制延时时间。

压控振荡器的侧方有一条信号链路输入。从后往前捋，它来自一个名为"LFO"的模块。这是"低频振荡器"（Low Frequency Oscillator）的缩写。这个名称通常指工作在低频区域的振荡器（0.001~20Hz，或者 0.01~100Hz）。这个部分被标记为"调制"。低频振荡器为时钟压控振荡器提供调制信号，使基础时钟率产生周期性变化[2]（在没有明确标注的情况下，根据经验，我们可以认为调制波为三角波）。

低频振荡器通过一个标有"深度"的控制模块和时钟压控振荡器连接在一起。它控制着调制信号的振幅，以及影响时钟率的程度。最后，低频振荡器的频率可以通过面板上"调制率"这一模块被我们控制。

7.5 总结

在上述例子中使用的技巧可以被用来分析更加复杂的方框图。适用于所有情况的基本原则是，在没有特殊标注的情况下，从左到右读取信号流，每次只对一个信号路径进行逻辑分析。

有时我们需要对符号或者标记的含义进行适当的推理。尤其对绘制并不严谨的方框图来说，一些逻辑性的思考总会得到好的回报。

用于设备方框图的读取技巧很容易被扩展到整个音响系统的方框图上。这种方式通常能够揭示具有潜在问题的部分，一个好的系统方框图是对操作的良好辅助。我们会在第 17 章和第 18 章看到一些系统方框图的例子，它们描述的是将电子设备和扬声器组合在一起的情况。

2　此低频振荡器体现在延时效果器的调制（Modulation）功能中，使得延时信号每次出现的时间间隔和音调产生微小的差异——译者注

第 8 章　如何阅读并理解技术参数

8.1　总论

技术参数帮助我们理解一个设备如何工作，无论是话筒、调音台、功率放大器、扬声器、信号处理器，还是一根信号线都是如此。技术参数让我们了解设备的设计及制造品质，引导我们在特定目标下适应并使用该设备。从法律意义上来说，一旦制造商为某一设备准备了技术参数，那么起码在初次销售的时候，它需要确保设备按照技术参数所描述的特征来运行。如果技术参数与实际情况不符，那么音响系统供应商则可能面临法律上的责任。了解技术参数的含义是非常重要的。

8.1.1　为什么技术参数并不总是和字面内容相符

然而事与愿违，技术参数本身就经常模糊不清。如果由设计工程师而非销售人员负责制作和出版技术参数和销售信息，恐怕技术参数会比现在好懂得多，但现实情况是，每个制造商都希望自己的产品看上去尽可能的好。出于这种原因，技术参数的制作总是强调设备的强项而忽视其弱项。

你可能会问，如果忠实地测量技术参数，且产品能够与技术参数的描述相符，那么这些参数是否会对产品的实际情况产生扭曲？答案是肯定的，因为测量和呈现技术参数的方法有很多，它们都可以做到准确，但并不一定都有用，甚至还有可能产生误导。这里需要提醒你的是，这些往往并不是有意而为之的，一些工程师、销售和市场人员并不真正了解产品设计、性能和参数的微妙细节。举一个有代表性的例子，它标注调音台的输出电平为±24dBm。我们假设是广告制作者手误，而制造商在此问题上不负责任——是否真的有这样一个切换开关，可以将调音台的最大输出电平控制在252mW（+24dBm）和4mW（−24dBm）之间？

我们希望各位能够自行判断，通过足够的知识积累来避免这些陷阱。

8.1.2　具有迷惑性的技术参数案例

图 8-1 中的技术参数描述了一个虚构的信号处理设备。它们看上去是有效信息，但其实每一个都具有误导性或者毫无意义。你能说出为什么吗？

频率响应：	
	30Hz ～ 20kHz
谐波失真：	
	低于 1%
互调失真：	
	低于 1%
输出噪声：	
	低于 −90dB
输入阻抗：	
	600Ω
输入灵敏度：	
	0 dBV
最大输出电平：	
	+24 dBm
输出阻抗：	
	10k Ω
串扰：	
	低于 60 dB
尺寸：	
	48.26cm 宽 ×8.89cm 高 ×20.32cm 长
重量：	
	10 磅（4.536 kg）

图 8-1　不合理的信号处理设备技术参数

无论功能是什么，这看上去都是一个合理的、制造精良的设备。非常低的失真，满足专业设备的工作电平、低噪声、标准机架安装尺寸，并没有什么特别之处……事实真的如此吗？本章剩余的部分将会告诉我们，恰当的质疑是非常必要的。

8.1.3　需要关注什么

总的来说，技术参数需要提供充足的信息，任何一位称职的工程师都可以通过标准测量装置对设备进行测量，以此对技术参数的内容进行验证。如果用一个精密的测试负载来测试功率放大器的技术参数，那么这个负载的情况也应在技术参数中得到描述。如果功率放大器的测量环境温度是 –10°F（–12.12℃），这个信息也应该被标注（毕竟，对于在冰箱内部温度下测试出来的功率是容易让人产生疑惑的）。对于输入噪声指标来说，输入端究竟是短路还是与特定阻抗相连会有很大不同。对于输出电平指标来说，负载的影响是显著的。带宽对阻抗、噪声和电平指标的影响也很显著。你会发现，一个简单的技术参数读起来很简单，但造假也很简单。

8.2 频率响应

本书的第 2 章针对不同设备的频率响应提出了测量和评估的正确方法，并且对功率放大器的功率带宽做了深入的解读。在此我们来快速回顾一下功率带宽、频率响应和频率范围之间的区别，然后提出一些在测量和技术参数中出现的陷阱。

8.2.1 区分频率响应、频率范围和功率带宽

频率响应这一术语描述的是一个设备在其输出端能够正确还原输入信号的能力。对话筒来说，它描述了作用在振膜上的声压与话筒输出接口上电信号的关系（如 dB SPL 到 dBV、dBu 或 dBm）。对于话放、调音台和功率放大器来说，频率响应描述了输入端和输出端功率或电压波形振幅之间的关系等问题。这一参数至少有如下两个重要的方面。

A. 从高于或低于某一频率开始出现无法接受的响应跌落或者不稳定的响应模式时，超出这一区间的响应被认为是无用的。

B. 在这一区间内的响应的偏差程度。

有时，对频率响应的标定几乎毫无意义。

如果某一设备自身的目的就是改变声音的频谱平衡，那么给出它的频率响应就有可能是毫无意

义的。如一个电子音乐合成器的频率响应怎么样？我们可以检验键盘，查看基频与相应音符之间的关系。但是还有谐波和可变的频率振荡器等因素，所以我们对它真正了解多少？当然，我们可以简单地测量该乐器在极端设置下每个音符所能生成的最大和最小频率。这个例子的真正问题在于它是发出原始声音的设备，并非还原某种声音，因此整个频率响应的概念在这里都不成立。而采用频率范围这一术语则是合适的。事实上，如果我们测量可能产生的最高和最低频率，就可以针对参数作出如下描述。

合成器的频率范围：

16Hz~22kHz

在功率放大器这一特殊例子中，在低功率状态下，处于一个很宽的带宽中，频率响应可能非常平坦，但这一指标在高功率的状态下就会发生劣化。实际情况也正是这样。尽管如此，功率放大器的频率响应通常是在 1W 输出功率下测量的（有些情况甚至选择更低的输出功率）。为了了解功率放大器在高功率状态下的情况，就需要对其功率带宽进行描述。该参数告诉我们功率放大器在最大输出条件下，以 1kHz 为中心点，当相对功率降低 3dB（半功率）时功放响应的频率范围。下面的例子给出了功率放大器的技术参数。

频率范围：

10Hz~50kHz，+0dB，–1dB（1W 输出功率，负载阻抗 8Ω）。

功率带宽：

25Hz~28kHz（250W 输出功率，8Ω 负载阻抗，总谐波失真 ≤ 0.1%，双通道驱动）。

通过观察我们可以发现，功率带宽的范围小于频率响应带宽。值得一提的是，这里不需要标注偏差，因为功率带宽这一参数本身就告诉了我们相对于中频功率的 250W 降低 3dB（125W）这一条件。图 8-2 展现了这些参数的实际响应曲线。

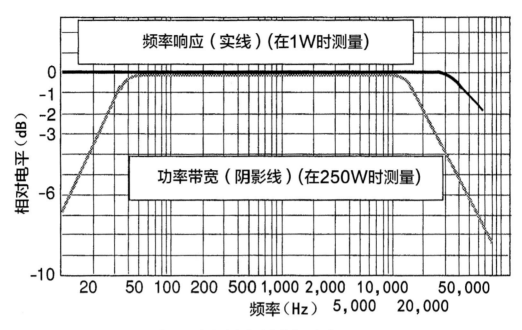

图 8-2　频率响应和功率带宽曲线并不一致

8.2.2 技术参数的图形表达与文字表达

从之前的例子中可以看出，技术参数可以通过图形来呈现，也可以通过文字来呈现。事实上，大多数频率响应参数都会先给出一个图形，然后根据图形给出若干文字描述。在条件允许的情况下，能够看到图形是更好的，因为它提供了频率响应和功率带宽范围之外的更多细节信息。

来看图 8-2。我们注意到低频区域的频率响应在 10Hz 并没有发生任何衰减，而通过文字描述你可能会认为它衰减了 1dB。诚然，高频区域的频率响应在 50kHz 衰减了 1dB。为什么这台功率放大器不标记 10Hz 以下的响应情况呢？原因是它并不是一台直流耦合的功率放大器，这意味着它的响应不会低至直流电信号（即 0Hz 的交流电信号）。由于 10Hz 已经比正常的音频范围低了很多，因此标记更低的频率，如 8Hz（在该频率上输出功率可能会降低 1dB）是没有意义的。除此之外，图形参数并没有描述 10Hz 以下的情况，因此很难记录低于该频率的响应。在这种情况下，文字参数没有隐藏任何信息，事实上它的描述甚至比设备的实际性能更加保守。

即使有了图形化的频率响应或功率带宽，了解负载阻抗和工作电平也是非常重要的。

小测验：

现在，你知道为什么图 8-1 中列出的频率响应参数是毫无疑义的吗？如果你说"没有标注偏差"（正、负多少分贝），答案正确。如果你说"没有给出功率量值"，也是对的，当然前提是这是一台功率放大器。在没有标注输出功率的情况下，我们通常将 1W 作为输出功率来测量功率放大器的频率响应。

8.2.3 何谓好的频率响应参数？

对任何参数来说，评论其好坏必须以应用场合为依据，此外还要考虑系统整体性能的均衡性，以及性价比的问题。如果你觉得这么说非常模糊，其实也是可以理解的，因为没有人能给出确切的答案。

当然，频率响应参数越平越宽，系统对于声音的还原就越准确。但是让功率放大器和扬声器在 30Hz 以下还保持平直的响应是没有必要的，因为 40Hz 以下往往没有节目内容（这在扩声系统中是常规情况）。实际上，我们通常需要控制低频响应来防止话筒中串入过多的低频和风噪，以及在话筒掉落的时候保护低频扬声器的纸盆。

如果音响系统用于广播，那么 200Hz 以下的低频响应是不需要的。同样，这种系统的功率放大器和扬声器响应也不需要在 18kHz 以上保持平坦。人声无法产生如此高的频率，系统在 5kHz 以上主要还原的是嘶声和噪声。在这种应用场合下，"150Hz~10kHz，±6dB"可以被认为是很好的频率响应参数，它比我们耳熟能详的"20Hz~20kHz"这一理想状态更能让人接受。

让我们研究一下所谓的"20Hz~20kHz"综合征。大多数人已经根深蒂固地认为这些数字是一个好的音响系统响应所必须达到的标准。它又是从哪里来的呢？很久以前的一项研究表明，年轻人能够感知到20Hz~20kHz的声音。低于20Hz时，我们感觉到声音而非听到声音。事实上，除了大型管风琴的最低音、大型打击乐或者低八度调制键盘合成器等特殊情况之外，30Hz以下几乎没有任何音乐信号。而有一些听觉非常灵敏的成年人能够听到20kHz以上的声音（通常是录音师或者声学乐器的演奏者），当代西方社会的绝大多数成年人无法听到16kHz以上的声音——这还是最好的情况。能够到达如此高频率的自然声音必须是高音乐器的最高频谐波。在了解这一信息的基础上，一个能够在25Hz~18kHz呈现出平直响应的系统将会给绝大多数听众带来令人激动的愉悦体验。即使是一个响应为35Hz~16kHz的系统也能够让大多数人感到满足。

如果关注唱片或者广播音乐，我们就需要考虑一些别的问题。在唱片中，高通滤波器通常将最低频率限制在40Hz或50Hz（有时节目内容会包含50Hz以下的频率，但唱片几乎不会还原到20Hz）。在CD或者数字磁带上，最高频率会"撞在砖墙上"，因为在17k~20kHz处有一个非常陡峭的滤波器。最好的调频广播很少包含30Hz以下的能量（因为信号源没有那么低的频率），而由于立体声导频信号的频率为19kHz，它们的高频响应被限制在18kHz以下，通常甚至是15kHz。在任何情况下，超出这些限制的平坦响应本身是没有意义的。这些经过扩展的频率响应的真正意义在于，为音频频带内的信号提供更加平坦的相位响应（如果相位响应优良的话），进而可能提升系统的音质。

这些内容引发了另一个话题。技术参数通常是相互关联的。如果某个参数惨不忍睹，那么其他方面则可能受到影响，这种影响要么在实际工作过程中出现，要么在其他技术参数上体现出来。

8.3 噪声

噪声的定义与杂草的定义相同。什么是杂草？它是你没有种植也不希望生长的植物。什么是噪声？它是你没有刻意制造也不想听到的声音。

虽然这个定义很难被技术化，但这种类比仍然十分贴切。噪声对电路的质量（通常是将噪声最小化）有着至关重要的影响，因为它会掩蔽一部分节目信号，减少有效动态范围。高噪声级容易引发听音者的烦躁和疲劳，也会对声音产生染色。噪声同时还会浪费功率放大器的功率，显著增加失真，通过产生不必要的热量加速扬声器的损坏。

另一方面，某些噪声作为校准电子设备、扬声器系统频率响应调试的测试信号以及音乐合成信号来说则非常有用。

8.3.1 什么是噪声？

当一位老人家走到他的晚辈面前，这个孩子正在以不正常、近乎失真的高声压级听最新的新浪潮摇滚组合的歌曲。老人家问："你在听什么噪声？"他并不是指我们之前提到的噪声。我们对噪声科学性的一面更加感兴趣。

有很多种不同的信号可以被认为是噪声，它们被赋予规范化的名字，如白噪声、粉红噪声、低频交流噪声（Hum）、高频交流噪声（Buzz）、静电噪声（Static）、跳跃噪声（Popcorn Noise）等。在这些噪声中，只有白噪声和粉红噪声是作为测试信号来使用而被刻意生成的（在这种情况下，这些噪声也可以被认为是鲜花而非杂草）。其他种类的噪声则是我们所不希望获得的，它们没有实际价值（如同杂草一样）。

白噪声和粉红噪声都包含了随机信号，每时每刻，全频信号中的不同频率都以不同的强度出现。这种噪声通过电子的随机热运动产生。当这种热运动噪声被放大，我们便能听到嘶声。

8.3.2 白噪声

假设某人正在听一个相对较好的耳机或者扬声

器。当功率放大器没有输入信号，且放大增益（电平、音量）开到最大的时候，他所能听到的噪声就是白噪声。白噪声是未经滤波和整形的热噪声。

当一个白噪声信号的能量内容被平均（在时间上进行整合）后，每段频率都具有相等的能量。这意味着什么？

如果以 100Hz 为窗口宽度进行测量，100~200Hz 的能量、1,500~1,600Hz 的能量，或者10,000~10,100Hz 的能量都是完全相等的。如果对白噪声的能量分布进行绘制，随着频率的提升，每个倍频程的能量将会增加 3dB（图 8-3）。为什么会出

现这种情况？当我们说每倍频程能量提升 3dB，我们首先应该知道什么是倍频程。它是频率的加倍。从 20~40Hz 是一个倍频程，从 100~200Hz 是一个倍频程，从 4,000~8,000Hz 是一个倍频程。请注意，随着频率的升高，每个倍频程当中实际的赫兹数也在增加：20~40Hz 区间内有 20Hz，相比 4,000~8,000Hz 区间所包含的 4,000Hz，它们之间的区别十分明显。我们已经说过，白噪声的每个赫兹都具有相等的能量。这意味着某个倍频程内的赫兹数越多，该倍频程内的能量就越多。这也是白噪声每升高一个倍频程能量增加 3dB 的原因。

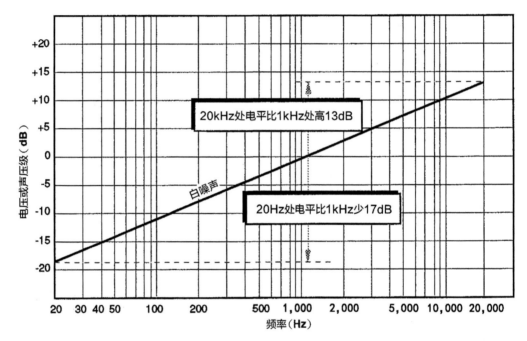

图 8-3　白噪声能量与频率的关系

有很多噪声发生器能够产生白噪声。你可以将调频收音机调到没有电台的频率上，关闭哑音电路，以此获得一个十分相似的替代品。这样得到的嘶声基本上就是一个白噪声。

白噪声被用来校准电子设备。它提供了一个可以用来测量电平的信号，并且同时在全频段驱动电路。它几乎从来不会被用在测试扬声器上，我们在后文会对此做出解释。

8.3.3　粉红噪声

粉红噪声是白噪声经过粉红滤波器整形之后得到的。这种滤波器的作用无外乎是随着频率的升高，每

倍频程衰减 3dB，也就是使白噪声每倍频程能量增加 3dB 的规律变得无效，而是每倍频程等能量的噪声。

由于粉红噪声在每个倍频程中具有相等的能量，因此它在扬声器测试和校准信号方面更为有用。值得注意的是，在倍频程坐标中，它很容易就在 1/3 倍频程实时分析仪上得到一个平直的曲线。但是，我们还有一个使用粉红噪声的更重要的原因。

音乐信号在低频携带的能量往往多于高频。一个音响系统最高的倍频程往往是由音符的谐波来驱动的，而这些谐波相对于基频来说能量要低很多。如果使用白噪声作为测试信号，那么送往高频驱动器的能量要远远高于中频和低频驱动器。这会是一个非常不

切实际的测试，在损坏高频单元的同时，甚至无法充分驱动低频单元。粉红噪声在各个频段的能量更加平衡，它与扬声器系统需要还原的实际信号更加相似。

8.3.4 噪声整形

本书的这一部分内容涉及技术参数，这也意味着它与测试相关。如果你查看一只扬声器的功率参数，发现它使用噪声作为声源，那么这个噪声信号很可能经过了整形——经过了某种形式的滤波。

粉红噪声本身就是经过整形的信号，由粉红滤波器进行处理。真正的粉红噪声（或者白噪声）应该不存在带宽限制，但是向一个扬声器驱动器馈送一个它无法还原的频率是没有意义的，这只能产生过多的热量（高频区域）和纸盆的过度位移（低频区域）。

为了制作一个适宜的信号，噪声需要经过进一步的带通滤波。如果一个低音单元正在做功率响应或者灵敏度的测试，它的预计工作频带为40~500Hz，那么测试噪声就应该通过一个40Hz的高通滤波器和一个500Hz的低通滤波器做整形处理。值得注意的是，我们不仅要考虑这些滤波器的截止频率，还要考虑它们的斜率（参见第8.9节），这些因素都会影响设备的具体性能。

一些制造商会使用一些特殊的滤波器来进行噪声整形，这些调整都有一定的根据。在对比技术参数时

关注对噪声的滤波是非常重要的。（不幸的是，一些制造商在1~2kHz的范围内测量低音纸盆的灵敏度。虽然这会让数据变得好看，但却毫无价值，因为这个单元几乎不会在测试信号频率下工作，它的工作频率往往低得多。）

8.3.5 等效输入噪声 (EIN)：话筒放大器噪声的测量

使用噪声作为测试信号是一回事。在输出端本该十分安静的调音台、信号处理设备或者功率放大器上出现噪声则是另一回事了。

在配有话筒输入的电路中，一个常见的参数是等效输入噪声（EIN, Equivalent Input Noise）。为了测量话放究竟有多安静，它需要在设备的输出端，通常是调音台的输出端进行测量。为了确定等效输入噪声值，我们必须在输出端测量噪声，然后减去放大器的增益。这里用到的数学知识相比单纯的测量来说要复杂一些，我们会用 dBm（分贝毫瓦）减去若干分贝数。通常，测试会将一个电阻跨接在输入端（通常为150Ω）来表示话筒，以此来避免具有欺骗性的信号出现。计算需要考虑输入端阻抗和温度（记住，噪声是由热现象产生的，发热量将会对其产生影响）。电路的带宽也非常重要，因为带宽越宽，更多的噪声能量就会出现（图8-3、图8-4）。

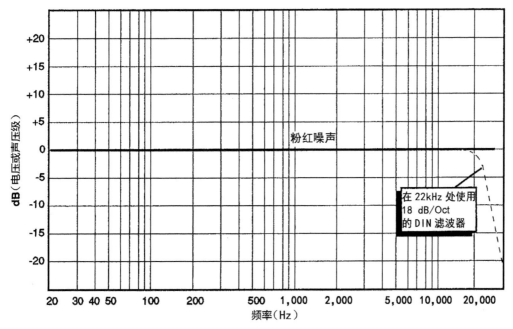

图 8-4 粉红噪声能量与频率的关系

对于话放来说，怎样才是好的等效输入噪声指标呢？在这方面我们运气不错。在理论上有一个最小的可计算噪声（电阻的热噪声），话放的噪声不可能低于这个值。假设带宽为 20Hz~20kHz，输入电阻为 150Ω，温度为 59℉（15℃），这个电阻在理论上的最小热噪声为 −131.9dBm。请注意等效输入噪声必须始终用 dBm 进行标记，因为它代表着噪声的功率。

如果你看到一个等效输入噪声是在输入端短路的情况下测得的，那么要注意，这个参数是没有意义的。注意，一个话放如果在输入端短路，对测量数据有什么好处？我们知道线材的阻抗是很小的，它产生的热噪声要比 150Ω 电阻小得多，在这种情况下测得的等效输入噪声要比实际情况好得多。做这种测量的人要么是不具备正确的知识（对电路设计所知甚少），要么就是觉得这是购买设备时需要在同类产品中进行比较的数值，并且试图从指标上美化一个噪声水平较高的输入电路。

注意：某些差分放大器会标记"等效输入宽频带噪声电压"。在这种测量当中，放大器的输入端是短路的，输出电压则由放大器的直流增益进行分配。这种测量对于音频设备来说并不是特别适用。

8.3.6　输出噪声指标

输出噪声对任何一种电子设备来说都是非常有用的技术参数。它整合了设备内部所有产生噪声的源头：前置放大器、滤波器、加法放大器、缓冲放大器、固态开关、电源泄漏等。尤其对调音台来说，这是最容易被控制的参数，因为很多因素都会影响输出噪声特性。

以下是 4 种常见的输出噪声标记方式。

（a）输出噪声：

在最大输出以下优于 90dB。

（b）交流声和噪声：

小于 −70dBm。

（c）交流声和噪声：

小于 −85dBm（20Hz~20kHz）。

（d）交流声和噪声：

小于 −70dBm（20Hz~20kHz，输入电平和输

出音量控制为额定值，其他音量控制为最小值，输入电平衰减被旁通，输入输出端负载均为 600Ω）。

你能猜到这 4 条参数都是描述同一个调音台吗？它们的确是，但为什么相差这么多？答案隐藏[1]在信息的细节中。

（a）中只给出了输出噪声，我们并不知道电源的交流声是否被包含进去。一个具有质疑精神的读者可能会假设交流声的确存在，但已经通过一个陷波器对其进行滤除，因此噪声指标看上去不错。这种做法在法庭上或许成立，但并不道德（如果是刻意为之的话），而且它并没有告诉我们关于设备实际性能的更多信息。因此让我们假设这些参数是关于交流声和噪声的实际情况。那么为什么标注 90dB 呢？实际上它表示噪声级比最大输出电平小 90dB（甚至更多），如果设备的最大输出电平为 +24dBm，那么这个指标的另一种说法则是"噪声小于 −66dBm"，这种说法看上去并没有（b）来的好。

当然我们也非常不喜欢（b）提供的参数，因为它缺少必要的信息，比如噪声的带宽。如果在噪声测试表之前使用一个 100Hz~10kHz 的整形滤波器的话，在输出端实际存在的很多交流声和/或高频嘶声都无法在这个参数当中得到体现。同样，让我们假设制造商并没有试图掩盖什么，噪声测量也在合理的 20Hz~20kHz 的带宽下进行，但它仍然有一些重要的信息缺失，（c）和（d）的描述也恰好体现了这一问题。

请记住，上述技术参数都是用来描述同一个调音台的。那么为什么（c）中给出的参数要比（b）少 15dB 呢？这里的确给出了合理的带宽。是否是（b）给出的带宽更小呢？看上去并非如此。然而当我们查看参数（d）时就会找到答案。不同的结果与调音台的音量设置有关。我们知道，当音量提高时，噪声通常会随之变大。此外，当你在缩混过程中使用更多的通道，噪声也会变大。因此，在（c）中，所有音量控制都被设置在最小位置，此时输出是非常安静的……但一个音量控制都在最小的调音台有什么用呢？在（d）中我们看到，影响输出噪声量级的是一个输入电路和一个总输出电路，我们也得到了对实际工作状态的合理描

1　原文 Lie，又有欺骗的意思，是双关语——译者注

述。我们还被告知输入端和输出端接入了 600Ω 的负载。通过对于等效输入噪声的讨论，我们已经知道负载阻抗对于噪声指标有着很大的影响。

顺便一提，仅仅列出 20Hz~20kHz 的噪声带宽并没有告诉我们实际测量到的带宽是多少。如果使用一个非常平缓的滤波器，在 20kHz 以上还能够出现相当级的噪声。如，一个滚降斜率为 6dB 每倍频程的滤波器意味着在 40kHz 时，白噪声也仅仅被衰减了 3dB，因为它每提高一个倍频程，能量增加 3dB。显然，在实际情况下我们需要一个斜率更为陡峭，或者起始频率更低的滤波器。

大约在 1974 年，Yamaha 的工程师和技术人员开始在噪声测量过程中使用一个特殊的滤波器。当时，还没有一个用于测试调音台和其他电子元器件的标准噪声滤波器。通过一个斜率为 –6dB 每倍频程、拐点频率（–3dB 点）为 12.47kHz 的低通滤波器，他们获得的高频噪声能量等效于在 20kHz 设置斜率为每倍频程衰减量无穷大的"砖墙"滤波器。使用这种方式得到的噪声进行测量则能够根据人耳的听觉范围提供更有意义的结果。

现在，有一个名为 DIN（Deutsche Industrie Normen）的欧洲标准规定了此类测量使用的噪声滤波器。它在 22kHz 处衰减 3dB，并在更高的频率上以 12dB 每倍频程的斜率衰减。相比 Yamaha 滤波器来说，这种滤波器允许进入测量系统的噪声会增加约 2dB，这是现在多数音频测量所采用的设置。

还有一些制造商依据人耳听觉在高频和低频两端灵敏度降低的特性，在噪声测量过程中使用了"A"计权的滤波器（该滤波器在第 3.6 节已经提及）。这种滤波器提供了更加人性化的结果，与 DIN 滤波器相同，它在市场上广为流通，很容易购买到。注意"A"计权提供的噪声测量结果会比一个简单的 20kHz 低通滤波器来得更好，因为它去除了可闻阈两端高低频的大量能量。

小测验：

为什么图 8-1 中的噪声指标毫无用处？因为它所告诉我们的信息甚至少于前文例子中的参数 a。我们不知道带宽、音量控制设置以及负载的情况，不

仅如此，–90dB 的输出电平也没有任何参考值，它并非以 1mW 为参考（如果是的话，就应该标记为 dBm），也没有以最大输出电平为参考（这会使输出噪声级变得不确定）。

8.3.7　其他噪声

你可能记得我们在本节的开头简短地提到了低频交流噪声、高频交流噪声、静电噪声和跳跃噪声。这些都是非常宽泛的噪声，很少被标记在技术参数当中。总的来说，低频交流噪声是交流电源的能量串入音频回路导致的。它的产生可能是因为隔离效果不佳的电源变压器、设备供电故障，或者交流电源的电磁感应耦合间接影响了音频线路或部件。它可能由交流电线路上严重的谐波失真所导致。由于交流电网络在美国通常为 60Hz（或者在世界上某些地区为 50Hz），低频交流噪声大致包含了 120Hz、180Hz 等 60Hz 的谐波（如果是 50Hz 的交流电网络，那么交流噪声则为 100Hz、150Hz 等）。

高频交流噪声与交流声相似，但它包含的噪声及谐波能量贯穿了音频的频率范围，包括高频能量。它通常由 SCR 调光器（可控硅整流器）导致，这种调光器"切割"60Hz 交流电网络上的正弦波，由此得到的陡峭的波形是与相邻音频电路（尤其是当系统的屏蔽和／或接地有问题时）耦合产生的谐波失真导致的。图 8-5 是分析仪的截图，它展示了由 SCR 引入的高频交流噪声。

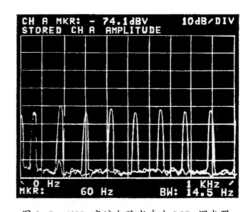

图 8-5　60Hz 交流电路当中由 SCR 调光器
引入的噪声频谱

静电噪声可能由远距离闪电、电源间歇性打火、发电机或电动机，或者进入音响设备且被整流的

无线射频能量引发。后者也被称为射频干扰（RFI，Radio Frequency Interference）。

在单一设备和整个音响系统中，良好的接地和屏蔽对于抑制低频交流噪声、高频交流噪声和静电噪声有很大的帮助。

虽然听感上和名称相似，但跳跃噪声（Popcorn Noise）并不是通过话筒拾取一锅热腾腾的爆米花而获得的。这是一种间歇性的噼啪声，它可能由晶体管内部的击穿导致，或者由接触不良的跳线接口、其他连接接口导致。在那些经过优秀设计的、使用高品质设备且处于良好工作状态的音响系统中，这种噪声绝不能出现。

8.4 谐波失真

音频信号中发生的任何不被需要的改变都被称为失真。失真的种类有很多。失真可以改变振幅、改变相位、产生输入信号中所没有的寄生频率。谐波失真正是上述第3种失真的其中一类。

谐波失真对声音产生染色，让它变得不自然。当它出现在信号处理或放大电路当中，会让人们觉得扬声器损坏了，因为扬声器在过驱（Overdriven）时也会出现谐波失真。对于谐波失真来说，最危险的情况可能是导致扬声器过早损坏，相关内容将会在第12章和第13章作出解释。

与噪声相同，失真有时是我们需要得到的效果，它通常用于吉他箱头和音箱系统当中，由失真带来的染色变成了音乐家试图创造和获取的音色。作为一种特殊的信号处理设备，激励器也利用高频谐波失真成分来使声音变得更加明亮。以上是一些关于谐波失真的例外，总的来说，要尽量避免失真。

8.4.1 什么是谐波失真？

谐波失真包含了一个或者更多的信号成分，它们是输入信号频率的整数倍。如果一个100Hz的纯音正弦波信号被送入电路的输入端，输出端包含的信号不仅有100Hz，还有200Hz、300Hz、400Hz和500Hz等成分，我们可以说输出信号包含2次、3次、4次和5次谐波。这些谐波属于失真，因为它们并不属于输入信号中的一部分。

注意：人耳趋向于认为奇次谐波（3次、5次、7次等）在听觉上比偶次谐波（2次、4次、6次等）更容易感到不快。高次谐波（6次或7次）相比低次谐波（2次或3次）更容易让人感到不快。

在描述失真时，我们要描述在输出端测得的谐波成分与主要输入信号之间的相对能量关系。失真的成分可以用电平（如信号下的若干分贝值）或百分比（例如信号的百分之几）的方式来标记。谐波失真可以针对单独的谐波进行标记，也可以使用一个综合的数值代表所有谐波。后者更为常见，我们称其为总谐波失真（Total Harmonic Distortion）。

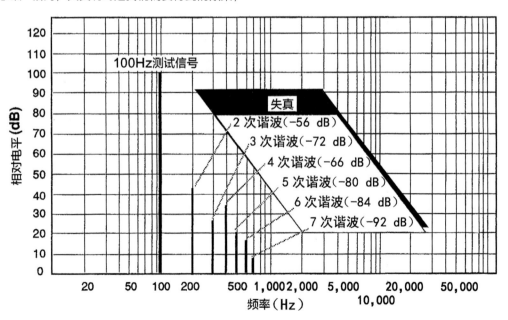

图 8-6　通过图形的方式表达谐波失真

谐波失真产生的原因可能是削波（当功率放大器被驱动到一点上，输出端无法跟随输入波形产生正确的电压）。它也可能由其他电路问题或设计问题导致。在扬声器中，它可能由共振、音圈摩擦或撞击磁结构，或者振膜破损导致。进一步研究谐波失真产生的更多细节已经超出了本书讨论的范围。

8.4.2 测量谐波失真

测量谐波失真的其中一个方法，是将一个单频正弦波测试信号输入到被测设备中，然后通过一个斜率非常陡峭的带阻滤波器对其进行去除，使其不会出现在输出端。通常这种滤波器能够使测试信号衰减80dB。接着我们可以对输出端剩余的信号进行简单的电压测量，把得到的结果称为总谐波失真。这种测量方式的问题在于，它会将任何出现在输出端的噪声计入谐波失真中。这也是为什么制造商会通过如下方式来描述该技术参数。

总谐波失真和噪声：

在 +4dBm 水平下小于 1%。

如果这个指标伴随着很低的输出噪声参数，那么我们可以认为这 1% 基本上都是失真。而如果噪声指标很高，那么或许很多测得的失真实际上是噪声电压。如果使用波形分析仪的话，就无需再进行上述猜测。

波形分析仪能够精确地显示在 1/10 倍频程带宽中的信号，或者通过一个频谱分析仪，就能够以图形的方式提供整个输出波形的情况，包括频率和振幅，这样每个谐波频率都可以被识别和测量。通过使用这种设备，我们可以对单个谐波进行标记。以下技术参数现在也很常见。

谐波失真：

2 次谐波，–60dBm；

3 次谐波，–75dBm，相对于最大输出的 1kHz信号。

我们知道，该参数是通过分析仪而非陷波器来测量的。除非噪声量级很高，否则分析仪的准确性受到噪声的影响较小。因此，如果我们希望将一个以分贝为单位的失真指标转换为百分比，通常会使用如下公式：

$$\% \text{失真}_{(\text{V 或 SPL})} = 100 \times 10^{\pm dB/20}$$

问题：一个 +4dBu 信号下 2 次谐波失真为60dB，转换为百分比是多少？

$$\% \text{失真} = 100 \times 10^{-60/20} = 100 \times 10^{-3}$$
$$= 100 \times 0.001$$
$$= 0.1\%$$

2 次谐波失真

该方程可以用于单个谐波，也可以用于总谐波失真。如果我们查看分贝值与输出功率的关系，那么该方程可以通过变形来体现与 10log 的数学关系，具体如下：

$$\% \text{失真}_{(\text{功率})} = 100 \times 10^{\pm dB/10}$$

问题：一个具有如下指标的设备，其 2 次谐波失真的百分比为多少？

2 次谐波失真：

100W 最大额定输出功率以下 30dB。

$$\% \text{谐波失真}_{\text{功率}} = 100 \times 10^{-30/10}$$
$$= 100 \times 10^{-3}$$
$$= 100 \times 0.001$$
$$= 0.1\%$$

2 次谐波失真

注意，在第一个问题中，–60dB 失真数值的 dB 单位以电压为参考（技术参数中标注为 dBu）。在第二个问题中，–30dB 失真的 dB 单位以功率为参考。两个数值都代表 0.1% 的失真。这也是为什么在描述失真的时候通常使用百分比的原因——它们可以避免混淆。

同样的公式还适用于 3 次谐波、4 次谐波或者总谐波失真，图 8-7 给出了基于上述公式的快捷图示参考，这样在无须数学计算的情况下也可以在图表上找到相应的数值。

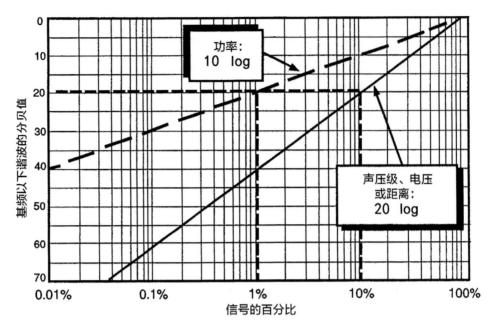

图 8-7 信号分贝值与百分比之间的关系

如果需要进行反向计算，即通过失真的百分比找到以 dB 为单位的数值，则可以使用如下公式：

对于功率比来说：

$$dB = 10\log(\%/100)$$

对于电压比（或声压级比）来说：

$$dB = 20\log(\%/100)$$

如果你分别得到了 2 次谐波和 3 次谐波等数据，是不可以将它们直接相加来得到总谐波失真的。反之，你需要通过以下公式将每个谐波的分贝值相加（然后你会发现总谐波失真百分比使用了前文提到的一个以电压／声压级为参考的公式）：

$$总 dB = 10\log(10^{dB1/10} + 10^{dB2/10} + \cdots + 10^{dBn/10})$$

问题：在参考值为 252mW（+24dBm）的条件下，一个电路的 2 次谐波失真为 −40dB，3 次谐波失真为 −65dB，4 次谐波失真为 −50dB，5 次谐波失真为 −70dB，其余谐波可忽略不计（小于 −80dB），请问该电路的总谐波失真百分比为多少？

$$总 dB = 10\log(10^{-40/10} + 10^{-65/10} + 10^{-50/10} + 10^{-70/10})$$

$$总 dB = 10\log(10^{-4} + 10^{-6.5} + 10^{-5} + 10^{-7})$$
$$= 10\log(0.001 + 0.000,000,316,2 + 0.000,01 + 0.000,000,1)$$

$$= 10\log(0.000,110,416,2)$$
$$= 10(-3.956,967,203)$$
$$= -39.6 \, dB（大约）$$

我们能够看到，当以 dB 为单位时，总谐波失真要比 2 次谐波失真大得多（0.4dB）。高次谐波相比低次谐波的能量要弱得多，在这个例子当中几乎可以忽略不计。现在让我们将分贝值转换为百分比。

$$\% \, 总谐波失真 = 100 \times 10^{-39.6/10}$$
$$= 100 \times 100^{-3.96}$$
$$= 100 \times 0.0001096$$
$$= 0.001\%$$

8.4.3 影响谐波失真参数的因素

到目前为止，我们还没有对本章出现的失真参数做任何深入的讨论。关于谐波失真参数我们有很多需要了解的内容，这样才能知道它是否能代表针对设备实际工作状态的有效测量，或者能否自行重复该测量。提出下列问题是非常明智的：

（a）测量是在何种工作电平（或若干不同电平）下进行的？

（b）测量是在哪个频率或频率范围下进行的？

（c）使用了哪种前级输入设备和输出负载设备？

（d）噪声是测量内容的一部分，还是仅仅是一个失真测试？

对于几乎所有电路来说，当达到最大输出电压或功率时，失真会在突然间显著增大。这是由于削波导致的。对于失真的测量所用的电平通常会小于这一数值。还有一个非常重要的信息，失真百分比或许也会在输出电平很低时增大。这种情况通常是信号大小接近测量设备或者被测设备的固有[2]噪声导致的。即在

信号非常接近本底噪声时，谐波成分只比信号低若干个分贝值[3]。对于数字音频设备来说则存在一个特例，无论输出功率如何，失真成分都会保持在一个相当稳定的水平。在这种情况下，随着输出功率的增加，失真百分比下降。

在变压器耦合的设备当中，有时失真在低频段会变得更严重，特别是在高电平状态下，这是由变压器的磁芯饱和所导致的。在多数电路当中，失真通常会在高频段增加。这也是为什么众多制造商提供了失真图表，给出了总失真百分比和频率以及电平之间的关系，（图 8-8）。这类图表十分有用，它通常包含 100Hz、1kHz 和 10kHz，代表了常规的音频频谱。

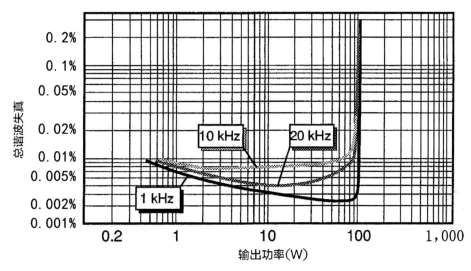

图 8-8　常规功率放大器输出的总谐波失真图

中频（1kHz）失真小于低频和高频失真的情况也并不罕见。我们的耳朵对中频的反应最为灵敏，对于听觉来说，上述情况是最为自然的。我们对低频失真有着很高的容忍度。有时甚至认为它是音质良好的表现。

你可能会注意到在图 8-8 中没有包含音频频率最高的部分。为什么不给出 20kHz 部分的图表呢？请问，20kHz 的 2 次谐波是多少？答案是 40kHz，这显然是超出音频频率范围的，而 20kHz 其他谐波

的频率会更高。10kHz 的 2 次谐波为 20kHz，这些较高的频率会（通过互调失真）影响到可闻阈，但是在一个有限的范围内，10kHz 的失真参数会更加有用。让我们来做个小测验。

小测验：

为什么图 8-1 给出的谐波失真参数毫无用处？（为了省去翻书的麻烦，我们把它写在这里：谐波失真小于 1%。）

你当然知道答案：该参数没有标注参考电平，也

2　原文为"Residual"，意为残存的，残留的。在此根据上下文译为"固有的"，特此说明——译者注
3　即谐波和有效信号的电平十分接近，意味着谐波失真程度很高——译者注

没有标注频率（或频率范围），或负载……我们也不知道这是总谐波失真还是一个或多个特定频率谐波的失真（我们会假设它是总谐波失真）。

8.5 互调失真

互调失真（Intermodulation Distortion，简写为 IM 或 IMD）指的是，由至少两个输入信号的频率相互作用而产生非谐性的、新的输出频率。相对而言，互调失真通常比谐波失真更加令人反感。

8.5.1 测量互调失真

针对互调失真的常规测试有很多。这些测试都使用了两个不同（但相互关联）电平的正弦波。电影及电视工程师协会（SMPTE，The Society of Motion Picture and Television Engineers）在胶片音轨出现之际就已经开始关注互调失真的问题，距今已有很长的时间。他们设计出了一种互调失真的测试方式，它可能是迄今为止使用最为广泛的一种。你通常会看到标有"互调失真"（SMPTE 方法）的字样。

SMPTE 失真测试使用了 60Hz 和 7kHz 的信号，以 4:1 的电平比例——60Hz 信号比 7kHz 信号强 12dB（2:1 表示 6dB 电压差，因此 4:1 表示 12dB 电压差）。通过陡峭的陷波器在输出端将 60Hz 和 7kHz 去除，剩余的信号就被认为是互调失真的产物。与总谐波失真相同，噪声因素可能会进入互调失真测试的结果中，因此最好使用波形分析仪进行测量。

重要的一点是，SMPTE 互调失真测试必须基于峰值电压测量，而其他多数噪声和失真测试都是基于均方根测量。由于 7kHz 位于 60Hz 以上，在调整输出电平时使用示波器进行观测是非常重要的（测试信号看上去就像一个模糊的 60Hz 波形）。因为电平需要根据峰值电压进行适当的减小，在计算确切的失真百分比之前需要引入约 1.5dB 的校正因数。

其他的互调失真测试使用了不同的频率和不同的电平比例（如 14kHz 和 15kHz 按照 1:1 的比例）。截至目前，SMPTE 测试仍然是最为普遍的测试方法。

8.5.2 互调失真的来源

功率放大器是电子线路中互调失真的主要来源。

性能良好的功率放大器不会产生过多的互调失真。在扬声器中，多普勒效应可以引发互调失真。驱动器的振膜在低频时会发生前后运动，当较高的频率施加在运动的振膜上时，会导致较高的频率在振膜向听音者运动时变高，远离听音者运动时变低。这与火车汽笛和大货车喇叭的音调在靠近听音者时变高，远离听音者时变低是同样的道理。

8.5.3 何种程度的失真是可以被接受的？

正如我们所说，互调失真相比谐波失真更加不能被人耳听觉所接受，因此互调失真参数至少应该不超过总谐波失真的量级。这也是经过良好设计的设备通常满足的条件。当我们问"多少互调失真是可以被接受的"的同时，我们也应该问"各种形式的失真在何种程度内是可以被接受的？"

这个问题的答案并不简单。它取决于系统产生的最大声压级、动态范围，以及节目本身的特点。如果失真成分在电平上足够低，当它们低到能够被环境噪声掩蔽 10dB SPL 时，就可能无法被听见。为了进行确切数值的计算，你需要在最大输出电平状态下得到失真百分比，将它换算为分贝，然后从最大输出电平中减去这个分贝值。然后我们可以检查所得到的结果是否低于系统的本底噪声。你可能会发现，只要不是要求最为严苛的系统，任何低于 1% 的数值都是可以被接受的。

我们不能只看到扬声器的失真（如 5%），然后认为它非常高，高到可以掩蔽任何来自电子线路的失真。多数扬声器的失真是 2 次谐波失真，这种失真没有那么令人反感。从另一方面来说，如果功率放大器产生的失真为 1%，且主要是互调失真或者奇次谐波失真，那么这些失真成分会在扬声器中体现得一清二楚。这也是我们为什么要在整个信号链中保持低失真的原因。

8.5.4 瞬态互调失真

瞬态互调失真（TIM，Transient Intermodulation Distortion）是互调失真的一种特殊情况。它仅在短时间的"瞬态"过程当中发生，如节目中的高电平和陡峭的峰值。瞬态互调失真产生的主要原因是功率放大器的不良设计，使用过量的负反馈来保持电路稳定性也是导致瞬态互调失真的主要原因。测量该数据是比较困难的，截至目前也没有一种较为统一的测量方法，因此很少有制造商会将该参数列入参数表当中。总之，瞬态互调失真是一种可闻的，但应该被尽量避免的声音畸变。

小测验：

为什么图 8-1 中提供的互调失真参数毫无价值？（为了省去翻书的麻烦，将其写在这里：互调失真小于 1%。）

答案与之前的测验相似。该参数没有标注测试电平，也没有标注信号的频率和电平比例，也没有提供负载的情况。

8.6 输入和输出阻抗

阻抗被定义为电路对交流电流（可以视为音频信号）的总体阻碍作用，它的单位是欧姆。定义仅此而已，但阻抗对于音响系统的操作者来说意味着什么呢？

一个输出电路（提供音频能量的电路）的阻抗是对其送出能量难易程度的衡量。这种阻抗被称为源阻抗，因为它出自信号源。

一个输入电路（被施加音频能量的电路）的阻抗是对其能够（从一个给定输出电压中）获得多少能量的衡量。这种阻抗被称作负载阻抗，其原因是它决定了（前一级）电路的输出端需要承担多少负担。负载阻抗也被称为截止端或截止阻抗。

在最新的线路电平音频电路中，我们认为输出端的源阻抗越低越实用，而输入端的负载阻抗在一定的限制条件下越高越实用，我们会在后文解释这个问题。如图 8-10 所示，我们可以看到一个输入负载阻抗为 Z_{IN} 的设备是如何截止并接收来自源阻抗为 Z_{OUT} 的设备的输出信号的。

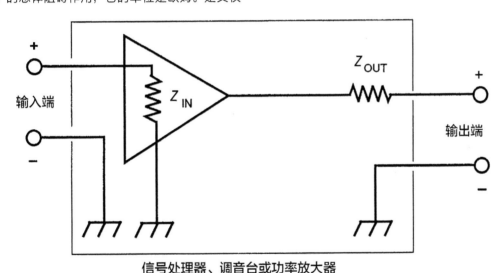

信号处理器、调音台或功率放大器

图 8-9 框架图中显示的是输入负载阻抗 Z_{IN} 和输出源阻抗 Z_{OUT}

当一个电路的输入阻抗至少是前级信号源输出阻抗的 10 倍时，我们称该输入为桥接输入，该输出"被桥接"[4]。

在一些现代设备和绝大多数较早的设备中，输入阻抗等于输出阻抗是人们所追求的。这种电路被称作阻抗匹配。

对于我们来说，重要的一点是了解一个特定的输出应该满足阻抗匹配、被桥接，还是无须严格限定。当前后级阻抗不匹配时（这意味着无论是阻抗匹配还是桥接，信号源和负载相互之间都存在问题），可能导致不良的频率响应、过多的失真，甚至是不正确的工作电平进而导致电路损坏。从技术参数的角度来说，了解测试过程中使用了何种阻抗是十分重要的，它能够使得到的参数（在实际应用当中）可重复和实现。

4　虽然都使用"Bridging"的说法，但此术语与功率放大器的"桥接"模式表述的内容不同。它表示负载阻抗至少为源阻抗的 10 倍，我们将这种情况统称为"高阻跨接"——译者注

YAMAHA
扩声手册
（第 2 版）

71

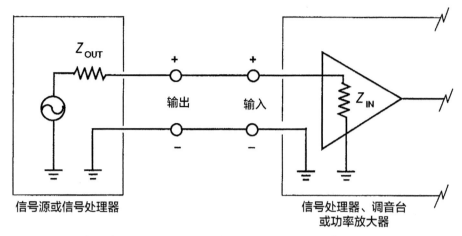

图 8-10　框架图中显示了一个输入端的负载阻抗如何"终结"[5]前级输出端的源阻抗

8.6.1　关于输入和输出阻抗的疑惑

　　基于上述讨论，输入和输出阻抗参数看上去是简单直接的。然而不幸的是，虽然以帮助用户使用设备为出发点，很多制造商的描述还是带来了很大的疑惑。

8.6.1.1　输出阻抗

　　如，在技术参数当中，该输出电路的源阻抗是多少？

输出阻抗：

600Ω。

　　如果你认为是 600Ω，那么你可能对了。但从另一方面来说，你可能大错特错！有时制造商不会标注某个输出电路具体的源阻抗，反之它会标注该输出需要连接的负载阻抗。在上述例子中，给出的 600Ω 很有可能并不是源阻抗，而是所需的最小负载阻抗。你如何才能知道准确的信息呢？除非你去研究电路原理图，或者打电话给制造商，向了解该设备的工程师进行咨询。出于这个原因，一个好得多的、不那么容易混淆的表述方法应该是

输出源阻抗：

100Ω。

最小负载阻抗：

600Ω。

　　有时最小推荐负载阻抗并不是最小可接受阻抗，它和输出端的源阻抗也不相同。在这种情况下，一个清楚的、不会让人产生混淆的表述方法是

输出源阻抗：

200Ω。

最小负载阻抗：

600Ω。

推荐负载阻抗：2000Ω 或更高。

小测验：

　　图 8-1 中标注的设备的实际阻抗是多少？让我们回忆一下，该参数为"输出阻抗：$10,000\Omega$"。

　　你的答案是 $10,000\Omega$ 吗？这可能是错的，但我们无法从该参数中得到确切的结果。

　　为什么我们会觉得 $10,000\Omega$ 可能是我们所需的负载阻抗而非实际源阻抗呢？经验告诉我们，在线路电平下工作的专业设备，在驱动较低的实际负载阻抗时，其源阻抗会跌落到 $50 \sim 600\Omega$，而驱动实际负载阻抗为 $10,000\Omega$ 时，输出源阻抗会跌落到 $600 \sim 2,000\Omega$。$10,000\Omega$ 作为技术参数来说恰好满足输出端被桥接所需的负载阻抗区间（当然它也有可能是实际的输出源阻抗）。这也是图 8-1 中参数没有什么用的原因。

8.6.1.2　输入阻抗

　　正如输出阻抗参数可以变得含糊不清，输入阻抗参数也会使人产生混淆。有时制造商会列出输入端实际的截止阻抗，而有时驱动该输入电路的理想源阻抗也会被列出。在理想状态下，两个参数都应该得到真

5　原文为"Terminate"——译者注

实的记录。

小测验：

图 8-1 中描述的设备的实际输入截止阻抗是多少？让我们回忆一下，该参数为"输入阻抗：600Ω"。

当然，它可能是 600Ω。或者它可能是用于桥接 600Ω 输出的 5,000Ω 或 10,000Ω。和前文一样，我们没有足够的信息来确认关于输入阻抗的情况。如果必须猜测的话（有时我们也这样做），我们可以假设这是一个桥接连接的输入设备，而它的截止阻抗很高。为什么？因为图 8-1 中标注的输入灵敏度以 dBV 为单位，这是一个以电压为参考值的技术参数。如果输入端实际拥有一个 600Ω 的输入阻抗，它的灵敏度可能应该通过 dBm 来标记，这样在实际阻抗 600Ω 时在标准上较为一致。使用"dBV"作为灵敏度单位实际上意味着输入端为电压敏感而非功率敏感，这也意味着高阻抗。当然这都是我们有依据的猜测。

怎样才能清楚地标注输入阻抗呢？请看以下例子。

对于桥接的输入设备来说——

输入负载阻抗（或者输入截止阻抗）：5,000Ω。

适用源阻抗：600Ω。

标记该桥接的输入设备的另一种方式——输入阻抗：5,000Ω（适用于 600Ω 或更低的源阻抗）。

对于阻抗匹配连接的输入设备而言——输入负载阻抗：600Ω，阻抗匹配。

适用源阻抗：600Ω。

对于话筒输入来说（既不是阻抗匹配，也不是桥接）——

话筒输入阻抗：1,400Ω（适用于 50~200Ω 的话筒）。

8.6.2　阻抗不匹配所产生的影响

当提到不匹配，我们说的仅仅是输入阻抗不适合与它相连接设备的输出阻抗（反过来也成立，这取决于你的视角）。"不匹配"本身并不牵扯阻抗匹配或桥接电路的概念，而是对特定的设备来说，使用某些设备是不正确的。

为了了解阻抗不匹配会产生何种后果，我们需要首先了解输出源阻抗是如何被定义的。如图 8-11 所示，当测量一个输出的源阻抗（Z_{OUT}）时，输出端的电压首先在开路或负载阻抗极高的情况下测得。接着负载阻抗（Z_L）被慢慢减小 [通常通过阻抗电桥（Impedance Bridge）或者能使电阻变小的变阻盒]。随着负载逐渐增加（阻值减小），输出电压降低。当降至初始开路电压（V_O）的一半时（对于电压来说是减小 6dB），负载被断开，我们对其阻值进行确认。该阻值被认为与实际输出源阻抗相同，因为此时一半的电压（一半的功率）被负载消耗。

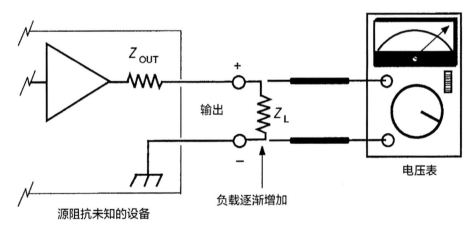

图 8-11　测量输出端的源阻抗

当输出端接入一个阻抗很低的负载时会出现什么情况？我们举个例子，当你把调音台 600Ω 的输出端

与一个 8Ω 的扬声器相连后会发生什么？

虽然一些调音台和前置放大器的输出能够驱动

一些低阻抗（8Ω）装置——主要是耳机，这些常规的线路电平（以 mW 或 dBm 为单位）是无法将扬声器驱动至有效水平的。这不仅仅是因为这种情况下的功率连还原悄悄话都不够，还因为调音台的电路被设计用于驱动负载阻抗为 600~50,000Ω 的设备。它们无法在不失真的情况下将毫瓦级的功率传递到 8Ω 的扬声器上。让我们看看都发生了什么。

问题：当一个 8Ω 的负载接入一个 600Ω，+24dBm 输出端时会产生何种程度的过载？首先我们需要计算（或直接查看表 8-1）+24dBm 所表示的功率。

$$
\begin{aligned}
功率 &= 0.001 \times 10^{\mathrm{dBm}/10} \\
&= 0.001 \times 10^{24/10} \\
&= 0.001 \times 10^{2.4} \\
&= 0.001 \times 251 \\
&= 0.251\,\mathrm{W} \\
&\approx \tfrac{1}{4}\,\mathrm{W}
\end{aligned}
$$

最大的输出功率为 250mW。那么一个 8Ω 的负载将获得多少功率呢？为了知道这一点，我们需要了解 +24dBm 所表示的电压。我们知道输出端阻抗为 600Ω，因此电压为：

$$
\begin{aligned}
电压 &= \sqrt{W \times Z} \\
&= \sqrt{0.251 \times 600} \\
&= \sqrt{150.6} \\
&= 12.27\,\mathrm{V}
\end{aligned}
$$

输出端将这 12.27V 电压施加在 600Ω 上，那么 8Ω 负载能够获得多少功率？

$$
\begin{aligned}
功率 &= E^2/Z \\
&= 12.27^2/8 \\
&= 150.6/8 \\
&= 18.8\,\mathrm{W}
\end{aligned}
$$

显然，一个设计最大输出功率为 250mW 的电路无法向一个 8Ω 的负载（或任何其他负载）输送 18.8W 的功率。这一输出将严重过载，在驱动扬声器之前能量就会丧失殆尽。

12.27V 或许也能够满足需求，因为我们仅仅需要 18W 来驱动扬声器。但是，为了将这个电压传递给 8Ω 的负载，必须使用功率放大器。调音台的线路

放大器无法提供其所需的电流。

针对上一个例子，我们通过相当细致的描述说明了为什么阻抗不匹配会带来严重的问题。有些阻抗不匹配的程度不那么严重，但仍然会导致问题。

让我们来看一看专业现场扩声中常用的动圈式话筒。此类话筒的实际输出源阻抗在 50~200Ω 之间。它是针对接入到截止阻抗为 1,000~1,500Ω 的话筒放大器而设计的。（由于该阻抗约为话筒输出阻抗的 10 倍，因此这种连接可基本视为桥接。）如果话筒被接入一个实际阻抗为 200Ω 的输入端（一个缺乏电路知识的设计者就有可能这么做），话筒的输出电压将会衰减 6dB。信号噪声比会变差。由于话筒的电感原件（或次级变压器）和输入端阻抗形成了一个调谐电路，话筒的频率响应也会变差，导致低频响应增加。反之，如果话筒与一个电容耦合的输入端相连（通常为电容式话筒），那么低频响应会下降。

注意：当一个输入端阻抗过低时，有可能导致前级设备出现过载。我们可以通过电阻来对输入端进行匹配，以免发生过载。但这种做法会导致电平的损失。除此之外，这种方法需要一个单独的装置（特殊的衰减器或线材），它会增加装置的复杂程度。而在便捷系统当中，不小心旁路该装置，或将其安装在错误的位置还会导致其他潜在问题。

一个完整的阻抗参数是非常重要的，你必须对它的含义十分了解，才能使音响系统发挥最大的效能。在通过测量方式获取输入输出电平、噪声、频率响应等参数时，必须了解源阻抗和输入阻抗的情况（最起码应确认实际阻抗参数和制造商提供的参数相符）。

8.6.3 阻抗与频率

在一个电路中，阻抗并不是一个固定的参数。它会根据频率的不同而有所不同。一个没有频率信息的阻抗参数其实缺少了非常重要的因素。对于扬声器来说尤其如此，它在共振频率处经常会发生显著的阻抗变化，通常在峰值阻抗与最小或额定阻抗之间存在着 4:1（12dB）的差距。功率放大器和其他信号处理设备的情况可能会好些，但不同频率的阻抗也不一样。出于这种原因，你有时候会看到以下标有频率信息的阻抗参数。

输入负载阻抗：

最小 15kΩ（低于 5kHz）；

最小 10kΩ（5~20kHz）。

功率放大器通常会在标注输出源阻抗时标注频率范围，但这一参数会间接体现在阻尼系数的指标上。阻尼系数越高，功率放大器对扬声器振膜就能够施加越多的控制。阻尼系数其实就是输出负载阻抗（如一个 8Ω 扬声器）除以功率放大器的实际输出源阻抗（如 0.02Ω）得到的结果。在这个例子中，阻尼系数为400。输出源阻抗通常会在高频段上升，这也意味着阻尼系数下降。出于这种原因，你可能会看到如下参数。

阻尼系数（8Ω 负载）：

250Hz 以下最小为 400；

10kHz 以下最小为 50。

上述信息告诉我们什么？它告诉我们该功放的阻抗在低于 250Hz 时小于 0.02Ω（甚至更小）。它还告诉我们输出阻抗在 250Hz 以上开始增加（可能是逐步增加），在 10kHz 时达到最大值 0.16Ω。我们认为这是因为源阻抗会随着频率上升而提升，而 8Ω 负载除以数值为 50 的阻尼系数后得到了 0.16Ω。你看，有时你的确能够从技术参数中读到言外之意 [6]。

8.7　标准工作电平

在音响系统中有很多规定输入电平和输出电平的方法。这件事情的复杂之处在于，对于不同的音频设备而言，没有单一的标准工作电平。本书的这一部分研究的是常规的工作电平，以及它们是如何被规定的。在阅读以下材料之前，我们建议大家回顾第 3 章关于分贝的内容。

当说到电平（Level），如果没有明确指出的话，通常指电压或声压（20log 的函数）。我们试图在这里让这个概念变得清楚明了，但在日常使用中，"电平"这一术语一直是模棱两可的。

8.7.1　电平的基本分类

在音频电路当中有若干不同标准的工作电平。当

我们仅仅希望描述一个大致的灵敏度范围时，使用一个具体的电平数值（如 +4dBu）就会显得很奇怪。出于这种原因，大多数音频工程师都认为可以将工作电平大致分为以下 3 类。

A. 话筒电平或低电平

这个范围从没有信号到 −20dBu，或 −20dBm（77.5mW 施加在 600Ω 等于十万分之一瓦）。它包括没有进行任何放大的话筒输出、吉他拾音器、留声机和磁带磁头（如在没有任何话筒、留声机或者录音机的前置放大器的情况下）。虽然很多话筒可以在大声源的情况下输出更高的电平，吉他在直接拾取震动的情况下的输出也可以超出这个范围 20dB（到达 0dBu 或者更高的水平），但这个数值仍然代表了额定或者平均的范围。

B. 线路电平或中等电平

这个范围从 −20dBu 或 −20dBm 到 +30dBu（24.5V）或 +30dBm（24.5V 施加在 600Ω 上等于1W）。它包括电子键盘（合成器）输出、话放和调音台输出，以及大多数信号处理设备的输入和输出，如限制器、压缩器、信号延时器、混响器、磁带机或均衡器等。换句话说，它几乎包含了除功率放大器之外的所有设备。大多数设备的额定线路电平（平均电平）是 −10dBu/dBm（245mV）、+4dBu/dBm（1.23V）或 +8dBu/dBm（1.95V）。

C. 扬声器电平或高电平

这一范围包含了 +30dBu（24.5V）或 +30dBm（24.5V 施加在 600Ω 等于 1W）以上的所有电平。这些电平包括功率放大器的扬声器输出、交流电源线，以及电压高于 24V 的直流控制线缆。

8.7.2　表达音响系统的宽功率范围

我们已经描述了音频信号电平的基本分类（相对电压而言）。让我们站在信号功率的角度来看一看扩声系统中不同环节的情况。

常见音响系统中最低的功率级通常出现在话筒或留声机的输出端。在距离普通动圈式话筒 1 米处的正

6　如果你真的想读出言外之意，那么你必须意识到扬声器系统的负载阻抗可能随着频率距离 10kHz 越来越近而越来越高。而实际（并非计算值）阻尼系数可能不会降低到上述参数所描述的水平。一个 16Ω 负载同样除以功率放大器 0.16Ω 的源阻抗后，呈现出的阻尼系数为 100，而非 50。

常讲话，其产生的输出功率约为百万兆分之一瓦。播放常规节目的留声机输出能够产生大约 1,000 倍的功率，平均约为十亿分之一瓦。这些信号十分微弱，工程师们知道它无法在机器内部或者在不具备噪声抑制和频率纠错能力的长距离线缆中传输。这也是为什么话筒和留声机放大器被用来提升这些低电平信号，使其到达所谓线路电平的中等水平。线路信号的能量范围是十万分之一瓦到 250mW。下表列出了以 dBm 为单位的测量结果。

表 8-1　电路中与 dBm 相关的功率级

−20dBm = 10μW	= 0.00001W
0dBm　 = 1mW	= 0.001W
+4dBm　= 2.5mW	= 0.002,5W
+24dBm = 250mW	= 0.250W
+30dBm = 1,000mW	= 1.0W
+40dBm =	= 10.0W
+50dBm =	= 100.0W

在一个常见的音响系统当中，一个单独的功率放大器所输出的功率大约在 50W（驱动一两个高频压缩驱动器）至 1,000W 或更高（驱动多个低频箱体）。我们通常用瓦特（W）而非 dBm 来表示这些输出功率。而有时候功率会被标记为 dBW，0dBW = 1W（表 8-2）。

表 8-2　以 W 和 dBW 标记输出功率

输出功率（以 W 为单位）	输出功率（以 dBW 为单位）
0.1	−10.0
1.0	0.0
10.0	+10.0
20.0	+13.0
30.0	+14.7
40.0	+16.0
50.0	+17.0
60.0	+17.8
70.0	+18.5

续表

输出功率（以 W 为单位）	输出功率（以 dBW 为单位）
80.0	+19.0
90.0	+19.5
100.0	+20.0
200.0	+23.0
250.0	+24.0
400.0	+26.0
500.0	+27.0
800.0	+29.0
1,000.0	+30.0
2,000.0	+33.0
4,000.0	+36.0
8,000.0	+39.0
10,000.0	+40.0
100,000.0	+50.0dBW
100,000.0	+80.0dBm

让我们看看以上两个技术清单中的常用表格。使用"−20dBm"要比"0.00001W"方便得多，使用"+4dBW"要比"10,000W"方便得多。当然，这些表格也告诉我们为什么了解不同 dB 单位的参考标准是如此重要。如 +30dB 代表的输出功率是多少？

如果你的回答是"不好说"，那么就对了。+30dBm 输出的功率为 1W，而 +30dBW 的输出功率为 1,000W！这样巨大的差异是因为 dBm 的参考值为 1mW，而 dBW 的参考值为 1W。

8.7.3　阻抗与电平参数有何种联系

从第 3 章我们了解到，一个输出电压耗散的能量随着后级设备阻抗的变化而变化。请记住功率的公式为：

$$P = E^2 \div Z$$

在这种情况下，P 表示输出功率，单位为 W，E 表示输出电压，Z 表示负载阻抗。

当负载阻抗发生变化时会出现什么情况？假设输出电压恒定（对于现在大多数配有晶体管的前置放大

器和功率放大器来说，这都是有效的假设），阻抗降低（欧姆数变小），对输出功率需求增加，反之亦然。

8.7.3.1 功率与阻抗

我们可以假设一个设备可以给出其额定输出功率（单位可以是 dBm、dBW 或 W），其负载阻抗与设备标定的输出阻抗相等。在负载阻抗没有被标注的情况下，我们希望避免负载阻抗小于设备实际源阻抗的情况出现（如不要将放大器接入一个与它实际输出源阻抗数值相近的负载中）。根据上述公式，我们可以看到，当输出端连接的负载阻抗较高时，从设备输出端所分得的实际功率（W 或 mW）就会少一些。这实际上意味着在标定负载阻抗下，输出电平（dBm、dBW 或 W）会小于标定数值。你经常能够在功率放大器的输出参数中发现这种情况，它可能标定的是 4Ω 负载200W，但当负载为 8Ω 时只有 100W……因为它无法在输出端提供超过 $28.3V_{RMS}$ 的电压，即使负载从 4Ω 减小到 8Ω。（是的，更高的阻抗意味着更小的负载[7]。）

8.7.3.2 输出端过载[8]

虽然从理论上来说，功率放大器在 4Ω 状态下的额定功率应该为 8Ω 状态下的 2 倍，但是在现实中很多功率放大器无法在负载阻抗减半的情况下输出成倍的功率。如果你查看如下参数，它能够告诉你一些关于功率放大器设计的问题。

输出功率：

8Ω 状态下 100W；

4Ω 状态下 175W。

4Ω 状态下的额定功率为 175W 而非 200W，这一事实告诉我们，功率放大器的电源或者散热部分存在限制，在 4Ω 或更高的负载下，电路过热，或者电源无法输送足够的电流。我们可以通过减小功放的输入旋钮来保证不超过最大功率限制（否则保护电路或者保险丝会以更极端的方式来做这件事情）。

有时功率放大器在电学和物理学上能够在低于额定阻抗的状态下进行工作，但它的温度会变得非常高。美国保险商实验室（Underwriter's Laboratories）和加拿大标准认证（Canadian Standards Approval）中均有规定，不允许功率放大器在产生过多热量的负载条件下工作。这并不是基于音频性能的考虑，而是严格的防火危害管理。即使在负载很高的情况下，虽然功放听上去没有问题，但很可能造成潜在的损坏、火灾或引发供电系统中交流断路器跳闸。

高功率放大器的常见问题仅在多台功放同时使用时才会出现。当大型系统中配有多个功率放大器，在声音到达峰值时，它们会从供电系统中攫取过多的功率以至于电压骤然下降，进而导致同一供电系统当中的调音台和其他低电平信号处理设备出现问题，引发严重的低频回授 / 失真回路。在很多情况下，这些设备会引发交流电源的断路器工作，尤其是在驱动低音单元时，交流电源必须十分稳定。大多数制造商在其功率放大器中设计了电流限制器或者适度标定的断路器来避免此类事故的出现。

对于前置放大器、调音台或者其他线路电平的音频设备来说，降低负载阻抗同样会导致负载获得更多的功率。当发生过载时，输出信号会出现愈发严重的失真，负载的增加可能会导致电路元器件的损坏。

出于上述原因，通过一个低阻抗负载来测量输出功率参数是不合理的。它应该通过一个实际的负载来进行测量。

8.7.3.3 负载如何影响输出电压

第 8.6 节中提到的源负载阻抗测试步骤告诉我们，随着负载阻抗的降低，功放会出现供电短缺（由于电源向负载输送电流的能力有限）。这并不意味着电压会随着更高的负载阻抗而增加。理论上这种现象并不会出现。然而，当一个设备标有最大工作电压（如 +24dBu，$12.3V_{RMS}$）数值时，只要负载阻抗等于或

7　负载（如扬声器）的阻抗越低，电路中电流越大，功率放大器的负担就越重。因此负载阻抗数值越高，信号源负担越小。在文章这一部分的讨论中，读者需注意"负载"和"负载阻抗"表示了相反的含义，即负载越大，负载阻抗越小，反之亦然——译者注

8　"过载"所对应的英文术语为"Overload"，它指由于负载阻抗过低而导致的信号源负担过重，无法满足放大倍数（或增益）所预期的目标。这与我们常说的设备输入端失真（英文术语为"Overdrive"，译为"过驱"）并不是同一个概念。"过驱"和"过载"在很多时候都会带来信号的失真，但原因完全不同——译者注

大于最小额定负载阻抗，它就可以将该电压数值输出给任何满足条件的负载。

请注意，这种在最小负载阻抗之上所表现出的输出电压近乎恒定的特性，与输出功率是不同的，输出功率会随着负载阻抗的增加而线性衰减。

这也解释了为什么现代音频设备的线路输出通常被标记为 dBu 或 dBV 而非 dBm，因为 dBu 或 dBV 的数值不会由于负载的不同而发生变化，而 dBm 的数值是会变化的。

8.7.4 当高保真设备与专业设备混合使用时会发生什么？

这一话题同属于第 8.6 节和第 8.7 节的内容，因为它包含了阻抗和电平的不匹配问题。虽然有些专业音响设备在家庭高保真领域得到了使用，但两者在工作电平和阻抗上仍然存在显著的差别，因此这一话题的讨论也颇为"危险"。

8.7.4.1 高保真设备输出到专业设备输入

一个民用音响设备的额定（或平均）工作电平要比 +4dBu 低得多。它通常将 −16dBu（123mV）到 −10dBu（245mV）的电压送入 10,000Ω 或更高阻抗的负载当中。这种设备的峰值输出电平通常不会超过 +4dBu（1.23V），它所能达到的输出电流通常无法驱动一个输入阻抗为 600Ω 的电路，即使专业设备拥有更高的输入阻抗，高保真设备的输出电压也很可能不够高。通常会出现的结果是进入专业设备的电平过低，而高保真设备输出端严重过载[9]。这有可能损坏扬声器（由于高频能量的削波），也会损坏高保真设备（由于自身输出电路的过载）。当然也有例外，但这个例子告诉我们在将民用设备和专业设备混用时，读懂输入输出电平及阻抗参数是多么重要。

8.7.4.2 专业设备输出至高保真设备

如果一个调音台或者专业音响系统信号处理器（如图示均衡）额定输出的 +4dBu（或 +4dBm）

连接至一个常规的高保真前置放大器的辅助输入或线路输入，极有可能在高保真设备的输入端发生过驱（Overdriven）。因为这些输入端通常接收的是 −16~−10dBu 的信号，而专业设备高出 14~20dB 的输出信号显然太大了。有时高保真设备的音量控制能够对过多的电平进行调整，但在一些设备中，信号在进入音量控制前就会使前置放大器产生削波[10]。这种情况通常发生在综合型高保真功率放大器中，信号在前置放大器中失真，经过音量控制后再进入主放大器。如果减小专业设备的输出电平，信号噪声比可能会受到影响。在这种连接模式下，阻抗不匹配并不会对电路本身带来什么问题，但它会造成频率响应上的错误。

8.8 信号串扰

信号从一个电路串入另一个电路，或者在信号线之间发生串扰，在任何音响系统中，这种情况都或多或少会出现。信号串扰可能发生在调音台通道之间，立体声信号处理器或功率放大器内部。它也可能发生在通道的输入端和输出端之间。

总的来说，这种信号串扰始终保持在一个可以被接受的低水平。当它超过一定量值后，就会影响设备的整体性能和音质。严重的输出端到输入端串扰会导致回授或者高频振荡（频率高出可闻阈之外），如果不能被及时发现并消除，就很有可能烧毁电路。立体声系统之间的串扰降低了通道之间的隔离度。在多通道调音台中，通道间的串扰可以让一个声音在被哑音后仍然出现，它可能造成抵消，使信号无法有效地混合在一起。它还有可能导致测试信号或非相关信号进入节目信号中。开关和控制单元之间的信号串扰会使声音无法完全被关闭。总之，信号串扰是不被欢迎的。

一些制造商针对立体声设备进行的标注是一个与串扰相反的概念，隔离度。我们在讨论换能器的时候更倾向于使用这一术语，如电唱机。在这种设备中，唱机头分离横向和纵向分量的电动机械能力决定了左声道和右声道的隔离度。唱机头的作用是分离信号分

9　民用设备的输出阻抗通常较高——译者注

10　当放大器（或其他电路）的工作状态超出其性能范围，无论是过载或是过驱，削波都会出现。由于电压（或电流）不足，波形无法得到正确还原，导致的结果就是波形的一部分削波变平。削波会导致谐波失真，这一问题通常会被人耳所感知。

量。它无法做到的程度（即左声道串入右声道或反之）就是信号串扰。

信号串扰和其他音频参数一样，可以通过很多方式来进行标记，很少有对它的详细描述。

8.8.1 是什么导致了信号串扰？

信号串扰可能通过不同电路之间电感性或电容性的耦合作用产生，不良的电路设计、设备内部元器件分布不合理或者不良的接线方式会使其恶化。当音频信号在线路当中传输，它会产生变化的磁场，磁场被附近的导体切割，进而向这些导体引入电压。这种被引入的电压就是串扰。如果两个变压器相邻，它们之间的磁场相互作用会带来非常严重的信号串扰。如果这些线缆或电路带有信号电压，并且与其他线缆或信号组件相邻，它们之间会出现类似于电容极板之间的作用（尽管是非常低的电容值，因为很小的表面积和较远的间距）。这会导致两个电路之间发生电容性的电压耦合。

8.8.2 线材内部信号串扰

当两根信号线，尤其是从舞台到达观众席后方的调音台需要通过一个较长的距离，它们会被紧密地捆绑在一起，因而有大面积的信号线暴露在可能发生电容性或电感性信号耦合的区域当中。这样的信号线被称为信号缆或多芯缆，它们最容易受到这种耦合的影响。当这些线缆中的信号被保持在话筒电平水平，信号串扰也处于一个较低的、可被接受的程度。但是，如果只有一条信号线传输高电平信号，如合成器、电吉他的输出信号，或者是从调音台反方向输出到功率放大器的线路电平信号，那么来自高电平信号的电压会不可避免地串入传输话筒电平的信号线中。请注意，话筒信号将会得到放大，这些串扰信号也会得到同样的增益。如果不谨慎对待设备之间的连接方式，那么一个

设备中给出的信号串扰参数很容易就会失效。

避免信号线之间信号串扰的最佳方法是使用单独的信号线而非多芯缆，将它们疏松地绑在一起。如果线路电平信号和话筒电平信号必须通过相邻线缆传输，那么应该尽可能使它们保持较远的距离，在交叉处尽可能保持直角。

同样的技巧也可以用于调音台内部的信号路由分配，这也是某些调音台能够展示出更为优良的信号串扰特性的原因。

8.8.3 信号串扰参数

测量通道之间的信号串扰方法，通常是在通道中施加一个测试信号（通常是一个正弦波），而另一个通道无信号通过。测量两个（或多个）通道的输出结果，从而获得信号串扰的情况。测量数据通常表示为，无输入信号通道的输出电平是有输入信号通道的输出电平以下多少分贝。如果有输入信号通道的输出电平为 0dBu，而在相邻的无输入信号通道的输出端测得的电平为 –60dBu，那么信号串扰可以标记为

信号串扰（相邻通道）：–60dB。

不幸的是，现实中很少存在如此简单的情况。信号串扰值会随着频率的变化而变化。如果是由电感性耦合导致的串扰，那么它会随着频率的降低而增加；如果是由电容性耦合导致的串扰，则会随着频率的升高而增加。因此信号串扰测量使用的频率就显得尤为重要。一些制造商会提供如下信息。

信号串扰（相邻通道）：

低于 1kHz 时相等或优于 –60dBu，低于 10kHz 时为 –50dB。

更加有用的通道间串扰参数是通过图示的方式来表达的（图 8-12）。

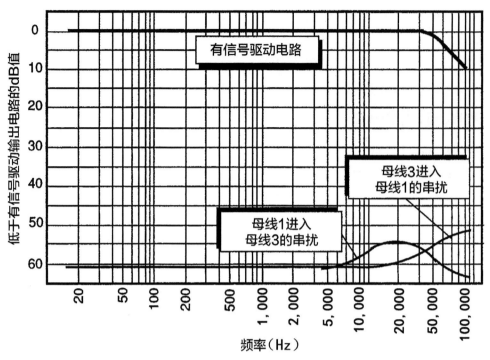

图 8-12　调音台内部两个母线之间的信号串扰

　　请注意在图 8-12 中，当通道 1 被驱动时，进入通道 3 的串扰在 10~20kHz 之间的数值要高于通道 3 被驱动时信号串入通道 1 的数值。这种情况并不反常，但如果不是通过如此简单的图示方法也无法得出这种结果。这种信息可能会帮助我们做出一些决定，如将 SMPTE 时间码通过通道 3 来输入（因为它体现出较少的高频串扰）。图 8-12 中展示的串扰参数可以用以下文字来描述。

　　信号串扰（通道 1 和通道 3 之间）：

　　在 10kHz 以下优于 -60dB，在 20kHz 优于 -55dB。

　　不同的人对于信号串扰这一参数的不同表达方式有时会产生一些困扰。如上述参数可以表为：

　　信号串扰（通道 1 和通道 3 之间）：

　　在 10kHz 以下优于 60dB，在 20kHz 时优于 55dB。

　　——这种方式去掉负号，却表达了同样的意思。当然，这一参数还可以这样表述。

　　信号串扰（通道 1 和通道 3 之间）：

　　10kHz 以下至少 60dB，20kHz 时至少 55dB。

　　——同样，这种方式用"至少"替代了"优于"。

　　当然，这一参数还可以表述为

　　信号串扰（通道 1 和通道 3 之间）：

　　在 100Hz、1kHz 和 10kHz 时低于 60dB，22kHz 时低于 55dB。

　　在上个例子中，我们用 3 个单独的频点（100Hz、1kHz 和 10kHz）替代了"10kHz 以下任意频率"的说法。我们不喜欢这种笼统的参数，因为它没有告诉我们串扰在 275Hz 和 3.6kHz 等频率上是否会增大，进而产生疑惑，尽管包括图示在内的表述方法告诉我们这种情况并不存在。使用"低于 60dB"这一说法也是我们不喜欢上一个例子的原因之一，这种说法十分模糊，它的意思是"比 60dB 更糟糕"还是"或许比有信号驱动的通道小 55dB"，还是想表达图表中告诉我们的信息？

　　输入端和输出端之间的信号串扰也通过相似的方式来标记，虽然它的测量需要更多的技巧。这一参数的标记需要包含串扰的分贝数，以及相应的频率。

　　对于其他参数来说，了解输入端和输出端的负载截止情况是很重要的。同样，在复杂系统中了解不同的声像电位器和增益控制的设置也十分重要，因为这些信息肯定会影响信号串扰的情况。

信号串扰始终存在于控制、开关和推子等环节。但关键的问题并不在于它是否存在，而是它处于多低的水平。信号串扰几乎可以通过任何电路路径来测量，它总会对设备性能有所影响——它与失真一样，即使是在低电平状态下，也是需要被避免的。

虽然能够测量信号串扰的电路很多，但我们并不建议技术参数表上提供这些信息，事实上几乎很少有制造商会提供这些参数。坦白地说，列出全部相关信息会占用很多篇幅，一些负责任的制造商也会选择简化最重要的信息，使其以一种经过解读后的方式予以呈现。技术参数在可读性和事无巨细的描述之间需要有所权衡。

小测验：

在图 8-1 中，为什么信号串扰参数是没有意义的？它被标记为"信号串扰：低于 60dB"。

我们不知道该参数的测量是针对相邻通道（通常是最差的情况）还是在间距相对较远的通道之间进行的。我们也不知道该参数描述的频率范围是什么（很可能在 500Hz 以下的串扰很低，但高于该频率后就有可能增加）。事实上，我们并不知道"低于 60dB"的意思是电路之间的隔离度小于 60dB（例如串扰信号仅仅比测试信号驱动的通道小 50dB），还是指串扰信号小于 60dB？我们假设是后者。

8.9 滤波器斜率和拐点频率

滤波器的种类有很多：高通（低切）、低通（高切）、带通、陷波器等。它们通常在某一特定的拐点频率以上或以下以某一斜率进行衰减。

滤波器的拐点频率指的是相比带通部分能量衰减 3dB 的频率点。滤波器斜率，以分贝 / 倍频程（dB/Oct）为单位，它表示了拐点频率之外电平衰减的趋势。

滤波器通常符合某种标准斜率：每倍频程 6dB、12dB、18dB 或者 24dB。在数字音频设备中，砖墙式的滤波器被用来预防混叠失真，这种滤波器通常拥有 48dB/ 倍频程甚至是 150dB/ 倍频程的斜率。

滤波器的斜率被标记为 6dB/ 倍频程的倍数是因为一个滤波器极点（Filter Pole）——滤波器电路的一部分——在一个倍频程中能够产生这么多的衰减。电路的极点越多，每个倍频程能够衰减的能量就越多。出于这种原因，一些滤波器的衰减特性并不是用分贝每倍频程，而是用电路中极点的数量来描述，如

高通滤波器：

80Hz 以下 18dB/ 倍频程，

或者，

高通滤波器：

80Hz，3 极点。

从图 8-13 中我们可以看出，该滤波器实际开始进行能量衰减的频率在 100Hz 以上。最初衰减十分微弱，而在 80Hz 到达 −3dB，即参数中标记的拐点频率。在 80~40Hz（1 个倍频程），电平衰减了 18dB。需要注意的是，40Hz 处的电平相比带通电平已经下降了 21dB。当频率到达 20Hz 时，滤波器又衰减了 18dB，总体衰减达到了 −39dB。由于 −40dB 是 1/100 的电压，或 1/10,000 的功率，我们可以看到滤波器在移除信号中的 20Hz 或超低频能量方面非常有效。即使在 40Hz，功率也是带通能量的 1/100，这样去除了很多低频噪声、风噪和演唱者喷话筒的声音。

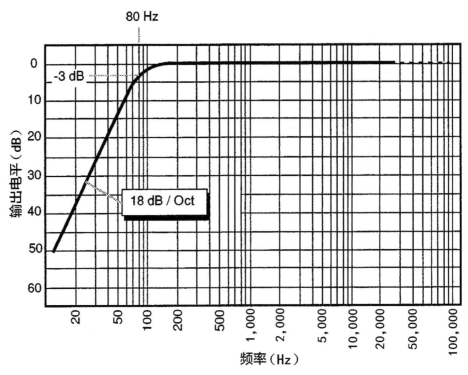

图 8-13　一个拐点频率为 80Hz，斜率为 3 极点滤波器的频率响应

8.10　方波测试

方波有时会被用作测试信号。我们有很多理由这么做，但结果往往被误读。使用方波而非正弦波的主要价值在于它一次性包含了很多频率，几乎涵盖了整个频谱范围。因此方波是一个带宽很宽的信号，通过对示波器的观察很容易看到电路的高频和低频响应，以及任何可能由瞬态信号（方波前端陡峭的起振信号）激发的共振。

方波难道不是和噪声一样，具有宽带宽的全频信号吗？并不是这样，它们之间有着明显的区别。在方波中，虽然不同频率分量很多，但并不是所有频率都出现，这些频率分量之间具有谐波关系。不仅如此，它们还分享特定的电平关系。当所有正弦波以正确的相位和电平关系叠加在一起时，才会形成方波。实际上，这也正是方波测试为何如此有效的关键。被测设备带来相位偏移，或者不正常的频率响应导致某些正弦波成分的变化，进而无法在输出端还原方波。

每个正弦波中非常陡峭的起振和收尾同样也提供了评估电路时间响应能力（以及转换速率）的机会。

然而，即使是一个理论上完美的方波也不是完全的"方"形，它应该是一个对称形状，但波形的高度只不过是与电平、增益或者测试设备损耗相关的函数。因此只要波形包含了正确的角度和直线，它就可以被认为是"方波"。

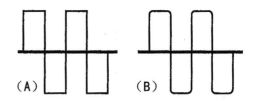

图 8-14　一个理论上完美的方波（A）和一个信号函数发生器生成的优良的方波（B）

我们不会对示波器中方波图像的评估细节作更多的讨论。这是本书范畴之外的。我们将展示一些常见的方波，并讨论那些生成方波的电路的信息。

8.10.1　示波器

双轨迹示波器可以让一个信号显示在上方，另一个信号显示在下方。常见的场景是将输入测试信号显示在上方，将被测设备输出端的信号显示在下方（或者反过来）。这样可以对被测电路带来的波形改变作出快速比对。

当示波器显示方波时，它们通常无法显示（或者只能模糊地显示）波形起始和尾部的边缘。相反，你可能只能看到一些代表方波顶部和底部的虚线，（图

8-15）。这种显示效果十分正常，它并不代表电路或者示波器存在问题。

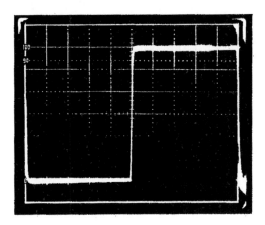

图 8-15　一个示波器显示一个近乎完美的方波

示波器的横轴表示时间，每个间隔可以设置为 50µs、100µs 或 1µs，或者是示波器所允许的其他刻度。通过观察波形的周期，我们可以计算频率。能够改变时间基准是非常重要的，这意味着我们能够对方波进行放大，进行更为细致的观测。图 8-15 看上去是方波的波形，经过对时间轴上横向的放大之后，图 8-16 展现出一个有限的起振时间。

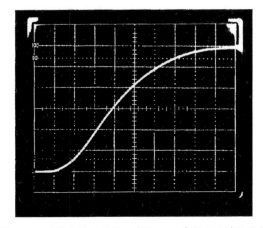

图 8-16　通过扩展时间轴，对图 8-15 中的方波进行放大

请注意，信号从最大值的 10% 上升至 90% 所用的时间被定义为方波的起振时间（图 8-16）。而对于图 8-15 来说，虽然整体波形更容易被辨认，但这种起振时间却变得难以测量。

从左向右看，当方波平坦的顶部开始向右侧倾斜，或者底部向上倾斜，这意味着低频响应不足。事实上，除非电路能够通过直流，否则所有的方波都会呈现出这种倾斜的状态（图 8-17）。

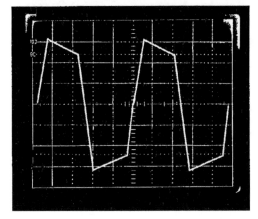

图 8-17　示波器中显示的方波在某一电路中的响应，在 1kHz 以下每倍频程滚降 6dB

图 8-17 中方向相反的倾斜，从左到右上扬，意味着高频的滚降。

当平坦顶部或底部的开端显示出波纹，就意味着电路正在发生共振，或者是被陡峭的瞬态起振信号激发起了共振。波纹越多，幅度越大，问题越严重。这意味着电路没有被良好地截止，或者设计本身就是有缺陷的（图 8-18）。

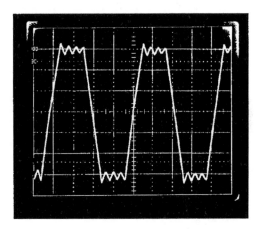

图 8-18　一个未经良好截止的电路在方波输入的情况下发生共振

正弦波作为测试信号来说也是非常有用的。方波的上半部分和下半部分应该对称。如果是图 8-19 显示的不对称形状，那么它很可能代表被测电路存在问题。它可能是一个晶体管没有被正确偏置，或者电源在半极上的电压低于另一半极等。

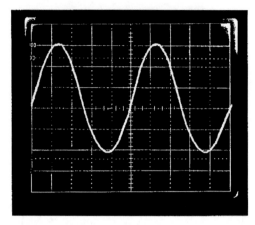

图 8-19 示波器的正弦波图形显示了功率放大器
双极供电不平衡的问题

我们还可以从方波在示波器中显示的图形中获得更多的信息，但前文讨论的内容已经足以告诉我们需要了解的主要方面。

8.10.2 我们无法从方波中期待什么？

首先，方波是非自然、非音乐信号。它可以通过合成器获得，但总的来说是人工合成的。音乐和人声包含了复杂的波形。我们没有足够的理由要求任何音响系统或者功率放大器能够完美地还原方波。事实上，除了对直流信号产生响应的电路外，对方波的完美还原都是不可能实现的……而音频信号不会低至直流。一个扬声器（至少是一个单一的驱动器）不可能产生方波，因为当振膜向前或向后移动产生峰值声压后，它不可能不回弹，不可能保持方波中的平坦波形。当然，与之前所说的一样，方波是一个非常有效的诊断工具。在这里有一个重要的概念：即使一个电路无法准确地还原方波，它也可以是一个很好的电路。

如果利用方波进行信号串扰测试，你将会得到更坏的结果，这是测试信号中的高频成分增加而导致的。理想的方波充满了谐波，而纯音正弦波则没有。

8.11　杂项

我们之前忽略了图 8-1 中最后两项参数指标。虽然尺寸和重量看上去是非常直观的，但也不排除出现陷阱的可能。让我们回顾一下这两个参数：

尺寸为

19 英寸宽 ×$3\frac{1}{2}$ 英寸高 ×8英寸深

重量为

10 磅（4.55kg）

考虑到这台设备的宽度为 19 英寸（1 英寸 =25.4cm），我们认为它适用于标准的机架式安装。而它的高度是 $3\frac{1}{2}$ 英寸，是标准 1U 高度（ $1\frac{3}{4}$ 英寸）的整数倍，我们也基本确定它是机架式安装设备。我们希望了解它前面板后方的深度为多少，以及前面板上的旋钮和把手的深度为多少。上述参数的问题只提供了一个单一的深度参数，我们更希望看到这样的描述：

尺寸为

19 英寸宽 ×$3\frac{1}{2}$ 英寸高 ×8英寸总深度，前面板后方深度为 $7\frac{1}{4}$ 英寸。

重量参数中并没有标注这是净重（设备重量）还是总重（包含包装材料的运输重量）。同时了解两者，或者至少知道提供的数据是哪种重量是非常重要的。

以公制为单位对重量和尺寸进行换算，你需要知道的是

1 英寸 =2.54cm=25.4 mm

1 m=39.37 英寸 =3.28 英尺

1 英尺 =30.5 cm=0.305 m

1 cm=0.394 英寸

1 磅 =0.455 kg

1 kg=2.2 磅

1 盎司 =0.284 kg=28.4 g

第9章 人耳听觉与技术参数为何并不总是相符？

本章主要探讨了一个问题，即无论你对技术参数有多了解，我们听到的声音始终与技术参数所描述的特征不完全相符。这里有两种对立的、极端的观点：

（a）"如果听上去很好，管他技术参数是什么样的。"

（b）"如果技术参数很好，那么它一定听上去不错。"

在理想条件下，设备不仅应该听上去不错，还应具有良好的参数指标。但事实并不总是如此。我们相信技术参数的重要性，在购买、租赁、使用或推荐设备时要充分考虑技术参数描述的内容。但当设备正确地安装在音响系统中时，它必须带给我们好的听感，因此我们也不能放弃"金耳朵"对于设备好坏的判断。

请注意，当使用"人耳"或"通过人耳"这些术语时，我们必须了解这也包含了大脑对听觉系统获取的初始数据的处理和判断。

9.1 不同的观点

任何性能指标，无论是文字还是图形描述，都仅仅是对于某些物理性能的重现，而非性能本身。

当评估一套音响系统的效果时，那些完全依靠测量和参数指标的人仅仅通过性能的重现来做出判断。我们可以通过仔细研究技术参数，尤其是通过第8章所学的知识，获得很多关于系统性能的信息。但最终的评估却在于"它听上去怎么样？"或者用更实际的说法，"对于特定的用途来说，它听上去足够好吗？"最终，如果我们的经验是基于听觉的，那么实际听感就应该是评估声音方式的首选。

9.1.1 经过校准的测试话筒与人耳

当对音响系统进行声学测量时，我们通常会使用一只经过校准的测试话筒。这仅仅是一个误差非常小

的常规话筒，根据一定标准，通过相关测试设备进行频率响应上的补偿。

人耳的工作方式则不同。首先，我们通常同时使用两只耳朵。它们在振幅特性上也呈现出非线性（参考 Fletcher-Munson 等响曲线）。它们也测量反射声到达的时间，进而将相位信息提供给大脑，但这与测试话筒通过直达声与反射声（或多次反射声）到达单一振膜发生的相位叠加和抵消后，获得的振幅上的变化并不相同。

当然，测试话筒需要和测试设备相连接，而该设备通常只能同时检测声音的一两个参数。如失真、振幅响应或相位响应。我们的耳朵一次性接收并评估所有因素，这也是主要的区别所在。

9.1.2 普通的人耳与"金耳朵"

我们不会指望一个普通路人走进体育馆，能够立刻变身为专业运动比赛的裁判，我们也不能指望一个普通人能够对一套专业音响系统进行严格的听觉评估。多数调音师、音乐家和制作人需要数年时间来增强他们对于声音的感知能力。如果你不是他们中的一员，就会觉得他们所做到的事情令人难以相信，但很多音频专业人士的确能够听到普通人无法听到的声音。他们的鼓膜振动方式也许和普通人没有什么不同，但他们具有高度强化的脑神经和更好地细致地诠释这些物理振动的能力。因此，他们通常需要对普通人无法听到的，或者认为不重要的声音缺陷进行改善。这些专业人士，以及很多音响爱好者都应该得到相应的尊重，因为他们拥有我们所说的"金耳朵"，这对于音响设备的改进和提升有着重要的帮助。根据经验，我们应当给予金耳朵足够的信任。如果某个专业人士声称能够听见音响系统中的异常，而你既听不到也无法进行测量时，很可能是测试方法存在问题。

当然，对于什么是好声音，以及什么是更好的声音的评价都不一致。如果某人喜欢重低音，那么一个响应平坦的系统则会听上去单薄，缺乏主心骨。因此，了解人们的需求是十分重要的。通过了解他们对声音的喜好，可以进一步了解他们对音响系统或某个音响设备的标准和要求。

9.2 仪器测量与听音测试

我们永远无法听到一个独立设备产生的效果。人们听到的声音总是某种信号发生器或信号源与调音台或信号处理器中的某种放大器，以及某种输出换能器（扬声器或耳机）共同作用的结果。为了听到其中任何一种设备的效果，你必须同时听到经过其他设备及声学环境染色后的声音。从另一方面来说，你可以通过输入一个经过校准的测试信号，直接测量设备的输出，这样就可以防止其他设备和声学环境给测量带来染色。

9.2.1 测试信号与节目素材

为了获得系统的一致性，很多专业人士都会使用单频测试信号或具有一定带宽的噪声来校准扬声器。测试信号和噪声对输出电平和均衡调整十分有效，但

它并不能代表实际的节目素材。

假设我们有一对立体声全频扬声器，分别由功率放大器的两个通道来进行驱动。这台功率放大器由一对 1/3 倍频程图示均衡来馈送信号（图 9-1）。由于扬声器在制造过程中存在微小的差别，且舞台布局并不完全对称（当设备和道具到位后，很少有舞台是完全对称的），所以听音者在试音过程中察觉到左右声道存在不一致的情况。虽然重新摆放扬声器有可能提高左右声道的一致性，但由于扬声器被吊装在半固定的舞台结构上，所以这种做法并不实际。因此，音响师（供应商或制作人，总之是负责人）认为，应该通过图示均衡对两只扬声器的平衡情况进行调整。

音响师希望在尽可能宽的频率范围内，获得尽可能相似的频率响应，因此他们将相同的粉红噪声送入均衡／功放／扬声器系统当中（一次一个通道），通过一个实时音频频谱分析仪观测结果，将图示均衡的推杆推起或拉下以保证两个通道的响应尽可能相似。这是一个非常简单的过程，假设通过使用粉红噪声的方式将两只扬声器之间的差异调整到 1dB 以内，这套系统听上去会怎样？

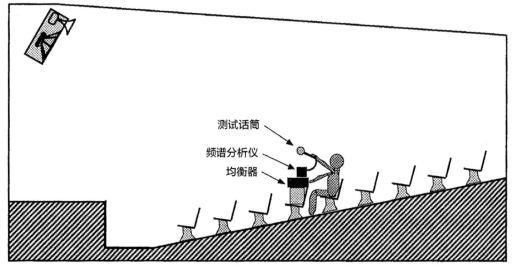

图 9-1　针对环境进行扬声器系统调校简图

通过该系统播放常规立体声节目素材获得的结果是不具确定性的，声像可能会发生某种程度的变化，某些声音瞬态在两个通道之间听上去会不一样。而将相同内容的信号（单声道信号）同时送到两只扬声器

中会得到更差的结果，两只扬声器会出现明显的音质不平衡。究竟发生了什么？

使用昂贵的测试设备进行仔细测量似乎意味着两个通道具有相同的输出，但这一结论并没有得到实际

听感的认证。

这一假想中的情况在现实中时有发生，有几个原因可能会导致它的出现。首先，频谱分析仪仅仅测量信号的振幅，每次只能测量一个通道，它无法测量通道的相位偏移或两个通道之间的延时。当节目素材进入系统中，人耳充当了分析仪的角色，此时其他因素（振幅之外的因素）也被纳入测量。均衡器不仅会调整某些频段的振幅（这是分析仪所能评估的全部），还会造成相位偏移等其他变化，包括不同形式的失真，以及群延时（可能会导致系统的指向性特征发生变化，进而改变混响声场，以及由于直达声和反射声之间的相互作用产生的梳状滤波效应）。由于各通道的均衡设置不同，即使振幅响应几乎是相同的，实际感知到的音质也会发生变化。

这也告诉我们仪器测量和人耳听到的效果并不总是一致的原因。此外还有另一个需要考虑的因素，参见第 9.2.2 节。

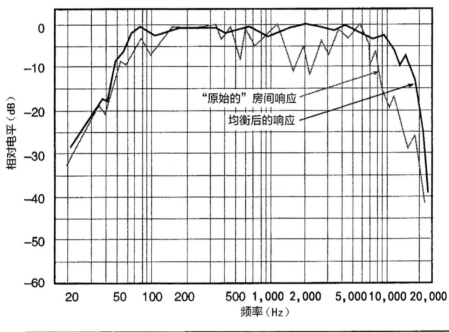

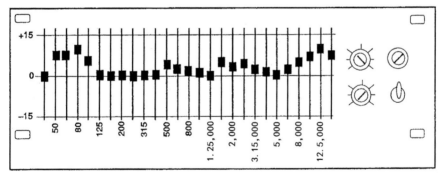

1/3倍频程图示均衡器

图 9-2　经过校正和未经校正音响系统的频谱分析对比，以及校正处理所使用的图示均衡设置

注意：相位偏移、背景噪声、失真和群延时的变化都不会通过频谱分析仪直接呈现出来。因此，均衡修正并不总是能够获得预期的响应曲线变化。

9.2.2　测试话筒的位置和数量

人类听觉系统具有一对我们称之为耳朵的"话筒"，它们之间的物理间距在空间上始终保持着某种程度的变化（除非把头固定在牙科检查椅上，并且不发生任何偏移）。对任何激励环境的声源来说，两只耳朵接收的内容总有少许不同——如到达时间的不同和频率平衡的不同。当声音在房间的界面中发生反射时，它们作为单独的第二个部分分别到达两只耳朵，人头会削弱（部分地阻挡和降低振幅）与声源或反射界面方向相反的那只耳朵接收到的较高频率。

反射在空间的不同位置上可能相互抵消，也可能相互增强，也可能在同一位置上，不同频率相互抵消或增强。在最高的频率上，声学能量的增加或减少仅在 1/10 英尺（1 英尺 =30.48cm）的微小区间内发生。然而，当人头轻微地摆动或扭动时，人耳和大脑能够在听音者附近构建一个平均值，这就是我们感知到音响系统和声学环境共同作用的结果。

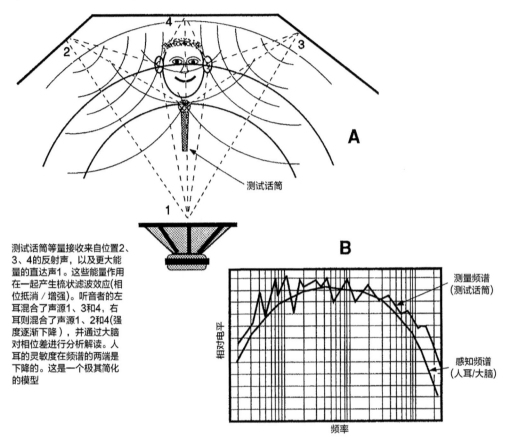

测试话筒等量接收来自位置2、3、4的反射声，以及更大能量的直达声1。这些能量作用在一起产生梳状滤波效应（相位抵消 / 增强）。听音者的左耳混合了声源1、3和4，右耳则混合了声源1、2和4(强度逐渐下降)，并通过大脑对相位差进行分析解读。人耳的灵敏度在频谱的两端是下降的。这是一个极其简化的模型

图 9-3　声场对比

当一只经过校准的话筒为频谱分析仪接收信号时，它仅仅接收某一点的声音。如果是固定话筒的话，这个点的声音也不会发生变化。某个频率在该点上由反射产生的增强或抵消会保持不变，我们通常会观察到音响系统的频率响应有着严重的谷值和峰值。如果将话筒向某一侧稍稍挪动，整个频谱可能会发生变化。如果将话筒挪动几英尺，那么测得的响应会发生很大的改变。因此，仅针对某一点的测量结果来进行均衡或其他调整是具有误导性的。

事实上，至少有一家测试设备制造商提供了多通道系统，能够对 3 只话筒的结果进行平均，呈现高度近似的平均声场。但是需要指出的是，大脑对不同批次的声学信息分别处理，而测试话筒的混合是电学上的，它将导致信号抵消或增强，这与单独处理得到的结果并不相同。出于这种原因，一些分析仪制造商提供了存储功能，这样就可以在不同的位置进行响应测试，所有测试得到的图形会同时呈现在分析仪上。这是一种进步，但仍然和持续发生变化的耳朵不同。

9.2.3　动态范围

我们通常考虑的动态范围，是系统能够产生的最大声能和环境背景噪声之间的差值。的确，这对我们在听音乐会、演讲或者演出时是适用的。但测量设备同样也具有动态范围，通常这一范围小于音响系统的动态范围。很长一段时间里，大多数频谱分析仪仅能在屏幕上显示 30dB 的范围。较好的设备通常能够显示 60dB 或以上的范围。然而，一个好的音响系统需要还原 80dB 的动态范围，在某些情况下甚至应该还

原 100dB 的动态范围，而我们的耳朵则具有 120dB 甚至更高的动态范围。显然频谱分析仪有时无法测量我们能够听到的声音。当然，分析仪为不同的响度范围配备了不同的衰减器，这使得它最终能够分几次测量到全动态范围的声音，但它无法像人耳一样做到同时呈现。

在这方面，频谱分析仪并不是唯一的例子。如果在不改变量程的情况下，多数音频测量设备——即使是电压表也会受到测量范围的限制。如果一个互调失真的量值是基频以下 65dB，它可能不会出现在测试设备上，但随便哪个听众都有可能听出来。这也是导致我们听到的结果与测量结果不同的另一原因。

9.3　静态测试与动态测试

前文已经提到过，有时听到的和测量得到的结果不符，很可能只是没有采用正确的测量方法。这一问题在考察静态测试信号（如正弦波或一个稳态噪声）与常规节目素材（尖锐的音头、大动态变化，以及突然的频率跳变）的区别时就显得尤为明显。

现在，很多测试都使用单音脉冲作为测试信号，它和节目信号有着相似之处，但很少有参数表会给出这种测试的结果。

当一个电路，甚至是变压器或换能器被输入一个单音脉冲信号（或者很响的打击性音符）时，其元件都可能会发生共振。即电路中的电压超过其所能承受的量值，进而发生共振直到能量消散。（有时能量不会消散，而是转变为振荡，整个电路变得非常不稳定。）同样的电路在输入信号电平逐渐增加或者信号保持稳态输入时就不会出现这种特征。

我们可以认为共振是某种形式的失真。在理想情况下，扩声系统或录音设备中不应该出现电压过高或共振。没有经过脉冲信号或单音脉冲信号测试的设备可能在参数上非常棒，但在实际性能方面很可能由于此类问题而让人觉得失望。

共振通常由不良的负载导致，它并不仅仅是负载阻抗本身的问题，也包含在阻抗当中容抗和感抗的比例问题。对一个功率放大器来说，当负载为一个 8Ω 的非电感性电阻器时，它的表现几乎完美。即使采用

最严格的单音脉冲可能也不会引起响应上的偏差。将同样的功放接入一个 8Ω 的静电式扬声器——基本上为电容性电抗——结果可能听上去非常糟糕。它可能会出现信号振荡现象，而由于扬声器的振荡，它的保护电路经常会被激发工作。共振产生的主要原因是存在共振回路。相对于纯粹的电阻性负载而言，等值的电抗性负载可以迫使功率放大器的输出电路耗散两倍的热量。

静态测试和动态测试的区别至少在一项参数当中可以得到体现，即瞬态互调失真（Transient Intermodulation Distortion）。在 20 世纪 70 年代早期，这种测量是为了量化某些瞬态信号带来的可闻失真，这是稳态的互调失真测量无法发现的严重问题。有趣的是，这一参数在很长时间以来都存在某种程度的争议，测量也不容易实施。

9.4　掩蔽效应和设备间的相互影响

对于那些无法反映实际声音听感的参数来说，我们很容易做出一些假设。让我们举一个特殊的例子，谐波失真。如果一只扬声器的总谐波失真被标记为 1%，一台功率放大器的总谐波失真被标记为 0.1%，那么你可以通过扬声器听到功率放大器产生的失真吗？多数人的答案一定是否定的。事实上，很多扬声器能够被测量到的失真都高于 1%，但如果我们将两个总谐波失真为 0.1% 的功率放大器通过该扬声器进行 A–B 比较时，两者音质的不同很可能被听出来。这是为什么？

"总谐波失真"这一术语指的是一种总和——各种不同失真成分的总和。我们在前文已经讨论过，人耳对于某些谐波更加反感。尤其是奇次谐波（3 次、5 次、7 次谐波等）听上去更加尖锐，而偶次谐波（2 次、4 次、6 次谐波等）对于多数听音者来说则更加具有音乐性。同样，高次谐波（6 次、7 次、8 次、9 次谐波等）相比低次谐波（2 次、3 次、4 次谐波）更容易被识别，也更不容易被人接受。

如果一个总谐波失真为 1% 的扬声器产生的多为 2 次和 4 次谐波，而总谐波失真为 0.1% 的功率放大器主要产生大量的 5 次和 7 次谐波，那么这一组合所

产生的可闻性问题主要来自功率放大器。在这种情况下，扬声器较高的谐波失真水平无法掩盖功率放大器所产生的高次奇次谐波。

　　所幸这是一个极端的例子，但它也足够说明问题。不要认为一个具有高噪声级和失真级的设备会掩盖掉另一个噪声或失真较低的设备带来的问题。比如数字延时器的量化噪声，即使它比模拟均衡器的本底噪声要低几个分贝，但仍然能够被听见。随机的模拟噪声是无法掩蔽这种有规律的数字噪声的，即便它有时低于房间的本底噪声。（事实上，数字噪声可能带来很大的问题。）同样，即使在本底噪声以下，有些节目信号也能够被听到，这也是为什么有时实际动态范围与信噪比加峰值余量的计算结果有所不同。

　　此外，还有一些心理因素会影响我们对被测设备性能缺陷的感知。如磁带录音和某些合成器会带来一些调制噪声。这包含某些音符的旁带（Sideband）噪声。幸运的是，在一个倍频程内，人耳并不容易听到某一音高两侧的旁带噪声，这种现象被称为掩蔽效应（掩蔽的范围被称为掩蔽窗口），而其固有的宽带噪声则倾向于掩盖频率较低的、超出两个倍频程掩蔽窗口之外的调制噪声能量。当然也有例外，在非常安静的录音中，一个很强的低频音符会带来噪声。假设这个音符为 82Hz，它会带来频率较高和较低的调制旁带噪声。频率较低的旁带噪声不容易被听见，因为人耳对低频较为不敏感，且噪声位于掩蔽窗口内。而频率较高的旁带噪声对于人耳来说更加敏感，它们可能无法完全被音符本身掩蔽。因此，当该音符出现时，我们会听到噪声的增加。当你在听一盘磁带录音，尤其是使用了降噪技术的古典钢琴或吉他录音时，就会注意到这种调制噪声。在多数情况下，节目信号在引发调制噪声的同时也会掩蔽噪声，这种掩蔽效应（外加其他音符的掩蔽效应），伴随着磁带的固有背景噪声，很可能使调制噪声变得不可闻。能够被测量到的未必能够被听到。

第10章 话筒

10.1 换能方式

话筒是一个概括性术语，它泛指任何将声能（声音）转化为电能（音频信号）的元器件。话筒是换能器这个大类别中的一种，它指的是将能量从一种形式转换为另一种形式的设备。

一个话筒产生的电信号所代表的声音，其保真度在部分程度上取决于能量转换的方式。在历史上，针对不同的目的，若干种不同的方式被开发出来，而在今天，我们可以看到多种不同类型的话筒被用于日常生活中。

10.1.1 动圈式话筒

目前，在当代声音技术工作中，动圈式话筒是最为普遍的。动圈式话筒就像一个微型扬声器——事实上，某些动圈式元件同时承担了扬声器和话筒的功能（如内部通话系统）。

图 10-1 展示了动圈式话筒的基本结构。

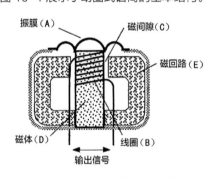

图 10-1 动圈式话筒的基本结构

一个弹性安装，可发生形变的振膜 [图 10-1 振膜（A）]，与一组细金属丝缠绕的线圈（B）连接在一起。线圈位于磁铁（C）的间隙中，这样它可以在间隙里自由地前后运动。

当声音撞击振膜，振膜的表面随之发生振动。振膜的运动直接与线圈发生耦合，使其在磁场中做前后运动。随着线圈切割磁间隙中的磁感应线，在金属线当中会产生微弱的电流。电流的振幅和方向直接与线圈的运动相关，因此电流成为了入射声波在电学上的表现。

动圈式话筒是高度可靠、坚固和耐用的设备。出于这种原因，在舞台演出这种强调设备物理耐用度的场合下，此类话筒得到了极为广泛的使用。同时它们对于环境因素具有不敏感性，因此大量使用在户外广播系统当中。最后，由于动圈技术的不断改进，它能够提供良好的音质，因此也被大量使用在录音棚当中。

10.1.2 电容式话筒

在动圈式话筒之后，最为常见的话筒为电容式。图 10-2 展现了电容式话筒的结构。

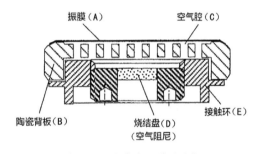

图 10-2 电容式话筒的结构

一个镀金的塑料振膜 [图 10-2 振膜（A）]，被安装在一个具有导电性的背板（B）上，该背板通常由镀金的陶瓷材料构成。振膜和背板之间由小容积的空气（C）分隔，它们组成了一个被称为电容器的电子元器件。

一个数值介于 9V 和 48V 的极化电压通过外部电源被施加在振膜上，使其具有一个固定的静态电压。当振膜跟随声音进行振动时，它会靠近和远离背板。当这种现象发生时，背板上的电荷会发生相应的变化。背板上变化的电压则可以视为振膜运动在电学上的表现。

电容话筒元件产生的电压信号功率十分微弱。因此呈现出非常高的阻抗。出于这种原因，所有的电容式话筒都配有一个放大器用于驱动话筒线路。它同时具有提升信号电平和隔离后级设备低阻抗输入端的作用。早期的电容式话筒采用了电子管放大器，因此具有很大的体积。当代电容式话筒使用晶体管放大器，因此体积可以做得很小。

由于电容式话筒的振膜没有线圈质量所带来的负担，因此它对于入射声音有着非常快速和准确的响应。因此电容式话筒具有极佳的音质特点，被广泛用于录音棚中。由于对于物理冲击和环境因素（如湿度）更为敏感，传统的电容式话筒较少用于扩声。

10.1.3　驻极体电容话筒

驻极体是一类特殊的电容式话筒。驻极体话筒包含了一个使用特殊塑料制作而成的振膜，它始终带有静态电荷。在制作驻极体的过程中，制造商对振膜充电（通常通过电子束对其进行辐射），因此不需要外部极化电压。

但是，驻极体式话筒仍然需要一个内置放大器，它通常是一个晶体管单元。这个放大器通常通过一个位于话筒外壳内部的电池（电压为 1.5~9V）来供电。（在某些设计中，放大器和电池被放置在一个小盒子当中，通过线材与话筒相连。而幻象供电也开始被越来越多地用于驻极体式话筒，逐步替代内置电池结构。）这里使用放大器的目的是对电容话筒头的高阻抗进行缓冲，使其能够接入阻抗相对较低的话筒输入端。

驻极体式话筒在录音和扩声领域有着愈发普遍的应用。由于它的体积可以做得很小，所以驻极体可以使一些特殊的近距离拾音技巧得以实现。这项技术也相对便宜，所以驻极体单元通常会用在民用产品当中。驻极体式话筒可以具有相当高的品质，优良的驻极体式话筒可以满足专业录音和实验室的应用需求。

10.1.4　铝带话筒[1]

铝带话筒使用的换能方式与动圈话筒相似。图 10-3 展现了一个常规铝带话筒的结构。

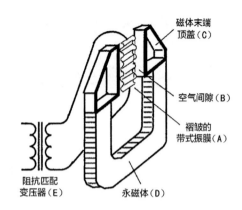

图 10-3　铝带话筒的结构

一个非常轻薄、表面有褶皱的金属带 [图 10-3 褶皱的带式振膜（A）]，在一个强磁性磁铁的空气间隙（B）中展开。金属带在末端被固定，但其整体是可以自由运动的。

当声音入射时，金属带产生相应的振动。与动圈式换能器相同，运动的金属带切割在空气间隙中的磁感应线，进而在上面产生相应的电压。由于这个电压很低且金属带的阻抗非常低，因此所有铝带话筒都配有一个内置的变压器。该变压器同时承担了两种功能，一是提升信号电压，二是将铝带话筒阻抗与后级设备话筒输入端隔离开来。

早期的铝带话筒极容易损坏。仅仅对着振膜吹风或者咳嗽就可能将其破坏。目前制造带式单元的厂家并不是很多，但那些仍在制造的产品要比老产品坚固耐用得多。现在，绝大多数铝带话筒仍不如动圈式或电容式话筒来的耐用，因此它们主要用于录音场合（也有一些十分特别的例外被用于扩声领域）。

铝带话筒通常具有极佳的声学特征，声音温暖，高频响应柔和。它们还具有极佳的瞬态响应和非常低的本底噪声。出于这些原因，有些铝带话筒非常昂贵，它们不仅使用于人声的录音，对声学乐器也十分有效。

10.1.5　碳粒式话筒

碳粒式话筒是最早被设计出来的话筒类型。图 10-4 展现了常规碳粒式话筒的结构。

1　原文为"Ribbon Microphone"，应直译为"带式话筒"。在此根据业内习惯将其统一译为"铝带话筒"。——译者注

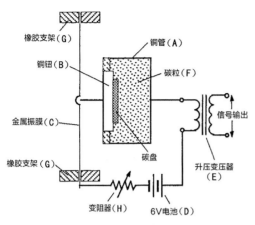

图 10-4　碳粒式话筒的结构

一个小管 [图 10-4 铜管（A）]，包裹着碳粉，在一端通过一个被称为铜钮（B）的铜质圆盘封装，该铜钮与一个圆形的金属振膜（C）相连接。铜钮和圆柱体后部的背板组成了接线端子。一个电池（D）为碳粒提供了激励电压。

当声音撞击振膜，位于铜钮的碳粒振动，其密度随着振膜的振动而发生着疏密变化。碳粒的电阻也会随着这种变化而波动，进而将外部电池提供的电压变为相应的电流，形成入射声波的电学表达。电流通过一个变压器（E）进行升压，它同时还承担了低阻元件（换能器）与后级设备输入端的隔离作用，以及隔离话筒输入端电池提供的直流电的作用。

碳粒式话筒并不以出色的声学特性被人们所知，但它们非常便宜且坚固耐用。出于这种原因，它们仍然被大量用于公共场所的声音设施当中。（虽然某些较新的电话使用了动圈式话筒，但长久以来，标准的电话话筒元件一直是碳粒式。）如果铜钮处的碳粒变得紧实，那么碳粒式话筒会丢失一些转换效率，噪声会增加，但我们只需要将它对着硬表面敲一敲就可以解决这个问题。

10.1.6　压电式话筒

压电式话筒也是一种出现很早的话筒类型。图 10-5 展现了压电式话筒的结构。

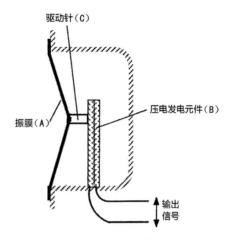

图 10-5　压电式话筒的结构

一个具有弹性的振膜 [图 10-5 振膜（A）]，通过一个驱动针（C）与一个晶体元件（B）相连接。该晶体元件所使用的材料具有压电特性。当它在物理上由于压力或拉伸而发生形变时，晶体会在其表面产生一个电压（差）。

当声音入射振膜使其振动，导致晶体发生轻微的形变。晶体针对该形变产生一个电压，这个变化的电压就成为了入射声音的电学表现形式。

压电式话筒（有时被称为晶体式或陶瓷式）与碳粒式话筒一样，并不以其音质而被人所知，而是因为其造价相当低廉。一个使用得当的晶体元件可以发挥良好的性能，这一原理也通常被用在接触式拾音器上。

压电式元件是高阻抗设备，因此能够产生充足的输出电平。它们的物理损坏几乎无法修复，对温度和湿度变化也十分敏感。

除了换能原理和拾音制式外，话筒还根据功能性设计被进一步分类。目前有很多不同的话筒设计，它们都是根据特定的应用场合来进行优化的。

10.2　功能性设计

10.2.1　手持话筒

到目前为止，手持话筒是最主要的话筒设计类型。图 10-6 展示了一些常见的手持话筒。

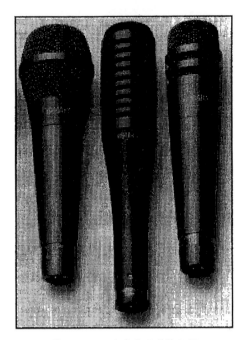

图 10-6　一些常见的手持话筒

通过名字我们就可以看出，这种话筒的设计使演讲者或歌手可以将其握在手中。当然这种话筒也常常通过一个固定的夹子放置在话筒架上。

虽然存在使用其他指向特性的可能，手持话筒最常用的仍是心形。无论指向性和话筒头的类型如何，只要这是一只手持话筒，那么就必须注意隔离物理振动带来的手持噪声，话筒头也必须做保护措施，以防掉落。橡胶防震支架和保护网是大多数手持话筒的标准配置。

10.2.2　话筒架固定

一些话筒就是专门针对话筒架固定而设计的。图 10-7 展示了一些这种话筒。

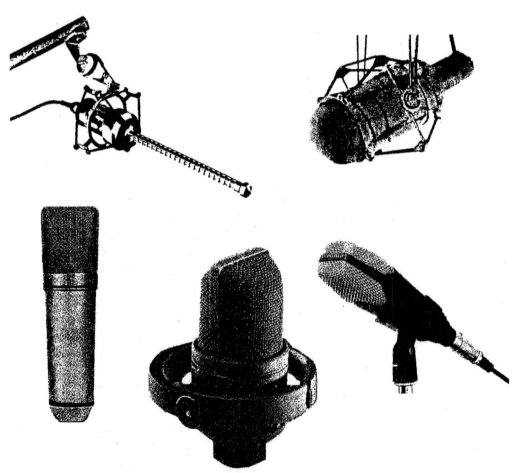

图 10-7　使用话筒架固定的话筒

这种话筒大多用于录音。通常，老式的电子管电容话筒由于体积过大而无法手持，因此只能固定在话筒架上。即使是现在的话筒，也会被设计为用话筒架固定的方式，因为这种方式可以实现对外部冲击和振动的隔离。用于视频和电影制作的话筒安装在长杆上，通过设计精巧的防震架来抵御振动对话筒的影响。目前，较小的、不引人注意的话筒架安装式话筒通常是驻极体式，它们是专门为那些强调画面干净的场合，如现场扩声或者广播电视播出而设计的。

10.2.3 领夹式话筒

领夹式话筒是体积很小的设备，它的设计使其能够直接夹在衣服上或者悬挂在脖子周围的挂带上。图10-8展示了常见的领夹式话筒。

图 10-8　常见的领夹式话筒

以前领夹式话筒通常是动圈式结构，因为这种换能方式可以保证以很低的造价制造出体积较小的话筒。现在的领夹式话筒则基本上采用驻极体电容的设计，因为驻极体元件可以做得非常小，在合理的造价范围内提供良好的高频响应和灵敏度。领夹式话筒最常见的指向性是全指向，当然近年来也出现了一些心形和超心形的产品。全指向在这种应用当中具有一些优势，由于没有近讲效应，它不会增强胸腔共振，同时它能够以不同的朝向进行固定而保持音质不改变。这对于保持声音的一致性来说十分重要。

由于外观不引人注意，领夹式话筒被广泛用于电视节目中。出于同样的原因，它也经常被用在戏剧表演中（配合无线射频传输系统）。

领夹式话筒的一个重要优势在于它被固定在说话人的身上，声源和话筒的距离固定，因此音质更加一致。领夹式话筒的佩戴必须小心进行，以避免来自服装的额外噪声。

10.2.4 接触式拾音器

接触式拾音器是从固体而非空气介质中获取声波的话筒元件。图10-9展示了某种接触式拾音器。

图 10-9　一只常见的接触式话筒

接触式拾音器基本上都是压电式装置，偶尔也使用电动式的换能原理。最近出现了一种接触式换能器在扩声界引起了相当大的关注，它采用电容式换能原理，以可弯曲的长条作为外观。

接触式拾音器基本上仅用在乐器上（用于通信对讲的喉部话筒是一个例外），拾音位置的选择极为关键。乐器复杂的共振特性导致在不同位置上获得的音质截然不同，为了获得满意的结果，进行相应的尝试和实验是十分必要的。拾音器固定在乐器上的方法会影响音质和乐器本身。一种黏性蜡经常被使用，因为它可以在不损坏乐器的情况下被轻松地移除。

由于接触式拾音器很难获得乐器真实的声音，因此除了制造特殊效果外，它很少被用在录音当中。然而在扩声当中，它提供了良好的回授抑制特性，但对固体接触引发的噪声极为敏感。

10.2.5 压力响应话筒

所谓压力响应的话筒是一种最近才出现的技术，它受到专利和商标规定的约束。这一技术在商业上的推广被称为"PZM™"，基于印第安纳州埃尔克哈特市的 Crown International 公司授权的协议进行制造生产。图10-10展示了 Crown PZM™ 的一种产品。

图 10-10　一个 Crown 压力区话筒（图片由 Crown International 公司提供）

话筒元件面向一个平板，且与平板距离极近。理论上来说，话筒对其和平板之间微小空气间隙中发生的气压变化进行采样，而非对空气流速做出响应。

根据录音的需求而研发，采用电容元件的压力区原理，压力响应话筒具有若干优势，包括良好的声音质量，以及当话筒被固定在地面或墙面时，可以免除界面反射所带来的抵消（路径长度抵消）。压力区话筒的低频响应与界面平板的尺寸直接相关。平板越大，低频响应越好。

压力区话筒有时也被用于现场扩声当中，但由于它们本质上是全指向型元件，因此对回授的抑制几乎没有帮助。近期，指向性元件被开发出来以解决该问题，它们出现在某些会议扩声和乐器扩声的应用当中。

10.2.6 枪式话筒

枪式话筒是具有高度指向性的单元。图 10-11 展示了一只常见的枪式话筒。

图 10-11 常见的枪式话筒

枪式话筒最常用于广播电视领域，尤其在电影制作当中广受欢迎，将演员的对白和环境噪声隔离是电影录制中始终要考虑的问题。枪式话筒有时还会用于在录音棚中制造特殊效果，以及某些体育赛事当中的远距离拾音。但在扩声中，对于枪式话筒的成功应用则十分罕见。

10.2.7 抛物面天线式话筒

抛物面天线式话筒实际上是一个普通话筒元件与声音聚焦装置的组合。图 10-12（a）展示了其工作原理，图 10-12（b）展示了这种话筒的指向性特征。

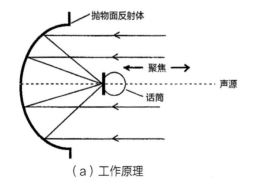

（a）工作原理

图 10-12 抛物面天线式话筒

（b）极性响应

图 10-12 抛物面天线式话筒（续）

抛物面反射体是一个杯状表面，它的横截面是一条被称为抛物线的曲线。从数学上来说，抛物线围绕一个焦点构成，具有平滑的表面。从声学上来说，抛物面反射体将到达主轴上的所有声音汇聚到数学焦点上。因此这是一种具有高度指向性的装置，能够使话筒灵敏度得到极大的提升。

抛物面天线式话筒被广泛用于野外录音。由于其低频响应与体积直接相关，因此较为实用的手持设备仅能够拾取 1kHz 以上的声音，极为适合拾取鸟叫声和昆虫的叫声。长时间以来，它被用在橄榄球比赛当中，电视观众可以通过它听到场地中的声音，比如身体的碰撞等。抛物面天线式话筒从未被使用在现场扩声当中。

10.2.8 多元件话筒阵列

一些特殊的话筒使用两个或者更多的换能元件。这种设备通常需要次级网络来控制来自不同单元信号的合并。

这种设备被称为双心形话筒。它使用两个单元——一个用于高频，一个用于低频——与两分频扬声器有些相似。一个分频网络将来自两个单元的信号合并在一起，分频点约为 500Hz。这种技术的好处在于话筒轴向和偏轴向都能够获得宽而平坦的频率响应，且没有近讲效应（参见第 10.3.2 节和第

10.3.3 节）[2]。

另一种多元件系统是立体声录音话筒，它在同一装置内放置了两个相同的换能器。一些制造商生产的此类设备通常使用电容式换能方法。它的优势在于通道间相位关系较为一致，易于使用，且外观小巧（对于现场录音来说具有优势）。

由英格兰 Calrec 设计的立体声话筒 Calrec Soundfield™ 是多元件技术的非常规应用。四个电容式单元被放置在一个四面体中，与一个特殊的有源合并网络相连接。该设备生成一系列信号记录于多轨录音机上，这些信号可以在后期制作过程中进行立体声声像的调整。这种方式获得的立体声声像和音质都十分出色，这一技术在专业录音领域也开始得到更加广泛的应用。

10.2.9 降噪式话筒

降噪式（或差分式）话筒使用两只极性相反的话筒头，或者使用两侧都可以拾取声音的单振膜。这种话筒可以辨别轴向上距离较近的声源，在振膜的一侧（或两个振膜其中之一）产生较高的压强。较远和偏轴向的声音会在振膜两侧（或两个振膜）产生相等的压强，它们之间会发生抵消。

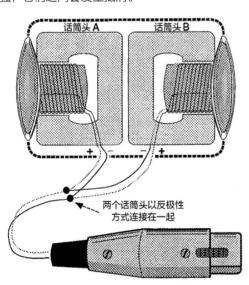

图 10-13 双振膜差分式话筒的横截面

差分式话筒仅用于语音通信，尤其适用于工厂或飞机等嘈杂的环境。[如果你正在使用这种话筒，必须确保在 2 英寸（6.67cm）距离内说话——否则无论你的声音多大，它都会将其视为噪声而抵消掉。]

10.3 声学及电学特性

话筒的声学和电学特性共同决定了其质量和性能，以及它适用的系统或场合。没有任何一个单一因素能主导话筒的品质，其性能是所有要素共同作用的结果。同时，了解专业和半专业设备所能提供的不同音质等级是十分重要的。毕竟，即使是一个品质中等的（音响）系统，如果有干净的声源，也有可能展现出更好的性能，而最好的音响系统也无法使一个低品质话筒的声音变好。

10.3.1 指向性

话筒不仅通过其换能方式来分类，还通过指向性来分类。指向性是话筒对不同方向入射声音的响应方式，目前有几种不同标准的指向性。（这与扬声器的极性响应十分相似，但思路是相反的。）

10.3.1.1 全指向性

全指向性单元，正如其名称那样，以基本相同的方式接收来自各个方向的声音。图 10-15 展示了一只常见全指向话筒的极性响应。

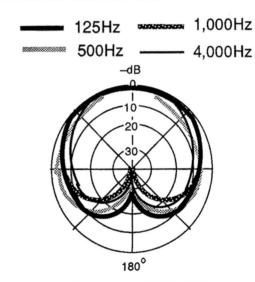

图 10-14 心形话筒极性图

---

2 起初，一般心形话筒都使用双振膜的形式，通过两个单元的叠加获得指向性，这是一种体积大、造价高的话筒制造方式。还有一些心形话筒则使用复杂的声导管方式来通过单一单元获得指向性，而这种方式也会使产品体积大、造价高。1940 年，第一只单振膜的自指向心形话筒被研发出来，从而使心形话筒的体积变得越来越小。

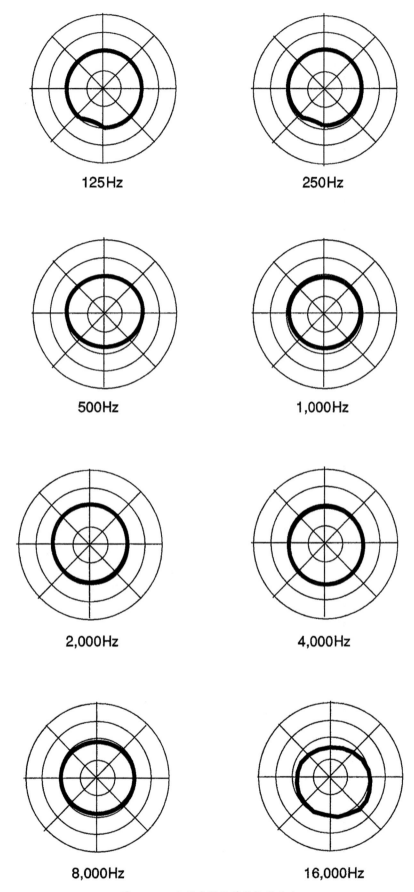

125Hz   250Hz

500Hz   1,000Hz

2,000Hz   4,000Hz

8,000Hz   16,000Hz

图 10-15　全指向性话筒的极性响应

有人或许认为全指向性话筒永远不会被用在扩声中，因为它们完全无法抑制回授。这是通常情况，但也有例外。这个问题的神奇之处在于，虽然心形话筒的回授抑制能力更强，但全指向话筒的低频响应更好，且不容易受到喘息和风噪声的影响。由于全指向性话筒的频率响应相比指向性话筒来说更为平坦，因此它触发回授的响应峰值更少，因此，好的全指向话筒有时（在很大程度上）可以当作一个普通的指向性话筒来使用。领夹式话筒（固定在脖子的挂带上，或衬衣领子上）通常是全指向的。全指向性话筒在录音领域十分有用，几乎每个录音棚都会配备几只。

10.3.1.2 心形

心形指向毫无疑问是所有话筒中最常见的指向性。图 10-14 展示了一只常规心形话筒的极性响应图。

请注意该极性图具有心脏的形状——因此被命名为"心形"。图 10-14 清楚地表明，心形话筒对于主轴方向入射的声音最为灵敏，对来自于话筒侧向和后方的声音则相对抑制。

心形话筒的指向性特征使其成为现场扩声最自然的选择，这种特性能够帮助它减少回授，增加系统增益（参见第 5.3 节"回授控制"）。其实这一特性的作用被高估了，实际上对于近距离拾音来说，全指向话筒可能比心形话筒更加适合。心形话筒在声音偏轴向入射时会产生更多的声染色，因为它们的指向性特性是随着频率的变化而变化的。

心形话筒在录音中也十分常用，因为它们可以减少不需要的偏轴向声音。心形话筒的频率响应通常没有全指向性话筒来的平坦，对风噪和喘息噪声也更为灵敏。

10.3.1.3 双指向或 8 字形

一个不太常见但非常有用的指向性被称为 8 字形或双指向。图 10-16 展示了一只双指向单元的常见极性响应图。

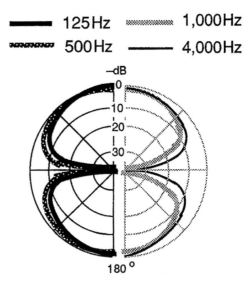

图 10-16　8 字形话筒的极性图

这个指向性的名称显然来自图 10-16。双指向性单元对于从正面和背面进入话筒的声音最敏感，但排斥来自振膜侧面的声音。

8 字形话筒在拾取两个不同人声的情况下十分有用——如录制采访或男生四重唱（歌手面对面演唱以相互看见，但观众则位于偏轴向，无法被拾取到）。在录音和扩声中，8 字形话筒可以用于不需要单独控制音量比例的两个相邻乐器的拾音。如它可以被放置在架子鼓的两个通鼓之间。

10.3.1.4 超心形

超心形话筒是一种具有强指向性的设备。图 10-17 展示了一只常见超心形话筒的极性响应图。

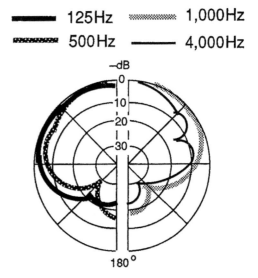

图 10-17　超心形话筒的极性图

YAMAHA
扩声手册
（第 2 版）

99

值得注意的是，与心形话筒相比，超心形话筒在后方有一个较小的旁瓣。这意味着它对于背向声音隔离能力远不及心形话筒。超心形话筒前端的拾音灵敏度比心形话筒更加集中，因此它能够提供极好的侧向声音隔离。

超心形话筒通常用于对侧向声音隔离性要求很高，但对后方声音隔离度要求相对较低的特殊场合。由于高度集中的前方灵敏度，它能够拾取比心形话筒更远的声音，因此有时被用来拾取较远的声源。

顺带一提，超心形话筒与另一种指向性很强的锐心形话筒十分相似，但并不完全相同。

10.3.2 频率响应

话筒的频率响应指在不同频率下话筒将输入声压转换为音频信号的一致性。

我们可以说，一个理想的话筒可以将一定的声压转换为同等的音频信号能量，无论在什么频率上（在音频频带范围内，或20Hz~20kHz）都能保持一致。这种话筒可以被称为拥有平坦的频率响应。

虽然某些录音话筒和很多乐器用的话筒都接近这种完美的状态，但大多数专业用途的话筒都不具有平坦的频率响应——有时甚至十分不平坦。但频率响应的畸变并不一定是坏事。我们通常故意引入频率响应畸变来制造特殊的性能优势以适用某种实际的用途。如果你了解某个话筒的响应，就可以通过它来补偿声源品质的缺陷。

在低频区域，频率响应从100Hz开始下降是很正常的，尤其是用于拾取人声的话筒。因为人声通常无法产生这么低的低频能量，这种频率响应的限制可以用来区别人声和非人声频率，帮助抑制外来噪声。对于乐器的扩声和录音来说，通常需要频率响应能够延伸到50Hz的话筒。

很多话筒在高频区域呈现出响应的峰值，这被称为表现力峰值，属于人声话筒的特征。表现力峰值能够帮助增加语言可懂度，在某种程度上是被需要的特征。但这种特征也会增加扩声中回授的可能性，此外，这种话筒通常不会用于录音。

对于指向性话筒来说，最为重要的一点是：即使灵敏度下降，也能够在偏轴向上保持合理的平坦响应。否则当话筒的偏轴向拾取人声或乐器时音色会发生改变。手持话筒在这方面的问题最为突出，如果偏轴向的频率响应不能保持统一，那么抓握方式的不同导致拾音角度的微小变化会使音色发生改变。即使被固定在话筒架上，话筒的频率响应在偏轴向上也应该保持统一，否则拾取的混响能量会出现失真的声音染色。

统一的偏轴向频率响应是高质量话筒的特征，也是我们挑选话筒时需要重点考察的性能指标。它可能要比轴向响应的绝对灵敏度更重要。记住，如果偏轴向频率响应畸变得很厉害，那么随着表演者在话筒前不断移动，人声的品质也会不断发生改变。这绝不是我们想要的。

频率响应的畸变是决定话筒声音特色的主要因素。话筒与应用场合及声源的匹配是非常重要的，这种匹配最好通过实际听感来判断。你可以从参数表当中看出一些端倪。如在5～8kHz区间出现的频率响应峰值可能意味着该话筒主要用于美化人声、语音和主奏乐器。一个低频响应良好而高频上限平平的话筒可能主要用于鼓和低音乐器。一个频率响应非常平坦的话筒可能用于录音，也可能用于现场扩声。由于瞬态特性、染色和其他影响音质的因素都无法用单一的参数来进行衡量，因此仅仅通过阅读技术参数来选择话筒是不具备指导意义的。当心存疑虑时，就必须用耳朵来听。

10.3.3 近讲效应

近讲效应是话筒与声源十分接近时出现的低频响应增加的现象，它是指向性话筒的固有特征（全指向性话筒不具有该特征）。图10-18展现了近讲效应。

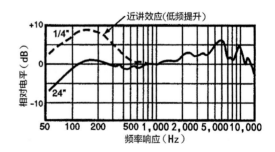

图10-18 近讲效应

当话筒与声源距离小于 2″ 时，近讲效应开始变得愈发明显，它能够造成 16dB 甚至更多的低频提升。（事实上，由于话筒与声源靠近的近讲效应会导致整体声音的提升，但在这个距离下，高频的抵消要多于低频部分，因此等效于低频提升。）这种现象有时会导致话放过载 [3]，进而导致严重的失真。播音员或歌手通常会利用近讲效应来增加声音的饱满度，一个经验丰富的表演者会将其变成话筒使用技巧的一部分。相反，公共广播扬声器无法对这种情况做出很好的响应，近讲效应往往会破坏公共广播的可懂度（低切滤波器通常是这种情况的解决方案）。

10.3.4　瞬态响应

瞬态响应体现了话筒对于尖锐、快速的音乐瞬态和信号峰值还原能力。对于瞬态响应最大的限制来自振膜的质量，因此电容和铝带话筒往往比最好的动圈式话筒展现出更好的瞬态响应。图 10-19 展示了动圈式（上方曲线）和电容式（下方曲线）话筒的瞬态响应比较。

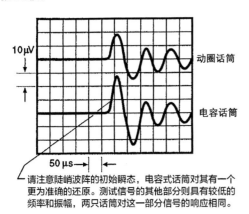

请注意陡峭波阵的初始瞬态，电容式话筒对其有一个更为准确的还原。测试信号的其他部分则具有较低的频率和振幅，两只话筒对这一部分信号的响应相同。

图 10-19　动圈式话筒与电容式话筒的瞬态响应比较

瞬态响应对于语音的还原并不是十分重要，但它对于鼓、钢琴和弹拨乐等打击性声源来说却极为重要。这些声源的瞬态是它们音乐特性的组成部分，因此对瞬态的精确还原对于此类乐器来说是极为重要的——无论是在扩声还是在录音中。针对这种情况，带式或电容式话筒是最佳选择。

总的来说，话筒越小，瞬态响应越好。这是因为较小的振膜质量较小，因此具有更快的响应。近年来

话筒的体积有越来越小的趋势——这在一定程度上归功于更好的驻极体元件——瞬态响应因此有了长足的改善。现在的驻极体话筒所拥有的良好的瞬态响应特征已经可以满足我们的期待。

10.3.5　输出电平或灵敏度

由于换能器元件体积总是很小，相比调音台或录音机等线路电平设备来说，话筒产生的信号十分微弱。出于这种原因，话筒需要话筒放大器将其输出信号提升至线路电平（参见第 11 章）。这一功能往往被设计在调音台或录音机等话筒接入的设备当中。（电容式话筒当中的阻抗转换装置不应和话筒放大器混淆，它仍然需要通过话筒放大器与线路电平保持一致。）

话筒输出电平参数始终根据一个特定声压的输入信号来进行标定，这个测试信号的频率通常是 1,000Hz。这个参数表示了元件的灵敏度。在一定声压级条件下，一个更加灵敏的话筒能够提供更高的输出电平。

有两种参考声压级常用于话筒输出电平的参数标定。它们是 74 dB SPL[这是 3 英尺（91.44cm）距离下正常语言的平均响度] 和 94 dB SPL[1 英尺（30.48cm）距离下相对较响的语言响度]。这些声压级还可以表示为：

74 dB SPL=1 微巴或 1dyn/cm²

94 dB SPL=10 微巴或 10dyn/cm²

微巴和达因每平方厘米都是压强的单位。

话筒输出信号电平由 dB 来表示，使用两种不同的标准：dBV（以 1V 为参考值）和 dBm（以 1mW 为参考值）。第一个单位为电压参考值，第二个单位为功率参考值，因此两个单位在不了解具体负载阻抗的情况下是无法直接比较的（参见第 13 章和第 14 章）。

因此，常见的话筒灵敏度参数可以标记为

灵敏度：

-74dBm,1mW/ 微巴。

对该参数进行解读，这意味着该话筒在 1 微巴入射声压下能够提供 74dB（以 1mW 为参考值）的

3　原文为 "overload"，但实际上需要表达的意思为 "overdrive"，即 "过驱"——译者注

信号。为了确认与此功率值相应的电压，我们需要知道负载阻抗。

一个更加有用的灵敏度参数表达方式如下。

灵敏度：

在 94dB SPL 声压级下，输出电平为 −47dBV。

这一参数无须再做换算，我们可以以此对不同入射声压级条件下的输出电压进行简单直接的计算。

10.3.6 过载

音响系统中的失真通常由话筒过驱导致。事实上，话筒本身发生过驱的情况十分少见，过驱常常发生在与其相连的话筒放大器上。一个高质量的专业话筒能够承受 140dB SPL 甚至更高的声压级而不产生失真。这比人耳痛阈还高出 10dB。

但是，了解话筒的过驱点在某些扩声应用中是非常重要的。一个摇滚歌手在距离话筒极近时可能产生的峰值声压为 130dB SPL 甚至更高，而一个近距离拾音的鼓很容易就会达到 140dB SPL 的声压级。对于此类应用，我们应该使用过驱点接近 150dB SPL 的话筒。对于电容式话筒来说，如果电池电量（或幻象供电电压）降低，则会导致过驱点下降。如果你使用的电池供电话筒无故发生失真，请更换电池。如果使用幻象供电的话筒在高声压（声压高，但仍然属于话筒能够承受的范围内）入射时发生失真，在制造商允许的情况下，你可以尝试使用较高的幻象供电电压。

将过驱点和话筒灵敏度联系起来是十分重要的。假设一个话筒的灵敏度为 94dB SPL 入射声压下输出 −47dBV。如果我们使用该话筒近距离拾取鼓，则入射峰值声压为 140dB SPL。此时输出电平为：

$$-47 + (140 - 94) = -1 \text{ dBV}$$

该数值已经非常接近 1V，如果不使用衰减功能，它势必会导致调音台话筒放大器环节的过驱。（多数高质量调音台都会提供这种衰减功能，无论是以开关还是以旋钮的形式。）

10.3.7 阻抗

话筒的源阻抗可以等同于话筒输出端对于交流电流的整体阻碍作用（参见第 8 章）。源阻抗决定了话筒能够充分驱动的负载大小的能力。在理想状态下，话筒接入的后级输入端阻抗应该大致等于源阻抗（或输出阻抗）的 10 倍左右。

话筒通常会被分为两个基本类型，高阻和低阻。多数专业话筒都是低阻抗设备，这意味着它们的源阻抗低于 150Ω（因此它能够被输入阻抗大约在 1,000~1,500Ω 的后级设备所截止）。压电式拾音器、吉他拾音器和一些较为廉价的话筒通常为高输出阻抗，这意味着它们的源阻抗为 25kΩ 甚至更高（因此需要 50kΩ~250kΩ 的后级负载阻抗）。

在扩声和录音中通常会倾向于使用低阻抗话筒，在正确连接的情况下，它受到外来噪声的影响要小得多（它们对电流比电压更敏感，因此噪声需要更大的能量才能进入电路中）。这种设备在与高阻输入端连接的时候通常需要一个变压器，以保证它的抗干扰性。更重要的是，低阻抗话筒能够通过上百米的线缆进行传输，而高阻抗话筒的信号线只能被限制在 20 英尺（6.1m）以内。

高阻抗话筒和拾音器在接入低阻抗输入端或远距离传输时需要一个变压器或缓冲放大器。在这种情况下，变压器可以将设备的高阻抗转换为低阻抗以驱动后级输入。高阻抗话筒和拾音器通常会输出更高的信号电压，这也是为什么它们被用在低价设备当中。另一个使用高阻话筒的原因是它免除了变压器、缓冲放大器或伴侬接口的制造成本，因此比低阻抗话筒更为便宜。

话筒阻抗与其价格和质量并不绝对挂钩。阻抗是一个设计要素，它针对话筒的应用场合予以优化。这里重要的问题仅仅是我们需要了解话筒的源阻抗，并为其后级连接设备提供合适的电路或匹配相应的变压器。

10.3.8 平衡和非平衡连接

非平衡连接是一种双导线系统。其中一根导线承载音频信号，另一根（被称为屏蔽）与地或电位参考点相连接。非平衡电路的另一个说法是单端连接（Single-Ended），但由于这种说法是用来描述某种降噪系统的，因此并不十分准确。

平衡连接是一个三导线系统。两个不同的导线承载信号——它们相互之间信号极性相反——第三根导线为屏蔽，同时接地。

平衡连接方式几乎总是用于低阻抗话筒。平衡连接系统对噪声的抑制能力更强，因此目前受到专业音频领域的青睐。最为常见的平衡接口是三针脚的卡侬接口，选择这一接口有若干原因。它有 3 个针脚、带屏蔽层、配有锁扣且接地端可以让静电通过接触导体得到释放，避免了打火声的出现。

非平衡连接用于高阻抗话筒和拾音器，有时也用于民用的低阻抗话筒。非平衡连接系统对噪声抑制较差，因此通常不会用在专业领域中。最为常见的非平衡话筒接头是 1/4 英寸接头（TS，即尖 / 套结构的大二芯接头，1 英寸 =2.54cm）。

尤其对话筒而言，应该尽可能使用平衡连接方式。虽然有时这会需要在调音台输入端之前增加额外的变压器，但是它会带来物超所值的噪声抑制能力和稳定性。

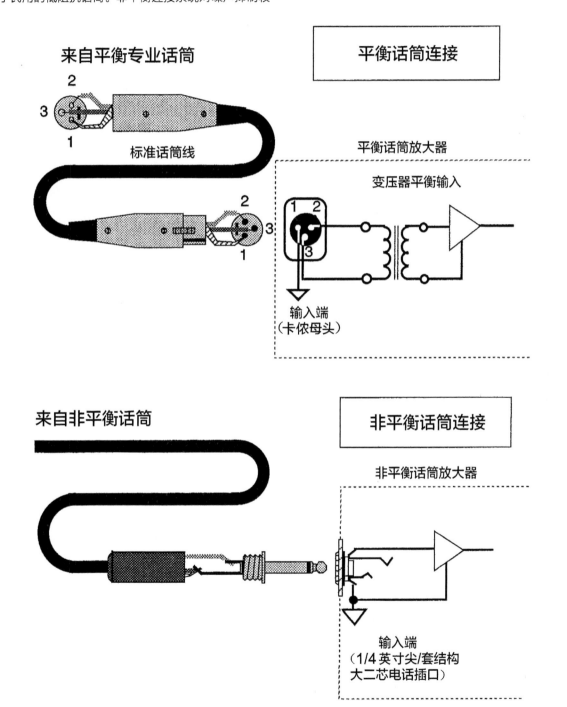

图 10-20　话筒的平衡与非平衡连接

10.4 应用信息

10.4.1 防风罩和防喷网

每只话筒在某种程度上都会受到喷话筒或风噪等外来噪声的影响。在严重的情况下，这些噪声会破坏可懂度或损坏某些灵敏的扬声器。总的来说，指向性话筒的风噪问题更为严重，那些用于录音和扩声的指向性话筒也是如此。

每个话筒制造商都会提供某种类型的防风罩，这基本上是一种降低风速的装置，保护振膜不受风噪的影响。目前最常使用的防风罩是由具有孔洞的声学泡沫制作的。常见的泡沫和金属网罩构成的防风罩如图10-21所示。

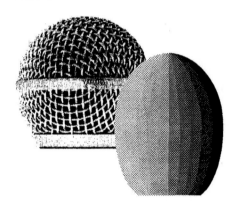

图 10-21　常见的防风罩

泡沫对于声压的波动实际上是没有影响的，但它对于高速的风和喷气喘息起到了类似于迷宫的作用。气流在穿过泡沫的孔隙时不断损失能量，在到达振膜前就消散殆尽。

在录音棚中，喘息喷气通常是录制人声时会发生的问题。一个由铁环撑起的尼龙细丝就可以作为防喷网来缓解这一问题。这个铁环被直接固定在话筒上，距离它大约3~6英寸（7.62~15.24cm）。歌手隔着尼龙丝向话筒发声，以防止"P"或"T"等爆破音带来喷话筒的现象。

在紧急情况下，还可以使用白色运动袜套在话筒上以替代防喷网的作用。虽然这从视觉来说绝不是一个好的办法，但它却能够拯救室外扩声所面临的问题。当然，你也可以尝试将话筒的指向性从心形切换到全指向，这将大大减少风噪或人的喷气声，从而避免将

袜子套在话筒上作为防喷网的尴尬。

10.4.2 防震架

固定在话筒架上的话筒有时会受到来自话筒架物理震动的影响，这种震动会通过话筒夹子传递给话筒外壳。为了减少这种外来噪声，有时话筒制造商会提供一种吸收震动的支架。常见的支架详见图10-22。

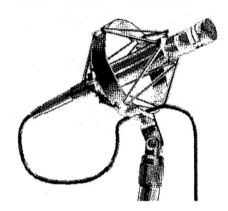

图 10-22　常见的置于防震架上的话筒

这里，话筒被悬吊在一个类似于猫摇篮的弹性吊带所组成的框架中，这将有效地吸收来自话筒架的恼人噪声。

在应急的情况下，我们可以使用一块泡沫、厨房用的海绵或者管道胶带来临时替代防震架。将泡沫或者海绵缠绕在话筒外壳周围，用胶带进行固定，再通过胶带和话筒架固定在一起。当然，这样可能看起来十分破旧，但对于防震来说十分有用。

10.4.3 幻象供电

电容话筒需要极化电压，且其内置放大器也需要供电。有时这种供电直接通过话筒线来进行。这一过程被称作幻象供电，而调音台所能提供的幻象供电电压通常为48V直流电。当然，24V的供电也比较普遍。多数需要幻象供电的话筒都可以在一个很宽的电压范围下工作，该数值可以低至1.5V或9V，可以高至50V。

在幻象供电系统中，极化电压被同时施加在平衡连接的两个信号导线上，且极性相同。这样从理论上可以保护接入带有幻象供电输入端的动圈话筒不被损坏，因为该系统在线圈上产生的直流电势差为零。但一只通过非平衡方式接入带有幻象供电输入端的动圈

式话筒则很有可能被损坏。

因此留意调音台输入端是否施加幻象供电是十分重要的。大多数输入通道上都配备了幻象供电开关。记住，当接入动圈式话筒或配有电池的驻极体式话筒时，务必将幻象供电关闭。

图10-23描述了幻象供电是如何从调音台话筒放大器，通过信号导线传递到话筒的阻抗转换装置的。

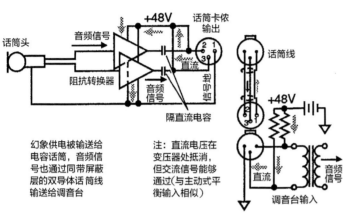

图10-23　幻象供电和音频信号如何共享导线

10.4.4　开启话筒数量（NOM，Number of Open Microphone）所带来的影响

通过第5章和第6章我们已经了解到，我们在扩声中主要考虑的问题是将系统的声学增益最大化。为了做到这点，我们必须做到以下几点：

（a）在实际条件允许的情况下尽量增大话筒与扬声器之间的距离；

（b）在实际条件允许的情况下尽量减小话筒与声源之间的距离；

（c）使用指向性话筒和扬声器，通过合理摆放将它们之间的干扰降至最低。

在我们关于系统增益和回授控制的讨论中，所有的计算都是基于一只话筒来进行的。显然，增加一个系统中开启的话筒数量会降低潜在声学增益，而回授的可能性也会增加。事实上，每当你增加开启话筒的数量（话筒被打开，或者增加在调音台中的音量），

系统增益就需要降低3dB来避免回授的发生[4]。

在扩声系统的操作过程中，在任何时候，仅仅开启需要使用的话筒是最好的选择。一旦某只话筒在某一时间不需要被使用，就需要被哑音，或者把推子拉下来。我们应该尽可能减少使用话筒的数量。虽然在舞台演出中尝试还原录音棚的声音效果是有意义的，但在一套架子鼓上使用6~8只话筒很可能给自己带来麻烦[5]。

所有这些对于调音师来说都意味着更多的工作内容和更高的创造性要求，但它们都会帮助系统获得更高的增益、更好的音质以及更低的回授概率。

10.4.5　增益和话筒摆位

系统增益也可以通过良好的话筒摆位技巧来得到增强。总的来说，在扩声系统中将话筒与声源靠得越近，我们所需要的电学增益就越小。这同时意味着更加干净的声音和更小的回授可能性。

当然这也意味着有可能使得调音台输入端的话筒放大器发生过驱（参见第1.3.5节"过驱"）。在近距离拾音的条件下，如果发生严重的失真，多数是因为话筒放大器而非话筒本身，因此需要使用话筒放大器输入端的衰减功能。我们所使用的话筒通常具有高声压级承受能力，可以避免在话筒环节发生过驱。

如果演讲者不熟悉如何使用话筒，则会出现一些问题。如果说话人在话筒前方来回移动，会对话筒施加变化极大的输入信号，尤其是心形指向的话筒。对于这种声源最好的解决方案是使用领夹式话筒。音质和音量会更加统一，使工程师的工作变得更为轻松，获得的结果也会更好。

10.4.6　立体声录音

颇为讽刺的是，通过两只话筒进行立体声录音这一非常简单的话题，却是专业声音制作中最需要公开

4　此3dB为一个理论值，它假设话筒、扬声器都为全指向，且所有话筒与扬声器的物理距离相等，开启后具有同样的增益和音量。这与实际应用场景相去甚远——译者注

5　在当前，为一套架子鼓使用多只话筒进行扩声已经成为了行业惯例。本书内容受限于写作年代的技术水平，和当前行业的实际情况有所脱节，特此说明——译者注

讨论的话题之一。一系列技巧被提出和使用——每一种都要求特定的话筒指向性和摆位——并获得不同的效果。由于声音是一个高度主观的事物，因此每种方法都有它的支持者。

对于各种不同立体声拾音方式的深入讨论已经超出了本书的范畴，我们仅讨论 3 种常见的技巧：时间差制式、X-Y 制式和 M-S 制式。

时间差制式是非常简单和容易成功的技巧。它使用两只话筒，固定在话筒架上以 6~8 英尺（152.4~203.2cm）的间距隔开，距离地面大致 6 英尺或更高。全指向或心形话筒都可以用于该制式。全指向话筒能够提供稍好的音质，但对于来自观众的噪声以及混响的抑制能力更差。在需要的情况下，还可以增加第三只话筒拾取独奏演员的声音（图 10-24）。

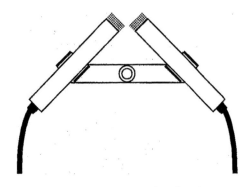

图 10-25　X-Y 立体声拾音制式

第三种制式是经常用于广播电视节目录音的 M-S 制式（"Mid-Side"——"中间 - 侧方"的缩写）。M-S 录音方式需要一只心形话筒和一只 8 字形话筒，它们被固定在同一个话筒架上（图 10-26）。

图 10-24　时间差立体声拾音制式，配有单独的独奏话筒

虽然通过时间差制式能够获得可以接受的结果，但由于不同位置的声源到达两只话筒的路径长度不同，它会受到延时问题（或定位问题）的影响。为了改善立体声声像，有些录音师会使用一种被称作 X-Y 的制式。

这种制式需要两只心形话筒，两只性能尽可能相同的配对话筒更为理想。将两只话筒通过一个特殊的横杆放置在同一话筒架上，形成 45°~60° 的角度，振膜尽可能靠近。这种制式的立体声声像（展开）可能会受到影响（当然对此结论也存在异议），但总的来说通过耳机进行回放时效果优异，通过扬声器的回放结果也令人满意（图 10-25）。

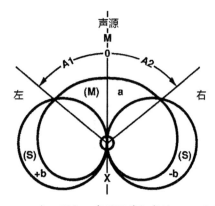

图 10-26　由心形和 8 字形话筒组成的 M-S 立体声拾音制式的灵敏度示意图

立体声信息通过一个矩阵还原，该矩阵会生成一个加法通道（两个信号相加）和一个减法通道（心形话筒信号减去 8 字话筒信号）。该制式对广播电视来说十分重要，因为它能够保持良好的单声道兼容度。左右声道的叠加会让 8 字话筒信号的抵消，仅剩下心形话筒信号。

10.5　无线内部通信系统

本书关于无线内部通信系统和无线话筒的部分信息引自由 Gary Davis 以及 Swintek 公司[6]的 Bill Swintek 在 1983 年为某杂志共同撰写的文章。这篇文章在本书中得到了编辑和扩展，所有内容均得到了 Swintek 公司的授权。本书中大多数无线话筒和内部

6　该公司位于加利福尼亚州桑尼维尔，是无线话筒和内部通信系统制造商。

通信系统的资料由 HME 电子公司 [7] 提供，我们在此衷心感谢上述两家企业提供的帮助。

10.5.1　什么是无线内部通信系统？

一套无线内部通信系统可以使两个或多个人在一定距离内相互通信。它的设备经过小型化，不需要通过线缆来进行连接，因此为使用者提供了最大程度的移动便携性。

有两种基本的专业无线内部通信系统。一种基于一个控制基站，配合一个或多个可移动的无线单元进行工作。另一种则是基于一个由电池供电的无线收发，配合一个或多个可移动的无线单元进行工作。移动单元包括小型的腰包式收发，以及一个配有话筒的头戴装置。基站操作员可以同时与所有使用腰包收发的工作人员进行通信。

10.5.2　哪些人需要使用无线内部通信设备？

近年来，无线内部通信系统已经成为了很多通信网络中必不可少的组成部分。它们提供的便携性已经成为诸多节目制作、培训、安保和工业生产过程中不可或缺的重要部分。视频制作行业的快速发展促使无线内部通信系统成为现有有线系统的有效扩展。它们在剧院演出和电影制作过程中帮助导演、舞台监督、摄像、灯光和声音团队之间相互沟通，起到了极为重要的作用。在体育赛事中，无线内部通信系统不仅在教练、边线员和运动员中得到使用，同时它还为解说员和新闻制作团队提供便利。在特技拍摄、马戏表演和体操比赛中，提示和报时对表演的安全性和成功与否起到了决定性作用，无线内部通信系统在这些应用中成为了不可或缺的组成部分。对于无线内部通信系统的使用限制仅来自使用者的想象力。

10.5.3　无线内部通信系统的背景

总的来说，早期的内部通信系统都是由固定设备组成，它们以有线连接的方式固定在某个位置。这些设备的移动性取决于连接头戴装置和基站线缆的长度。随着使用者来回移动，线缆被来回拖拽，并且需要绕过障碍物。外部的干扰噪声也是这种系统面临的问题。

对讲机是早期的无线内部通信系统。它们十分笨重，需要配备大容量的电池以满足供电需求。它们的信号接收十分容易发生失真和噪声干扰。无线通信自对讲机开始走过了漫长的路程。

20 世纪 60 年代末期的技术进步显著地改变了无线通信系统的体积和性能。半导体技术的发展改善了其动态范围和音质。

20 世纪 70 年代初期，人们开始引入集成电路压扩器技术，它被用于无线内部通信系统以降低噪声。后来，分集接收的应用将掉频（传输损耗）问题降至最低，极大地改善了系统稳定性。联邦通信委员会（FCC，Federal Communications Commission）规定了用于无线内部通信系统的特定无线频段，这避免了来自其他服务的无线射频干扰。

如今的无线内部通信系统的性能与传统的、有线的内通系统相同。在 20 世纪 80 年代，得益于压扩集成电路和更加出色的电路设计，它们的动态范围得到了提升，转频器的制作也更加小型化。目前，有多种不同配置的无线内部通信设备可供我们选择使用。

10.5.4　无线内通的种类

无线内部通信系统有 3 种基本类型：单工、半双工和全双工系统。一个单工系统只可以进行单向通信，如一则普通的广播播报，听众只能听到播音员的声音，但无法做出回应。一个半双工系统的工作模式和对讲机类似，允许使用者一次一人进行沟通，并且需要配合使用按钮。全双工系统能够时刻提供双向通信，无需使用按钮。这是最为理想的系统类型，因为它能够解放使用者的双手，提供常规的、无间断的双向通话。我们对每种系统的简要描述如下。

- 单工系统

由于该系统仅提供单向通信，因此仅适用于发布信息且无需接收回复的情况，机场、商场和医院使用的公共广播系统就是单工系统。由于它使用了简单电路，因此是造价最低的一种内通系统（图 10-27）。

7　该公司位于加利福尼亚州圣地亚哥，也是一家无线话筒和内部通信设备制造商。

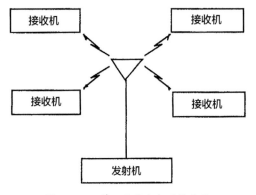

图 10-27 单工无线内部通信系统

• 半双工系统

由于造价在可接受范围内，且能够提供双向通信功能，因此半双工系统是较普遍的无线通信系统。（图10-28。）半双工系统包含一个基站和若干个无线单元。基站要么是一个由交流电或者电池供电的控制台，要么是一个无线的腰包式微型收发机。基站的操作者通常是导演或团队领导，他可以无障碍地和全体成员进行通信，同时传输和接收信息。他的指令可以立刻被所有人听到，即来自导演的信息具有优先级，在无延时的情况下到达全体团队成员。基站同时还会对接收信息做重复播报。每个团队成员与基站之间的通信都可以被同伴听到。虽然团队成员间无法直接通信，但他们可以通过导演或总监建立联系。团队成员可以随时接收信息。如果需要从移动装置送出信息，就需要点按腰包上的按钮。每次仅允许一名成员发出信息。半双工系统具有很高的性价比，对多数场合都十分适用。

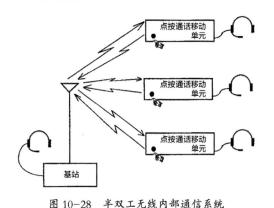

图 10-28 半双工无线内部通信系统

• 全双工系统

这对于无线内通系统来说是一种理想形式，因为只有它能够提供真正的免提操作。通过一套全双工系统，像普通电话那样的无间断通信才成为可能。该系统与半双工系统的区别是能够持续地进行双向信息传输。它无须点按按钮就可以发送信息（图10-29）。分离式的全双工系统仅通过两个装置进行工作，一个基站和一个无线单元。这些装置通过两个不同的频率进行信号的发射和接收。某一无线单元发出的信息通过一个频率进行传输，在其他单元通过同一频率进行接收，反之亦然。如果更大型的通信网络需要超过两个无线腰包，系统就会变得复杂。为了完成这一功能，基站需要通过单一频率向所有腰包发射信号。同时，基站还需要针对不同无线腰包配备相应数量的接收机。此时基站的作用变成了中继器，接收来自每个无线单元的信息，并通过单一频率将它们回传给其他无线腰包。这种全双工系统的复杂性会导致其造价升高，因此并非对所有制作类型都具有良好的性价比。当前一些系统允许同时使用4~6个全双工无线腰包，为使用者同时提供解放双手的免提通信。

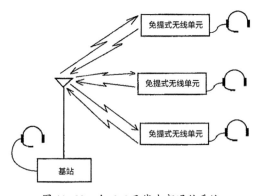

图 10-29 全双工无线内部通信系统

• 集成式系统

对于无线内通系统来说，不同的用户需求有很多不同的配置要求。任何能够想到的组合都可以成为系统整合的方式。某个用户可能需要将扩声系统（单工系统）连接至一套全双工系统。另一个用户可能希望将若干个半双工无线腰包单元与一个现有的有线通信系统连接起来。一个普通的无线腰包式收发器能够提供半双工（点按通话）和全双工之间的切换。在使用9V碱性电池的情况下，腰包式单元可以连续工作8~10小时。我们还可以通过增加基站的方式增加信道，以此增加至少4

个腰包。或者也可以让若干腰包使用同样的传输频率,以此增加腰包的数量。在这种情况下,点按通话的工作模式是强制性的,因为在同一时间仅有一个信号能够在不被干扰的情况下进行传输。有线基站通常用在摄像机和灯光的固定位置上,它是性价比很高的解决方案。导演或总监则需要使用无线基站来获得移动的便携性。无线系统同样还适用于无法铺设线缆的位置。无论是何种应用,无线内部通信系统都比有线系统具有更强的便携性。

10.5.5 使用频率

音频带宽并不属于无线内通系统需要考虑的重要因素。有些频段更容易受到相邻频段的干扰,如400~470MHz属于超高频段,无线内通和话筒通常使用的450~451MHz和455~456MHz同时也被警察、消防和公共卫生服务广播占用。这些邻近频率的间歇性使用可能会带来随机的无线干扰,这在设备的安装调试阶段是无法被检测到的。

在美国,无线内通系统最常使用的频段为甚高频段(VHF),包括26~27MHz、35~43MHz以及

154~174MHz。不同的制造商使用不同的频率,其系统也被预设在这些既定的频率上。购买者在挑选产品时必须注意上述因素以避免来自当地广播的无线干扰。常规广播节目的谐波带来的干扰也必须被考虑在内。如果一个调频广播节目的载频为88MHz,那么它也会出现在176MHz以及载波的其他主要整数倍频率上。

一些制造商使用了"分离频段"系统。在这种系统中,基站可能通过VHF段中较高的频率进行信号传输,而无线装置则通过VHF段中较低的频率传输信号。在这种分离频段模式下,与联邦通信委员会(FCC)的协调就显得尤为重要,制造商必须保证两个频带都处于委员会规定的范围之内。

在美国,合法使用无线内通设备需要获得联邦通信委员会颁发的执照。执照的种类取决于内通系统的用途。我们可以通过联系本地的通信委员会办公室或设备制造商来获取更多的信息。图10-30是无线内部通信系统在美国使用的无线频率分布。在其他国家也会有不同的工作频段和相关规定。在选购或使用系统之前应咨询当地权威机构。

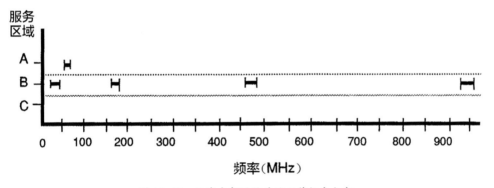

图10-30 无线内部通信系统工作频率分布

10.5.6 动态范围改善与降噪

目前有一部分系统的设计使音频动态范围和降噪性能有了显著的改善。由于主要用于语音传输,无须还原自然的音乐信号,无线内部通信系统不需要具备很高的动态范围还原能力。尽管如此,相比过去经过高度压缩的声音,新一代系统还原的语音更为自然,使人们在长时间的听音过程中更加不容易疲劳。这是目前技术条件下动态范围和信噪比得到改良的内通系统带来的优势。

在20世纪70年代末以前,大多数无线内通系统无法有效地减少噪声。如今,很多系统都使用了压扩电路,这是一种先进的降噪技术。在压扩电路中,一个全频段压缩器被放置在内通的发射端,接收端则放置了一个音频扩展器。当信号被压缩后,音频电平能够保持在残留的本底噪声上。当它在接收端被扩展后,噪声被减小,信号更加干净,获得相对低噪声干扰。低电平的嘶声和静电噪声几乎被完全消除。对音频信号进行压扩处理也在直接传输的过程中改善了动态范

围。在某些情况下，无线内通有可能比有线通信系统的噪声水平更低。

10.5.7　评价和选择系统

在选择和评价专业用途的无线内通系统时有一些必须考虑的标准。理想的系统应该能够在各种恶劣的环境当中完美且稳定地工作，它具有良好的语言可懂度，能够在强射频场、调光器和其他电磁干扰源的周围正常工作。

- 工作频率

如果无线内通系统的使用场合存在与其工作频率相邻的强电磁波信号，则可能对其接收端的清晰度产生影响，此时需要额外的花费来购买更加复杂的接收机。因此一套无线内通系统的工作频率是选择设备时需要考虑的要素。

- 双工器

无线内通和话筒系统通常使用相近的频段，因此通常会进行系统合并，以保证导演或监督拥有紧密和开放的通信手段。在一个电视信道下可以同时容纳多达 24 个独立的 VHF 高频段话筒和内通设备。尽管如此，这种复杂系统通常会在某些话筒或内通设备距离接收机较近时导致其他接收机关闭，进而导致无线信号被弱化，限制了有效工作频段。有些系统通过使用双工器来防止这种信号弱化的问题出现。

- 旁音

在选择内通系统时需要考察的一个重要功能就是旁音，它能够帮助我们确认通信是否还在工作。旁音意味着使用者能够在说话时听见自己的声音，但实际上这个声音是被再次传输回来的。非双工系统无法提供旁音功能，也无法将本地信号直接馈送给耳机放大器，因此无法确认双向通信正在进行。

- 头戴装置

一些无线内通系统被整个装进了头戴设备当中。虽然这些设备体积很小，但它们通常很沉，佩戴很不舒服、音质不佳，且不易于进行维修服务。在其他内通系统当中，收发器被单独安装在一个装置当中，这种设计可以使收发器和多种不同的头戴装置搭配使用。这对于已经购买头戴设备的用户来说是性价比最

高的方案。为了确保设备之间的通用性，应事先做好功课，了解哪种头戴装置能够与希望购买的收发器良好匹配。

- 电池

在无线内通设备中使用的电池种类也必须纳入考虑范围。一个可充电系统能够在很长一段时间内保证经济实用性。从另一个角度来说，在演出前更换全新的一次性电池能够确保内通系统工作到演出结束。在不更换电池的情况下，系统应保证至少工作 4~6 小时。从长远角度来看，可充电的镍铬电池更加经济实用，但它们也更加难以维护。如果没有经过深度循环（完全的充电和放电），它们无法保持与碱性电池相同的使用寿命。

- 未来的需求

未来需求是选择无线内通系统是必须要考虑的重要因素。一个系统应该在最大程度上与其他类型的系统和设备相匹配，以适应未来的需求。或许某一系统在某些方面的价格更加昂贵，但它在未来的系统扩展性和操控性可能拥有更好的经济实用性。

10.5.8　总结

相比几年以前，现在的无线内通系统比有线系统有了长足的进步。它们提供的无线便携性对于任何一个应用领域来说都是非常宝贵的。它们的多用途特性、与现有有线内通系统的整合，以及与无线和有线话筒的整合也是它们的优势。它们的音频带宽和信号清晰度已经远远超过大多数用户的需求。它们音质出众，并且有能力解决不同类型的节目面临的各种通信问题。

10.5.9　无线内部通信系统专业术语表

带宽——表示设备的频率响应性能在上限和下限频点上降低一定数值时——通常为 3dB，这两个频点之间的频率范围。

腰包——安装在腰带上的通信设备。在一套无线内通系统中，腰包通常包含一个发射机、一个接收机和一个配有内置话筒的头戴装置。

压扩器——一个压缩器和扩展器的组合，在通信

路径中的某个节点上用于减小信号的振幅幅度，随后在另一节点上做补偿性的幅度扩展。

压缩器——一种信号处理器。对一定的输入信号振幅范围，生成一个较小的输出信号振幅范围。

双工器——一个电子装置，可以通过天线同时连接发射机和接收机。

分集接收——如果同时接收两个或多个无线信号，当这些信号的调制方式和内容相同，但强度和信噪比不同时，分集接收可以将它们进行合并或筛选，进而避免无线信号发生衰减。

动态范围——一个系统中的过驱（最大）电平和最小可用信号电平之间的差值，以分贝为单位。

扩展器——一个信号处理器，对于一定振幅范围的输入电压，生成更大范围的输出电压。

频段——从特定的低频下限到高频上限的连续频率范围。

集成电路——电子线路的组合。这些电路具有独立的功能，整合在一起则形成一个相互关联的网络。集成电路通常被放置在一个小型芯片或基于半导体的微型电路上。

前置放大器——用于放大低电平信号的放大器，为信号的进一步处理提供充足的电平。

中继器——一个电子设备在接收信号后让其通过不同的频率发送出去。

射频场——一个充满无限射频信号的能量场（一个可定义的区域）。

半导体——一个电导体，电阻系数介于金属和绝缘体之间。随着温度的升高（高于某一温度范围），载荷子的浓度也会增加。

信噪比——信号电平与噪声电平的比值（通常以分贝来表示）。

分离频段——在一个通信系统中，信号通过不同的频段进行双向传输。

前沿科技——首次用于解决某一问题的先进、独特技术。

收发器——无线发射和接收设备的组合，通常用于便携式移动设备。它使用了普通的发射与接收元器件。

转频器——一个整合了接收机与发射机的设备，在接收信号后通过不同的载频将其发射出去。

10.6　无线话筒系统

10.6.1　何为无线话筒？

一个无线话筒系统是一个小型的常规商业调频广播系统。在一个商业广播系统中，播音员对着话筒讲话，该话筒位于某一固定位置，与高功率发射机相连接。经过传输的语音信号被调频接收机拾取，再通过扬声器或头戴装置进行回放。

在无线话筒系统中，这些元件都经过了小型化处理，但它们的原理是相同的。发射机的体积小到足以放入话筒的手持装置或者口袋大小的盒子当中。由于话筒和发射机通过电池供电，使用者可以在说话和唱歌时自由地移动。经过无线传输的人声被接收机拾取，接收机与扬声器相连接。

在无线话筒系统中有两种话筒类型，一种是手持话筒，发射机位于握柄当中；另一种是领夹式话筒，它体积足够小，可以隐藏在领夹上或者挂在脖子上。领夹式话筒连接在小型的腰包式发射机上，它可以放在兜里或别在腰带上。

10.6.2　谁使用无线话筒？

如今，无线话筒被广泛用于电视和视频节目的制作中。它不再需要专门的舞台工作人员在摄像机和道具之间来回整理信号线。对于电影制作、电子新闻采集（ENG，Electronic New Gathering）和电子户外制作（EFP，Electronic Field Production）来说，无线话筒让现场采集的声音能够被直接使用，避免了过去需要的后期配音环节。这对于制作成本的控制是十分显著的。

手持话筒为那些镜头前的表演者们提供了来回移动和做动作的自由。发言人和表演者可以将话筒在不同的人之间来回传递。在音乐会中，手持无线话筒允许歌手在演唱时来回走动、跳舞，甚至进入观众区域而不受限制。同时，无线手持话筒也避免了雨天遭受电击的危险。

领夹式话筒被用在游戏竞赛节目、肥皂剧和舞蹈当中。它满足了人们对立杆话筒的需求，对减少舞台视觉上的凌乱有所帮助。因为领夹式话筒很容易被隐藏，并且能够解放使用者的双手，所以这种话筒通常被司仪、小组讨论发言人、演讲者、舞台演员和舞蹈演员使用。一些领夹式发射机型号配有高阻抗线路输入，能够接收来自电吉他的信号，进而让电吉他获得无线传输的便利。

10.6.3 无线话筒的背景

20世纪60年代末至今，技术进步影响着无线话筒的体积和性能。在那之前，无线话筒体积很大，它们使用小型电子管，且只能提供有限的动态范围和很差的音质。60年代末半导体技术的发展显著地缓解了这些问题。

70年代初引入的集成电路压扩器被用于无线话筒中以降低噪声。与此同时，联邦通信委员会将电视7~13频道使用的频率授权给了无线话筒。自此，无

线话筒面临的最大问题，即来自其他无线服务的射频干扰几乎被消除了。后来，分集接收的使用缓解了信号丢失（由于射频信号的抵消而产生的传输损耗）的问题，极大地增强了系统的稳定性。

如今的无线话筒已经能够和传统的有线话筒相媲美。在20世纪80年代，由于有了更好的压扩器集成电路以及更加先进的电路设计，无线话筒的动态范围有了长足的进步，发射机的体积也越发小型化。多种不同标准、具有不同声音特点的无线话筒陆续出现。

10.6.4 无线频率的使用

无线话筒的射频频率分配没有所谓的国际标准。由于存在发射功率限制、频率稳定性和无线射频带宽占用等问题，其性能无法得到控制。然而从理论上来说，无线话筒可以在任何频率下工作。某些频段则是无线话筒的常用频段（图10-31）。

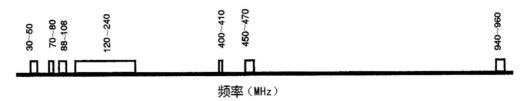

图 10-31 国际上常用的无线频段

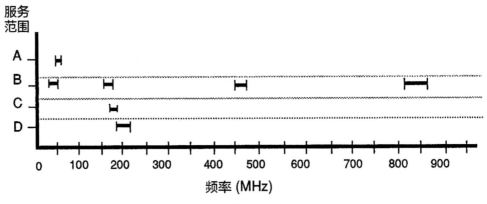

图 10-32 美国常用的无线话筒频段

在美国，联邦通信委员会规定无线话筒在特定的频段下工作。常用频段如图10-32所示。适用的规定如下。

• 低功率通信设备可以在49.81~49.90MHz段（图10-32A）上工作，对于上限为5kHz的音频信号来说，3米距离的辐射功率限制在10000μV/M

（1~5mW）。这一部分的无线频率容易受到一些人为噪声的影响，如发动机点火、荧光灯和调光器等。通信委员会对低功率通信设备作出的限制加剧了这一频段的信噪比问题。由于这个频段是平均分布的（相隔15kHz），仅能够同时满足3只无线话筒在没有互调干扰的情况下工作。

- 当辐射功率在 15 米范围内小于 50μV/M 时，无线话筒被允许在商业调频广播的频段内工作。考虑到专业音频领域对无线传输稳定性的高要求，因此在限制条件下，在这一频段使用无线话筒变得不切实际。

- 无线话筒或许可以和商业广播服务共享无线频率。如果发射功率小于 120mW，持续的无线发射可以被授权。可用于无线话筒的商用广播服务频率为，VHF 低频段的 30.76~43MHz，VHF 高频段的 150~173.4MHz，UHF 低频段的 457~470MHz，以及 UHF 高频段的 806~866MHz（图 10-32B）。在 150MHz 和更高的频段，人为噪声会显著降低。由于联邦通信委员会（FCC）允许更高的发射功率和更大的带宽，以及更多可用频率和更短的天线要求，我们倾向于无线系统在 VHF 高频段以及更高的频率上工作。但它面临的问题是来自其他商用广播服务的干扰。无线话筒在此频段内工作需要获得 FCC 颁发的执照，且发射机的种类必须符合相关规定。如需要获得执照，请联系所在地的 FCC 办公室。任何人都可以在这些频率上使用无线话筒系统。在相关规定的内容中，无线话筒所使用的特定频率被称为"B"频率。其范围包括 169.445~170.245MHz、171.045~171.845MHz、169.505~170.305MHz 以及 171.105~171.905MHz（图 10-32C）。"B"频率的传输带宽不能超过 54kHz，输出功率不能超过 50mW。

- 对广播、视频和电影制作来说，无线话筒可以工作在 174~216MHz 的范围内（电视频道 7~13）不受干扰。这意味着对于某个特定的地点来说，无线话筒可以在未被使用的电视频道上工作。其发射机功率被限制在 50mW。对于广电和电影工作者来说，需要获得 FCC 颁发的发射站执照才能够使用这些频率，且发射机的类型必须符合 FCC 的相关规定。这些 VHF 的高频段为无线话筒的工作提供了良好条件。它不会受到市民频段和商业广播频率的干扰，任何在此频段发射信号的商业广播电台都有具体的时间表可以参考，因此可以很容易地避开干扰。

10.6.5 技术问题

- 传输损耗

我们可以通过全向天线来计算从发射机到接收机的传输损耗。随着频率的降低，在接收机获得同样信号强度所需要的发射功率也会相应降低。无线话筒面临的一个问题就是虽然设计体积小，但在 VHF 低频段需要获得高传输效率的天线。而对于 VHF 高频段来说，小型且高效的天线是较为实际的。

来自其他无线服务的干扰是 VHF 和 UHF 共同面临的主要问题。唯一干净的频率是某地未被使用的电视频道和"B"频率。对于巡演团队来说，使用电视频道频率可能会成为问题，因为某些频道在某些城市不存在干扰，但在其他城市却存在干扰问题。因此，"B"频率更加适合此类应用。

- 掉频

在无线系统的信号接收端，电磁波反射产生的多路径传输会造成接收信号的抵消，我们称之为掉频。导致这一问题的原因有若干种可能。信号丢失在 VHF 和 UHF 频段表现出不同的特征。在 UHF 段信号丢失区域更短，我们经常会听到快速颤动的声音。

接收端的掉频原因也可能是发射机和接收机距离太远。我们可以通过调整发射和接收天线的位置来缓解这一问题。

由天线接收到的信号强度是掉频是否会产生的关键因素。当我们检验掉频的实际解决方案和局限性时，必须了解并不是所有发射端的信号能量都能够到达接收机。一个无线话筒同时向很多方向辐射能量，其具体特点由天线系统的结构设计决定。这一特征也使信号传输容易受到多种干扰因素的影响。

信号发射机和接收机之间的干扰物会导致路径传输损耗，进而影响系统性能，这些干扰因素包括其他设备和人体、发射天线的位置，以及在多路径反射过程中产生的干扰信号。

当无线话筒工作的环境中包含摄像机、灯光设备或者舞台道具等金属或其他反射物体时，无线射频信号的传输会出现多个路径。由于接收端不同信号存在相位差，最终得到的信号有可能被增强，也有可能被完全抵消，造成多路径传输的信号丢失。多路径传输损耗会影响接收天线获取信号的能量。多路径传输抵消是导致信号丢失最常见的原因。

10.6.6　解决方案

• 在调音位置使用高增益接收天线

高增益天线能够改善信噪比，减少由于信号弱而导致的衰减和丢失。但它无法解决信号抵消的问题。高增益接收天线通常是个有缺陷的解决方案，因为：

（1）发射机会跟随演员不断移动，因此需要不断调整天线的朝向；

（2）接收机获取到的很多无线信号都来自墙壁和道具的反射，因此即使有人站在侧台将天线指向表演者，他所指向的目标也有可能是错误的。

• 将接收天线和接收机放在距离话筒较近的地方，通过一定长度的信号线将接收机和调音台连接起来

对于无线话筒来说，将接收天线放置在舞台位置（或者舞台上方）是一个折中的解决方案。它通过一定长度的馈线将天线和接收机连接，再通过长距离的音频信号线将接收机的音频输出端和调音台的输入端连接起来。多数接收机提供线路电平输出，因此能够很好地适用于这种场合。这种做法将话筒的发射天线和接收机的接收天线保持在一个合理的距离内，优化了射频信号的信噪比。

• 分集接收

在一些无线话筒的设置过程中，我们无法使用单一天线来消除多路径传输带来的信号丢失和衰减。目前用于缓解多路径传输而导致的信号丢失技术被称为分集接收。它使用了两个或更多的天线来接收多路径传输信号。这种做法的简要原理是，在某一时刻，如果某个天线接收的信号很弱，那么另一个天线上接收到的信号很可能较强。分集接收增强了无线系统的性能。它通常十分有效，但有时也无法避免盲点的出现。分集接收可以通过不同的方式来获得，不同无线话筒制造商也倾向于不同的方法。分集接收的实现需要满足以下条件：

（1）单一信号发射源；

（2）非相关的统计独立（Statistically Independent）

信号。

• 多接收天线系统

分集接收系统的成功与否取决于不同天线接收信号的非相关程度。如果分集接收系统不能输出非相关的统计独立信号，那么所谓的分集接收就不复存在。图 10-33 展示了一个基本的分集接收系统。

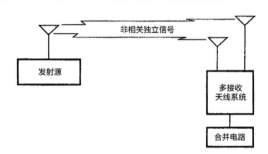

图 10-33　分集接收系统

分集接收系统的实现可以通过若干种方式，但这些系统都需要将接收到的独立信号以某种方式合并。分集接收的主要弊端在于造价。信号合并技术的选用取决于造价和需要改良的程度。信号越是无法预测，越是不相互关联，分集接收系统的优势就越明显。

不同的分集接收技术基于不同的传输信号处理和提取方法。空间分集是无线话筒最常用的技术。空间分集可以通过多种方式来实现，但必须满足前文所述的 3 个基本条件。两个或更多的接收天线必须间隔至少一个半波长（通常为 3 英尺，即 91.4cm）。天线之间的分离程度决定了信号的非相关程度。极化分集是空间分集的一种方式，它要求接收天线相互间呈一定角度摆放，以捕捉非相关的独立信号。每个天线都提供了独立的路径，它接收的信号可以被直接选用或者与其他信号进行合并，从而改善信号质量。这些信号选用与合并的处理方法如表 10-1 所示。

表 10-1　分集接收系统的信号合并方法

合并方法	技巧
选择（也被称为"切换"或"最优切换"）	切换至最佳输入源
最大比值（也被称为"可变增益"）	通过可变增益放大器进行信号叠加
等增益（也被称为"线性叠加"）	对信号进行线性叠加

在空间分集系统中，具有极佳信噪比的信号会从若干个接收到的信号中被直接选用。这一信号选择的过程如图 10-34 所示，这一过程可以在音频检测之前或之后完成。

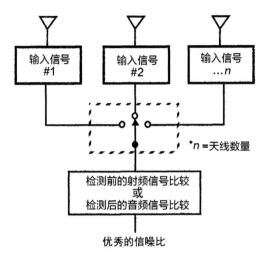

图 10-34 空间分集信号选择

另一个改善信号质量的方法是合并非相关的输入信号。这里有两种具体方法，一个是最大比值合并，另一个是等增益合并。对于最大比值合并与等增益合并技术的描述，如图 10-35 所示。在最大比值合并方法中，通过合并每一个独立信号来获得信号电压与噪声功率比的最大值。等增益合并是对这种方式的一种修正，所有输入信号被转换为平均固定值。信号选择与合并方式的比较如图 10-36、表 10-2 所示。

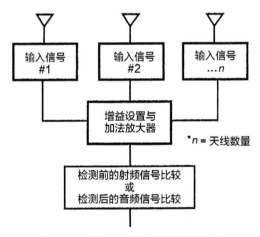

图 10-35 最大比值合并与等增益合并

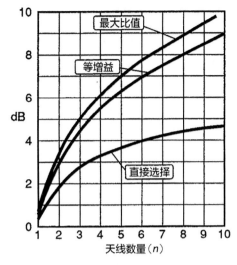

图 10-36 信号选择与加和方法的比较

表 10-2 空间分集信号接收方式的比较

方法	优势	劣势
直接选择	无须共相位	切换瞬间信号跳变
最大比值合并	最佳信噪比	造价和系统复杂程度
等增益合并	改善信噪比，造价低	针对性能优化需要信号共相位

虽然实现难度大，但最大比值合并方式仍然能够为一个非分集系统带来最佳的信号提升。无线话筒通常使用直接选择或等增益合并分集。我们应该以最小的信号丢失为基准进行选择。任何选择和合并技术都可以在接收机信号检测之前或之后的环节进行。

• 压扩器

压扩器的使用原本是为了降低电话线路的静电噪声，增加其动态范围。压扩器是一个包含两个部分的系统，一个是压缩器，用于减小信号动态，为弱信号提供更多增益；另一个是扩展器，用于将信号恢复到原先的动态范围比例。音频能量被压缩（以及后续的扩展）程度被称作压缩比。通常一个无线话筒使用的比率为 2 : 1。这一压缩处理避免较响的声音在发射机处出现过调制，同时将较弱的声音保持在嘶声和静电噪声能量之上。扩展器在信号被接收后，将它的最大音量恢复，同时进一步降低低电平嘶声或静电噪声。

YAMAHA
扩声手册
（第2版）

几乎所有调频无线话筒系统都会使用某种形式的预加重和去加重来降低嘶声或高频噪声。总的来说，高频在话筒发射机一端被提升（预加重），然后在接收端进行衰减（去加重）。这样我们可以在信号发射和接收链上得到一个平坦的频率响应，但任何在无线传输过程中进入系统的高频噪声会在去加重阶段被处理掉。

音频压扩器需要可变增益放大器来实现其功能，这种放大器会针对变化的输入电平作出反应。如果没有压扩器，无线话筒可能更加容易受到传输介质中的噪声干扰，因而不适合多数专业场合。压扩器容易受到喘息和跳变现象的影响。较弱的嘶声在输入电平很低的时候很容易被察觉。预加重网络（与调频过程中使用的技术相似）在这里被用于进一步改善传输信号质量。虽然专业场合下需要使用音频压扩器技术，但限制器作为一种替代系统，也能够起到类似的作用。限制器只能避免峰值信号失真。即使输入端动态范围在不失真的条件下增加40dB，输出端仍然能够保持动态范围稳定，不发生改变。

10.6.7　多话筒系统

无线话筒的使用需要根据其设计思路和所需通道数量进行系统设计和分析。当使用多只无线话筒时，必须考虑下列干扰源带来的影响：

- 发射机的杂散发射；
- 发射机和接收机之间互调干扰；
- 相邻信道干扰。

杂散信号出现在发射机内部，是晶振器生成载波频率时出现的混合产物。如果这些混合产物位于接收机的带宽当中，则会以高频噪声（Squeal）和啁啾声（Chirping）的形式出现。发射机的杂散输出是离散的频谱信号（引起相邻信道干扰），通常在发射机设计定型的情况下无法被轻易去除。

发射机的互调干扰（IM，Intermodulation）是由于另一信号源的载频与发射机的输出发生耦合，进而成为第二个信号源。这些互调产物将会干扰接收机并被识别为可接收的信号，因此产生高频噪声和啁啾声，导致整体系统灵敏度的下降。

10.6.8　无线话筒系统的兼容性

来自不同制造商的无线话筒通常无法配对使用（事实上，有时候同一制造商生产的不同型号产品之间也无法兼容）。这是由于不同制造商使用了不同的工作频率以及不同的降噪电路，它们之间的混合使用会导致信号失真。为了保证系统兼容性，在为现有系统增加其他品牌的无线设备之前，最好与厂家代表取得联系。以下是导致系统间互不兼容的几个因素。

- 频偏

频偏（对于一定音频输入信号，载波频率变化的幅度）会随着不同制造商生产的不同设备有所不同。窄带调频（NFM，Narrow band FM）发射机与宽带调频接收机之间不会很好匹配，而宽带调频发射机与窄带调频接收机配合使用会带来更糟的结果。一个厂家设置的无线话筒频偏并不适合另一个厂家生产的产品。

- 压扩处理

对压扩处理的使用并不存在法定标准或行业标准。有些制造商不使用这种技术，而有些仅仅在某些型号中使用，还有些则在全线产品中使用。对一个未经压缩的信号进行扩展，或者反之，都会产生糟糕的声音效果。但正是由于话筒发射机和接收机都使用压扩处理，所以我们无法保证（不同产品之间的匹配）能够获得成功。如果某制造商使用1.5 : 1的压缩比和1 : 1.5的扩展比，而另一制造商使用2 : 1的压缩比和1 : 2的扩展比，那么将两个系统的发射机和接收机混使用则会导致动态错误。对压扩信号的错误解码会导致信号振荡（过量扩展）或者过小的动态范围（扩展不足）。除此之外，电平检测（峰值、平均和均方根）方式也可能存在不同，因此即使使用同样的压缩扩展比，设备之间也可能无法兼容。

注：一个普通的磁带降噪系统并不适合无线话筒进行信号处理。磁带的噪声频谱和调频射频信号不同，因此会使用不同的预加重曲线来获得最佳的效果。如果你有一个经过压扩处理的话筒和一个普通的接收机，即使采用相同的降噪原理，使用dbx磁带或Dolby磁带解码器也不会对你有任何帮助。

- 预加重和去加重

预加重和去加重处理也存在相似的问题。每个人都使用不同的转换频率、不同的提升和补偿性衰减量。将不同品牌的话筒发射机和接收机混用，会导致整个无线系统频率响应的严重下滑。

10.6.9　天线馈线

无线系统使用的天线馈线应该为同轴馈线，因为它更加不容易受到干扰。此外，我们还应该使用正确的接头。不合适的接头或线材会导致信号损失和整体性能的下降。

请注意，并不是所有同轴线都是一样的。以塑料为中心绝缘层的线材信号损耗低，且相比标准信号线

更加适合便携式的使用场合。不仅如此，不同品牌的线材在屏蔽方面也有着显著的区别。

如果布线长度需要超过 100 英尺（约 30.48 米），那么使用一个射频前置放大器是十分有用的。将放大器设置在距天线较近的位置，提升信号水平，在传输损耗出现之前增强信噪比。如果能够对放大器进行调整，应该将其增益设置为恰好能够补偿线损的数值。过量的增益会使接收机过驱，让静噪电路失效，也可能导致互调失真更加严重。

表 10-3 展示了无线系统较常使用的馈线，并标注了在不同传输距离下是否需要前级放大器进行信号补偿。

表 10-3　建议用于无线系统的馈线和前置放大器

同轴线长度（英尺）	普通 RG-58/U 同轴线（以分贝计量 150MHz 信号损耗）[8]	是否需要射频前置放大器	中心塑料绝缘层 RG-8/U 同轴线（以分贝计量 150MHz 信号损耗）	是 / 否可选
50	3.0	否	1.0	否
75	4.5	不要求	1.5	否
100	6.0	是	2.0	否
125	7.5	是	2.5	否
150	9.0	是	3.0	不要求
175	10.5	是	3.5	是
200	12.0	是	4.0	是
250	13.5	是	5.0	是
300	15.0	是	6.0	是
400	16.5	是	8.0	是

10.6.10　评价无线话筒系统

在选择适用于专业场合的无线话筒系统时，有一些需要考虑和参考的标准。它必须在严苛的环境中具有稳定性和清晰度，即使在强射频场、调光器和其他电磁干扰源周围也能够正常工作。这些性能与调制方式（标准或窄带调制）、工作频率（HF、VHF 或 UHF）以及接收机灵敏度等要素直接相关。在理想情况下，系统应该能够至少满足 4~6 小时的电池供应。参见第 10.5.7 节，长期使用镍镉充电电池，我们需要在经济实用性和维护保养成本之间做出取舍。

那些公开的技术参数对评价无线话筒性能作用甚微。根据不同制造商的情况，技术参数很可能做得很夸张，也可能会满足在实际应用中罕见的苛刻条件。由于 FCC 限制了无线射频信号的发射功率，因此在同一频段工作的大多数系统在传输距离上是可以进行比较的，但其他与性能和可靠性相关的参数需要更加谨慎的检验。在评价和选择无线话筒系统之前，以下事项是需要我们仔细考虑的。

- 结构

为了保证稳定的运行，设备在制造过程中应当遵

8　即使是相似的线材，也可能存在极大的不同，这取决于它们的制造工艺。此外，信号的线损变化符合对数规律，频率越低，损耗越小。

循一定的设计标准，如蚀刻电路板导体轨道的间距、信号线拖拽时的张力缓解、元件之间关系清晰，以及制造误差等。在评价组装工艺时，需要考虑焊接质量（避免焊桥、焊锡飞溅和虚焊）和整体工艺（在蚀刻电路板上不应该有助焊剂）。电池仓应该容易打开且拥有较高的机械强度。

- 比较

以下比较测试可以在被测无线话筒以及与它采用相同元件的有线话筒之间进行。我们可以将两只话筒的输出同时馈送给调音台或者 A-B 切换器。

频率响应：两只话筒应该听上去相同，其中一只不应该比另一只听上去更好。

增益：输出电平应该基本相同。

相位：将两只话筒靠近摆放，一个相位响应正常的无线话筒在和有线话筒比较时，不应该出现任何抵消。

动态范围：给话筒输入高声压。留意高声压产生的失真。留意喘息效应或者其他压扩器带来的效应。

本底噪声：将调音台上的增益旋钮做相同调整，听本底噪声之间的差异。

- 无线频率

将接收机的静噪电路设置为标准状态。如果可以，将发射天线移除引入信号丢失。当信号丢失发生时，留意静噪电路的启动。一个好的设计能够将由于信号丢失产生的噪声最小化。

最后，如果一个手持话筒被用于电视节目制作、拍摄音乐会或者配合现场视觉特效使用，它的外观和性能同样重要，尤其在声音可以进行后期补录的情况下。请记住表演者更加在意视觉上的美感。

10.6.11 总结

如今，品质更为出色的无线话筒不断出现，它们的品质可以媲美或超过很多录音机和音响系统。无线话筒的品质不可能超过同类型的有线话筒，最多获得相似品质。因为无线话筒是复杂的无线射频系统，与音频系统一样，它需要仔细的设置和调整。对于系统参数的全面了解是十分重要的。无线系统能够为用户带来很多实际的好处。

10.6.12 无线话筒术语表

压扩器——在通信路径中压缩器和扩展器的组合。它在某个节点上减小信号的振幅范围，在随后的节点上对振幅范围作补偿性扩展。

压缩器——一种信号处理设备，对一定振幅的输入信号生成动态范围较小的输出信号。

无线（Cordless）话筒——无线话筒使用的旧术语。

盲区——在信号覆盖区域内，接受强度无法满足稳定通信需求的位置。

去加重——针对某些频率信号的振幅特性作补偿处理，对应系统前端使用的预加重处理（参见"预加重"）。

分集接收——参见第 10.5.9 节。

动态范围——一个系统或信号处理设备中过驱（最大）电平和可接收最小电平之间的差值，以分贝（dB）为单位。

扩展器——一种信号处理设备，对一定振幅的输入信号，生成动态范围更大的输出信号。

互调——复波分量之间的相互调制。互调所得的电波频率，是原始复波分量频率整数倍的和或者差。

全向辐射器——一个理想化的天线，在所有方向上的辐射强度相等。

限制器——一种信号处理设备，可以自动控制输出电平不超过某一设定值。

多路径传输——一种信号传输现象，使无线信号通过两个或更多的路径到达接收天线。

极化分集接收——一种分集接收技术，使用不同的横向和纵向极化接收天线。

预加重——一个系统设计中使用的处理方式。通过增强某些频率的能量，在后级系统中降低噪声等不良现象。是一种特殊的均衡处理。

空间分集接收——一种分集接收系统，其天线位于不同的位置。

静噪电路——一种电路，用来防止无线接收机在没有正常射频信号输入时产生音频输出。

第11章 前置放大器、小型调音台与复杂调音台

11.1 总论

在英文表述当中，小型调音台（Mixer）、复杂调音台（Mixing Console）、控制面板（Board）和工作台（Desk）这几个术语总是混用。它们都是用于信号合并，以及将信号从若干个输入通道分配到若干个输出通道的工具。在这一过程当中通常还包含一些信号处理和电平调整的过程。那么，它们之间的区别是什么呢?

Console 实际上是 Mixing Console 的简写。而 Mixer 在我们的概念中通常指小型设备，它要么以机架固定的方式进行安装，要么输入通道少于 10 或 12 个。相比较而言，我们称较大的调音台设备为 Console。（如果有人将一个配有 16 输入通道的调音台称作 Mixer，我们也不会与之争辩，上述概念的区分的确是有用的。）

控制面板（Board）则是一个不那么正式的说法，我们有时也会用它来称呼调音台。工作台（Desk）是英国人对该设备的称呼。

前置放大器[1]是一个电路（或者包含该电路的独立设备），用于将较弱的音频信号放大至一个适宜的电平，使其更加适合进行混音和信号处理。几乎所有配备话筒输入或留声机输入的调音台都包含前置放大器。一些独立的前置放大器设备还包含了基本的混音控制功能，这也使它和小型调音台的区别变得不那么明显。

现在我们已经对这些术语有了一定的了解，让我们来考察一些与实际设备相关的设计、功能和性能标准。

（常见的小型调音台和复杂调音台的方框图如图 11-1 所示）。

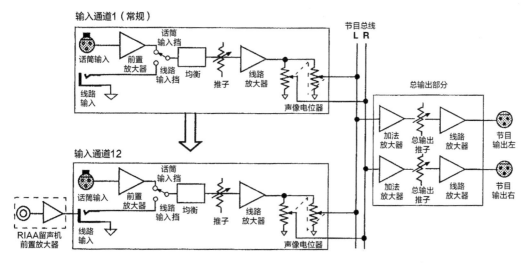

图 11-1（A） 一个小型的 12 通道立体声输出调音台，配有外置的 RIAA 留声机前置放大器

---

1 在本书的大部分内容中，"前置放大器"都是指话筒放大器，简称"话放"。本章内容中既包含"话筒放大器"，也包含"留声机放大器"，因此统一使用"前置放大器"这一说法——译者注

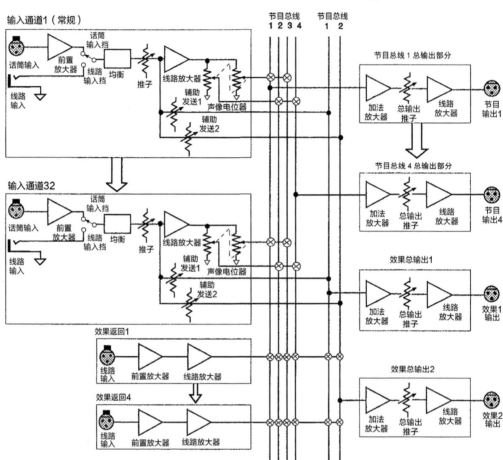

图 11-1（B） 前置放大器、小型调音台和复杂调音台之间的关系：一个 24 路输入通道 4 路输出通道的复杂调音台，配有 2 组效果发送和返回电路

11.2 前置放大器

11.2.1 前置放大器是什么，起什么作用？

前置放大器用来提升额定输出电平在 −70 ～ −50dBu 微弱的话筒信号（话筒前置放大器）或留声机信号（留声机前置放大器），使其到达 −20~+4dBu 的水平。从电压的角度来说，这种提升是将信号从微伏特级别（百万分之一伏特）放大至 1/10~2V 的水平。从功率的角度来看，这种提升将信号从微瓦特级别（千万分之一瓦特）放大至 1/100,000~2/1,000W 的水平。

前置放大器是第一个有源环节，是调音台处理话筒（或留声机）信号的第一个电路。前置放大器同时也可以用来提升某些吉他拾音器的信号，虽然它们在这里更多用于阻抗转换（提升信号功率，使吉他拾音器不会由于调音台或功率放大器的输入端阻抗过低而产生过载[2]）而非电压提升，因为吉他拾音器能够产

---

2 "过载"所对应的英文术语为"Overload"，指由于后级设备输入端负载阻抗过低而导致前级设备输出端负担过重，参见第 8.7.2 节对相关问题的讨论——译者注

生与普通调音台线路电平相等的信号电压。

　　注意：有时，调音台或其他音频设备的输入通道会被称作前置放大器。但实际上前置放大器仅仅是输入通道的一部分。它是任何需要接入话筒或留声机的输入通道所必须具备的电路，但一个输入通道包含的电路不仅只有前置放大器。

　　前置放大器的设计非常重要，因为它是增益最大的电路，因此最有可能放大其自身的失真和噪声。接入前置放大器输入端的信号源的阻抗，与前置放大器输出端连接的负载阻抗都会对其性能产生重要的影响。针对具体的信号源和负载阻抗，一个好的前置放大器必须让噪声和失真尽可能低。这也是为什么一个专门为电吉他（具有极高的源阻抗，可以高达几千至几万欧姆）优化和设计的前置放大器并不适合与普通的专业话筒（源阻抗通常在 50~200Ω）配合使用。

　　前置放大器通常设计在一定的增益范围内工作。当你调整调音台输入通道的"Trim"[3]旋钮时，实际调整的就是前置放大器的增益。如果在整体增益为 0dB（没有放大）的状态下工作，很多前置放大器都会变得不稳定，出现失真和信号振荡的趋势。因此，设计者们通常会在前置放大器之前或之后提供衰减按钮。它可以将信号衰减，以保证前置放大器始终可以工作在具有一定放大增益的状态下。另一种方式是当输入信号具有充足的电平时将前置放大器旁通，这也是线路输入存在的原因。线路输入通常位于前置放大器之后。

　　当然，如果需要接入一个线路信号，但输入通道上只有话筒输入，你可以使用一个 20~50dB 的衰减按钮将信号电平衰减至合适的范围。如果幸运的话，你可能在话放的后端找到插入接口（Insert Jack）或者跳线接口（Patch Jack），信号可以由此输入。

　　如果一个调音台仅设计了线路输入，话筒就无法直接接入，因此在这种情况下无法获得充足的增益，阻抗匹配也会出现问题。我们可以通过一个外置的前置放大器（又称话筒放大器，简称话放），在信号接入调音台线路输入之前对其进行提升。有些话放通过电池供电，

这类话放会被放置在一个小型外壳当中，有时甚至会和卡侬接头整合在一起。如果调音台的话筒输入通道不够的话，携带一两个便携式话放是一个很好的主意，因为它能够立刻将线路输入（比如效果返回通道）变成话筒输入。使用电池供电的话放有可能会遭遇电池在演出结束前耗尽的问题，应尽量使用全新的电池。

11.2.2　阻抗转换

　　电容话筒有时会让人感到困惑，因为它们通常内置一个前级放大器。电容话筒中的前级放大器通常起到阻抗转换器的作用，可以将话筒的输出阻抗从电容元器件的高阻抗变为 50~200Ω 的有效阻抗；使话筒能够在长距离的传输过程中，不容易受到噪声和高频损失的影响，同时还能够使其与大多数调音台的话筒输入相匹配。话筒内部（或与话筒配套）的阻抗转换电路能够提供若干分贝的信号提升，这也是为什么电容话筒的发热量会高于动圈话筒，但经过提升后的信号电平仍然不足以直接送入线路输入。这时可能需要在话筒接入前置放大器之前对增益微调（Trim）进行衰减，或者使用衰减按钮。（同样的情况也适用于某些配有内置前级放大器的电吉他，即使它们提供的输出电平有可能可以直接驱动线路输入。）

11.2.3　留声机前置放大器

　　留声机前置放大器是一种特殊的前置放大器。就信号放大本身来说，它并没有什么特殊性。但是留声机前置放大器包含了一个特殊的均衡，它被称为 R.I.A.A.（Recording Industry Association of America，美国唱片工业协会）均衡。由于乙烯基和留声机磁头的局限性，R.I.A.A. 在多年前制定了一个标准化的曲线，在制作唱片时，对 20Hz 做 15dB 衰减，对 20kHz 做 20dB 提升（相对 1kHz 的平坦响应）。在重放时则对前置放大器施加相反的均衡曲线。减少低频能量是为了缩小唱片纹线的间距，使一面唱片上能够容纳更长时间的录音，同时减小了唱针滑出的可能。提升高频是为了使这些能量高于因乙烯基材料特性而产生的嘶声，在重放过程中将高频进行衰减则进一步减少了整

3　现在统一使用"Gain"来描述话筒放大器，而"Trim"表示数字增益，与模拟话放相区别——译者注

体嘶声。由于这种特殊均衡的存在，普通的话筒输入很难满足留声机重放的需求。同样，一个留声机的前置放大器将会对话筒输入信号产生极大的染色效果。

一种特殊的、被称为动圈式留声机的输出电压通常小于普通的电动式、动铁、驻极体，甚至是廉价的晶体式或陶瓷留声机。动圈式留声机需要一个特殊的增压变压器或动圈式前置放大器来配合使用。这种前置放大器也属于特殊用途，不能用于话筒信号的放大。它们可能包含 R.I.A.A. 均衡，或者被设计在前置放大器之前，作为 R.I.A.A. 前置放大器的前级来使用。

11.3　小型调音台

一些公司制造一些小型的机架式调音台，尺寸只占 1~2 个机架高度（$1\frac{3}{4}$ 英寸或 $3\frac{1}{2}$ 英寸高、19 英寸长；1 英寸 =2.54cm 宽）。它们有些能够接收话筒输入，有些能够接收线路输入，有些则两者都能接收。有时，这种小型调音台还提供有限的通道均衡（可能是低频和高频控制），偶尔会提供多段均衡，但通常情况是没有均衡功能。有时此类调音台会提供用于效果发送或者监听的辅助母线（Auxiliary Bus），但并非所有设备都是如此。这些通常都是非常基础的设备。在一些简单的应用场合中，它能够提供少数的输入通道，用于歌舞助兴节目、酒店会议室或者小型发布会的混音，这也是小型调音台可能用到的场合。这些小型调音台也可能在大型的复杂音响系统中拥有一席之地。它们可以作为整个系统的一个模块，进行若干话筒或线路信号的预混，作为次级调音台向主调音台输送预混信号，以此扩展整个系统的输入能力。此外，这类小型调音台还能够作为独立设备，在有限程度内用以备份设备，承担主调音台出现严重故障时的应急作用。据我们了解，至少有一个大型摇滚音乐会使用了两个配有 6 个输入通道的调音台来作为主调音台的备份，而正是这种备份在主调音台故障的情况下使音乐会得以完成。

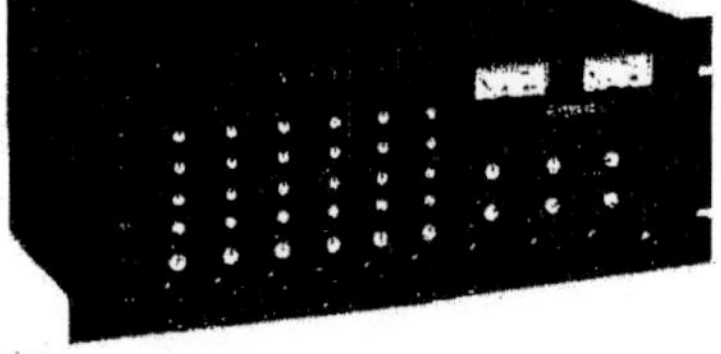

有时一个机架式调音台可以用来扩展主调音台的功能。如，当需要通过辅助母线制作播出或返送信号，而主调音台母线不足时，可以通过输入通道上的直接输出（Direct Out）或插接点输出（Insert Out），将信号送给外部调音台（或者通过方式将若干调音台级连），以此获得更多的辅助输出。

小型调音台在转播工作中十分常见，尤其是实况转播。在这种应用场合中，基础的机架式调音台设计还需要一些特殊功能进行辅助，包括输出电平表、幻象供电、设备的内置电池或外部直流电源，甚至是用于连接电话线路的特殊输出。

一些小型调音台并不采用机架式安装的形式，而是针对独立使用而设计。这些设备通常配有 6~12 个输入通道，常见于小型俱乐部、学校，用于会议、多图像或音视频呈现以及临时录音。这类调音台可能看上去并不像一个小型调音台，它也可能包含输入衰减、直线型推子、多段均衡、辅助/效果母线、手腕支撑台（扶手）、跳线口等功能。部分小型调音台已经具备了和大型调音台基本相同的功能，因此也成为扩展大型调音台系统的绝佳选择。

图 11-3　普通的独立小型调音台（非机架式安装）

一个调音台越复杂、通道数量越多，对电路性能的要求就越苛刻。在只有少数几只话筒的情况下，如果每只话筒的输入端都有一些噪声（或者少许失真），那么整体的声音效果也不会太差。但如果将 20 只甚至 40 只输入通道的噪声和失真叠加起来，出现的问题就让会人无法容忍。在评估小型调音台性能参数时，需要考虑其使用场合。如果该调音台仅用于独立的小型扩声系统，较为宽松的评估标准或许就能够满足使用需求。如果该调音台需要用于大型系统（如作为预混调音台），或者作为录音系统的一部分，信号需要

图 11-2　机架式话筒或线路调音台

多次经过该设备，那么采用更高的标准对设备进行评估则是有益的。同样，一个用于广播和背景音乐播放的调音台，我们对其性能的要求就不需要等同于标准较高的、专门用于音乐播放的调音台。很重要的一点是，不要将尺寸等同于品质，而是要将两者分开考虑。

11.4 大型调音台

11.4.1 何为大型调音台？

大型调音台是一个复杂的音频系统。它不仅把输入信号进行前级放大，将其分配到不同的输出端，还能制作多种不同的输出，并进行特殊的信号路由和处理。基础的信号路径如下，通常会有若干个输入，每个输入可以被分配到若干母线上。这种分配有时是通过 Assign/Unassign 分配开关来进行，有时则是通过电平控制来进行，即把一部分信号分配到一个指定母线上。

大型调音台通常会为每个输入通道提供均衡器，可能还会配备高通滤波器，有时输出母线也具有相同的配备。大型调音台中的其他部件和功能可能还包括压缩器、测试信号发生器、对讲电路和哑音逻辑电路。跳线功能通常也是大型调音台的一部分，它使信号能够被再次路由，调音台内部的信号路径可以被修改，从而将调音台系统和外部设备进行整合。总的来说，调音台是音响系统的心脏。

11.4.2 不同的母线有何区别？推子前与推子后的不同考虑

不同的母线对应了不同的使用目的。扩声系统的主输出母线是用来驱动主扩功放和扬声器系统的。调音台可以通过一个或多个辅助母线驱动效果器，如混响或回声，这些效果器的输出信号会返回调音台，最终回到主输出母线上。在调音过程中，我们可能希望某些输入通道送往效果器的电平少于其他通道，这也是为什么我们采用音量比例的方式来控制送往效果母线的电平了。

从输入通道送到任何输出母线的总体输出电平是通过推子来进行调整的。主输出母线始终是推子后的模式。现在多数推子都采用线性控制而非旋钮控制的方式。但在一些小型调音台和播出调音台上仍然使用旋钮，它

相比线性推子占据较小的空间，对于拥挤的控制室或转播车来说十分必要。另一方面，一些守旧的技术人员仍然倾向于使用旋钮，因为他们从一开始就是这么工作的。

送往辅助母线和效果母线的信号可以通过推子前（Pre-fader）或推子后（Post-fader）的方式来进行控制。无论推子前还是推子后，信号在进入辅助母线和效果母线之前都受到音量旋钮的控制。当一个辅助或效果发送被设置为推子前时，针对主输出做出的音量调整不会影响到该母线。推子后的辅助或效果发送在受到发送音量控制的同时，也会随着推子的调整而发生变化。

推子后发送通常用于向回声或混响等设备发送信号，因为在实际工作中对输入信号做淡出处理时，我们希望回声也随之淡出。有时为了制作特殊效果，我们可能会采用推子前的回声发送；当通道推子被逐渐拉下，其回声仍然延续，直到回声发送减小，这会给人一种声音向远处移动的感觉。

用于返送信号和播出信号制作的辅助发送通常采用推子前的模式。在这种模式下，通过调整推子来改善主输出信号的操作不会影响到舞台上的演员，也不会造成播出或者录音信号平衡比例的改变。请牢记，舞台上的演员需要通过返送信号来判断自己的演唱或演奏动态，以及他和乐器之间的平衡关系。如果辅助发送被设置为推子后，这种比例在演出过程中会由于音响师调整主输出比例的操作而发生变化，进而对演员的表演产生不良影响。当然也有例外，尤其是在一些小型俱乐部中，舞台返送扬声器声音串入观众区的情况很严重，此时需要妥协和让步，舞台返送使用推子后的发送方式是更为合适的。

11.4.3 声像、信号合并与主输出推子

当一对母线被用于承载立体声信号时，通常会将一个输入信号通过某种比例分配到这两条母线。左母线与右母线的相对信号关系将决定人们在感知立体声时该信号的声像位置。我们可以使用一对各自独立的发送量控制将信号发送到左右母线中，这种设计是不方便的。然而，被称作声像电位器的装置却是十分常用（图 11-4）。

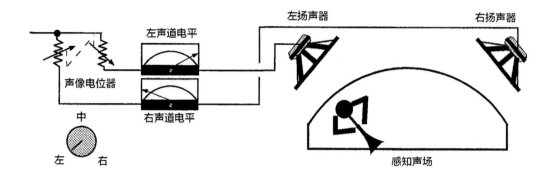

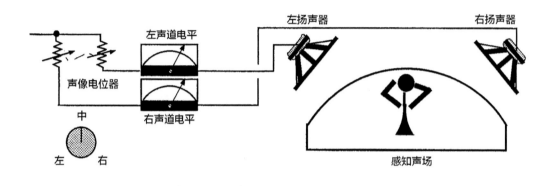

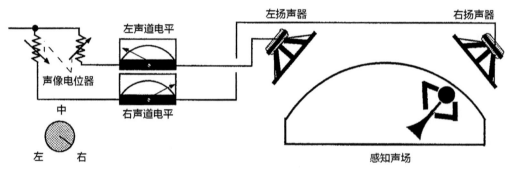

图 11-4　声像电位器如何工作

一个声像电位器（Pan Pot，Panoramic Potentiometer 的缩写）仅仅是一对特殊的锥形电位器（音量控制）以背靠背的方式连接在一起，因此当某一电位器的音量输出增加时，另一电位器的音量输出减小。在音响系统的应用中，我们希望构成声像电位器两个部分的阻值从小到大逐渐变化，这样当电位器居中时，每一部分的输出电平相比极左或极右状态小3dB。此时从扬声器系统中输出的总功率会保持不变（两个放大器在满功率状态下同时减小 3dB，相当于一个放大器在满功率状态下工作）。这种维持系统输出功率统一的特性，导致其阻抗特性曲线符合几何正弦函数或余弦函数。应该避免使用阻抗特性不符合正余弦函数的声像电位器。假设有一对电位器，它们从某一侧到中心位置移动时始终保持满输出，当电位器通过中心位置后才开始衰减，两个电位器在同时位于中间位置时会产生 3dB 的能量增幅。这种电位器实际被用在平衡控制当中（改变整体节目的立体声平衡，通常用于汽车音响等系统当中）。

注意：除了控制相对电平之外，还有别的方式可以获得立体声声像。事实上，人耳听觉并不是仅通过某一声音到达双耳的相对声能（这是声像电位器的工作方式）来感知和判断声音位置的，声音的相位关系和群延时关系也会带来立体声的感知。一些形式的立体声编码、人工头录音、全息或空间声音处理器也使用相位差获得立体声声像。在 99.9% 的调音台中，立体声声像都是通过相对电平的方式来获得的。

我们知道，信号通过声像电位器或分配按钮（或两者兼有）分配给某个母线，那么它们实际上是如何馈送给母线和调音台输出的呢？在大多数电路设计中，在每个通道分配按钮、声像电位器或辅助发送旋钮之后，信号都会通过一个合并电阻进入公共导线（母线的导线）。随后该母线上的信号被送往一个加法放大器或合并放大器，以补偿信号通过发送旋钮和合并电阻时的损耗。在此之后，信号会通过总推子或总发送量控制馈送到输出放大器，最后到达调音台输出端。

每个电路末端使用合并电阻的作用是避免电路间相互干扰，它们像单行线一样将音频信号限制在目标方向上。有时一个母线可能会被馈送过多的信号，导致加法放大器过驱。加法放大器削波时将主推子拉低，这样虽然能够降低电平，但失真仍会发生在放大器之后。当更多的通道被馈送到母线上，或者输入通道本身的电平增加时，我们应该确保加法放大器不发生过驱。在向母线发送更多信号的过程中，当开始听到失真时，减小总推子是无用的。此时我们应当减小所有向该母线馈送信号的输入通道的推子（或辅助输出发送控制），这会降低母线上的电平值（图11-5）。当然，如果需要增加输出电平，推起总推子即可。

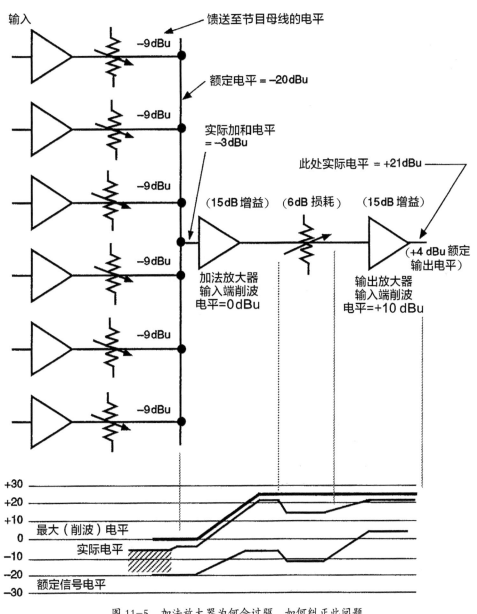

图11-5　加法放大器为何会过驱，如何纠正此问题

YAMAHA
扩声手册
（第2版）

（A）若干输入通道以超出额定电平的发送量将信号馈送至节目输出母线，但送入加法放大器的电平保持在削波电平以下。

（B）随着更多的输入通道被馈送到节目输出母线中，其电平已经使加法放大器产生削波。将母线总输出控制降低可以使其获得与（A）相同的输出电平，但无法将失真从削波的放大器中去除。

（C）将所有输入通道都减小若干分贝以避免失真发生，母线主输出控制可以保持初始状态。

11.5 理解调音台参数

针对技术参数的详细讨论参见第 8 章。下列讨论是针对调音台的重要技术参数展开的。

11.5.1 输入通道数量、主输出和输出母线数量

对于一个调音台的描述通常包括输入通道数量和主输出数量。如果一个调音台被称为 24×8 系统，这一说法指的是该调音台配备 24 个输入通道和 8 个

主要的输出母线。

有时调音台也存在编组母线。如，我们可以将上一个例子中的 8 条母线进行进一步的混合来得到一个最终的立体声输出。这种调音台会被描述为 24×8×2。

这种用于描述调音台性能的方法在描述更为复杂的系统时就无法胜任。假如上述调音台还配有一个 8 输出的矩阵，有 11 个信号源能够送往矩阵，那么我们可以将这个矩阵描述为 11×8。但此时应该如何描述调音台，24×8×8×2，24×8×11×2 还是 24×8×11×8×2 呢？这种方法反而成了负担。描述该调音台的最佳方式可能是"24×8×2 配以 11×8 的矩阵"。类似的用词也可以描述一个配备独立监听模块的录音调音台，如"一个 48×24×2 的调音台配以 24x2 的监听部分（48 路输入，24 路主输出，立体声母线外加 24 路输入、立体声输出的监听模块，图 11-6）"。

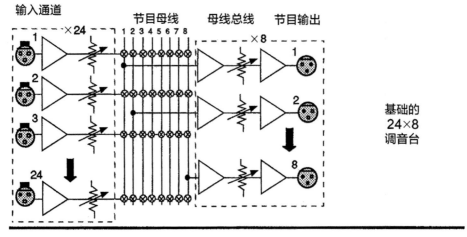

图 11-6 不同调音台配置的简单方框图

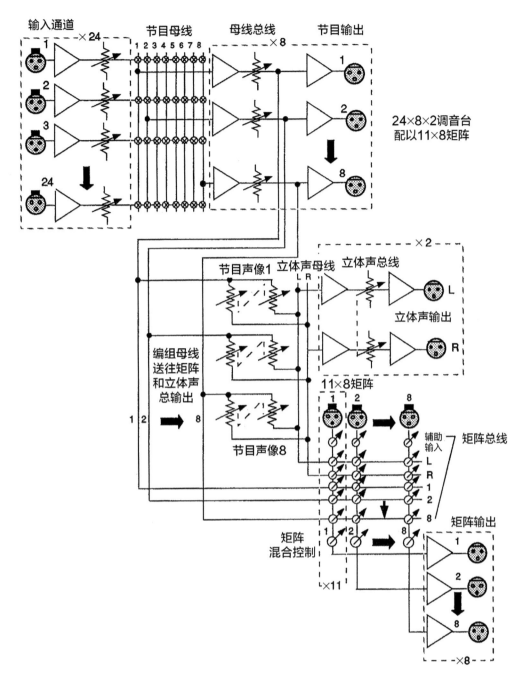

图 11-6　不同调音台配置的简单方框图（续）

辅助母线的数量很少包含在上述描述方法中。输入和输出接口数量也没有标注出来，这些内容都会被列在参数表中。

11.5.2　信号噪声比

没有一个单独的信噪比参数能够确切描述调音台的情况。我们必须针对调音台中的某一条信号路径，连同影响该信号路径的增益和衰减控制一起考虑调音台内部信噪比的情况。有人可能对话筒输入到主输出这一信号路径上的信噪比感兴趣，其中可能需要的限定条件包括输入通道和主输出推子位于标准位置，输入增益的设置对应一个电平为 −60dB 的标准输入信号，以及没有衰减按钮的影响。这样得到的结果能够为某一通道的信噪比提供参考，但是当若干通道的信号叠加在一起会出现什么样的结果呢？我们可能需要获得部分或全部输入通道到达主输出路径上的信噪比情况，有时为了模拟实际工作中的情况，还会将输入通道的推子从标准位置向下降低若干分贝。在这种情况下，我们很可能会得到截然不同的结果。如，输入线路信号和话筒信号得到的信噪比结果就会有明显的区别。如果线路信号的信噪比远好于话筒信号输入时的情况，我们或许可以判断前置放大器具有较大噪声。同样，从辅助母线送出，或者从效果返回再送至主输出信号路径上的信噪比有时也需要被检验。

如果调音台的输出噪声是在所有推子都被拉掉的情况下测得的，这一数值告诉我们该系统的安静状态，但却无法展示系统的实际性能。如果没有任何一个输入或输出的推子被推起的话，噪声指标是毫无用处的。此外，常用的缩混及均衡控制在测量时应当处于工作状态。在测量输入到输出路径的信噪比时，将均衡器的高频能量降低是一种作弊行为，因为输入端前置放大器产生的任何嘶声都会被均衡衰减，这样就无法反映调音台实际的工作情况。

多数人会假设所有的控制参数处于初始和适宜的状态，但详细标定每个细节会比单纯的假设更好。曾经我们对一个调音台（这里应隐去制造商的名字）进行测量时做了高频滚降（高频控制被降低），主输出推子被推起。我们得到了一个非常好的信噪比指标，以及一个非常沉闷的声音。此外，这个调音台的频率响应指标非常平坦，但他们没有告诉任何人，这一参数是在主推子几乎被完全拉掉的情况下测得的，而这样的推子位置在实际工作中根本无法使用。说实话，多数制造商并不会刻意不提供测试过程中每一个控制参数的情况，以此来隐藏关于设备性能的实际信息。事实上，调音台的控制参数太多，一个理想化的参数表将会占据很大篇幅。

11.5.3　最大电压增益

在调音台中，有很多环节或电路元件会导致信号电平的改变，包括输入端衰减器、前置放大器和增益微调、通道推子和发送控制、加法放大器、总推子、增幅放大器和输出放大器等。从输入端到输出端整体的电压增益（dBu 电平的增加量）受到多种设置组合的影响。在低电平话筒输入的情况下，一些调音台出现了放大增益不足的情况，进而不足以驱动后级系统。对于响度很高的演出或者手持话筒拾取的人声来说，几乎所有调音台都能够提供充足的增益。而对于远距

离拾音的话筒（悬吊在头顶或者是戏剧演出的地麦），尤其是用低灵敏度话筒拾取相对安静的声源（如一个人以正常音量说话）时，调音台的增益则很可能不足。究竟多少增益是足够的呢？

在多数情况下，60~79dB 的增益是足够的，它可以将一个输入电平为 −56~−66dBu 的话筒信号提升到 +4dBu 的额定输出水平。在上一段描述的情况中，调音台可能需要具备 80~90dB 的电压增益。为什么不是所有调音台都能提供 80~90dB 的增益？这是一种折中考虑。随着增益的提升，噪声也会随之增加。因此，某些调音台在输出端配备了增益开关，在必要时提供额外的增益，同时在不需要过多增益时避免额外噪声的引入。

需要注意的是，参数表中给出的最大电压增益往往并不是现场混音工作中能够使用的实际增益。有些调音台标定的数值很高，但是随着增益的增加，电路本身可能会出现过多的噪声，或者由于峰值余量的限制而产生过多的失真。

11.5.4　峰值余量

我们在本书前面的内容中已经对峰值余量作出了定义，它是一个电路所能承受的最大电平和额定电平之差（以分贝为单位）。在调音台中，不同信号节点的实际峰值余量会有所不同。一个输入电路可能拥有 25dB 的峰值余量（衰减器、话放和通道推子的设置在某种组合下的情况），输出电路则可能拥有 20dB 的峰值余量（如，以 +4dBm 为额定输出电平的电路，具有 +24dBm 的最大输出能力）。如果针对此调音台给出单一的峰值余量数值，我们应该给出数值较低的 20dB。然而，实际情况中的峰值余量数值可能会更低。如，若调音台的内部增益架构并不是在各个环节都十分出色，某一输出母线的峰值余量可能小于 20dB。在这种情况下，即使输入端和输出端都具有 20dB 的峰值余量，调音台的整体性能也会受到该母线性能的限制。

因此，你必须通过观察调音台的各个环节来确认其峰值余量，一些制造商（特别是 Yamaha）将增益架构图表列入参数表中。这个图表（图

11-7）标注了从输入端到输出端每一个重要信号节点上的额定电平和失真前最大电平。通过对削波电平和额定电平作纵向比较，我们可以得出任何一个环节的峰值余量。

我们并不认为调音台必须具有 20dB 的峰值余量。对这一指标的要求取决于应用场合及对音质的需求。如一些简单的小型调音台，主要用于人声扩声和背景音乐重放，这种设备仅仅需要不超过 10~15dB 的峰值余量。一个具有 +4dBm 额定电平

和 +18dBm 最大输出电平的调音台的峰值余量不超过 14dB，而这种系统是很常见的。对于高品质的音乐扩声或录音，尤其在通道数量众多的情况下，我们认为 20dB 应该是动态余量的最小要求。这意味着比额定电平高出 20dB 的节目信号（一些打击乐器的峰值电平要高于音乐的平均电平）不会发生失真。较高的峰值余量还能够为调音台在设置和操作中产生的失误提供容错空间，我们将在第 11.7 节解释这一点。

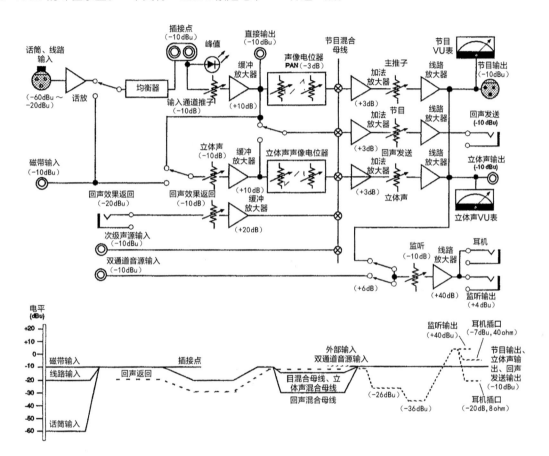

图 11-7　调音台的增益架构图表，通过简单方框图的方式展示了相对峰值余量信息

11.5.5　电平指示器

几乎所有的大型调音台和大多数小型调音台都配有某种形式的电平表或指示器。它们可能是 VU 表、LED 灯条或者其他形式。我们不仅要了解电平表的类型，更重要的是了解如何校准它们。如，电平表上的"0"刻度代表什么含义？

VU 表（Volume Unit，音量单元）是一种特殊的电平表，它的响应特征经过了精密的设计。VU 表

的设计为呈现信号响度提供了合理的方式。它显示的读数类似于平均信号电平，但并不是精确的平均读数或 RMS 读数。并不是所有设计为 VU 表量程的电平表都是真正的 VU 表。了解它是否具有 VU 表的响应模式是十分重要的，这种模式使指针的运动符合一种可预测的模式和其他某些特征，多数调音师都能通过它熟练且准确地判断电平的大小。峰值表（或 PPM 表，Peak Program Meter，节目峰值表）的响应范围

更广，它们对于相同电平的读数相比 VU 表更高。它们对避免广播的互调干扰、磁带饱和以及扬声器单元由于振动过度而产生破坏性机械损伤起着非常重要的作用。

峰值表、VU 表和平均电平表在读取连续正弦波测试信号时应指示相同的电平。尽管如此，在实际情况下，峰值表指示的瞬态峰值电平往往比 VU 或平均电平表指示的数值高出 10~25dB。

有时一个 VU 表会配备一个峰值 LED 指示灯，即使 VU 表仍然指示在安全的区域中，该指示灯也会在瞬时峰值信号到达某一设定值时亮起，以此警示可能出现的削波或者过调制（图 11-8）。

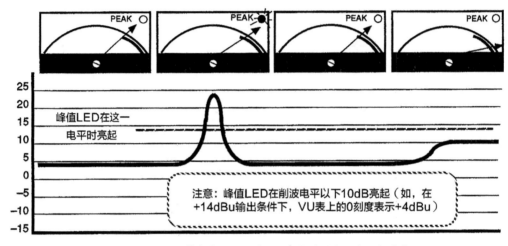

图 11-8　一个带有峰值指示的 VU 表针对测试信号如何响应

我们也许可以通过峰值 LED 来捕捉平均电平（或 VU 电平）与削波点之间的差异，但这种显示方式能够提供给我们的信息是有限的。最近，某个制造商研发出一种特殊的响度表，它使用由绿色、黄色和红色 LED 组成的表头，能够同时显示峰值和平均值电平。这种电平表能够持续指示峰值余量和节目动态，参见第 16.7 节。

11.6　变压器隔离输入 / 输出与电子平衡输入 / 输出

你可能已经知道，平衡传输有助于消除一些外部噪声。虽然一个平衡信号线的两根导线传递相同的信号，但它们的信号极性是相反的。在一个平衡输入端上，两根信号导线携带的信号相对于信号地的电势差相同（它们相对于信号地是平衡的），而信号线连接的输入端仅针对两根导线的电压差起作用，因此这一术语被称作"平衡差分输入"。当任何静电干扰或噪声进入平衡信号线时，两根导线上的噪声

电压是相等的——并且具有相同的极性。这样，噪声在输入电路中被抵消或抑制。（这也是为什么使用"共模抑制"这一术语的原因，因为两根导线上相同的信号被抑制了。）

一个悬浮式（Floating）输入端或输出端与一个平衡电路相似，但它不以信号地作为参考点。真正的悬浮式电路可以通过变压器来获得，但通过一个单独的集成电路差分放大器是无法获得的。真正的悬浮式输入电路需要两个集成电路，或等效分立电路来获得。使用变压器并不意味着电路是悬浮的。如果变压器的中心抽头接地，那么该电路对地是平衡的。事实上，如果发生电容性泄漏（往往会发生），那么变压器相对于信号地来说就会出现某种程度的非平衡。在多数情况下，使用平衡电路和悬浮式电路并没有实际差别。顺便一提，我们会用俚语来称呼使用变压器输入或输出的电路——"铁心"（Iron），从表面上看是因为这些变压器使用了铁或其他磁性合金作为它们的核心。

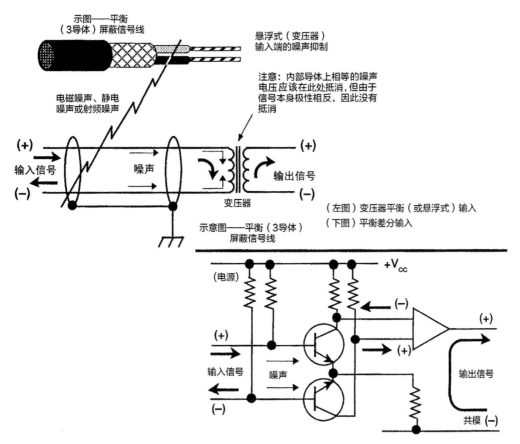

图 11-9　平衡电路的噪声抑制

对于术语的讨论到此为止，现在让我们来了解一下，为什么有些设备使用差分放大器，而有些则使用变压器来获得一个平衡电路呢？

11.6.1　变压器与差分放大器的对比：价格考虑

有两种方法可以获得一个平衡输入：使用变压器或使用差分平衡放大器（电平衡输入）。两种方式都有自己潜在的优势和劣势。获得平衡输入或输出没有所谓最佳的方法，它取决于目标、具体的电路设计和使用的元器件，以及使用设备的环境。

有一个非常普遍的误区，即差分放大器平衡输入电路相比多数变压器输入电路来说，音质更为通透（声染色少）。的确一些技术原因会导致部分变压器输入的声音不那么通透，但事实上高品质的变压器输入能够获得与高品质差分放大器相同的音质，并且远远优于普通的差分放大器输入电路。这里的实际问题是成本。一个好的变压器成本高于一个好的差分放大器，且远高于一个普通的差分放大器。能差多少呢？在 1989

年以美元计算，一个勉强可以接受的差分放大器造价为 2 美元，品质较好的造价为 10 美元，品质极佳的差分放大器价格为 40 美元。而对于变压器来说，低品质的价格为 5 美元，品质良好的价格为 40 美元，而顶级品质的变压器价格在 60~90 美元（这些仅仅是未经加工的元件价格，不包括电路加工及其他制造和销售成本）。人们在进行音质比较和评价时，往往将一个低品质的变压器和一个高品质的差分放大器进行对比，进而形成带有偏见的观点。

制作一个普通的变压器并将其接入电路是相对简单的，因为它是一个无源电路元件，需要较少的导线和连接。这种变压器的问题在于有限的带宽，它会提升高频，并在低频饱和（失真）。制作一个具有良好低频承载能力的变压器是十分昂贵的，因为变压器需要更大的磁心（需要更多的特型合金），以及更大的线圈。较大的变压器在设备中占据较大的空间，同时也增加了设备的重量（尤其是调音台的多个通道都使用变压器）。

11.6.2 分立电路与集成电路差分放大器的对比

目前，差分输入放大器的使用已经变得愈发普遍，尤其是在大量的低成本放大器能够以独立的集成电路芯片形式存在后，这种芯片非常容易安装在电路板上。一部分人倾向于使用集成电路形式的差分输入放大器，另一部分人则倾向于混合型（整合了集成电路和分立电路）元件，还有一部分人倾向于元件放大器（由单独的晶体管和其他元件组装而成）。集成电路和混合电路的优势在于所有元件的散热都很统一，这对于差分放大器来说是十分重要的，因为（由于温度导致的）元器件参数特性的变化会使表面上平衡的电路变得不平衡。差分放大器最重要的元器件位于集成电路或混合电路外部，因此集成电路并不存在先天的热稳定性优势。

差分放大器中最重要的元器件其实是控制两个对应放大器（接收正极性信号和反极性信号）增益的元件。该放大器通常具有高开环增益（Open Loop Gain），通过在反馈环路（在集成电路差分放大器外部）中，对电容和电阻进行选择和匹配来进行控制。这种匹配度应该优于 0.05%——实际上应接近 0.01%——这样才能达到最佳共模抑制比（0.1% 的匹配偏差获得的共模抑制比 CMRR 小于 60dB，而 0.01% 的偏差获得的共模抑制比为 80dB），同时满足差分放大的稳定性和准确性。

事实上，集成电路并不具备任何先天的散热优势。在理想条件下，电路的某些部分并不应该与其他部分发生热耦合。就这一点而言，分立元件放大器能够让设计者对热耦合进行更好的控制（包括热耦合不足的情况）。从另一方面来说，相对于分立元件放大器，集成电路放大器的优势在于其电路参数更加匹配，在电路得到优化（可能会优化，也可能不会）的情况下会体现出更好的性能。我们无法对任何一种差分放大器、集成电路或分立元件作出概括性的描述，或是笼统地断定哪一种最好。这一问题涉及具体的设计、质量以及结构的考虑。

11.6.3 关于变压器

对于差分放大器来说，无论其制造工艺如何，都

具有一定优势，在大电平的低频信号输入时不容易产生磁芯的饱和失真。对于架子鼓信号来说，一个便宜的差分放大器可能比价格数倍高的中等变压器音质更好。但从另一方面来说，并不是所有差分放大器都具有良好的设计，有些在平衡输入特性上并不十分优良。一个品质优良的变压器音质会好于差分放大器，因为相比设计精良的变压器来说，差分放大器中的电容更加容易导致音质的劣化。

在某些时候选择变压器输入有若干原因。对于某些非平衡输入的设备来说，可以通过（在设备外部或内部）增加变压器将非平衡输入转换为平衡输入。除此之外，即使输入端为电子平衡，有时也会需要使用变压器。当出现大量静电或电磁干扰噪声，尤其是高频高能量噪声（如来自硅控整流器的尖峰电压）的时候，电子平衡差分放大器输入端可能就无法承受这样的共模电压（CMV，Common Mode Voltage）。让我们分析一下，差分放大器的共模抑制比（CMRR）可能非常好，但它在噪声信号超过某一数值时突然跌落为 0。共模电压（CMV）的数值通常与电源轨电压（Power Supply Rails）相关，通常最多为 15~20V。而引入的噪声尖峰能量能够高达 25~75V（在硅控整流器附近并不少见），这一能量会直接穿过差分放大器。变压器的共模电压仅由线圈的绝缘击穿电压来决定，而这一数值通常超过 100V。出于这种原因，在高电压噪声能量出现时，输入变压器是必备的。

使用变压器的另一个优势在于接地隔离，这对于将一只话筒或乐器信号输送给多个输入电路的情况十分重要。在这种音分式的应用中，变压器需要为每个线圈配给单独的法拉第屏蔽。这些法拉第（静电）屏蔽被单独连接到与线圈相连的设备的外壳地端。这种方式无须将不同的设备外壳连接在一起，就能为静电噪声提供一个持续的排出通道。除此之外，由于接地回路引入的噪声也可以被避免。有人对上述理论做了并不严谨的验证，认为没有必要采用这种连接方法。他们认为只需要接上音分变压器，将信号线屏蔽地与不同的设备外壳连接，然后将变压器端的接地断掉，这样就能够在断开接地回路的情况下对所有设备产生屏蔽保护。这种方式容易在高频出现问题，因为变压

器线圈和屏蔽之间会发生不均匀的耦合。使用独立的法拉第屏蔽应该在每一个屏蔽层和与其相对应的线圈之间建立起平衡电容。即使将两个外壳之间的地断掉（以消除接地回路和低频噪声），由于变压器线圈与静电屏蔽之间发生电容性耦合，它在高频区间仍然或多或少地接地。因此无论是否浮地，这种连接方式都能够持续地减少低频噪声和高频噪声。（我们并不建议浮地，但如果已经这么做了，断开的屏蔽也应当通过小电容与地相接。）

11.6.4 变压器与交流电安全

通过电子平衡输入的方式无法获得一个全面的浮地隔离。但是使用输入变压器也无法保证绝对的安全。设想当表演者在手握话筒的同时另一只手会触碰吉他，而该吉他由于音箱故障而带电。如果话筒接地，将形成回路，该表演者可能会遭受高电压和严重的交流电击。即使话筒是变压器耦合的，由于通过信号线屏蔽层连接至调音台外壳，该话筒的外壳可能接地，因此为交流电流提供了一个低阻值的回路。在这种情况下，唯一能够提供真正安全保护的方式是为吉他或乐器音箱配备交流隔离变压器。

这种电击危险是如何发生的呢？当吉他音箱的外壳被接到交流零线而非接地时（可能因为设计不良、接线端松开或者电容滤波器损坏导致），问题可能出现。在这种情况下，我们并不确定危险一定会发生，因为交流零线端与地端的电势差在正常情况下不会超过几个伏特。但如果交流电分配系统具有缺陷，或插座被插反了（如火线和零线反了），那么吉他音箱的外壳就会接入交流电路的火线。如果话筒外壳或其他设备接地，而表演者同时触碰两者，危险就发生了！给吉他音箱的交流电馈送端使用隔离变压器虽然增加了成本，但能够避免这种电击危险。当交流电源变压器通过这种方式使用时，主要是为了做浮地隔离，我们称之为隔离变压器。

11.6.5 关于变压器的更多信息

如果输入变压器被用来防止一个低阻抗输入导致的高阻抗输出过载，那么这种变压器被称为桥接式变压器（请不要与立体声功放转化为单声道输出的桥接

方式混淆）。

如今，很多调音台都使用电子平衡的差分放大器输入，因为它们相比高品质变压器，具有更高的性价比，重量更轻，且性能足以胜任大多数情况的需求。

在一些特殊情况下，我们要求将调音台和其他设备的地端做完全的隔离，或者面临很高的共模（噪声）电压时，没有什么能够替代变压器的可行方案。有时制造商会将变压器作为选择性安装设备，或者你也可以直接把变压器设置在差分放大器输入的前端。从另一方面来说，如果一个电路的设计从一开始就决定使用变压器，那么就没有理由为其加入差分放大器，避免在信号链中加入太多元件和潜在的导致信号劣化的因素。

对于平衡输出来说，针对差分放大器和变压器的考虑相似但不完全相同。输入变压器通常较小，因为它们只需要处理较低的信号电平。如果放置在调音台内部，我们可以在其前端增加低成本的电阻衰减器以保证变压器在高信号电平输入时不发生过驱饱和。然而输出变压器几乎总是在处理高电平信号，无法使用衰减器来控制信号强度。因此，使用输出变压器会显著增加重量。由于对屏蔽的要求没有那么复杂，输出变压器对制造商来说造价相对较低，相比让输入变压器承受高线路电平而言，增大变压器体积并不会带来更多的成本提升。一个电子平衡的输出端可以驱动一根平衡信号线，将信号馈送给变压器平衡输入端，以此获得浮地隔离。这样在电路中无须使用双变压器，就可以改善共模抑制的性能，控制了成本。对于复杂的固定安装或流动演出工程（如大规模的扩声系统或转播设施）来说，由于对浮地隔离和共模电压有着非常高的要求，因此建议在输入和输出端同时使用变压器。

还有一些方法可以获得隔离。最常见的方法就是使用无线射频话筒。我们可以在舞台旁边放置感应线圈，通过大功率放大器来驱动它，然后通过一些较小的线圈来提取它辐射出的电磁信号，这是一些单向舞台通信系统使用的方法。我们也可以将音频信号数字化，通过光学调制的方式让其在光纤中传输。这种方式比使用变压器造价高得多，但在性能上并没有优势。

我们也可以使用音频信号来调制光信号，通过一个光敏电阻（LDR，Light Dependent Resistor）来接收，然而在获得隔离的同时，我们也得到了高噪声和失真的代价。有些为听力受损的听众设计的系统，在10~100英尺（304.8~3048cm）距离下使用这种技术，通过红外线 LED 作为发射器，再使用红外线光传感器作为接收器。如果在吉他音箱前放置话筒，而非直接将音箱的输出端连接到调音台上，那么就已经通过声学连接的方式获得了吉他和调音台之间的电学隔离。

最后需要提醒的一点是，如果为一个输入或输出电路添加变压器，必须确保变压器的特征与电路匹配。与变压器连接的源阻抗和负载阻抗对它的性能有重要的影响。不正确的阻抗会导致振荡（产生一个共振电路），或者劣化频率和相位响应。变压器应该能够处理电路所需要的电平和频率范围。在很多情况下，即使变压器的匝数比是 1:1，也不可以在电路中反接。前级与后级连接的调换可能会造成性能改变。如果你打算使用一个外置变压器，除非它得到制造商的推荐，否则最好咨询经验丰富的产品经理再做选择。

避免使用通路检查器（Continuity Checker）或欧姆表来对变压器进行测试。在某些情况下，直流电流可能会导致铁心磁化，永久性地增加变压器的失真水平。这种情况往往出现在廉价的铁质铁芯变压器当中，而较为昂贵的镍铬铁芯变压器则相对较好。当然，如果你想对变压器进行测试，使用音频频率的测试信号是更为安全的选择。

11.7　增益级和增益结构

这一部分不限于解释增益结构的一些基本原理，我们还将讨论如何调整调音台以获得不错的增益结构。

11.7.1　为什么必须控制增益：让我们回顾一下馈送到调音台中的声音能量

一个乐器音箱、家庭高保真音响或者功率放大器通常只有一个主音量控制。这是比较容易调整的，但当你面对现代调音台中数量众多的控制手段时，你会发现一个输出会同时受到3~10个旋钮或推子的影

响！如果通过正确的控制手段来获得更大的音量，你就可以从混音系统中获得实质性的信噪比改善。何为正确的控制手段？答案并不简单，如果你了解调音台的增益结构，就能够清楚通过何种控制手段，进行何种调整才能获得更好的效果。

进入调音台的实际信号千差万别，它取决于声源本身的音量、声源与话筒的距离、话筒的灵敏度，以及乐器的额定输出电平（直接通过线路输出的电声乐器）。让我们考虑两种极端的声学量级，远距离拾取的长笛信号和底鼓内部话筒拾取的鼓信号，这两种情况的电学能量级是怎样的？这取决于使用的话筒。当使用标准的用于扩声的动圈式话筒时，从声能转化的电压范围在 0.000,01（长笛到达话筒振膜的声压级约为 40dB SPL）~10V（底鼓的峰值音量到达话筒振膜的声压级可以高达 170dB SPL，这是一个有可能达到的极高的数值），这些信号会出现在调音台输入端的第一个放大器中。两个信号之间的动态范围是多少？由于人耳听觉感知响度加倍时声级提高 10dB，我们认为输入端最强的声音比最弱的声音大了"13倍"（表述为 130dB，即 170dB SPL 减去 40dB SPL 得到 130dB 的动态范围）。而这一动态范围并不代表人耳听觉的整个动态范围，实际上人耳能够听到更为微弱的声音。

在实际情况下，我们通常不会把头伸进底鼓里听声音，但会在那里放置话筒。当话筒距离踩镲 1 英寸（2.54cm）时，能够获得相当于来福枪射击时距离枪口 2 英尺（61cm）处的声压级。

电路噪声会导致我们需要的动态范围出现偏差，这对于电子工程师来说又将问题进一步复杂化。如果要避免缩混信号中出现明显的噪声，电路噪声就必须小于声源在最弱时馈送给调音台的最小能量级。根据实际经验，当电路的本底噪声至少小于最弱声音信号40dB（在可控的情况下可以更低）时，我们能够获得一个较好的信噪比。从另一方面来看，这个数值表示将响度减半 4 次。这些噪声是由半导体连接处的无规则分子热运动（又称 Johnson 噪声）以及其他晦涩难懂的科学现象导致的。如果噪声比最小音乐电平低 40dB，你将能够获得一个可以接受的、安静的缩

混信号。为了做到这一点，我们需要在噪声保护所需要的 40dB 边界上增加 130dB 的音乐动态范围，得到的最终动态范围为 170dB。这是无噪声（噪声级可接受）缩混信号响度的 4.5 倍，动态范围底部最弱的信号需要进行 17 次响度加倍（每次增加 10dB）才能够到达动态范围的上限。

换句话说，你必须在节目动态范围的底部和设备本底噪声噪声之间设置一个缓冲区，将节目信号置于缓冲区之上。

如果我们仅仅把这些话筒输出的信号电压排列在一起，你就可以看到问题有多大：

10.000,00

和

0.000,01

1,000,000∶1 的范围是相当大的，在实际情况下，如果不借助话放进行某种程度的放大调整，调音台根本无法对其进行处理。10V 的话筒输出信号本身并不是一个无法处理的量值。（是的，你可以将动圈话筒放在底鼓内距离踩锤 1 英尺（30.48cm）的地方，然后使劲踩底鼓，以此获得 10V 电压。）我们面临的问题在于设计一个电路，需要其既能够处理摇滚音乐会中 10V 信号，又具有足够的动态范围来处理古典音乐当中的长笛信号。

较好的调音台的输入电路设计使其能够同时处理极高和极低的话筒输出电压。该电路还具有额外的峰值余量（应对声音变得更响的情况）和足够低的噪声级（更好的调音台）以保证足够安静的缩混信号。为了控制这些电平，你必须在调音台上做出某些调整。

11.7.2　话筒输入端的增益控制

我们先提出规范，然后作出解释。当你开始进行试音时，尽可能多地从这个环节获得放大量！大多数调音台都有一个旋钮被称为 Trim（微调）、Gain（增益）、Input Level（输入电平）、PAD 或 Input Attenuation（衰减）。有些调音台则在连续可调整的 Gain 或 Trim 控制的基础上配有 PAD 或 Attenuator 按钮。我们使用"增益"（Gain）这一术语来表述这一功能。无论使用何种名称，虽然这些旋钮的工作方式略有不同，但它们的功能都是相同的。如，增加增益等同于减少衰减。你必须确保对特定的旋钮进行正确操作以获得更高的电平。如果能够首先将该旋钮开大，你就可以在调整调音台其他控制环节之前获得最大增益（最小衰减），缩混信号也会变得更加安静。从话放获得的增益越多，从调音台其他放大器中需要的增益就越小。

当然，如果通过话筒输入的信号已经具有很高的电平，就不需要将增益开得很大。由于在话放环节已经获得了足够的信号，在调音台的其他环节所需的放大增益就会降低，输出噪声也会下降。

以下是获得正确设置的建议方法。

第一步：在调整增益时，首先将它关到最小。对于绝大多数调音台来说，这意味着将旋钮按逆时针方向旋到底。此时需要确保所有的衰减按钮都不起作用。（在这一流程化的方法中，设置衰减按钮是最后一步。）

第二步：将该输入通道的推子推到最高。一些调音台在推子旁标有刻度线，标明常规或额定位置。

第三步：将编组输出推子（如果有的话）和主输出推子推到同样的位置高度，或者制造商标明的额定位置。

第四步：将增益旋钮尽可能提高，直到 VU 表显示信号强度达到我们需要的水平（通常是峰值在 0 刻度附近，或者满偏刻度的三分之二处）。这一操作顺序能够保证你在使用调音台放大器前，尽可能从话筒输出端获得更多的能量。

11.7.3　输入端衰减按钮

假设你已经完成了上述操作，却听到了失真的声音，将增益旋钮降低也没有任何帮助。当你尝试降低主输出，或者降低功放的灵敏度，声音变小了，但仍然是失真的。应该怎么办呢？

可能是因为一开始来自话筒的电平太高了（如果使用输入变压器，那么变压器磁心在声音到达增益控制电路前就已经发生饱和和失真了）。此时应使用衰减按钮。多数 Yamaha 调音台输入模块的话放电路都包含一个衰减按钮（或多个不同的衰减值）。其他品牌的调音台可能会在信号线和调音台输入端之间外置一个衰减器。当确定电子调整无法将来自话筒的信号降低到话放或输入变压器能够处理的水平时，可以最后再使用衰减按钮。

为什么最后才使用衰减按钮？因为衰减按钮不会对信号的噪声比有任何帮助。在信号到达话放之前它就被废弃了。导致不良信噪比的常见错误是，始终将衰减按钮按下。这意味着需要用更多的放大量来弥补被衰减的信号，进而带来更多的噪声。

11.7.4 消除其他与信号能量级（以及增益）相关的失真

对于话放基本设置的错误理解是导致调音台性能不佳的主要原因，但还有一些其他不良的调整方法可能导致调音台丧失其原有的性能和品质。

11.7.4.1 加法放大器过驱（Overdrive）

对于一张 8 输入通道或者更小的调音台而言，让它的加法放大器产生过驱很难，但并非不可能。它可能发生在这种情况下：

当你将所有的话放增益设置得稍微过高，而所有输入通道的推子都推到最高的位置，为了使输出电平不至于让功率放大器的输入端过驱，你需要将编组输出或者总输出的推子拉到近乎最低。电平表的读数显示正常，但声音却发生了轻微的失真。

出了什么问题？编组输出模块或主输出模块的第一个放大器接收了过多的信号。

一些更大的调音台提供了单独的母线增益微调（Bus Trim）功能，因此无须在演出过程中重新设置所有参数就能解决这一问题。如果没有这一功能，按照第 11.7.2 节所述的增益调整方式将会让你避免这一问题，因为设置的前提是编组输出或总输出推子处于额定位置。

11.7.4.2 功率放大器过驱

如果功率放大器发生削波，可能因为它被前级信号过驱，此时应减小功率放大器的输入灵敏度（如减小功放输入端的电平控制）。除了优化信噪比之外，这一操作还能使你在调音台上获得更多可用的输出推子行程。

如果功率放大器没有输入控制旋钮怎么办？此时

应降低调音台所有环节的电平——输入增益、编组输出和总输出——直到你获得一个合适的输出电平。为了获得编组和总输出上适宜的推子行程，在使用衰减按钮或将输入推子降得很低之前，应在合理的范围内降低输入增益。简言之，不要仅仅从主输出上进行电平衰减，而是要将衰减分布在调音台的各个环节。

11.8 与次级调音台的连接

较大的调音台和一部分小型调音台通常配有连接次级调音台的输入端，可以和其他调音台进行扩展连接。这种连接通常需要将线路电平信号直接馈送到节目主母线中，有时也会馈送到辅助母线（用于回声、效果、监听等）中。它们可以使另一个调音台以电学方式和原调音台进行连接，二者的输入信号可以被合并到相同的母线，可以通过单一的主输出进行控制。为了方便起见，在这种设置中，主调音台被称为"主台"，次级调音台被称为"从台"。

通过次级调音台进行预混并不是一个新的概念，它的优势体现在多种场合。无论调音台多么庞大和复杂，通过额外的几个输入通道来进行特定工作是十分有用的，而次级调音台则十分适合进行此类工作。如，预算和摆放空间的限制有可能导致为临时增加的几个输入通道增设一张大型调音台的做法难以实现。有时次级调音台可以被用来缩混单独的舞台表演，或者仅用来缩混键盘，让专人在舞台上负责这一组输入信号的缩混。这些经过预混的信号随后进入主调音台，接着被分配到音响系统功放和扬声器中。或许租赁公司希望其资金投入获得最大的灵活性，因此可能购买两台 16 通道的调音台，它们有时可以用于不同的演出，也可以组合在一起构成一张 32 通道的调音台，这比每次都使用单一的 32 通道调音台更加方便划算。

针对次级调音台的输出信号，主调音台相应的接口能够接受某种标准的线路电平，通常为 −20dBu（78mV），−10dBV（316mV）或 +4dBu（1.23V）额定电平。在大多数情况下，这种输入端没有电平控制，因此这些电平必须通过次级调音台的主输出进行控制。只要阻抗和电平都处于正确的范围，次级调音台的输出端不发生过载，主调音台的输入端不发生过驱，几乎所有的调音台都可以通过这种方式进行连接。现在没有人会销售某种专门的"次级调音台"或"扩展器"，你可以使用任何想用的设备。使用与信号品质相似（相近的技术参数指标）的设备不失为一个好的选择。在条件允许时，使用同品牌设备会让控制界面变得相似（这样能够避免操作时发生混淆）。你甚至可以将两个完全相同的大型调音台连接在一起，指定其中的一个作为次级调音台。请注意，一些较为陈旧的调音台会专门为某种次级

调音台配备一个多针接头。在这种情况下，次级调音台可能不需要自己配备电源，主调音台的多针接口往往能够为其提供直流电源。我们也可以使用其他品牌和型号的调音台与主调音台进行连接，但需要一个特殊的适配转接线。如果调音台没有为次级调音台配备专用输入接口，它仍然可以与次级调音台互联。可以将主调音台的输入通道设置为线路输入，与次级调音台的母线输出相连，或者可以将效果返回和辅助输入通道接入次级调音台。

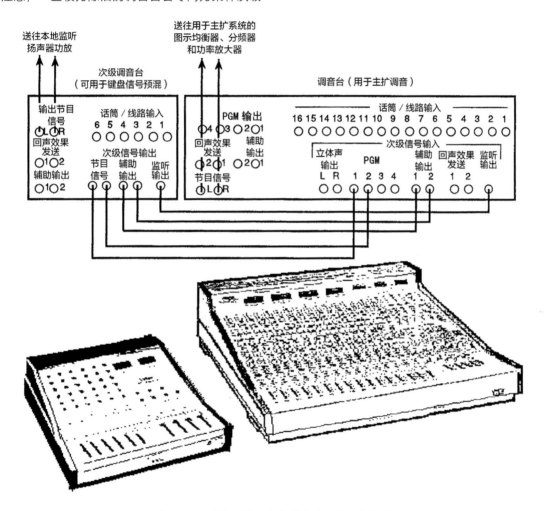

图 11-10　次级调音台与主调音台连接的方框图

请记住，随着更多的输入通道进入缩混信号，更多的噪声也会随之而来，所以不要指望在加入次级调音台后电路还能够保持原先的噪声水平。请确保信号极性正确，有时某些调音台会对输入信号做反极性处理，而另一些却不会这么做，因此最好能使用两只话筒，一只接入次级调音台，一只接主调音台，将这

两只话筒信号在主调音台的某个单声道母线上进行混合，对其中一只话筒的极性进行反转，检查声音信号是否增强或减弱。如果声音增强，则需要对次级调音台上所有的输入通道进行极性反转，或者在次级调音台和主调音台之间增加一个极性反转适配器。

有时一个次级调音台（或任何调音台）的输出会

跳过主推子的控制。这种输出可以用来向主调音台馈送信号，该信号不受主推子控制，可以保证向主调音台馈送持续不变的信号，同时，次级调音台的主推子本身能够被用来为舞台上其他用途进行音量控制（如舞台上键盘的监听扬声器）。在这种情况下，主调音台的输出端最好能配备音量调整功能（如输入通道或辅助返回），以便次级调音台输出信号和其他信号之间进行音量平衡。

我们最好能够将主调音台和次级调音台的电源接入交流供电系统的同一个端口，甚至是同一个插线板上。这会尽可能减少两台设备的地电势（Ground Potential）差，将接地回路引入的低频噪声降至最低。虽然有人会将次级调音台电源线的地端（第三针脚）断掉，然后通过一根很粗的接地导线将两个调音台的外壳连接起来，但我们并不建议这么做。可以考虑在两个设备之间使用变压器浮地隔离（平衡）线路[4]。确保将包括灯光设备在内的舞台上的所有设备保持打开状态，找出潜在的低频噪声或干扰，并且在演出开始前将它们降至最低。

在使用次级调音台时，其增益结构的设置与我们在第 11.7 节提到的主调音台设置步骤相同。对次级调音台主输出推子的正确调整将会使你获得一个合适的额定输出电平，这样主调音台就可以在推子位置正确的条件下进行整体的音量平衡。次级调音台输出的电平过高会导致主推子降到相当低的位置，此时应该在两个调音台之间加入一个电平衰减装置，让次级调音台的主推子回到更为合理的额定操作位置，这将会减少噪声和失真。

有时，主调音台本身有可能也会承担次级调音台的作用。如，当转播车对现场演出进行直播时，一部分扩声调音台的输出信号会被馈送到转播车调音台上。如果返送调音台不具备足够的输入通道，则需要通过主调音台将一部分话筒信号（如鼓组信号）进行预混后再送入返送调音台中。在这种情况下，我们同样需要考虑正确合理的电平、阻抗匹配、增益结构和接地隔离等问题。

11.9 舞台返送调音台

舞台返送系统是一场演出能否取得成功的关键。目前，现场扩声制作已经发展到一定程度，即使小型音乐俱乐部也会配备某种类型的返送系统，而大型音乐会的返送系统更是复杂而精细。虽然返送系统的使用非常广泛，但人们对它的理解仍然存在一些误区——尤其是从返送系统中受益最多的音乐家们。

11.9.1 何为舞台返送系统？

舞台返送系统是一个独立于主扩系统之外的特殊扩声系统。与主扩系统一样，它包含调音台、均衡器（有时也会使用其他信号处理设备）、功率放大器和扬声器。由于返送系统是用来帮助舞台上的演奏者能够听到自己的演奏内容，因此扬声器是指向舞台而非观众的。

相比主扩调音台而言，返送调音台的主要区别在于拥有很多独立输出，每个输出通道通过独立的母线来驱动一个单独的功率放大器和扬声器，而主扩系统通常为单声道或立体声（即使使用了分离式的扬声器布局，加入若干环绕和补声扬声器，很多系统还是单声道的）。

每个返送输出信号都被分配给一个或若干个演奏者，每个人听到的信号都是根据他们的特定要求进行制作的。如，为了保持音准和节奏，主唱通常需要听到伴唱，以及一些键盘和吉他。与此相似，贝斯手需要听到底鼓，鼓手则需要听到贝斯。吉他手可能需要同时听到鼓和贝斯，而键盘手则可能需要听到主唱和吉他。

出于这种原因，返送调音台通常配有 8 个或更多的输出母线，它的设计使操作者能够轻松地将不同的输入通道以不同的比例馈送到不同的输出上。

返送扬声器的设计通常也异于主扩扬声器。它们的频率响应设计通常更加适合还原人声，它们的指向性也通常更为集中，以便于更好地控制舞台上的声音。

4　原文为 Transformer-isolated floating（and balanced）lines——译者注

11.9.2 如何架设一套返送系统?

图 11-11 展示了一套舞台返送系统常见的信号流。来自舞台的每个信号都进入了一个音分——通常是一个特殊的变压器——能够提供两个独立的、相互隔离的信号(参见第 11.10 节)。音分的另一个术语是舞台箱(Stage Box)。来自音分的信号通过信号缆(包含多通道带屏蔽导体的多芯信号线)传递给位于观众席中的调音台。另一组信号则被送往返送调音台。

返送调音台的每个输出信号都被送入一个独立的均衡器(通常是图示均衡器,虽然参量均衡器也偶尔被使用),它的作用是降低频率响应峰值,控制电声回路共振以获得更高的回授前增益。信号经过均衡器

后被送入驱动扬声器的功放中。

从调音台的监听输出,向一个独立的返送扬声器输送信号,并且将该扬声器直接放置在调音台旁边。返送调音师通过这只扬声器来检查各个母线的输出信号,以便快速发现并处理问题。那些用来处理输出母线信号的图示均衡器或参量均衡器,在这种情况下应该以插入(Insert)方式连接在调音台的主输出上。通过这种方式,当返送调音师对某一输出母线进行监听时,也可以听到均衡器作用后的效果。

最后要提及的是,在舞台两侧通常会配备两只侧返扬声器(Side Fill),这对信号应通过单独的母线进行馈送。

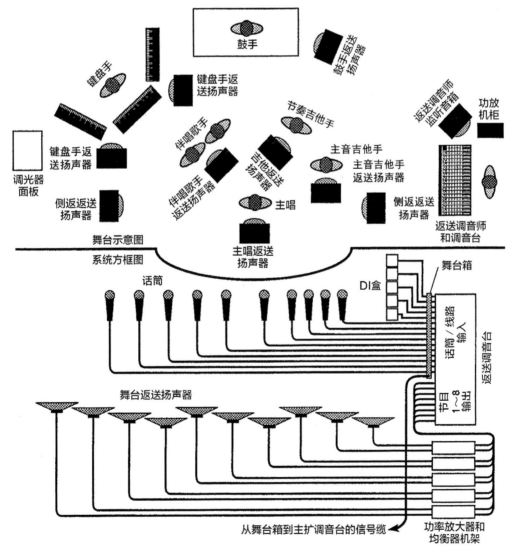

图 11-11　常见的舞台返送系统的连接方框图

11.9.3 为什么我们更倾向使用返送调音台而非从主扩调音台制作返送信号

在早期的扩声工作中，即使是大型演出的返送信号也是通过位于观众席的主扩调音台制作的。随着录音技术变得越来越复杂，同时因为音乐家们习惯通过耳机聆听伴奏进行演奏，他们对舞台上返送的需求开始变得越来越精细。最终，他们的要求超出了主扩调音台的功能，主扩调音师也无法同时处理大量独立的返送输出信号。为了满足越来越复杂的返送需求，音乐会的音响师开始使用位于舞台上的独立调音台进行返送信号的制作。

对于在观众席工作的调音师来说，他所在的位置是绝对不适合进行返送调音的。位于观众席无法听到舞台上的声音。音乐家们需要打手势才能进行沟通——然而，尤其是在演出的过程中，这种沟通方式往往容易使人疑惑。最重要的是，主扩调音师的首要职责是制作主扩信号。一旦演出开始，他就无法腾出手来关注返送的问题。这也是为什么返送调音会成为现场扩声中一个独立工种的原因。

11.9.4 高品质返送调音的重要性

高品质的返送系统对音乐家来说是非常重要的，这由诸多因素决定。或许最浅显的原因是，如果乐队成员无法清楚地听到他们的声音，他们可能会在节奏和音准上出现问题——主扩系统的音质就算再好也于事无补。那些需要使用预先录制好音频文件或音序器的表演者（这也是一个越发普遍的情况），如果听不清返送，他们很快会跟丢，录音带和音序器可不能像乐手演奏那样进行随机的调节。一个好的返送系统能够提升音乐家的表演水准。

返送扬声器的音质同样也会影响观众席拾取到的音质。无论怎么控制返送扬声器的指向性，它们的声音难免会串入观众席中，观众可以直接听到来自舞台返送扬声器的声音。这些声音同时还会串入舞台上的话筒中。如果返送系统发生失真，它就会劣化观众通过主扩系统听到的声音。最后，返送系统的音质还会导致产生回授的概率增大。因为回授通常先通过返送扬声器的峰值共振产生，拥有平直（更加准确）频率响应的扬声器发生回授的概率更低。在返送系统上偷工减料是一个极为严重的错误，你可能认为这不会影响观众的听感，但事实上它一定会对观众产生影响。

11.9.5 使用独立返送调音台的其他好处

在乐队设置中，返送调音台可以承担双重甚至是三重任务。现代音乐界越发依赖多键盘系统（通常是通过 MIDI 控制的合成器）和电鼓。因此，舞台上就出现了对电子乐器（为主扩调音台）进行预混及独立返送的需求。

一个专门用于返送的调音台能够在制作返送信号的同时提供这些预混信号。图 11-12 展示了把一个使用 24 输入、4 辅助输出和 8 母线输出的调音台作为返送调音台的案例。

输入通道 1~11 作为前级调音台针对一系列键盘和吉他信号进行预混，输入通道 14~18 控制人声话筒，输入通道 19~23 控制乐器话筒。12、13 输入通道为来自效果器的返回信号，它通过辅助输出发送到效果处理器获得的混响、相位或者其他返送制作中需要的效果。输入通道 24 为备用通道。

辅助输出 1、2 为主扩调音台和键盘手的返送功放及扬声器系统提供信号，节目输出通路 1~8 则为不同的表演者单独提供返送信号。此外还有一个内置或独立的内部通信系统可以让表演者与主扩调音师进行对讲。

图 11-12 中的设置为一个巡演乐队提供了若干好处。他们可以完全控制自己的返送系统，可以和主扩调音师进行双向通信，从而使他们对整体声音有了更好的把控能力。通过返送调音台对繁琐的键盘组信号进行合并，他们节省了巡演运输设备的数量——这也在潜移默化中提升了整体音质。

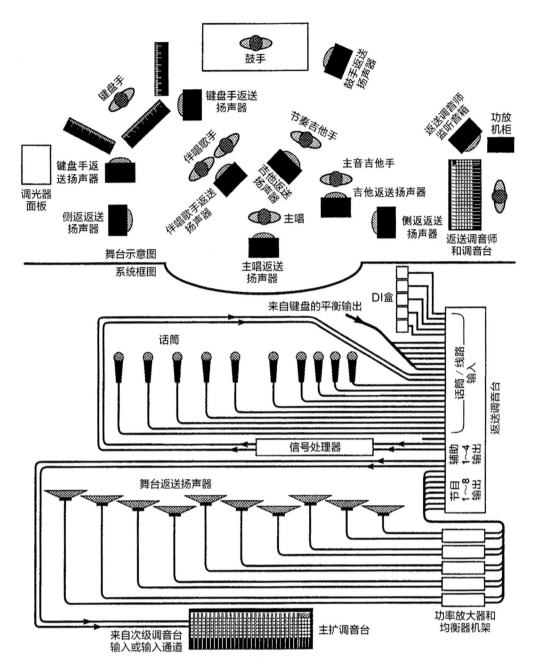

图 11-12　作为返送系统的同时，向主扩调音台提供预混信号

11.9.6　以极性（相位）反转为工具来对抗回授

在演出之前让系统发生回授（以掌握最大回授前增益）是一种普遍的做法。有意让扬声器发生回授，是我们调整返送通道均衡以抑制返送扬声器系统电声共振的手段。当演员上台后，伴随话筒的使用，甚至是温度和湿度的微小变化（能够非常明显地改变舞台的声学环境），都可能导致发生回授频点的改变。

尽管图示均衡器和参量均衡器对减少回授有着重要的作用，而将某个返送调音台输出进行极性反转处理也是简易有效的技巧。不同的母线在主扩调音台合并，不同扬声器的声像的准确还原需要不同输入通道之间保持一定的相位（信号极性）关系。返送调音台则与之不同，各个输出通道相对独立，且不会在总输出上进行合并叠加。声音信号的绝对极性与回授发生的频率点有着密切的关系，将信号极性反转能够增加回授前增益。因此，我们需要将返送扬声器输出通道上的信号做极性（或相位）反转。如果输出通道上没有此项功能，我们需要使用具有极性反转功能的适配器。或者我们也可以将所有输入通道上的信号极性进行反转，因为多只话筒通常会被送入一个单独的母线（当包含来自相同声源的信号成分时），这些电信号之间必须具备正确的相位关系才能进行增强性叠加。

11.9.7 消除可控硅整流调光器噪声

可控硅整流器（SCR, Silicon Controlled Rectifier）被广泛地用于现代舞台灯光控制系统中。与老式的绕线式变阻器（Wire Wound Rheostat）不同，它辐射的 60Hz 信号会在其周围产生很强的电磁场。由于调光器的作用导致交流电被分割，其陡峭的波面形成了分布广泛的噪声。这些波形能够寄生在高频信号中并通过交流线路传输它进入话筒线，在调音台输入端产生噪声尖峰电压（图 8-5）。

即使调音台具有高品质的电子平衡输入电路，这样的噪声也会进入话筒输入端。这种干扰在返送调音台或舞台信号线缆与可控硅整流调光器距离很近，或者在灯光做高功率输出时都会出现。参见第 11.7 节和第 11.10 节，在这种情况下，由于比电子平衡的差分放大电路具有更高的共模电压（CMV, Common Mode Voltage），输入变压器能够提供更高的共模抑制比（CMRR, Common Mode Rejection Ratio）。如果返送调音台没有变压器平衡（或隔离）输入端，而可控硅整流调光器所产生噪声又确实存在，我们就需要为调音台话筒输入端（或者舞台音分）增加变压器。

11.10 音分

"音分"（Mic Splitting）的英文直译并不是指一些粗心的表演者通过话筒线来甩话筒，或者为了视觉效果故意将话筒摔在舞台上。音分实际上指的是将来自话筒的音频信号分配给两个或者更多不同

的输入端。通常，一只话筒信号会被同时分配给返送调音台和主扩调音台（1:2 分配），或者在此基础上再分配给转播车或录音车上的调音台（1:3 分配）。

对一个信号进行拆分并不困难。从理论上说，我们仅仅需要在信号线一端将不同插口的两个或三个针脚进行并联即可。有时一个简单的 1:2 的 Y 型线即可完成此项功能。这里的关键在于避免话筒过载而导致频率响应、瞬态响应和信噪比劣化，以及由大地回路引入的噪声。这种通过导线硬连接的信号分配方式还面临一定的风险，当话筒送往某一调音台的话筒线发生短路时，送往其他调音台的信号都会断开。或者当远端设备出现电路故障时，有可能危及舞台上表演者的安全。这一问题的一种解决方案是对话筒和所有设备进行加倍备份，但这种方式价格十分高昂，并且在针对吉他或者合成器时无法使用。出于这种原因，我们可以通过变压器（有时配有多个次级线圈）从单一话筒（或线路电平信号源）获得相互隔离的信号拆分。

为何不断开话筒处信号线的屏蔽层来避免 Y 型连接的地端回路呢？这种方式在某种情况下是可行的，但它具有一定的缺陷。如果是需要幻象供电的电容式话筒，信号线屏蔽层是必须的，否则为话筒内部放大器和阻抗匹配转换器施加的直流电就无法导通。如果不断开屏蔽层，话筒就会受到接地回路的影响。那么该怎么做呢？

我们再一次提出使用音分变压器作为解决方案。

11.10.1 音分变压器

使用音分变压器的主要目的是将音响系统两个部分的接地屏蔽进行隔离。通过使用这种设置，舞台上的话筒（或者键盘调音台、吉他等）可以直接连接在返送调音台的输入端。与此同时，来自话筒的信号会通过一个变压器。该变压器配有两个完全独立的法拉第屏蔽（静电屏蔽），一个用于初级线圈，一个用于次级线圈。初级线圈与返送调音台连接，而次级线圈与去往主扩调音台的信号线屏蔽层连接。通过这种接

地回路噪声保护方式，幻象供电仍然可以送达舞台上的话筒（或乐器），同时在音分和主扩调音台之间获得完全的屏蔽。

这里使用的变压器是 Jensen 变压器，型号为 JE-MB-C（图 11-13）。选择这一型号的原因是它具有低失真、低相位偏移、宽频带以及隔离屏蔽功能。有关这一变压器以及其他类似的、可用于提供额外音分功能（如为远端录音设备分配信号）变压器的信息，可以通过 Jensen Transformers 公司获得。

你会注意到电路中有一个浮地开关。当它闭合时，送往返送调音台信号线的屏蔽层与送往主扩调音台信号线的屏蔽层实现了电连接。这可以作为我们的初始设置，但是当噪声出现时，通过打开开关就可以对地端进行隔离。你会发现我们只需要保留一个地端，并且将其他地端（指在调音台之间的各条信号线）进行隔离，或者将每个地端都断开即可。具体情况视设置有所不同，即使是同样的音响系统，在不同的演出场地，我们也会进行不同的处理。

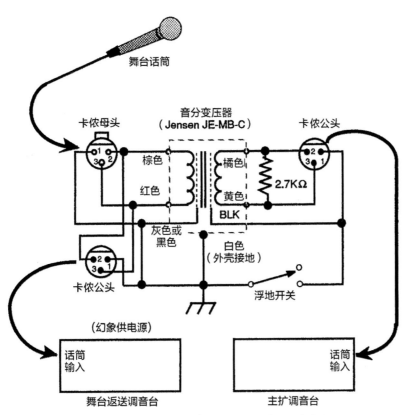

图 11-13　一个可以让幻象供电送至话筒的隔离音分

通常，舞台音分盒会内置 8~24 个变压器，以及配套的接头和开关。我们也可以使用带有锁扣的大型多针脚接头将音分盒与多芯信号缆相连，这样就可以通过多个音分盒来延长线缆，并且不需要对整个音频分配系统重新连线。相比为每个通道配备独立的音分而言，这种方式更加方便。我们需要为每个通道配备一个变压器。为什么不将这些变压器放置在调音台内部？因为我们并不总是需要它们。（当你将所有的浮地开关闭合，就不再需要变压器——这种观点是错误的，不要陷入这种误区。请记住，对于每路一进多出的音分来说，其地端都应该与变压器中一个独立的法拉第屏蔽相连。）由于变压器十分昂贵，除非真的需要，否则不需要为它们花费太多。除此之外，将输入端或音分内部的变压器设计到返送调音台内部是无法为信号线到主扩调音台（或其他信号接收点）提供浮地隔离的。

11.10.2 为高噪声环境进一步实施的隔离措施

在非常少见的情况下，即使使用了音分变压器和适宜的接地技巧，也有可能无法阻止噪声进入调音台系统。这种情况容易出现在高噪声环境中，比如返送调音台或者信号缆非常靠近高功率的可控硅整流调光器的时候。通常，当噪声进入平衡传输的信号线时，通过返送调音台的电子平衡输入端提供的共模抑制，足以将其消除。但是当噪声源以非常高的功率在很近的距离下进行辐射时，其强度就会超过电子平衡输入的共模电压。在这种情况下，共模抑制比为零。我们能提供的解决方案无外乎两种，一是将调音台和信号线远离噪声源，二是提供进一步的噪声保护措施。这一话题在第 11.6 节有着详细的叙述。请记住以下措施仅仅适合极严重的高噪声环境，对于大多数音响系统来说并不需要。

抵御严重噪声的第一道防线是使用高密度屏蔽层的信号线，如星形四芯线，它的内部配有 4 条导线，并且以加倍双绞线的形式缠绕在一起以获得额外的噪声抵消能力。这是真正的双平衡信号线。（位于美国加利福尼亚州的 Canare 线材公司能够提供星形四芯线）无论是单一信号线还是信号缆，这种类型的线材能够在绝大多数情况下显著地提升噪声抑制能力。

如果仅通过使用特殊线材仍然不足以抵消噪声，就需要在返送调音台输入端增加额外的变压器（如果调音台没有配备变压器隔离输入端）。如果主扩调音台没有变压器隔离功能，可能需要在这个环节也增加变压器（图 11-14）。这些变压器与调音台之间应该使用尽可能短的连接线（6~24 英寸，即 15.24~60.96cm），使其尽可能少地暴露在噪声当中。Jensen JE-MB-C 变压器（或者类似的产品）同样也可以用在此处。即使输入端已经是电子平衡的，使用额外的变压器仍然具有优势，这是因为变压器能够提供高达 200V 的峰值共模电压，在 1kHz 的共模抑制比高达 85dB——相比电子平衡输入来说，这种方式具有更高的共模抑制比和更高的共模电压（以对抗高峰值噪声电压）。这是一个造价非常高的解决方案，它应该被视为严酷环境下的最后手段。

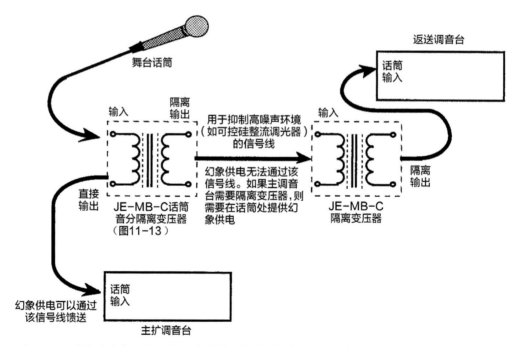

图 11-14　在极端噪声环境下（如可控硅整流控制器）使用额外的变压器对电子平衡输入进行隔离

11.10.3 在不使用变压器的情况下对话筒信号进行分配

如前文所述，我们可以通过一个简单的 Y 型适配器将话筒信号分配给两个调音台。这种方式在两个调音台具有相似的设计，且供电来自同一个交流电系统时，往往会获得最佳的效果。在为远程录音或转播车馈送信号时，我们不推荐采用这种并联硬连接的方法。话筒信号不通过变压器进行拆分，就没有很好的办法来避免接地回路噪声，除非在其中一个调音台上断开卡侬接头的屏蔽层。在这种情况下，来自另一个调音台的外壳地会将话筒线屏蔽层截获的噪声电流排出系统之外。

如果使用的话筒需要幻象供电，我们建议通过舞台上的返送调音台来提供（如果该调音台具备此功能的话），因为为话筒提供的直流电在传输距离较短的情况下产生的电压损失较少（图 11-15）。这意味着返送调音台的屏蔽端必须完整，以便提供幻象供电。如果为了避免接地回路噪声而切断屏蔽层，那么应该选择在主扩调音台的输入端进行操作。

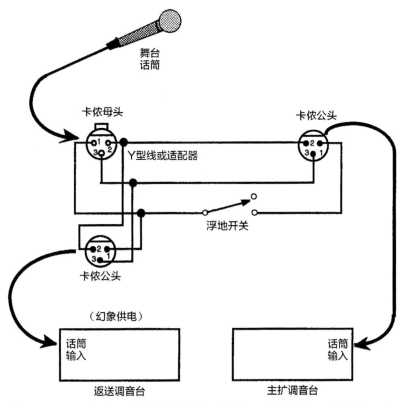

图 11-15　一只使用 Y 型硬连接（并联）方式的 1:2 话筒音分，未使用变压器

11.11　减少舞台返送系统回授

任何一个熟悉舞台返送系统的人都会告诉你，这是一个为表演者提供足够音量和消除各种形式的电声回授之间的持续战斗。当你将一只话筒靠近扬声器，并向扬声器馈送该话筒信号时，当扬声器发出的声音在话筒位置到达一定临界声压级时，回授就会出现。

在多数情况下，可以通过功率放大器或扬声器系统中的延时调整来进行控制或消除回授。这是因为回授往往由于扬声器系统频率响应不平坦和指向性控制不佳而导致，而这两个因素往往可以归结到不同频率的驱动器在分频点上的时间差，或者同样的驱动器与不同长度的号筒相连。这种时间差会导致扬声器系统的极性响应发生梳状滤波和失真。消除该时间差可以帮助我们控制回授。这种调整需要使用精度为 10~50μs（可以换算为驱动器声学中心间的距离约为 0.032~0.159cm）的数字延时器进行有效矫正。这种基于时间或位置的调整应该在使用图示均衡或参量均衡控制回授之前来进行。当然，这种精确的延时矫正是非常复杂和昂贵的[5]。长达 20~30ms 的延时通常能够在声压级相对较低的情况下满足音乐家（尤其

5　文中描述的处理方式是针对分频驱动的扬声器，在处理器中对某个驱动器做单独的延时处理——译者注

是歌手）的需求，因为这种方式能够帮助他们听得更清楚，进而通过降低增益的方式缓解了回授问题[6]。

11.11.1　指向性话筒

我们进行的游戏名称叫作提高回授前增益。第一波攻击就是使用心形指向的话筒，并且保证话筒的背面指向离它最近的返送扬声器。这对于任何一个从事舞台工作的人来说都司空见惯，但这里面还是有一些诀窍的。如，话筒指向性通常通过背向话筒头的声学入口来获得，这些声学入口也有可能被设计在话筒把手上。如果这些声学入口被遮挡，指向性特征就会消失，回授抑制保护也就不复存在。同样的问题在歌手"吞"话筒——实际上就是将话筒放在嘴边，或用双手捂住话筒头的时候。出于这种原因，表演者应该在如何拿话筒这方面接受正确（且圆滑老练）的指导。

11.11.2　极性（相位）反转

假设我们已经使用了指向性话筒，那么还有什么可以做的呢？有时仅仅通过将话筒或扬声器信号进行信号相位反转就可以消除回授。虽然我们的措辞是"反转相位"，但实际上是进行"极性反转"，即把信号线中的两个针脚互换。对信号进行极性反转之所以能够减少回授，是因为它让直达声信号和扩声信号相互抵消，避免了由于信号叠加导致声音能量超过回授发生的阈值。

信号极性反转也可以通过将扬声器的2根信号线进行调换来获得，也可以通过平衡传输音频信号线中信号针脚互换（使用极性反转适配器），或者利用调音台上的反相开关来获得。我们建议首先在返送音箱上进行这种尝试，因为如果你先将话筒的信号极性反转，有可能对立体声方式获得的信号声像产生影响，进而导致录音信号出现问题（如果演出需要录音的话），同时影响反相话筒信号与其他话筒信号的单声道合并（用于扩声或直播信号）。由于信号极性反转

是通过信号抵消的方式来减少回授，反相的输入信号是无法正常地进行单声道混音的[7]。信号可能会就此消失！在录音过程当中，左右声道之间的信息反相会导致磁头做纵向运动。即使录音磁头能够保持在磁迹之内，还原这种纵向运动的反相信息，在播放环节磁头也会跳出磁迹，导致录音无法被播放。有一种检查输入通道单声道兼容性的方法，是通过按下输入监听按钮（如果调音台配备此功能），通过连接在调音台监听输出母线上的耳机或扬声器来进行检查。如果所有信号都保持清晰可闻，说明（信号的）相位关系是正常的，但如果有一部分声音消失，就意味着某个输入通道与另一输入通道之间为反相关系。

11.11.3　使返送系统发生回授（Ring Out）

极性（相位）反转可以使我们获得一些回授前的增益，但多数工程师迟早都会需要均衡器来获得最高的回授前增益。

消除舞台返送系统回授最常见的方式是在演出前故意让返送系统回授。人为制造回授是调节均衡器以抑制返送系统电声共振的方法。

我们为什么把这种方式叫作 Ring Out（振铃）？对于任何一个扬声器系统来说，当话筒和扬声器的电声信号回路在某一频率上到达最大能量时，该频率上就会出现回授。这个最大的能量点可能由扬声器的响应峰值、话筒的响应峰值、调音台上的均衡提升，或是周围声学环境的共振和反射导致，当然，实际情况通常是上述因素的组合。在一个系统发生回授之前，我们通常会听到"振铃"声，这是任何信号被放大时都会出现的轻微"共振"。我们需要通过人为地制造这种"振铃"来消除可能发生回授的频率点。

为什么会发生电声系统的共振？原因有很多，这其中包括扬声器响应，环境的声学反射和吸收特性，以及话筒本身。当然，所有的指向性话筒在不同频率都会体现出不同的指向性特征。一个在 2kHz 具有绝佳抑制能力（15dB）的话筒，可能在 200Hz 处几乎

6　与前文描述有所不同，这种处理方式是对返送扬声器的输出信号做整体延时处理。这种方法的问题在于表演者自己发出的声音和返送扬声器中发出的声音之间出现的延时可能过多，造成其演唱或者演奏的不适应——译者注

7　文中描述的情况，是只有一个或部分输入通道信号做极性反转。这与我们在抑制回授时将所有输入信号做极性反转是不一样的——译者注

没有抑制能力（3dB）。我们可以通过对低频的滚降处理来减少该话筒发生低频回授的可能性。

应该在信号链上的哪个环节使用均衡器呢？我们并不需要在各个输入通道上引入均衡器，因为抑制某一话筒回授的均衡未必适用于其他话筒。同样地，均衡设置可能对其他需要听到这一信号的表演者而言是不适宜的。在输入通道上使用均衡器来减少回授是可行的，但往往在驱动某一扬声器的功率放大器输入端使用均衡器是更好的选择。将均衡器通过 Insert 的方式插入到调音台的输出母线，而不是直接与输出端相连，这样工程师就能通过监听输出模块的信号了解施加均衡后的效果。我们最常使用图示均衡来处理返送系统，其精度通常为 1/3 倍频程。这种方式相比输入通道上的均衡器具有较大优势，尤其是 1/3 倍频程的精度可以对较窄的频率带宽进行衰减，而不会对相邻频率产生过多的影响。电声系统共振、反射和回授通常会发生在一个较窄的频率范围内，因此图示均衡能够在对相邻频率内容影响最小的情况下进行工作，不会导致其他问题出现。

为了满足更窄范围的频率调整需要，有时我们也会使用 1/6 倍频程或 1/12 倍频程的图示均衡。当回授出现在如此狭窄的频率范围内，较为理想的做法是使用一个带宽为 10Hz 的窄带陷波器，在不影响相邻频率的情况下去除回授能量。这种高精度意味着更高的处理技巧，也意味着在舞台温度和湿度（改变声学环境）变化的情况下，这种调整会失去作用。当然，它同时也意味着更高的设备成本。对于能够从技术角度思考问题的人来说，回授其实是与波长而非频率相关的电声现象。因此，无论针对频率作用的均衡器本身有多么稳定，也无法在波长发生变化（由于环境变化而导致）的情况下保持对回授的抑制。

我们来说说如何 "Ring Out" 整个系统。将舞台按照实际演出情况排布好，所有话筒和设置就位。如果能够在表演者站在话筒前的试音环节进行调试，这种情况再好不过了。（你可能需要为工作人员提供耳塞，因为他们会听到回授的声音。）每次针对一只返送扬声器进行调整。当某人对着话筒说话时，逐渐增大音量，直至出现轻微的回授。再次增大音量直至

回授明显出现。此时，通过敏锐的听力或者更为合适的频谱分析仪来确认究竟是哪个频率发生回授。将相应的频率在图示均衡器上衰减 3dB，然后再把返送扬声器的输出音量增加。让同一个人说话，直到再次出现回授。如果仍然是同一频率，那么将图示均衡上的衰减器再降低一些；如果是不同的频率发生回授，那么将新的频率降低 3dB。你获得的最终结果，是多个频率同时出现回授，或者某一个经过大量衰减的频率经过整体音量的再次提升后，又发生了回授。此时就可以停止均衡调整了，你已经从这一电声回路中获得最大增益。接着开始对另一个返送扬声器做处理，它可能主要通过另外一只话筒来馈送信号。当整个过程结束后，你会在返送系统中获得额外的 3~15dB 的可用增益。

关于回授抑制的另一个建议，是尽可能使用调音台内置的高通滤波器。如果调音台配有 60~100Hz 低切（高通）滤波器，它的斜率为 12~18dB 每倍频程，那么它能够处理掉很多的噪声（风噪、喷话筒和来自话筒架的噪声），这一处理可以减少浑浊，让声音变得更干净。从另一方面来说，舞台的低频共振可能被乐器和扬声器激发，它们通过地板或者空气传播，最终进入话筒。如果能够将 80Hz 以下的信号切除，这种共振引发回授的可能性就会大大降低。不工作的高通滤波器的输出信号就是鼓手和键盘手听到的返送信号，他们需要听到低频能量和合成器较低的音区。对于其他人来说，使用滤波器是更好的选择，如果有人对此产生抱怨（这种情况很少发生），那么再将其去除。如果调音台没有配备合适的滤波器，可能需要使用图示均衡器或者功率放大器上的滤波器，甚至可以在调音台输出和功率放大器之间插入一个独立的滤波器。

即使是在同一个舞台上演出，上述步骤也最好能够天天重复，这样才能够获得好的效果，因为即使温度、湿度和舞台布局发生很小的改变，也会极大地影响舞台声学环境。

控制系统增益使其不要到达回授边缘，这是非常重要的。返送扬声器的"振铃"调试会在这方面有所帮助，但也要注意在试音环节建立初始设置时保留

10dB 的动态余量。现场演出的能量与试音环节会有显著的不同，在演出成功、观众反响热烈的情况下，舞台上的声压级会陡然上升。保留安全增益余量能够为我们提升返送扬声器音量带来方便，同时在演出能量增强的情况下避免回授或不稳定情况的发生。

11.11.4　返送扬声器的朝向

在摆放舞台返送扬声器朝向的时候，有两个基本准则。首先，由于返送扬声器的功能是帮助表演者更好地听到自己，因此它的主要指向范围必须朝向表演者的位置。由于舞台上的环境声具有很高的声能，因此将返送扬声器靠近表演者是十分重要的。

扬声器在高频部分的指向是十分重要的，因为它影响着语言可懂度。制造商给出的参数表能够提供关于返送扬声器指向特征的重要信息，在设计扬声器的摆放时应参考这些参数。在粗略摆放的基础上，可以通过播放音乐，根据实际听感来进行位置微调。

让声音去到我们想去的地方是十分重要的。同样，让声音不要去到我们不想要的地方也同等重要——表演者的话筒就是这样的地方。出于这种原因，返送扬声器的摆位总是会尽量指向人声或乐器话筒能量抑制能力最强的地方。如果话筒为心形指向，抑制能力最强的位置来自它的背面，因此返送扬声器的摆放应该让话筒架位于表演者和它之间，且话筒的背面指向扬声器。

在一些情况下，主唱会在舞台上进行大范围的走动，一些工程师使用两只扬声器来覆盖整个舞台。一种最为常见的做法是让两只返送扬声器面对面摆放，在舞台中心形成交叠覆盖。这种设置方法通常是错误的。两只扬声器覆盖的交叉区域会造成梳状滤波，它会导致不平坦的频率响应和更高的回授风险。

在使用两只返送扬声器时，最好的方法是将它们近距离放置，让它们后方的边角靠在一起，然后通过把他们之间的角度张开，以此来覆盖舞台区域[8]。这种方式可以使舞台上的声音覆盖更加均匀，极大地减少由于梳状滤波峰值导致的回授可能性。

11.12　设备的摆放

我们在前文已经讨论了舞台返送扬声器的摆放，那么关于返送和主扩调音台等其他关键设备应该如何放置呢？由于调音台的操作者需要控制整体的音质和声音平衡，所以将调音台放置在操作者能够听到具有参考性声音的位置就变得十分重要。

关于将返送调音台放置在舞台距离表演者比较近的一侧，我们已经讨论了这一做法的原因和重要性（易于了解演员对于混音的需求，能够针对舞台上的声学环境做出参考等）。但具体在舞台侧面的什么位置放置调音台是合适的呢？

11.12.1　针对返送调音台摆位的更多考虑

返送调音台会被放置在舞台的某一侧。有时表演者的实际站位、道具和设备的分布情况会决定哪一侧更加适合摆放返送调音台。如果没有具体要求，那么它应该被放置在与灯光设备（控制器、功率变压器等）相反的一侧。如果不需要考虑灯光设备，那么返送调音台应选择距离主扩调音台最近的一侧进行摆放，这样会尽可能地减少信号线的长度。如果能够将返送调音台放置在距离功率放大器等设备机架的附近是最为理想的情况。在有些演出中，我们没有足够的人手来进行替换，将调音台与设备机架放置在较近的位置意味着调音师可以在调整或修复设备问题（甚至是主扩系统使用的设备）的同时不需要离开返送调音台太远。

11.12.2　主扩调音台的摆位

对于观众来说，获得好声音最为重要的因素之一就是主扩调音台的位置。观众们听到的声音，是调音师制作的平衡、音量和均衡等调整后的直接结果。反过来说，这些调整都是基于调音师听到的声音来进行的。如果将调音台放置在一个不合适的位置，那么仅有这一区域的观众能够听到合适的声音，而其他人听到的声音都不够好。

主扩调音台较为理想的位置，是能够代表绝大多数观众听到声音的位置。有人可能会认为这一位置应该是主扩扬声器与最后一排观众席直线距离的中点，且位于剧场中轴线上。但这通常并不是最好的位置。

　　很多调音师倾向于在一组主扩扬声器的正前方进行混音（通常一场演出会有两组扬声器，虽然它们重放的是相同的信号）。这种方式使调音师能参考扬声器轴向上辐射的声音，此处的频率响应是最为平直的，并且避免了舞台声音过多的干扰。事实上，位于两组扬声器正中间的位置是最不好的，因为来自两组扬声器的声音会发生相位抵消（梳状滤波）。如果希望听到观众席中间（从左到右）的声音，将调音台的位置至少偏向某一侧以消除相位问题[9]。对

于调音台与主扩扬声器之间距离的经验之谈是，测量两组扬声器（我们假设是两组）之间的距离，与调音台距离最近的一组扬声器的距离应该大于两组扬声器的间距。同时，不要将调音台放置在大于扬声器间距两倍的位置（图11-16）。这一原则并不总是适用。在更大的场地，如体育场中，两组扬声器之间的距离可能是50英尺（15.24m）。根据上述计算方法，调音台与舞台的距离不能超过100英尺（30.48m）。但是观众席的后区距离舞台有400英尺，此时100英尺就显得太近了。

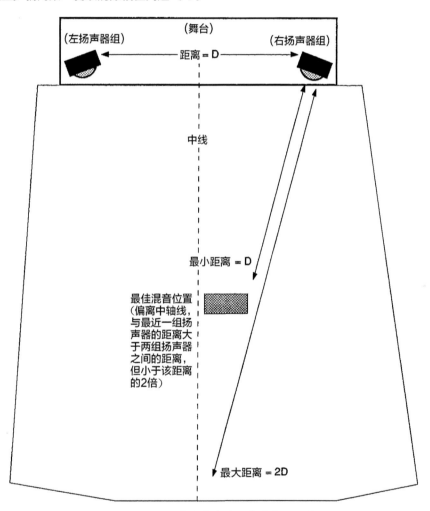

图 11-16　调音台在音乐厅中的建议位置

9　在今天，尽管文中描述的问题依然存在，但观众席中央是放置主扩调音台极为理想的位置。通过调整扬声器的正确摆放、增加中置扬声器及补声扬声器等方式是可以缓解这一问题的。总的来说，主扩调音台的位置受到扬声器系统覆盖的影响，让调音师听到的声音和多数观众一致是总原则——译者注

无论是否遵循上述规律，距离主扩扬声器太远会导致别的问题（前文所述的体育场就容易出现此类问题）。在一定距离下，声音需要经过相当长的时间才能到达调音台，导致调音师错过一些切换点。比如他本应在 1/4 音符或 1/2 音符的精度下工作，但由于时间差问题晚了若干个全音符。此时最好将调音台放置在 100 英尺以内，将延时保持在 100ms 以下。在较小的场地当中，即使是 100 英尺的距离，将调音台放置在眺台下方或十分靠近后墙的位置也并不合适。眺台或者悬挂物会改变声学条件（通常会增强低频并改变混响场），从而导致调音师听到的声音并不是大多数观众听到的。

如果主扩调音台距离舞台太近，也会出现一些潜在问题。距离舞台太近会导致调音师把音量降得过低，后排听众可能会要求更大的音量。同样，来自返送扬声器的串音也会影响主扩调音师听到的声音，因为大多数观众是听不到这些串音的。还有另一个因素，即使距离舞台较近的调音台位置在声学上是有利于工作的，但在剧场当中最好的位置往往比较靠前，它们贡献了大多数票房。演出的主办方通常不愿意放弃这些重要的位置。事实上，在观众席中部撤掉一些座位用于放置调音台，也需要进行不断地进行说服和协调工作，但这的确是值得我们去做的事情，因为演出成败取决于此。

第12章 功率放大器

12.1 总论

音频功率放大器是一种信号处理设备，它的功能和名称一样，用来增加音频信号的功率。在音响系统中，功率放大器位于扬声器之前，它始终是信号链上最后一个有源设备。

相比很多高保真功率放大器而言，针对专业用途设计的功率放大器通常在外观上十分简单。除了线路电平输入和连接扬声器的高电平输出之外，它们配有若干功率拨挡和灵敏度（音量）控制，有时也会配备电平表。很多专业放大器甚至连这些基础的控制选项都会省略掉。

在小型便携音响系统中，为了方便，功率放大器可能会被放置在调音台中。这种具有集成功能的设备被称作"Power Mixer"。

12.2 欧姆定律及相关方程式

对于功率放大器功能和应用的深入理解需要建立在了解电功率与电压、电阻或阻抗以及电流关系的基础上。这些关系可以通过欧姆定律这一电子物理学（以及音频技术）中极为重要的基本公式进行描述。

12.2.1 电压、电阻和电流

如图 12-1 所示，一个来自电源 S（一个电池）的直流电电压 E 被施加在负载电阻 R 上。当电路闭合时，允许电流 I 通过，它在图中用一个箭头来表示。电流以电子束的形式从电压（或电势）的最高点（电源的负端）流向最低点（电源的正端）。

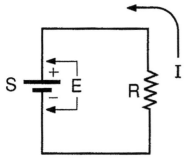

图 12-1　一个简单的直流电电路

在图 12-1 展示的电路中，电压、电阻和电流的关系可以通过欧姆定律进行定义：

$$I = E/R$$

其中：

I 代表电流（单位为 A）；

E 代表电势（单位为 V）；

R 代表电阻（单位为 Ω）。

假设我们知道电压为 1V 直流，电阻为 100Ω，通过欧姆定律，我们很容易计算出通过负载的电流：

$$I = 1V/100Ω$$
$$= 0.01A$$
$$= 10mA$$

通过简单的代数移项，我们可以在已知任意两个条件的情况下计算出第三项：

$$I = E/R \quad R = E/I \quad E = I \times R$$

在交流电路中，阻抗作为更加复杂的变量取代了电阻。阻抗被定义为电路对交流电电流的阻碍作用，其中包括直流电阻和与频率相关的阻性元件，又被称为电抗。阻抗由符号"Z"来表示，单位与电阻相同，也是 Ω。因此在交流电路中：

$$I = E/Z \quad Z = E/I \quad E = I \times Z$$

其中：

I 代表交流电电流（单位为 A）；

E 代表交流电电势（单位为 V）；

Z 代表阻抗（单位为 Ω）。

图 12-2 中出现了一个来自信号源 S 的交流电电压，施加在负载阻抗 Z 上。电流 I 穿过负载。注意电流的方向随着电压的改变而改变——这是一个交流电电路。假设我们知道 E 为 $1V_{RMS}$，Z 为 100Ω。综上，通过欧姆定律我们可以非常容易地求出 I:

$$1_{RMS} = 1V_{RMS}/100Ω$$
$$= 0.01A$$
$$= 10mA$$

YAMAHA

扩声手册
（第 2 版）

151

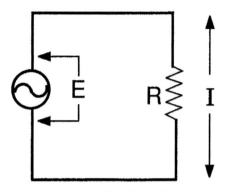

图 12-2　一个简单的交流电电路

注意，交流电路中的阻抗包括与频率相关的电抗。一个交流电路中额定负载阻抗通常随着频率的改变而改变。如果信号电压保持不变，那么穿过负载的电流会随着不同的频率发生变化。由欧姆定律我们可知，电流与阻抗成反比，即随着阻抗下降，电流将会增大（反之亦然）。

12.2.2　电功率

电功率是电流在负载电阻或阻抗中流动做功所需的能量。功率的公式虽然并不属于欧姆定律，但和它紧密相关，它可以被定义为：

P=E×I

其中：

P 代表电功率（单位为 W）；

E 代表交流电电势（单位为 V）；

I 代表交流电电流（单位为 A）。

根据电压、电阻（或阻抗）与电流三者之间的关系，我们可以对功率方程进行变形，将电阻（或阻抗）包含进来：

$$P = E^2/R (或Z)$$

$$P = I^2 \times R (或Z)$$

让我们再次回顾图 12-1 和图 12-2 所示的电路。在已知电压和电阻

（或阻抗）的情况下，我们可以计算出两个电路中功率耗散的情况。

在图 12-1 中，电压为 1V 直流电，电阻为 100Ω，功率为：

$$P = E^2/R$$
$$= (1V)^2/100\Omega$$
$$= 0.01W$$
$$= 10mW$$

由于我们在图 12-2 中选择了与图 12-1 相同的电压和阻抗数值，这一计算也同样可以用来描述图 12-2 的电路。由于图 12-2 给出了交流电路，且电压为 1V$_{RMS}$，我们称功率 P 为平均功率。（有时我们也会误用"均方根功率"这一术语来强调功率是通过均方根电压或均方根电流计算出来的。由于交流电路中的电压和电流相位不同，仅仅将均方根电压与均方根电流相乘是无法得到均方根功率的）

12.2.3　欧姆定律表

图 12-3 集合了从欧姆定律推导出来的方程。参数 E、I、R（或 Z）以及 P（或 W）显示在中间

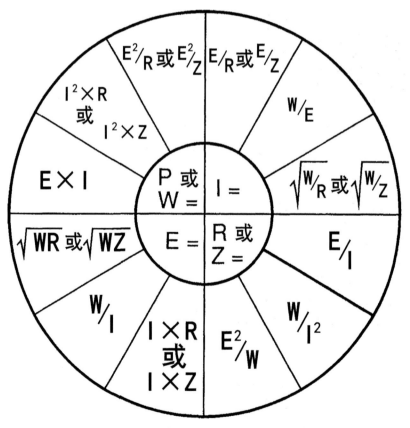

图 12-3　欧姆定律用于交流电或直流电的计算公式

区域，每一个都占据了饼状图的 1/4。为了求出某一参数，在图表的中心找到它，并根据测量数据或已知条件，在圆形的 1/4 区间内选择合适的方程进行计算。

其中：

I = 交流电电流（单位为 A）；

E = 交流电电势（单位为 V）；

Z = 阻抗（单位为 Ω）；

R = 电阻（单位为 Ω）；

P = 电功率（单位为 W）；

W = 功率（单位为 W）。

注意：适用于功率和阻抗的方程也描述了功率因数（PF：Power Factor）而非单纯的直流功率。这一物理量对负载和交流信号的电抗做出了解释。

假设我们希望求出图 12-4 中电路的功率。已知负载电阻是 50Ω，经过测量，通过该电阻的电流是 20mA。

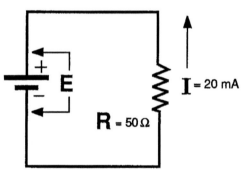

图 12-4　用于计算功率的电路范例

根据图 12-3 给出的表格，我们可以寻找关于 P（功率）所在的 1/4 部分的公式，并且利用已知电流 I 和电阻 R 进行计算。适用于这种情况的方程是：

$$P = I^2 \times R$$

代入测量数值：

$$P = (0.02A)^2 \times 50\Omega$$
$$= 0.000,4 \times 50$$
$$= 0.02W$$
$$= 20mA$$

基于欧姆定律进行的计算在声音工作中是极为常见的。图 12-3 中的公式可以作为基本方程及其变形，我们可以将它作为随身工具放在身边。

12.2.4　电功率和放大器增益

我们已经说过，功率放大器的功能是增强音频信号的功率。这一说法的准确含义到底是什么？

图 12-5 以符号的形式表现了信号源、功率放大器和扬声器进行连接的常规情况。信号源产生一个信号电压 E_1 跨接在放大器输入阻抗 Z_1 上。

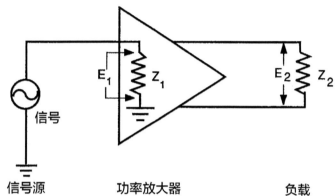

图 12-5　常见音频电路：信号源、功率放大器和负载

让我们假设：

$$E_1 = 1V_{RMS}$$
$$Z_1 = 10k\Omega(10,000\Omega)$$

线路电平连接的信号功率可以通过方程求出：

$$P = E_2^2 / Z$$
$$= (1V)^2 / 10,000\Omega$$
$$= 0.001W$$

以 dBm 来表示，线路电平信号的功率是：

$$ndBm$$
$$= 10\log(P_1 / 1mW)$$
$$= 10\log(10^{-4} / 10^{-3})$$
$$= -10dBm$$

现在，让我们假设功率放大器的电压增益为 1，扬声器阻抗为 8W，即：

$$E_1 = E_2$$
$$Z_2 = 8\Omega$$

传递给扬声器负载的信号功率为：

$$P = E_2^2 / Z$$
$$= (1V)^2 / 8\Omega$$
$$= 0.125W$$

以 dBm 来表达，扬声器的信号电平为：

$$ndBm = 10\log\left(0.125W / 10^{-3}W\right)$$
$$= 20.9dBm$$

我们可以看到，当放大器的电压增益为 1 时，它的功率增益会远大于 1，通过 dB 来表示，放大器的功率增益为：

$$A_v = P_{out} - P_{in}$$
$$= 21dBm - (-10dBm)$$
$$= 31dB$$

在这一过程中，功率放大器有效地将信号功率提升了 31dB（系数约为 1,260 : 1）。

注意：在上述讨论中，当我们说到放大器增益，必须明确指出是电压增益还是功率增益。此外，当我们得到的数值以 dBm 为单位时，必须牢记 dBm 是功率单位（参考值为 1mW）而非电压单位。

12.3 放大器的额定功率

额定功率描述了放大器在一定失真数量级和频率范围内能够传递给负载的功率。如，对于一个普通的专业功放来说，其功率参数应标记为：

功率输出电平。

持续平均正弦波功率，总谐波失真小于 0.05%，频率为 20kHz~20kHz。

立体声，8Ω，

双通道驱动，240W/ 通道；

立体声，4Ω，

双通道驱动，400W/ 通道。

请注意，由于参数中给出了 4Ω 的参考值，我们认为该设备可以安全地驱动 4Ω 的负载。尽管如此，我们可以看到，在驱动 4Ω 负载时功率并非是驱动 8Ω 负载时的 2 倍。这种情况十分常见，它意味着设备存在保护性的电流限制，这可能是供电限制或散热限制导致的。

我们必须仔细阅读输出功率参数以免对其含义产生误解。如，有些制造商提供的内容不像上述参数一样完整。如果失真、信号带宽和负载阻抗都没有给出，功率放大器的实际工作性能是无法得到准确判断的。

在提供平均功率的基础上，制造商有时也会提供峰值功率参数。它通常表示功放的供电模块已经在接近极限的状态下工作，对于大电流有着持续的需求——即使它可能能够在更大的电流下工作很短的时间。此类功放可能适合家用高保真音响，在这种情况下，我们很少会要求设备达到最大输出，但它在专业应用场合不会有很好的表现。

12.3.1 FTC 预处理

若干年前，为了应对民用电子设备关于额定功率的混乱解读，联邦贸易委员会（FTC，Federal Trade Commission）为民用功率放大器设定了标准。让功放经过特定的预处理周期后再进行测试，进而得到额定功率的标定。预处理的目的是保证设备在达到日常使用中最高温度的情况下，依然能够维持稳定的工作状态。

FTC 预处理让功放在 1/3 额定功率下工作，将 1kHz 正弦波信号送入与额定负载阻抗相等的电阻当中，该过程持续 1 小时。（在普通的 B 类功放电路中，在 1/3 功率下工作能够使输出晶体管产生最大的热量。）

但是从法律角度来说，专业功率放大器并不需要满足 FTC 预处理规定的条件，一个针对专业用途设计的功放很可能经常遇到糟糕的温度环境。因此一个专业功率放大器不应该仅仅满足 FTC 预处理条件，它应该满足更为苛刻的标准。

如果制造商根据 FTC 标准对一台功放进行测试，那么参数表中也会对此进行标注。如果额定功率为"FTC 额定功率"，制造商往往会选择将 FTC 预处理的字样作为脚注或标记，出现在参数表里——要么标出名称，要么对测量步骤进行描述。

12.3.2 功率带宽

功放的功率带宽是对其输出的高功率信号频率范

围的测量。就其本身而言，功率带宽参数使前文描述的标准功率参数更加完整，它能提供更多关于设备性能的信息。

功率带宽是与频率相关的参数，指的是放大器在发生削波前能够输出至少 1/2 额定功率的频率范围。它有时用数字来表示（如 xkHz），或者以图表的方式来呈现（图 12-6）。

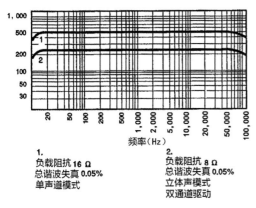

1.
负载阻抗 16 Ω
总谐波失真 0.05%
单声道模式

2.
负载阻抗 8 Ω
总谐波失真 0.05%
立体声模式
双通道驱动

图 12-6　功率放大器的功率带宽

需要注意的是，虽然这一参数展示了频率响应曲线，但事实上它并不能代表功率放大器的频率响应。它所显示的是最大功率输出与频率之间的关系。我们并没有假设输入端的驱动电平在整个频带内是平直的状态。

功率带宽会影响频率响应。如果放大器的功率带宽有限——如多数老式的变压器设计——在低功率条件下放大器具有一个很宽的频率响应，但在输出最大功率时，放大器的响应会在频率极限处发生跌落。事实上，一个功率放大器的频率响应是在输出功率为 1W 的情况下测得的，因此功率带宽问题不会影响这一指标（即使在某些情况下它的确会影响设备的实际性能）。

当代（不使用变压器的）晶体管放大器的功率带宽通常十分优良，能够达到如图 12-6 所示的曲线。这种放大器在低功率和高功率条件下展示出一致的频率响应，因此它在高功率输出情况下能够表现出远高于老式变压器放大器的保真度。

12.3.3　转换速率（Slew Rate）和输出功率

转换速率衡量的是放大器对信号电压发生快速改

变后，做出响应的能力。

假设放大器输入端信号电压发生了瞬时的阶跃变化（Step Change，图 12-7A）。除了输出更高的电压外，放大器在尽可能尝试将输入端发生的阶跃变化在输出端进行复制。由于实际模拟电路固有的速度限制，放大器输出端电压的改变会慢于输入端的阶跃变化。图 12-7B 的陡峭斜坡展示了这一现象。

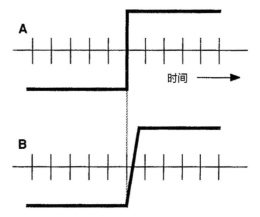

图 12-7　针对阶跃变化的转换速率

转换速率会影响一个功放在高功率状态下对音乐瞬态信号和复杂信号的还原能力。请注意，这是一项非常重要的参数指标，因为音乐瞬态陡峭的信号提升往往会导致信号峰值产生，这也是对功率需求最大的情况。

图 12-8 描述了功放在高功率状态下，还原阶跃变化时高转换速率的重要性。在图 A 中，我们可以看到输入端的瞬态阶跃变化；在图 B 中，功放以低输出功率还原这一阶跃变化。我们可以看到输入端与输出端的情况十分接近。

在图 C 中，同样的设备在高输出功率状态下还原同样的阶跃变化。我们可以看到该设备转换速率（的不足）使输出信号产生了相当程度的失真（输入阶跃按照一定比例来进行标记，输出阶跃以虚线标出，两者重叠在一起以进行比较）。我们可以得到一个结论，即越高的放大功率需要更快的转换速率。在任何特定频率下（即特定的每秒变化周期数），越大的输出电压（更高功率），会在每秒（或毫秒）时间内转化越多的电压。

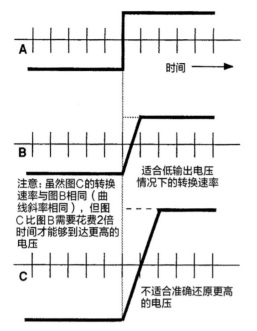

图 12-8 更高功率的放大器需要更高的转换速率

注意：虽然图C的转换速率与图B相同（曲线斜率相同），但图C比图B需要花费2倍时间才能够到达更高的电压

适合低输出电压情况下的转换速率

不适合准确还原更高的电压

根据经验，一个低功率放大器（每通道持续功率达 100W）在每微秒的转换速率至少为 10V。高功率放大器（超过 200W）在每微秒的转换速率至少为 30V。在一定范围内，转换速率越高越好。如果功率放大器的转换速率过快，则可能具有一个过宽的带宽，导致无线射频（RF，Radio Frequency）信号进入放大器，进而导致更多失真、功率浪费和驱动器过热的情况出现。此外，在连接实际扬声器负载的情况下，过高的转换速率还容易受到扬声器电动式回流（Back-EMF）所产生失真和电流限制的影响。

12.3.4 桥接模式

专业放大器的功率参数通常会包含在单声道模式下工作的情况，如：

功率输出级。

总谐波失真小于 0.05%，频率为 20Hz~20kHz，以正弦波为测试信号时，持续平均功率为：

立体声，8Ω 负载，双通道驱动，240W/ 通道；

立体声，4Ω 负载，双通道驱动，400W/ 通道；

单声道，8Ω 负载，800W。

上述单声道参数描述了功放在桥接状态下的功率

能力。桥接通常可以通过设备背板上的开关进行选择，开关通常标记为 Mono/Stereo 或 Bridge/Normal，该模式需要特殊的输出连接。

当功率放大器被桥接时，功放的两个通道被馈送了同一信号（通常是来自左输入端的信号），但另一通道——通常是右通道——的信号极性是相反的。立体声功放的两个部分处理同样的信号，负载同时从两个通道获得能量。虽然我们使用了两个通道，但此时放大器有效地变成了一个单通道设备，这也是我们使用"Mono"的原因。图 12-9 展示了一个桥接功放输入端被馈送了正弦波时的输出信号。

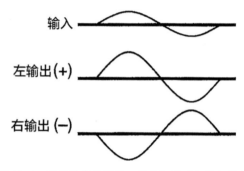

图 12-9　桥接单声道模式：信号极性（相位）关系

图 12-10 展示了一个桥接功放与负载连接的情况。注意负载被跨接在两个输出的热端上。左输出是正常的正向连接，而右通道则是负向连接。因此负载通过一种推挽模式被驱动，输入信号施加在负载上的均方根电压（相比单通道连接）也得到了两倍的有效放大。

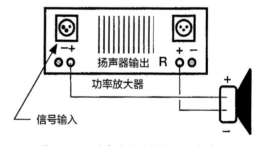

图 12-10　功率放大器桥接的输出连接

注意：对于具体设备的桥接详情，请务必阅读设备说明！

注意，上述参数仅给出了 8Ω 负载下的单声道输出功率。这是因为桥接模式下允许的最小负载阻抗，应为单通道模式下最小负载阻抗的 2 倍，即桥接模式下 8Ω 负载等同于立体声模式下 4Ω 的负载 / 通道。由于输出电压加倍，施加给负载阻抗的功率会增加 4 倍（功率与电压的平方成正比）。在桥接状态下，虽然功放能够提供如此高的电压，但它本身的供电、散热、保险丝和输出晶体管都无法维持足够的电流来驱动 4Ω 的扬声器。这样的负载可能会导致功放失真的显著提升，过早发生电流限制，导致扬声器故障甚至损坏。因此在桥接模式下，通过将最小负载阻抗加倍，可以将理论上由电压加倍而导致的 4 倍功率提升转化为更符合实际的 2 倍功率提升。

桥接模式务必不能与高保真设备中的单声道模式混淆。在高保真设备中，单声道模式意味着功放的两个通道还原同样的信号，它们的相位（极性）相同，每个输出都和一个单独的扬声器相连接。如果两个扬声器以立体声模式分别和桥接功放的两个输出端进行连接，它们将还原内容相同但互为反相的信号。这对于扩声来说是一个灾难性的结果。如果对单声道模式（输出通道信号极性相同）下的高保真功放进行桥接，施加在扬声器正端和负端的电压会相互抵消，这意味着扬声器两个信号端上不存在电势差（除非功放的两个通道性能不一致）。在这种情况下，扬声器几乎无法输出任何声音，功放也可能会发生损坏。

注意：桥接这一术语，意味着扬声器负载被跨接在两个输出通道上（图 12-10）。有时对于低电平信号来说（例如前级放大器的输出），桥接这一术语具有别的含义，它可能指负载阻抗至少需要为源阻抗的 10 倍（这与阻抗匹配所要求的源阻抗与负载阻抗大致相等是不同的。如，一个实际输出阻抗为 2.5kΩ 的合成器需要被输入阻抗为 25kΩ 的调音台来"桥接"；这一桥接和我们在这一部分所讨论的功率放大器桥接毫无关系）。

12.3.5　削波

当一个功率放大器被要求生成超过其设计极限的电平时，削波就会发生（图 12-11）。

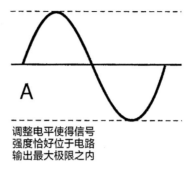

调整电平使得信号强度恰好位于电路输出最大极限之内

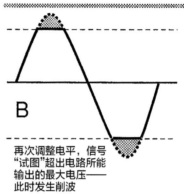

再次调整电平，信号"试图"超出电路所能输出的最大电压——此时发生削波

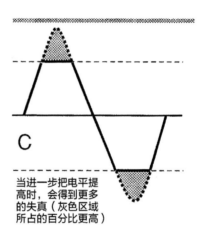

当进一步把电平提高时，会得到更多的失真（灰色区域所占的百分比更高）

图 12-11　正弦波削波

在图 12-11A 中，我们可以看到放大器的输出已经位于即将发生削波的临界点，这一输出波形是对输入信号波形的准确复制。在图 12-11B 中，我们将信号进行少许提升，随即发现了削波。注意这一部分的信号已经超过了放大器所能输出电压的上限。放大器无法输出更高的信号电压，因此它只能维持在最大输出电压上，直至输入信号跌落至它能够准确还原的范围。因此，在波形的上下两端都呈现平直的状态。

如果我们进一步提升输入信号电平，输出信号峰值之间的范围不会增加，但信号上升和下降的包络会变得更加陡峭（图 12-11C）。

削波会带来两种基本效应。显然，它会极大地增加失真。削波产生的高频分量会导致非常刺耳的音频质量，进而可能对扬声器的高频驱动器产生危害——尤其在被动式分频系统中。更重要的是，削波会显著提升施加在负载上的平均功率，任何驱动器都会因此产生线圈过热的情况。

图 12-11A 的波形是正弦波，它的热功率与均方根电压成正比。图 12-11C 中出现了一个严重削波的正弦波，它的峰值与峰值之间的振幅与图 12-11A 的正弦波相同，但呈现出方波的状态。这一波形的热功率与其峰值成正比，即图 12-11A 中正弦波均方根数值的 1.414 倍。这等同于电压提升 3dB，或功率增加 1 倍。

一旦功率放大器被驱动至硬削波的状态——音乐峰值信号在专业场合下时常会发生这种情况——施加在负载上的功率会达到功放最大持续不失真功率的 2 倍。当一个 200W 的功放（额定负载 8Ω）在驱动一只 8Ω 扬声器时到达峰值削波，此扬声器获得的峰值功率为 400W。

12.4 放大器功率与声压级之间的关系

对于某一扬声器来说，将放大器功率与声压级联系起来的因素是该扬声器的额定灵敏度。除非特别标记，灵敏度通常被定义为，为扬声器输入一个 1W 功率的信号，在距离扬声器 1m 处的轴向上（正对扬声器的前方）测得的声压级（dB SPL）。出于音响系统计算的目的，我们可以将这一概念理解为扬声器被 1W 信号（通常为粉红噪声）驱动时的声压级。

假设扬声器的额定灵敏度为 93dB SPL（1W，1m），它能承受的额定最大持续功率为 100W，最大峰值功率为 400W。当得到在 1W 输入功率下的灵敏度后，为了得到该扬声器的最大持续声压级和最大峰值声压级，我们必须求出 100~400 增量的分贝值。请记住，分贝表达的是比值关系。一旦得到 100W 和 400W 与 1W 的分贝比值关系，我们就可以很轻松地通过灵敏度声压级算出最大声压级的数值。

为了求出最大持续声压级：

$$ndB = 10\log(P_1/P_2)$$
$$= 10\log(100W/1W)$$
$$= 10 \times \log100$$
$$= 10 \times 2$$
$$= 20dB$$

100W 的持续功率比 1W 灵敏度下的功率高出 20dB。由于扬声器能够在 1W/1m 的条件下产生 93dB SPL 的声压级，那么它在 1m 处的最大持续声压级为：

$$SPL_{(continuous)} = 93dB + 20dB$$
$$= 113dB\ SPL$$

与上述计算相似，求出最大峰值声压级：

$$ndB = 10\log(400W/1W)$$
$$= 10 \times \log400$$
$$= 10 \times 2.6$$
$$= 26dB$$

400W 的峰值功率比 1W 时的功率高 26dB，因此能够提供的最大峰值声压级为：

$$SPL_{(peak)} = 93dB + 26dB$$
$$= 119dB\ SPL$$

如果两只扬声器中有一只的灵敏度比另一只高 3dB，相比灵敏度较高的扬声器来说，灵敏度较低的扬声器需要两倍功率来获得与前者相同的声压级。

假设我们需要使用一个额定持续功率为 50W 的功率放大器来驱动上述扬声器，我们所能获得的最大持续声压级和最大峰值声压级为多少？

假设我们让功放在满持续功率状态下工作，那么最大持续声压级为：

$$ndB = 10\log(50W/1W)$$
$$= 17dB$$

由此求得 50W 比 1W 高出 17dB，我们将其与灵敏度声压级相加，得到：

$$SPL_{(continuous)} = 93dB + 17dB$$
$$= 110dB\ SPL$$

为了求出峰值声压级，假设功放可能在峰值状态下发生削波，而削波会使波形趋近于方波，给负载施加 2 倍的功率，因此最大峰值功率应为 100W（50W 的 2 倍）。

$$ndB = 10\log(100W/1W)$$
$$= 20dB$$

$$SPL_{(peak)} = 93dB + 20dB$$
$$= 113dB\ SPL$$

在实际应用中，功放不会在其最大持续功率下工作，因为这种状态没有给任何峰值信号留下余量。除此之外，一只扬声器也无法还原方波（削波的波形）。因此，虽然我们得到了峰值声压级的数值，但由于对峰值余量的要求不同，持续声压级会比计算得到的数值小6dB甚至更多。在低电平应用场合中，这种设置没有什么问题。具体的调整要根据实际需求来进行。

12.5 功率放大器与扬声器的匹配

在为某一扬声器系统选择功放时，我们必须考虑一系列因素。

除非系统仅在低电平状态下工作，不要选择额定功率过低的放大器是十分重要的，否则我们无法让该扬声器具有的声压级潜能全部发挥出来。相比功率过大的放大器，一个功率不适宜的放大器更容易损坏扬声器（功率过小的放大器会被前级设备驱动至失真，产生高密度的谐波结构和非常陡峭的不自然波形。这种情况会导致高频驱动器的音圈获得比节目信号本身更多的功率）。从另一方面来说，选择一个功率输出水平远超扬声器承受能力的功放也是不明智的，尤其在专业应用场合中，这种功放极有可能对扬声器造成热损坏（由于过大的功率）或者机械损坏（由于过量的机械振动位移）。

功放还必须能够和扬声器组的负载相匹配。为了避免多只扬声器与单通道功放输出相连时出现负载过大的情况，我们必须了解每只扬声器的阻抗，并计算出负载网络的阻抗。

12.5.1 解读扬声器额定功率

一个普通的扬声器额定功率可能会被标记为：

功率容量[1]；

持续功率120W；

节目功率240W；

峰值功率480W。

应该选择具有哪种放大能力的功放与该扬声器进行匹配呢？为了回答这个问题，我们应该明确了解这些数据的含义。

持续功率容量表示扬声器在长时间范围内能够承受的平均功率。它通常通过正弦波或者经过加权的输入噪声进行测量。在使用得当的情况下，持续额定功率意味着在最坏状况下的参数情况，它代表了扬声器元件音圈的最大发热量。

节目功率容量表示利用一个与实际节目信号类似的测试信号对扬声器进行测量。在功率级一定的情况下，实际节目信号的长期热效应小于持续功率。

峰值功率容量表示扬声器在短时间内所能承受的最大峰值功率。在这里，"短时间"指的时间间隔通常小于1s（事实上小于1/10s）。

这种功率容量结构是针对节目素材本身的特点来设计的。

持续功率与普通节目素材的长时间平均热功率相对应。

节目功率与节目素材的最大平均功率相对应，这一数据是通过中等时长（超过1分钟）的平均数据测量获得的。

峰值功率与节目中的峰值电平相对应，它的持续时间通常在1s之内。

有人会认为上述扬声器应该使用一个单通道额定功率为480W（负载为8Ω）的功放。做出这种选择的思维方式来源于高保真音响——通过使用高功率放大器来保证音乐峰值信号不失真（不削波）。

在家庭听音环境下，这种选择或许没有问题。但在专业应用场合，扬声器对持续声压级的需求比家庭环境高得多。事实上，这个480W的功放可能长时间工作在削波电平以下6dB（120W）。此功放极有可能在还原音乐峰值信号时发生削波，此时扬声器需要承受960W的功率。

对于此扬声器来说，较为适宜的放大器额定功率

---

1 "功率容量"是对"Power Handling"的直译，该术语被用来表示扬声器的散热能力。在一些语境中，"扬声器功率容量"会与"扬声器功率"一词混用——译者注

应该在每通道 220W 左右，在还原较响的音乐段落时，功放才能提供充足的不失真功率，同时确保施加在扬声器上的峰值功率不超出其承受能力。相同的思路也可以用在其他扬声器参数当中。

假如一只扬声器的参数不包含额定节目功率，仅仅标出持续功率和峰值功率，那么我们必须通过这些数据来推算选择功放的依据。

假设一只扬声器所能承受的额定持续功率为 200W，峰值功率为 400W。显然，我们必须选择一个 200W 的功放，以避免超出扬声器所能承受的峰值功率。从另一方面来说，一只持续功率为 100W、峰值功率为 400W 的扬声器也可以通过一个 200W 的功放来驱动，因为我们可以合理推断出系统会在长时间平均电平和瞬时峰值电平之间 6dB 的边界内运行[2]。

如果功率容量参数以及获得这一参数的测量方式没有被标明，那么该扬声器会被视为不适合专业用途。

12.5.2　阻抗计算

一只扬声器的阻抗是它对功率放大器输出端交流信号电流阻碍作用的总和。

扬声器能够从放大器中提取的功率与其阻抗成反比。对于已知信号电压来说，阻抗越低，扬声器耗散的功率就越高（假设功放能够提供相应的功率）。出于这一原因，放大器额定功率通常在 2 种（或更多）不同的负载阻抗条件下给出不同的数据，4Ω 负载下的功率通常接近 8Ω 负载下功率的 2 倍。

功率放大器的负载阻抗必须大于 0。如果它等于 0，相当于功放输出端被短路，对于电流的需求为正无穷（由于 $I = E/Z$，当 Z 趋近于 0，I 趋近于正无穷）。

就实际情况而言，功放的负载阻抗始终不得小于 4Ω。虽然有些功放可以在 2Ω 负载条件下工作，但我们不建议在专业应用场合对放大器施加如此沉重的负担。在这种情况下，不仅功放的负担很重，而且还需要扬声器信号线具有极粗的线径，尤其是在线缆长度很长的情况下，线材自身的阻抗将占据负载阻抗的很

大一部分，消耗大量的功率。

扬声器参数应该始终包含"额定阻抗"一项，单位为欧姆。有些扬声器还给出了如图 12-12 所示的阻抗曲线。在这里，扬声器的阻抗随着频率的变化而变化。

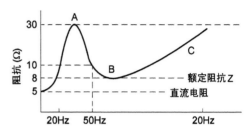

图 12-12　普通扬声器的阻抗曲线

需要注意的是，阻抗在不同频率上并不是一个固定值。事实上，它的变化区间很大。阻抗在低频端（图 12-12A）的上升是由于低频驱动器的自然共振导致的。这种上升的特性受到箱体负载的影响。

在上升之后会出现一个低谷（图 12-12B），然后是一段较长距离的提升（图 12-12C）。扬声器的额定阻抗通常被标记为低谷处（图 12-12B）的最小阻抗。扬声器阻抗的标准值通常为 4Ω、8Ω 和 16Ω。

将一只扬声器连接在一个功放输出上是很简单的。然而当我们希望通过这一输出来驱动两只或更多的扬声器时会出现什么情况？这对功放所对应的阻抗网络会有怎样的影响？

将功放的一个输出端与多只扬声器进行连接通常有两种基本方式，串联和并联（图 12-13）。

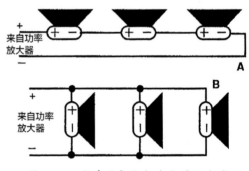

图 12-13　扬声器串联（A）与并联（B）

当扬声器以串联方式连接时（图 12-13A），电流逐一通过各负载，整个网络的阻抗是各阻抗的代数和。如果我们将三只扬声器进行串联——阻抗分别为

2　从 100W 到 400W 的功率变化为 6dB——译者注

8Ω、8Ω 和 4Ω——那么整个网络的阻抗应该为：

$$Z_{net} = Z_1 + Z_2 + Z_3$$
$$= 8 + 8 + 4$$
$$= 20\Omega$$

当扬声器以并联的方式进行连接（图 12-13B），网络阻抗的计算会变得相对复杂。它可以通过如下公式进行描述：

$$Z_{net} = \cfrac{1}{\cfrac{1}{Z_1} + \cfrac{1}{Z_2} + \cdots \cfrac{1}{Z_n}}$$

这里 n 表示并联元件的总数。

幸运的是，当我们将 2 个阻抗相同的负载进行并联时，这种复杂的计算变得简单，整个网络的阻抗变为任意一个负载的一半。如果我们将 2 只 8Ω 的扬声器进行并联，那么该负载网络的阻抗为 4Ω。如果 2 个负载的阻抗不相等，或者网络中并联的负载超过 2 个，那么就必须使用上述公式进行计算。

提示：如果超过 2 只扬声器以并联方式进行连接，只要它们都具有相同的阻抗，那么负载网络的总阻抗就等于单只扬声器阻抗除以并联扬声器的数量。如果有 3 只 8Ω 的扬声器以并联方式进行连接，那么负载网络的阻抗应为 8/3Ω，或者 2.667Ω。

并联和串联的相对优势和劣势有哪些？

串联方式导致更高的负载阻抗。如果我们的负载阻抗很低，那么负载网络阻抗可以通过串联的方式增加。从另一方面来说，如果一个负载开路——这是扬声器通常会出现的问题——那么整个回路的连接也会被破坏，所有扬声器都会停止工作。此外，串联的扬声器之间还存在相互作用，这会导致失真加剧，最终使串联状态下的任何一只扬声器的阻尼系数降低，这对于低频的还原十分不利。

相反，并联的连接方式会不可避免地导致负载网络的阻抗降低。当若干扬声器并联后，负载网络的整体阻抗会低于功放所能够控制的范围，这就是我们受到的限制。如果一只扬声器停止工作，其他扬声器仍然会继续工作，其阻尼系数不会出现明显下降。

因此，并联是目前最为可靠的连接方式，出于这种原因，多数专业扬声器系统的连接设计都采用并联

的方式。

并联和串联的方式也可以进行混接（图 12-14）。这种方式被称为串 / 并联连接。

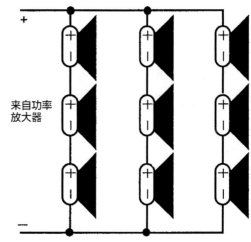

图 12-14　扬声器的串 / 并联连接

要获得这一负载网络的阻抗，首先需要计算每一分支上串联的扬声器阻抗，然后再将这些分支阻抗按照并联方式计算总阻抗。

通过采用串 / 并联连接方式，我们可以通过一个功率放大器输出与多只扬声器相连接，由各扬声器分享来自放大器的功率。这种方式仅仅用于某些特殊的工程项目中，极少用于现场扩声。原因如下：

首先，它能够分配给每只扬声器的功率只是放大器总功率很小的一部分。其次，它将音响系统的绝大部分通过一只功放来驱动，一旦该功放出现问题，那么你就只能和声音说再见了。最后，这种连接方式十分复杂，它对便携式的演出来说很难复制（连接方式），也极其不利于问题的排查。

总的来说，专业现场扩声通常采用扬声器并联的连接方式。对于低频驱动器来说，两个驱动器对应一个通道的功放是常态。对于高频驱动器来说，一个功放通道可能对应由 4 个驱动器并联组成的网络（每个高频驱动器阻抗通常为 16Ω，这是压缩驱动器的常见阻抗）。在任何情况下，负载网络的阻抗都应该保持在 4Ω 或者更高水平。

注意：在计算多只扬声器（尤其是并联状态下）的负载阻抗时，要确保使用扬声器的实际阻抗。至少有一个系列的 16Ω 压缩驱动器，在其工作范围内的实际阻抗约为 12Ω。这意味着 4 个压缩驱动器并联形成

的负载阻抗为 3Ω 而非 4Ω，因此有可能使最小额定负载为 4Ω 的功放发生过载。

12.5.3 定压式分配系统

相比串/并联连接方式，更加可靠且应用更为广泛的通过单一功放输出连接较多扬声器的方法，被称为定压式（CV，Constant Voltage）分配。虽然定压式系统几乎从来不会用在现场演出扩声中，但它在分配式的公共扩声以及前景/背景音乐播放系统中十分常见。

定压式分配系统的成功依赖于功率放大器的输出电压能够在很宽的负载阻抗范围内（可以低至实际应用场合的下限，通常为 4Ω）保持恒定。在使用变压器耦合的电子管放大器时代，一台输出电压不受负载影响的功放是极为罕见的，我们通常需要将特殊的设计技巧植入定压式分配系统当中。现在，专业晶体管放大器通常能够保持输出电压不受负载阻抗影响。

如图 12-15 所示，定压式分配系统在信号分配线路中以并联方式接入变压器。变压器在线路中呈现出相对高的阻抗，并通过抽头来改变馈送给每只扬声器的电压。

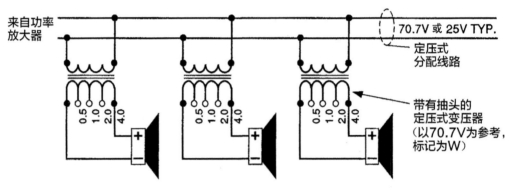

图 12-15 定压式分配的扬声器系统

由于负载阻抗的改变，放大器的输出电压（或多或少）保持不变，不同区域的扬声器可以根据设计者的意愿进行连接或断开，同时不改变其他位置的声音量级。不仅如此，由于每只扬声器的变压器抽头都可以进行调整，我们可以针对不同环境对声级进行调整，无须使用不可靠、昂贵且浪费功率的衰减器，也无须为不同区域使用独立的功放。由于电压较高，电流较小，由线阻导致的损失降低，因此线规（Wire Gauge）较小的线材也可以被用于长距离的传输，进而降低了系统的整体造价。

定压式分配系统通常不会用于现场扩声，原因有如下几点。首先，可以分配给每只扬声器的功率十分有限——不仅因为功放的总功率被各个单元分走，还因为能够承受高功率信号的变压器十分庞大且昂贵。其次，大量扬声器的运行依赖单一放大器的可靠性。最后，定压式变压器（通常为造价较低的装置）展示出一个变化范围很广的阻抗特性，在低频区间，其阻抗可能接近 0。除非使用昂贵的变压器，否则定压式系统的低频控制能力是十分有限的。事实上，如果信号没有频带限制，低频信号可能会导致放大器损坏，因为它会趋向于驱动一个近似于短路的元件。

在节目频率带宽受限、对声压级要求较低的情况下，定压式系统为分布式扩声提供了一个低成本的解决方案。出于这种原因，它们被广泛用于酒店、百货公司、体育馆或机场等场合的公共广播和背景音乐播放系统中。

第13章 扬声器

第13章包含了关于扬声器的广泛话题——尤其是它们用于音响系统的情况。本章将进行的讨论包括声学转换原理、扬声器和箱体种类、扬声器参数、声学性能、分频、失真来源，以及常见故障模式（Failure Modes）。

扬声器是一个用来泛指的词汇，用于描述能够将电信号转化为声学信号或声音的一系列换能器。该词汇还被用来描述位于单一箱体内的两个或更多换能器组成的系统，这些系统可能使用了分频，也可能没有。

为了表述清楚，我们将使用"驱动器"（Driver）来指代单一换能器，用"扬声器"（Loudspeaker）来指代换能器及相关元件组成的系统。这是由一个或多个驱动器组合而成的具有独立功能的系统——被安装在箱体内部，配备或没有配备分频网络，或与一个号筒进行配套，或者与其他组件结合用于某一特定场合的功能性组件。

对扬声器的应用将在第17章和第18章进行讨论。

13.1 简介

在一个扩声系统中，扬声器扮演着连接声源和观众的关键角色。令人惊讶的是，它们往往是整个设备链路中人们了解最少的组件。

对于一些人来说，扬声器被视为一种特别容易损坏的不稳定装置，或者被认为是一种强大的、能够实现声学奇迹的魔法物件。很多从事扩声行业的专业人员都认为，在一场演出中烧毁系统里一半驱动器是不可避免的；而另外一些专业人员则期望从他们的系统中获得粗暴的换能效率或声学功率。

这种态度只会助长无知的风气。如果从业人员在设置和操作系统的过程中能够获得正确的信息，那么扬声器可以作为一种简单有效的工具来获得好声音——无论大家对它的定义是什么。

本章的作用就是为大家提供这种有效信息。这里的信息大多是实践层面而非理论层面的，主要目的在于让大家了解扬声器在扩声系统中是如何工作的。

13.2 常见的声学换能方式

扬声器将电能转化为声能，有若干种可行方案能够有效地实现这种转化，其中不乏一些复杂的方法——它们被用于科研应用，有时也会被用在高保真系统中。在更加难懂的换能器中不乏经过文丘里管调制的空气气流（Venturi-modulated Air Stream）和经过电磁调制的等离子系统（Electro-magnetically Modulated Gas Plasma System）。现场扩声领域有两种最为主流的方式——电磁调制振膜和压电式调制振膜，其中前者更为普遍。

13.2.1 电磁感应换能方式

绝大多数扬声器——无论是高频还是低频换能器——都围绕电磁线性电动机来构建。因此，扬声器与其他简单的电动机和螺线管等装置都是"近亲关系"。图13-1展示了电动机的工作原理。

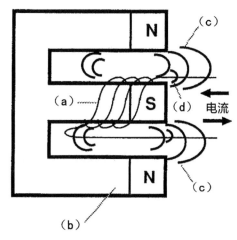

图13-1 线性电磁式电动机的工作原理

在图13-1（a）中，一个线圈被永磁体包裹[图

13-1（b）],永磁体产生静止的磁感应线［图 13-1（c）]。

如果一股直流电通过线圈，电子在导线中的流动会在线圈周围产生第二个磁场［图 13-1（d）]。这一磁场的极性（南北极）取决于电流通过线圈的方向。

这个电磁场与永磁体产生的磁场相互作用。假设永磁体的位置是固定的，两个磁场之间的相互作用力会导致线圈移动。

如果线圈当中的电流反方向流动，那么电磁场的极性也会反转。这会导致作用在线圈上的作用力方向反转，使线圈向相反的方向移动。

如果电流通过的方向不断反转，那么线圈将会在磁场范围内做前后运动。电流的变化则会体现为物理上的线圈运动。

这是电磁式电动机工作的基本原理。图 13-2 展示了大多数驱动器中采用的电磁式电动机元件。

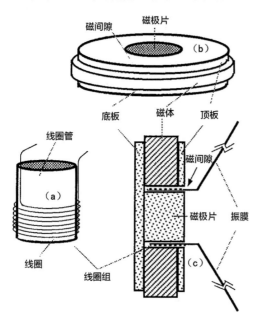

图 13-2　线性电磁式电动机组件（在一个常见驱动器中）

一个常见的线圈组（音圈，voice coil）如图 13-2（a）所示。线圈导线可能具有圆形或方形的横截面。缠绕线圈的圆柱体被称为线圈管。线圈管通常由经过特殊处理的纸或者合成材料制成。

图 13-2（b）展示了一个常见的磁体组件。形状像甜甜圈一样的永磁体通过磁性材料（通常为铁）制作的顶板和底板进行固定。插入到甜甜圈中心的圆柱体磁铁被称为磁极片。

图 13-2（c）展示的横截面图揭示了线圈和磁极片的位置关系。

需要注意的是，顶板、底板与磁极片一起承载了整个磁场。在这个磁场中唯一的空气间隙来自顶板和磁极片之间（这里会产生少量的磁泄露）。这个位于顶板和磁极片之间的空隙被称作"磁间隙"，它的作用是将磁场集中在间隙内——线圈所在的位置——从而将泄露到周围空气中的磁场最小化。磁通量场（Flux Field）的路径被称为磁路。

如图 13-2 所示，线圈被悬吊在间隙中，与磁极片同轴。来自功率放大器的变化电流通过线圈，导致它在间隙中前后运动。线圈与之对应的振膜相连接，振膜通过机械运动与空气进行耦合。

13.2.2　压电式换能方式

另一种基于压电效应的换能方式偶尔会被应用在现场扩声系统的驱动器中。

压电效应由 Pierre 和 Jacques Curie 于 19 世纪晚期发现，它是某些晶体材料所具有的特性。这些晶体在发生机械形变时会产生电流。从另一方面来说，如果对晶体施加电势，它的物理尺寸会发生改变，在电极化的轴向上扩展或收缩。

在音频换能器中使用的压电元器件通常为双层压电晶片（Bimorphs）。这种元件位于两层压电材料之间，也被称作弯曲层（Bender）。图 13-3 展示了电压施加在双层电压晶片两端时，电压晶片产生的形变情况。

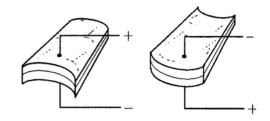

图 13-3　用于压电式驱动器中的双层晶片

图 13-4 展示了常规压电式驱动元件的结构。为弯曲层施加的驱动电压来自功率放大器，弯曲层本身和扬声器振膜连接在一起。

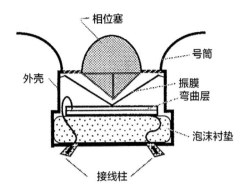

图 13-4 压电式驱动器的横截面图

压电式弯曲层能够进行的机械拉伸十分有限，它们的响应在中低频区间会出现显著的下降。在高频段，它们具有很高的转换效率和非常低的失真。因此它们通常仅仅用于高频驱动器的制造（通常工作在5kHz或以上）。

13.3 低频驱动器

有效的低频还原需要驱动大量的空气。这一特点对低频扬声器提出了以下要求：

（1）振膜运动拉伸距离长；

（2）振膜尺寸大。

上一部分曾经介绍过，压电式弯曲层的延展性十分有限，在低频部分效率较低。在现场扩声中，低频驱动器基本上都是由电磁感应线性电动机和锥形振膜所组成的。当把它们安装在一个箱体的前端（没有号筒）时，这种驱动器也被称为直接辐射器。图13-5展示了一个常见锥形低频驱动器的横截面。

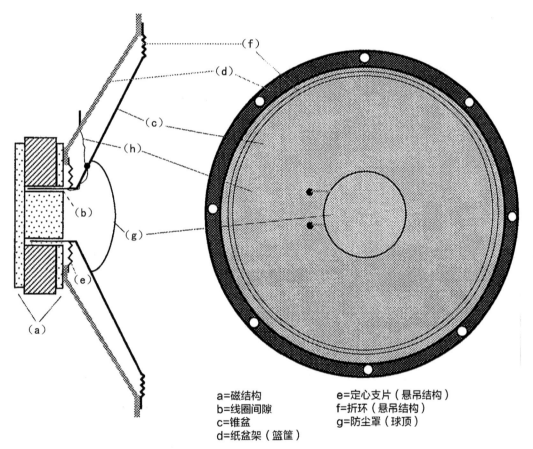

a=磁结构　　　　　e=定心支片（悬吊结构）
b=线圈间隙　　　　f=折环（悬吊结构）
c=锥盆　　　　　　g=防尘罩（球顶）
d=纸盆架（篮筐）

图 13-5　锥形低频驱动器的横截面

图13-5（a）所示的电动机结构我们已经在第13.2.1节中进行了详细的讨论。图13-5（B）中的线圈与锥形振膜（c）进行耦合。

驱动器中振膜与线圈的组合通过两个固定点与纸盆架［图13-5（d），也被称为"篮筐"］相连。定心支片［图13-5（e）］具有两种功能：固定锥形纸盆的顶部，将线圈集中在磁间隙中。折环［图13-5（f）］将纸盆的底部与纸盆架固定在一起。这些元件被统称为悬吊结构。

通过将一个球顶状元件［图13-5（g）］安装在

圆锥的中心，保护磁间隙不受外来粒子的影响。这一结构被称为球顶或防尘罩。

图 13-5（h）展示的柔韧的多股导线将接线柱和线圈连接起来。这些导线被称为线圈引线、金属引线，或者简称为引线。

结合正面视图来观察，纸盆架的周长上钻有等距离的孔洞用于固定振膜。最常见的孔洞数量为 6 个。

驱动器的尺寸与圆锥的直径紧密相关，通常以圆锥底部的直径（最宽的直径）来标记。用于扩声的常见低频驱动器尺寸为 12 英寸、15 英寸和 18 英寸（约 30.5cm、38cm 和 45.7cm）。由于不同的制造商使用不同尺寸的纸盆架，对圆锥尺寸的测量方法也有所不同，因此并不是所有的 12 英寸（30.5cm 或者其他尺寸）驱动器都具有同样的尺寸。

对于不同的驱动器来说，接线柱的极性有多种不同的标记方法，最常见的方式是颜色编码，+ 极为红色，− 极为黑色。其他方式仅仅标记正极，无论是通过一个带颜色的标签，还是通过一个带有 + 号的标签。

图 13-6 展示了常见的驱动器极性定义方式，即接线柱上的正向偏置导致锥形纸盆向前移动。

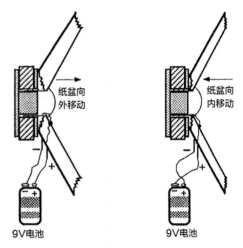

图 13-6　通过电池测试驱动器极性

注意：至少有一家主流扬声器制造商在某些扬声器中使用了与其他产品相反的极性标准。当这些扬声器进行纸盆安装时，它们的磁结构需要具有相反的极性，这样才能改变电信号连接的有效极性。为了确保极性正确，可以将一个弱直流电压送入扬声器接线柱，并观察振膜的运动。对于 2 分频同轴锥形 / 压缩驱动器组成的扬声器来说，每个换能器都必须做单独的检查。

锥形驱动器的指向性特征

锥形驱动器的指向性特征取决于锥形尺寸与它还原声波长之间的关系。图 13-7 展示了常规锥形驱动器在不同的纸盆直径与波长比值下的极性图。

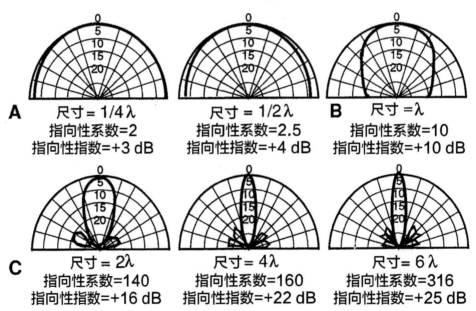

图 13-7　驱动器的指向性特征如何随着波长的改变而改变

在低频段上，由于波长相比锥形纸盆的尺寸更大，驱动器可以被视为全指向（图 13-7A）。

随着频率的上升，波长变短，锥形纸盆的指向性特征逐渐变得尖锐。当波长等于纸盆直径时，指向性情况如图 13-7B 所示。注意此时纸盆的指向性相当强，在偏离轴向 45° 时，能量相比轴向下降了 6dB。

在更高的频率上，纸盆的指向性变得愈发尖锐。在图 13-7C 中，波长等于驱动器振膜直径的一半。我们可以注意到，此时驱动器具有很强的指向性。随着频率的上升，波束的宽度还会继续变窄。

13.4 低频箱体

锥形低频驱动器几乎总是被安装在箱体中。这种做法的原因如图 13-8 所示，它展示了一个驱动器在自由场中还原低频频率的情况。

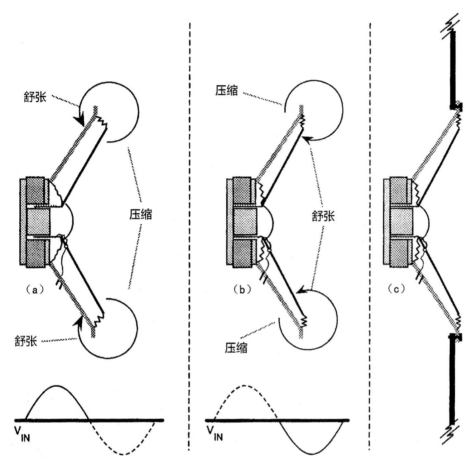

图 13-8 通过一个没有障板的锥形驱动器来还原低频能量会导致声学抵消

在正弦波的前半个周期中，纸盆向前运动，如图 13-8（a）所示。一个压缩波阵面通过振膜的前端产生，同时产生的还有振膜后端的舒张波阵面[1]。

经过压缩的空气传递至驱动器后方的低声压区域，试图对气压进行平衡。在正弦波的后半个周期 [图 13-8（b）]，情况恰好相反。

我们得到的结果是大多数声波被抵消，即使锥形纸盆的位移行程很长，系统也只能产生非常少量的声学能量。

这一抵消现象仅仅发生在低频区域。在更高的频率上，振膜的运动十分迅速，相比在驱动器四周的运动距离而言，声波的波长较短。由于没有足够的时间让空气在振膜周围传播相应的距离，因此抵消的情况很少或者完全没有。

通过将驱动器安装在一个障板上，如图 13-8（c）所示，我们能够增加声波从驱动器一端绕射到另一端的距离，进而将抵消最小化。障板越大，发生抵消的波长就越长。当这一参数足够大时，就可以几乎完全排除抵消问题。

在实际的扬声器中，障板的功能是由扬声器

---

1 声波以疏密波的方式在空气中进行传播——译者注

YAMAHA
扩声手册
（第 2 版）

箱体来完成的。扩声中最常见的低频箱体是导向式（Vented）和号筒负载式（Horn Loaded）箱体。

13.4.1　导向式箱体

导向式箱体通常用于直接辐射器的低频系统。一

个直接辐射器系统的驱动器振膜直接与空气耦合（它被固定在箱体表面，在其前方和后方没有号筒）。

图 13-9 展示了常见导向式箱体的横截面和正面图。

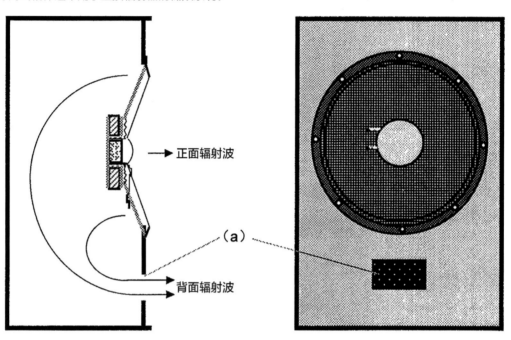

图 13-9　导向式直接辐射器低频箱体

请注意，箱体正面有一个开口设计［图 13-9（a）］，这一开口被称为导向口。箱体内部的容积和导向口共同组成了被称为赫姆霍兹共振器(Helmholtz Resonator）的系统。

瓶子是赫姆霍兹共振器的另一种形式。我们知道，如果向瓶口吹气，我们能够获得一个音高，该频率（或音高）就是共振器的共振频率。导向式箱体的设计使其具有一个特定的共振频率。

在一个导向式箱体中，来自驱动器后方的声波被用来增强前方声波在共振频率上的能量，如图中振膜旁的箭头所示。箱体的共振系统和导向口一起将驱动器后方声波的相位反转了 180°，使其与前方辐射波同相。

我们可以通过调节导向口的面积和箱体的尺寸来调整系统。这种调整将决定系统在哪个频率发生共振，这一频率也是我们对驱动器后方声波进行增强的区间。我们通常会选择调整箱体来增强驱动器在某一低频频率上的响应，以此获得一个相对平坦的低频响应。

导向式箱体的内部总是分布着吸声材料，通常是玻璃棉。它的作用是吸收较高的频率，防止其在箱体

内来回反射造成抵消。

导向口箱体的另一个变体被称为导向管，横截面如图 13-10 所示。

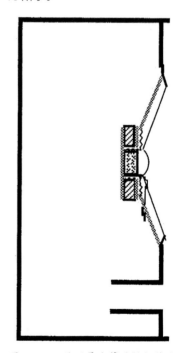

图 13-10　使用导向管的低频箱体

导向管为箱体系统的调整提供了另一个要素，可以在某一固定尺寸的箱体和导管截面积条件下使整个系统的共振频率降低。导向管的使用通常是为了扩展小箱体扬声器的低频响应。

事实上，导向口系统中的开口（无论是否搭配导管）起到了声学均衡器的作用，它帮助低频输出获得峰值，并在一定范围内，当频率下降时，可以维持输出能量不变。对这种系统需要权衡的问题是，当频率低于导向管调制的频率下限时，声能输出相比封闭式或无限障板式箱体的衰减要严重得多。

13.4.2 低频号筒

另一种主流的低频箱体是号筒负载式箱体。低频号筒非常高效，因此在扩声应用中很受欢迎。

相比直接辐射式箱体而言，号筒提供了更好的指向性控制。低频号筒的指向性特征由号筒而非驱动器尺寸来决定，开口很大的号筒能够在低频段保持指向性。由于号筒相比直接辐射式设计的指向性更强，它们通常用于需要远距离投射声音的情况。

号筒中较为常用的号口形状为指数型，图 13-11 展示了一个经典的直射式指数号筒的形状。

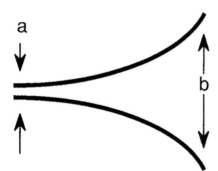

图 13-11　直射式指数号筒的横截面

号筒作为阻抗匹配装置进行工作。号筒喉部（图 13-11a）的声学阻抗很高，它作为驱动器振膜的负载，可以通过较小的振膜位移获得高声压输出。号筒将喉部的高阻抗与口部（图 13-11b）周围低阻抗的空气耦合。

从喉部到口部的展开率（Flare Rate）和号筒的物理尺寸共同决定了其截止频率，即该号筒能够对驱动器振膜进行有效控制的最低频率。在截止频率以下，号筒喉部不再作为驱动器振膜的负载。（这也是为什么号筒负载系

统不能被馈送低于号筒本身截止频率的能量。振膜会在这些频率上失控，导致失真，并且很容易过早发生损坏。）

号筒口的直径（或者矩形号筒口的等效直径）应该至少为截止频率波长的 1/4。出于这种原因，从理论上来说，低频号筒必须具备很大的尺寸，以满足音频信号的频率下限。

当号筒以阵列的方式组合在一起时，它们口部的表面积以声学的方式耦合在一起，构成了一个等效的大型号口。这一结果允许我们以切实可行的尺寸，设计一个独立的号筒式低频箱体，然后将多个箱体组合起来，使系统的低频响应得到延伸。

如图 13-11 所示的号筒，即使它在低频区域有效，也会极为笨重。出于这种原因，实际的低频号筒通常为折叠式号筒。正如其名称所描述的，折叠号筒箱体通过对号筒进行折叠来减小其物理尺寸。

W 型号筒是一种常用于现场扩声的折叠号筒，其横截面如图 13-12 所示。

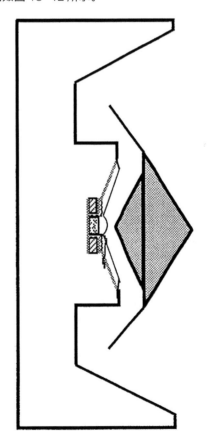

图 13-12　折叠低频号筒（W 型）的横截面

一个折叠呈 W 形状的号筒被放置在矩形箱体中（图 13-12），而另一种折叠号筒如图 13-13 所示。

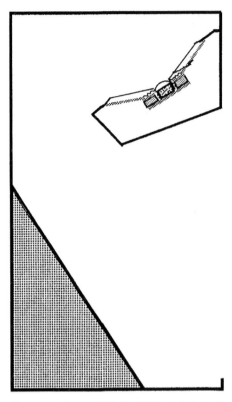

图 13-13　低频折叠号筒的横截面（铲斗型）

这种箱体有时被称为"铲斗型"。它近似于一个弯曲的号筒。

13.5　高频驱动器

在现场扩声中，实际使用的高频扬声器通常都是号筒负载式扬声器。高频驱动器是经过特殊设计的以驱动号筒喉部高声学阻抗的装置，因此也被称为"压缩驱动器"（Compression Driver）。图 13-14 显示了一个常见的压缩驱动器的横截面。

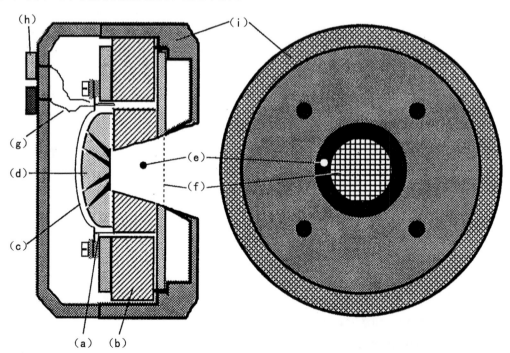

图 13-14　常见的压缩驱动器横截面

我们可以看到，该换能元件与第 13.2.1 节介绍的电磁感应式线性电机十分相似。（a）中的线圈放置在一个永磁体（b）的间隙中。

振膜（c）为球顶式设计而不是锥形纸盆。驱动器的物理尺寸给振膜运动预留的空间很小，但足以满足我们的需要。相比低频还原来说，高频还原所需的振膜运动位移要小得多，不仅如此，号筒喉部的高阻抗也降低了其对振膜位移的要求。

在高频范围内，声波的波长相比振膜尺寸来说更小。出于这种原因，（d）表示的沟槽状结构——相位塞——被用来改变振膜不同部分辐射的声波到达号筒的路径差，目的是保持它们在相位上的一致性。一个设计良好的相位塞能够在声音到达驱动器之前使相位抵消问题最小化。

在图 13-14（e）中，声波通过相位塞进入一个指数号筒中，它的开口被保护罩（f）盖住，以防止外来异物进入驱动器。

位于防尘罩（i）的引线（g）将振膜接线柱与外部的接线柱（h）连接起来。高频驱动器采用的极性标记方法与低频驱动器相同（参见第 13.3 节），通常红色为 + 极，黑色为 - 极。

对驱动器极性的一般定义是：

一个正向偏置的信号通过接线柱，导致振膜向驱动器的正前方运动。

图 13-14 中的正面图展示的前面板上的螺纹状孔洞，被用来将驱动器固定在号筒上。常见的孔洞数量为 4 个。

超高音换能器也会被用在现场扩声的扬声器当中。它们可能是前文描述的电磁感应式换能器，也可能是压电式换能器。无论使用何种换能原理，它们通常都不可避免地采用号筒式负载设计，号筒是整个驱动器结构中不可或缺的组成部分。

图 13-15 显示了一个常规压电式超高音驱动器的结构。关于压电式换能器的介绍参见第 13.2 节。

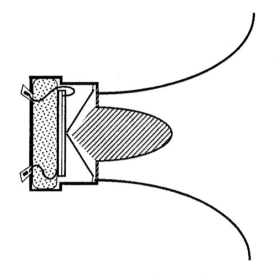

图 13-15 压电式超高音驱动器的横截面

图 13-15 中的超高音单元通常用于还原 5kHz 以上的声音频率。

13.6 高频号筒

高频号筒的设计是一门相当精妙的艺术，现场扩声中使用了多种不同的高频号筒。由于尺寸不再是限制条件，高频在转角处弯曲的速率也不如低频来的平缓，因此高频号筒通常不采用折叠式设计（虽然一些号筒在内部发生了 90° 的弯折）。

对于现场扩声中使用的高频号筒，我们最为关注的特性就是其指向性控制。号筒应该在我们所需的横向和纵向覆盖角度范围内均匀分布高频。我们对于声学手段所能够达到的期望，是声音的辐射在我们所需的频率范围内保持一致，直至 16kHz。在这种情况下，偏轴向的音质能够与轴向上的音质接近。

对于用以现场扩声的不同号筒来说，横向辐射角与纵向辐射角的情况往往不同。我们通常需要一个比较宽的横向辐射角来覆盖观众席，而相同宽度的纵向辐射角则会造成声能的浪费，或者投射到我们期望以外的地方，如（没有观众的）自由空间或天花板上。

扬声器制造业通常将扬声器的横向辐射角设计在 80°~90°，将纵向辐射角设计在 30°~40°，部分号筒通常被设计成更窄的指向角度。具有狭窄指向性的号筒将声音集中在更小的区域内，以此对声音进行远距离的投射。

现在，号筒采用的展开率从指数型到与指数相关的复杂函数，类型多种多样。而混合号筒展开率，则是在同一个号筒的不同部分，采用不同的展开率。

一些常见的简单高频号筒包括指数型号筒、放射型号筒和恒指向性号筒。

指数型号筒（Exponential Horns）采用指数变化展开率，横向与纵向变化率通常不同，有时也会使用混合展开率。

放射型号筒（Radial Horns）的设计首先通过在两个方向上定义展开角度，然后再以一个中心点为轴心，设定一个角度对该形状进行旋转。旋转所形成的区域定义了号筒的表面（图 13-16）。

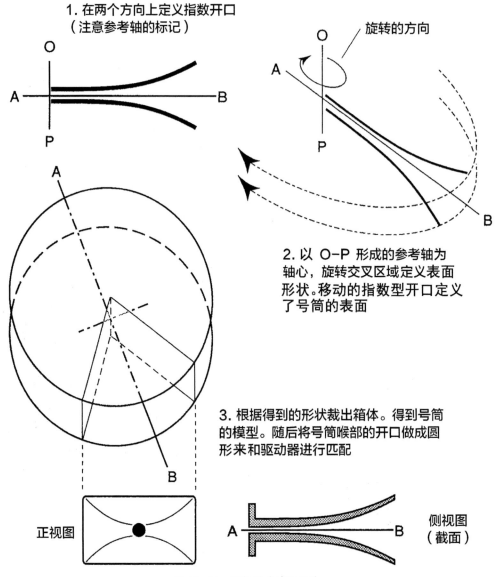

1. 在两个方向上定义指数开口（注意参考轴的标记）

2. 以 O-P 形成的参考轴为轴心，旋转交叉区域定义表面形状。移动的指数型开口定义了号筒的表面

3. 根据得到的形状裁出箱体。得到号筒的模型。随后将号筒喉部的开口做成圆形来和驱动器进行匹配

正视图

侧视图（截面）

图 13-16　指数型号筒的设计

恒指向性（Constant Directivity）号筒采用复合式的展开率，横向与纵向辐射角展开的方式不同（图13-17）。由于这种号筒在很宽的频率范围内都能够保持一致的指向性，它们在现场扩声领域得到了愈发广泛的应用。恒指向性号筒的优势在于，只要计算出工作频率范围内任意频率的指向性，这一特征就适用于整个频段。这种特性简化了系统设计，通常能够改善语言的可懂度。

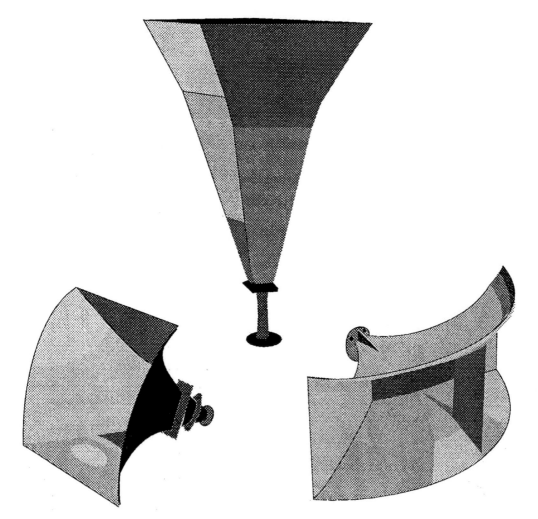

图 13-17　恒指向性号筒的变体

恒指向性号筒要求号筒在到达出口前变窄，这意味着它容易受到喉部高声压级带来的空气扰动的影响，进而产生失真。降低空气扰动产生的失真是设计此类号筒时面临的困难之一。

一些传统（非恒指向）号筒的设计采用了声学透镜来改善高频的扩散特性。透镜可以由遮板（与百叶窗相似）制成，也可以通过穿孔的金属层制成。

这种声透镜既有优点也有缺点。它们能够在指向性控制方面获得显著的效果，同时也不会带来明显的声能损失。但另一方面，它们会在号筒频率响应的下限产生共振，对声音造成染色。一般来说，一个设计优良的号筒并不需要通过声透镜来获得合适的指向性控制。

13.7　分频器

我们已经讨论了低频驱动器、高频驱动器以及箱体，它们的设计仅仅针对还原有限频率范围内的信号。为了还原整个音频范围，这些驱动器和箱体需要被整合在一起形成一个多单元系统。

一般来说，低频装置和高频装置不能和单一通道的功率放大器输出直接连接在一起。首先，低频驱动器和高频驱动器输出的、超出其工作范围的声学能量参差不齐，它们在交叠区域无法形成良好的叠加，这会导致不良的频率响应。不仅如此，低频能量还会导致高频驱动器的损坏（参见第 13.11 节，"常见的损坏模式"）。

出于这些原因，将全频信号合理分配给低频和高频单元、通过这些单元还原相应的频率是十分重要的，这就是分频器的作用。用于描述分频器的其他术语还包括"频率分割网络"（Frequency Dividing Network）和"分频网络"（Crossover Network），它们表示的都是同样的内容。

13.7.1 常规模型

图 13-18（a）展示了一个两分频系统。它包含了一个直接辐射器（一个配有导向口的箱体搭配一个锥形低频驱动器）和一个号筒负载的高频驱动器。此类系统的理想化分频器应具有图 13-18（b）所示的特征。

我们可以看到 2 个驱动器的分频点比各频带的能量小了 3dB。3dB 意味着输出功率减小一半。在分频区域内，2 个驱动器声学输出的叠加弥补了这 3dB 的损失。

相同的原则也适用于三分频系统。图 13-19 展示了三分频扬声器系统的理想化分频特征。

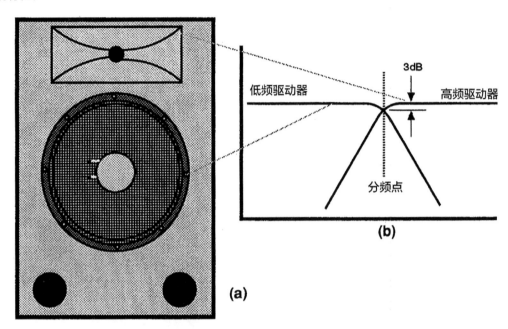

图 13-18　常规两分频扬声器系统和理想化的分频响应特征

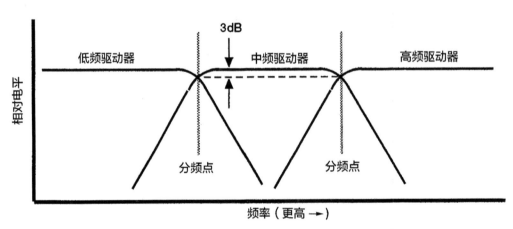

图 13-19　三分频扬声器系统的理想化分频响应特征

由于分频器的设计不同，各驱动器在分频点上能量衰减的趋势也不相同，这种衰减趋势被称作分频器的"斜率"。常见的分频器斜率为每倍频程 6dB、12dB、18dB 和 24dB。具有这种斜率的滤波器被相应地称为 1 阶、2 阶、3 阶和 4 阶滤波器（每一阶都代表在一个倍频程内多衰减 6dB，即滤波器网络中多增加一个电路）。

一般来说，每倍频程 6dB 的衰减斜率允许驱动器之间的交叠能量过多。它可能适用于为两个锥形驱动器进行分频（虽然平缓的斜率会加剧单元间的时间对齐问题），但无法保护高频压缩驱动器免遭低频能量的破坏。在高声压的专业音响系统中使用的分频器斜率通常为每倍频程 12dB 或 18dB。

现场扩声通常使用两种分频器：高电平被动式分

频网络和低电平主动式分频网络。

13.7.2 被动式高电平分频器

　　被动式高电平分频器是用于通过高电平信号的简单网络。它们被插入在功率放大器输出和驱动器之间。虽然有少数例外，被动式分频器通常被放置在扬声器箱体内部，如图 13-20 所示。

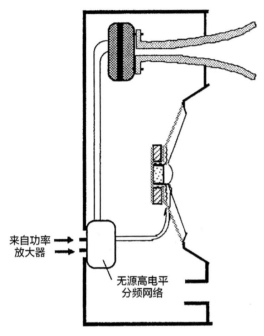

来自功率
放大器 →

无源高电平
分频网络

图 13-20　在扬声器内部放置被动式
高电平分频网络的常规位置

　　注意：一些无源分频器被设计在信号源和功率放大器之间。这些属于无源低电平分频器。它们的功能几乎与有源低电平分频器相同，但较少被使用，因此我们不对此类分频器进行单独的讨论。有源低电平分频器和无源低电平分频器的唯一区别是，有源设备中加入了线路放大器来补偿滤波器网络的损失（参见第13.7.3 节"有源低电平分频器"）。

　　无源分频器网络由基本的电子元件组成——电容、电感，有时也包含电阻。这种网络的设计是一件复杂的事情，超出了本书涉及的范畴。当然，我们仍然可以介绍一些关于无源分频器的基本要求。

　　由于无源分频器连接在功率放大器的输出端，它们必须能够承受很高的电压。如一个在 8Ω 负载下额定续功率为 250W 的功放，应该能够产生 45V$_{RMS}$

或者 127V 的峰值电压。选择电容时必须要特别考虑电压问题。对于一个固定的电容量来说，随着电压的不断升高，我们对其物理体积（以及造价）的要求也会随之升高。

　　设计中的另一个考虑因素是插入损失（Insert Loss），它由插入在功放与驱动器之间的分频网络造成。无源分频器应该具有最小的插入损失，当功放输出为 100W 时，如果分频器导致的插入损失仅为 1dB，那么驱动器获得的有效最大功率会下降到 79W。

　　为了将插入损失降至最低，分频网络中使用的电感线圈必须由大线规的导线（大直径粗导线）缠绕。高功率大型扩声系统的扬声器在分频器中使用的线圈往往是空心磁线圈，因为铁磁线圈会因为磁芯饱和而引入失真。

　　无源分频网络对信号源阻抗和负载阻抗都十分敏感。现代功放的输出阻抗几乎为 0，因此在不使用长距离信号线的条件下，信号源阻抗通常不是问题。负载阻抗则始终是一个变量，无源分频器的设计必须考虑与相应驱动器所呈现出的负载阻抗相匹配。如果使用了与分频器不相匹配的驱动器，实际的分频点会发生偏移，进而导致系统频率响应变差，高频驱动器被损坏的概率变高。

13.7.3 有源、低电平分频器

　　有源分频网络的设计是针对信号进入功放前的环节插入使用的。因此相比无源高电平分频器（上百瓦）来说，它们的工作电平要低得多（毫瓦级别）。由于有源分频器在信号进入功率放大器之前将整个频率范围进行划分，因此需要为每个驱动器配备独立的功放（图 13-21）。用于描述这种设备的另一术语为"电子分频器"（Electronic Crossover）。

　　一只两分频扬声器，通过一个有源分频器和两个功率放大器（或者立体声放大器的两个通道）来控制不同的频段，这种系统被称为两分频放大（Biamplified）系统。以此类推，一只三分频扬声器通过有源分频器和三个功放组成的系统被称为三分频放大（Triamplified）系统。

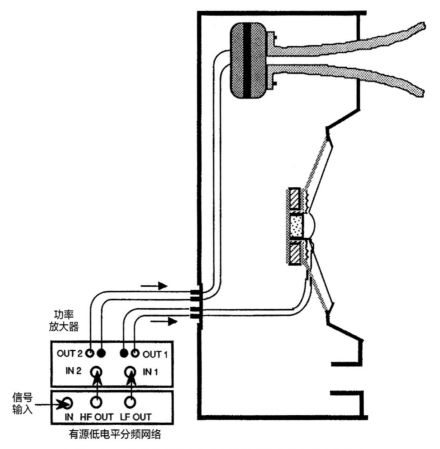

功率
放大器

OUT 2 ● ● OUT 1

IN 2 ● ● IN 1

信号
输入 → ● ● ●
IN HF OUT LF OUT

有源低电平分频网络

图 13-21 常规的有源（电子）分频网络位于功率放大器前

注意：有些系统将有源低电平分频器与无源高电平分频器整合在一起。例如，一个三分频扬声器系统使用一个有源分频器将低频和中高频信号分开，然后将信号馈送给不同的功放。高频功放的输出随后被馈送到一个无源分频器，它的输出直接给到中频和高频驱动器。这种系统是两分频放大系统，同时又是三分频扬声器。同样，也可以有四分频扬声器采用三分频的放大模式。因此之前描述的"两分频放大"或是"三分频放大"对应的是不同频段工作的功率放大器的数量，而非扬声器系统使用驱动器的数量。

尽管这种方式会增加小型系统的造价，但有源分频器在专业音响系统当中得到了极为广泛的应用，因为它们能够极大地提高系统性能，具体细节请见后文。它们能为大型（多扬声器系统）安装节省成本。

13.7.3.1 峰值余量

节目素材（音乐或语言）由多个不同的基频和它

们的谐波共同构成。多数音乐，尤其是流行音乐，都具有很重的低频，在低频段的能量要比高频段多得多。当高频信号和低频信号同时出现在节目中，如长笛和贝斯的组合，高能量的低频会占用功率放大器的大多数功率，为高频信号留下的功率所剩无几。这会导致极为严重的高频削波（失真）。通过一个有源低电平分频器，高频信号可以被送入独立的功放，避免削波问题。相比使用单一的、同等功率的大型功率放大器来说，通过分频方式我们可以获得峰值余量的有效提升。

图 13-22A 展示了一个来自功率放大器输出的低频波形。该波形在峰值与峰值之间的电压为 121V，相对应的均方根电压为 43V。如果这一电压被施加在 8Ω 的扬声器上，功率级约为 230W（公式为 $P = E^2/Z$，因此功率等于 43V × 43V/8Ω=231.1W）。

图 13-22B 展示了来自功率放大器输出的高频波形。它的峰值到峰值电压为 32V，均方根电压为 11.3V，比图 A 要低，施加在 8Ω 负载上的功率为

16W。这些高频和低频的共性通常为音乐性内容。

图 13-22C 展示了将信号 A 和信号 B 叠加之后的结果，模拟了低频音符和高频音符同时演奏时的情况。注意整体的峰值到峰值电压，在不失真条件下是 153V，这一数值比低频或高频信号各自的峰值到峰值电压都要大。对于需要将这一电压施加在 8Ω 负载上的功放而言，它必须产生 $54V_{RMS}$，必须具有 365W 的输出能力（注意功率与电压的平方

成正比）。如果使用一台 230W 的功放，就会发生削波。

如果同样的 2 个波形通过两台功放进行还原，与信号 A 和信号 B 的图形相对应，需要功放的总功率为 245W（两个功率数值相加，230+16），而非366W。因此，使用两台功放分别还原低频和高频降低了对每台功放功率储备的要求。

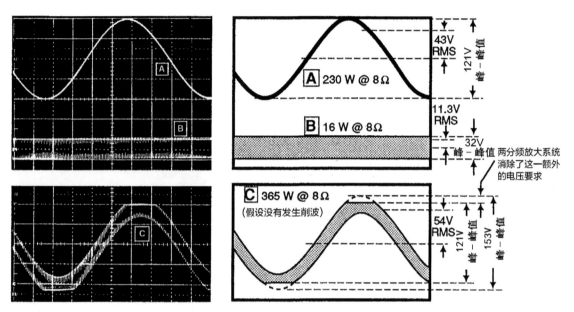

图 13-22　示波器及相关显示图像描绘了两分频放大系统在峰值余量上的优势

注意：上述讨论在某种程度上简化了很多因素，因为它假设高频和低频波形之间的相位关系可以让它们在峰值进行增强型的叠加。在常规节目素材中，这种情况有时会发生，但并不总是如此。在实际应用中，两分频放大系统在降低单台功放功率储备要求方面是十分有效的。

13.7.3.2　效率

一个传统的高电平无源分频器由电容、电感和电阻构成。分频器中的电阻会占用一定的功率，电容和电感也同样会导致能量损失。通过有源低电平分频器进行两分频放大能够消除这些损耗，进而提升系统效率（在一定功放输出条件下获得更高的声压级）。

13.7.3.3　阻尼

功率放大器的阻尼系数等于负载阻抗（与功放连接的扬声器系统阻抗）除以放大器的实际输出阻抗。一个具有高阻尼系数的放大器能够对扬声器振膜的运动产生更强的控制，因此高阻尼有可能改善音质。（虽然这一结论被广泛接受，但仍有一些工程师对其存在质疑。）将无源分频器连接在功放和扬声器系统之间能够显著提升功放的输出阻抗（对扬声器系统来说），导致阻尼系数下降。在一个两分频放大或者三分频放大的系统中使用有源低电平分频器能够还原功率放大器真实的阻尼系数。

13.7.3.4　失真

有源低电平分频器能够避免可能由无源高电平

分频器带来的非线性响应。这是能够通过使用有源分频器来避免的唯一的失真来源。前文我们已经解释过，有源分频器带来的额外峰值余量能够降低削波的风险，因此在放大器中产生失真的情况也会被避免。

如果发生了削波，功放导致的谐波失真在两分频或三分频放大系统中也不易被察觉。例如，在一个传统的两分频系统中（高电平无源分频器），当功放在还原一个大能量的低频音符时出现失真，产生不良谐波。这种系统会让失真的谐波通过无源分频器到达高音单元或者高频压缩驱动器，失真很容易被听到。如果是使用相同扬声器组件的两分频放大系统，在功放之后没有无源分频器，那么即使该音符导致功放削波（虽然不太可能发生），削波的低频音符和相应的谐波会直接通过低频功放进入低音单元（驱动器）。相比高频单元或中频单元来说，低频单元对高频信息没有那么灵敏，失真导致的高频谐波会被低频单元本身的响应特性所抑制。这种特点会降低可闻失真。

13.7.3.5 两分频放大、三分频放大与传统系统之间的比较

两分频或三分频放大系统在提升扬声器性能方面具有一系列的优势，比如峰值余量的增强。音频节目素材是由很多不同的频率及谐波组成。在音乐素材中，大多数能量是低频能量，高频能量只占少数。当一个信号中同时出现高频和低频能量时，较强的低频信号将会耗尽功放的功率，为高频留出很少的能量，进而造成功放削波。在一个两分频或三分频放大系统中，一个较小的功率可以用来驱动高频单元，在对功放整体要求下降的同时，造成低频功放失真的可能性也会大大降低，这是去除了无源分频器导致效率提高而得到的结果。

相比使用高电平无源分频器的传统扬声器系统来说，较小的两分频或三分频放大系统更加昂贵。大型两分频或三分频放大系统仅需要一个分频网络来服务

多个功放和扬声器，而传统系统则需要在每只扬声器内部设置高电平分频器，这样反而导致它的造价更高[2]。此外，大型的两分频或三分频放大系统对功放性能的要求相对较低，这也是它通常具备更高性价比的原因。

13.8　全频扬声器

通过使用一个合适的分频器（参见第 13.7.1 节）将两个或更多用于还原不同频段声音的驱动器组合在一起，扬声器系统可以通过这种方式覆盖音频频率范围的绝大部分。这种系统被称为全频扬声器。

注意：全频驱动器是一个单独的扬声器元件，用于还原音频频率范围的大部分内容。一个典型的例子是 6 英寸 ×9 英寸（1 英寸 =0.025.4 米）的椭圆形车载立体声扬声器。这种装置很难在频率范围的上下限附近产生很好的效果，也无法产生很高的声压级来满足现场扩声的需求。我们在这一部分讨论的全频扬声器不是只配备了一个驱动器的设备，而是包含了两只或更多扬声器单元（或驱动器）的系统，每个驱动器都负责还原音频频谱的一部分。

在现场扩声中，全频扬声器通常为两分频或三分频系统。它们可能选用无源分频器，也可能使用有源分频器，或者是两者同时使用。虽然一些专业人员更加倾向于直接辐射器系统的音质，但由于其极高的换能效率，包含号筒负载式扬声器和压缩驱动器的系统已经变得十分普遍。尤其在小型系统中，常见的组合方式是由直接辐射器充当低频驱动器，号筒负载式辐射器充当高频驱动器。

这 2 种基本方式作为一个整体被整合到全频系统中（图 13-23）。

其中一种方式（图 13-23A）是为每一个不同的频率范围使用独立的箱体，它们可以通过多种组合方式构成系统。这一思路在早期的音响系统中十分常见，目前也仍然在一些系统中得到使用。

2　当然，两种系统使用的功率放大器数量也不相同，因此对系统造价的考量并不像文中描述的那么简单——译者注

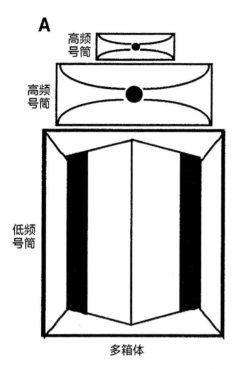

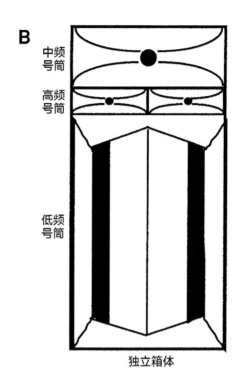

图 13-23　构成三分频扬声器系统两种常见方式

多箱体所具有的优势包括，易于对系统进行掌握，提高可控性。但很多扩声从业者都认为这种优势会被若干劣势掩盖，如组装的复杂程度增加（出错的风险提高）、对系统的相位对齐缺乏控制，以及箱体之间的安装稳定性不佳（分离式的多个箱体在堆叠时容易倒塌）。

当下更为常见的组合方式是独立箱体全频系统（图 13-23B）。这种做法在使用无源分频器时十分方便，它避免了将多个箱体进行串接的麻烦。如果使用有源分频器，独立箱体系统就需要使用一个多芯接口和多芯音箱线对连接进行简化。

针对全频系统的设置与测试详见第 17 章和第 18 章。

界面条件带来的影响

当一只全频扬声器在存在界面的环境中被使用时，它的位置会对实际感知到的频率响应产生影响。如果我们能够正确地理解界面效应，就能将其作为一种提升音质的技巧进行使用。

在图 13-24（a）中，我们可以看到一个全指向辐射器（一只理论上存在的理想化扬声器）被放置在自由场中。我们把在与其距离为 D 的测量点测得的声压作为参考声压，或 0dB SPL。

现在我们将一个巨大的反射界面（如墙壁、天花板或地板）放置在这只全指向性扬声器的边上［图 13-24（b）］，向该界面辐射的声音会被反射。我们可以看到，在 D 处测得的声压增加了 3dB。声源在存在界面的条件下，其能量辐射的空间减小了一半，因此我们称之为半空间负载（Half Space Loading）。

在图 13-24（c）中，扬声器被放置在 2 个相互垂直界面的交界处。在这种情况下，功率向 1/4 空间辐射，被称为四分之一空间负载（Quarter Space Loading）。请注意，相对于（a）中全空间辐射的情况，（c）测量点的声压级提升了 6dB。

最后在图 13-24（d）中，我们将声源放置在 3 个界面正交所形成的角落处。这种设置将辐射空间减小至自由场的 1/8，我们称之为八分之一空间负载（Eighth Space Loading）。与之前一样，测量点的声压级又增加了 3dB，比（a）高出 9dB。

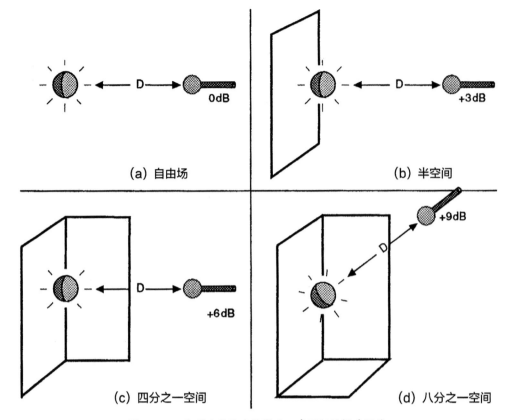

(a) 自由场　　　　　　　　　(b) 半空间

(c) 四分之一空间　　　　　　(d) 八分之一空间

图 13-24　受到边界效应的影响，声压级的提升规律

正如以上理论模型展示的，边界负载会影响全频扬声器的输出，但这种影响并不是对所有频率都一样。

请注意，在上述例子中，我们假设辐射器是全指向的理论模型。实际扬声器仅在低频范围内（相比设备尺寸来说波长较大的频率范围）呈现出全指向特性。实际上高频扬声器对指向性具有控制力，能够向单一方向辐射声音（大致上背向墙体）。

出于这种原因，如果我们将一只全频扬声器放置在墙壁与天花板的交界处，或者放置在角落，在高频不发生变化的情况下，低频会得到提升（高频扬声器背对界面进行辐射，扬声器正前方的辐射能量几乎无法得到反射能量的帮助）。如果扬声器的低频效率不高，或者需要一个较重的低音，那么通过将扬声器放置在角落以提升低频能量是可行的。反之，我们可能需要对系统进行均衡处理以衰减低频能量，这也是有益的处理方法。如果我们需要从系统中获得大量的低频能量，就可以通过半空间或四分之一空间以声学手段提升低频，同时通过均衡处理将低频能量衰减至正常，通过这种方法来获得更

高的系统峰值余量（降低了功放和扬声器系统对功率的需求）。

13.9　扬声器参数

一个驱动器或扬声器系统的参数应该包含我们在使用过程中所需的一切基本信息。通常在参数表中包含的内容包括频率响应、功率承受能力、灵敏度、阻抗以及指向性特征。

13.9.1　频率响应

频率响应指的是扬声器在一定输入功率级条件下，其轴向输出信号与输入信号在频率上的比对。一只普通的全频扬声器的频率响应参数可以标记为：

30Hz~15kHz，±3dB

该参数告诉我们扬声器能够准确还原的频率范围（30Hz~15kHz）。在均衡矫正的帮助下，它有可能还原更宽的频带，但该参数所规定的是其本身具有平坦频率响应的区间。

±3dB 指的是该参数的偏差。它包含的信息是，在规定频率范围内，如果我们在任一频率上将输入功

率信号和输出声学信号进行对比，两者之间的比值应该在 6dB 范围以内。

频率响应也可以通过图表的方式来表现（图 13-25）。

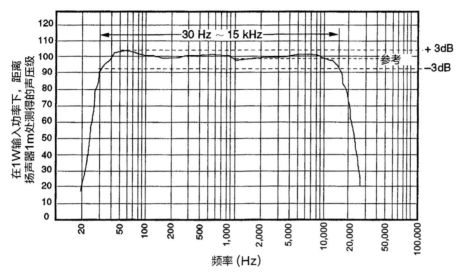

图 13-25　扬声器频率响应的图表参数

横轴为频率，以对数方式排列。纵轴为声压级，以线性方式排列。该图表假设扬声器的输入信号在全频段上相等。注意这一扬声器恰好满足上述参数指标（30Hz~15kHz，±3dB）。

图 13-25 展示的频率响应偏差对于实际扬声器来说十分常见。由于扬声器是一个复杂的换能系统，它对激励信号的响应受到若干因素的相互影响。因此，相比话筒或有源信号处理器来说，扬声器的频率响应曲线看上去要粗糙得多。如果你看到一条极为平滑的曲线，那么它很可能是不准确的。有时测量人员会降低图表精度或增加图纸在描绘过程中运动的速度，通过这种机械方式消除一些图表上的峰值和谷值。但是，这种方式无法准确地反映扬声器的响应特征。

目前至少有一家扬声器制造商提供包含 1/3 倍频程噪声的曲线。扬声器的输出在各频段上做了平均处理，以水平短直线的方式绘制成图表。这种曲线不会展示频率响应中微小的峰谷，只会展示大致趋势。从另一方面来说，小的峰值和谷值对我们的参考意义不大，因此平均噪声频带图表可能是一个更加合理的参数表现形式。（平均噪声图表的唯一问题在于，如果在扩声系统中存在一个可能引发回授的尖锐峰值，它可能无法明显地展现出来。我们需要了解这种峰值存在，并且有针对性地通过陷波器来降低峰值，使整个

系统获得更高的可用增益。）

通过以上可以看出为何我们更加倾向于图 13-25 中的图表，而非"30Hz~15kHz，±3dB"这种文字性描述。图表能够给我们更多信息。从中我们可以看到响应中的峰值和谷值，以及它们影响的范围有多宽。

频率响应对扬声器的声音有着很大的影响。曲线越平直，扬声器对声音的还原就越准确。

响应中的峰值和谷值会对声音产生染色。高频段的峰值会让系统听上去更明亮。低频段的峰值会让系统听上去低频更重。中频区域一个较宽的谷值会减少人声信号的力度，导致可懂度降低。非常窄的谷值对于声音的影响通常很小，尤其是对语音影响甚微，但它们可能会在不影响相邻音符的情况下，对某个乐音音符产生影响。

13.9.2　功率承受能力

功率承受能力标明了扬声器在不发生损坏的条件下能够承受的放大器功率。该指标与频率响应或失真没有关系。功率承受能力可以通过若干种方式进行标定。

持续功率（Continuous Power，有时会被错误地描述为"均方根功率"）指的是扬声器所耗散的平均功率，其激励信号通常为一个持续正弦波。这是扬声器所处的最为糟糕的工作情况，即音圈的发热量达

到最大时的条件。在实际应用中，扬声器很少遇到这种信号，除非系统发生故障，或者合成器演奏者始终将手指放在键盘的某个键上。

节目功率（Program Power Rating，或持续节目功率，Continuous Program Power Rating）的测试信号是模拟实际节目素材的复杂波形。这一数值始终高于持续功率或均方根功率。然而针对这个参数并无统一的参考信号，因此不同厂家提供的节目功率指标不能直接拿来进行对比。

峰值功率（Peak Power Rating）指的是扬声器所能承受的最大瞬时（非常短的时间）功率。扬声器的峰值功率承受能力受到其最大物理机械位移而非热功率的限制。峰值功率的数值始终比持续功率或者节目功率要高。

EIA 功率承受能力所使用的测试信号是经过削波和整形的噪声信号，以此来模拟音乐信号。该信号由电子行业协会（EIA，Electronic Industries Association）进行规范和发布。它不仅提供了用于测试扬声器热功率的平均电平，还提供了高于平均电平 6dB 的峰值信号，用于测试系统的机械拉伸能力。

EIA 功率代表信号的平均电平而非峰值电平。由于峰值信号比平均信号高出 6dB。因此 EIA 标定下的 50W 平均功率对应的峰值功率应为 200W。同样，一个 150W 的 EIA 功率对应的峰值功率为 600W。

功率参数是将驱动器或扬声器与功率放大器进行匹配的一种方式。这种匹配是非常重要的。一个功率很小的放大器无法展现扬声器的全部性能。如果一个功率有限的功放被过度驱动，以失真为代价来获得需要的声压级，那么由于失真产生的谐波很容易造成扬声器音圈过热，进而导致扬声器损坏，而功率充沛的放大器则不会出现这种问题。反过来说，如果配备的功放功率过大，扬声器也会因为过度的机械拉伸和过热而导致损坏。将功率放大器与扬声器之间进行匹配的步骤参见第 12.5 节。

13.9.3　灵敏度

扬声器的灵敏度可以通过若干种方式进行标定，如距离扬声器 1m 处的声级，并且以常见的 1W 作为

输入信号功率。其他标定方式还包括使用 1W 输入信号在 4 英尺（1.22m）距离下的声压级，或 1mW 输入信号在 30 英尺（9.14m）距离下的声压级。即使在常见情况下（1W 输入信号在 1m 距离下），不同厂家的参数还是会有所不同。对于使用单一驱动器的扬声器而言，测试话筒应该放置在驱动器的正前方；而对于两分频扬声器而言，测试话筒应该放置在两个驱动器的中线上；对于三分频或包含更多驱动器的扬声器系统来说，在 1m 测试距离（39.37 英寸）下将测试话筒放在什么位置的确是一个难题，针对各驱动器的轴向和偏轴向的不同，获得的声压级差别将非常大。还有一个问题，就是 1W 的输入功率如何测得？我们通常可以测量输入电压，求平方，然后再除以扬声器阻抗。那么我们应该使用什么阻抗数值？通常我们会使用额定阻抗值，但由于扬声器的实际阻抗会随着频率发生变化，被测频率的阻抗很有可能低于额定阻抗，进而消耗超过 1W 的功率，人为地导致灵敏度偏高。出于这种原因，如果想要获得准确的灵敏度参数，对测试信号进行规定是十分重要的（通常为正弦波，在一定频率范围内进行扫频，当然我们也会使用某一频带内的噪声信号），通过这种方式确认输入功率。我们还需要确定实际输入电压或假定阻抗数值，以此来进行输入功率的计算。

注意：灵敏度通常会和扬声器效率相混淆。灵敏度是扬声器在某一输入功率下在其正前方某一距离上产生的声压级。换能效率则是指在一定输入功率下，扬声器在各个方向所能转换的总体声功率（与距离无关）。如果两只扬声器具有同样的灵敏度，那么辐射角更宽的那只具有更高的效率。假设两只扬声器具有同样的指向性特征，我们就可以通过其灵敏度参数来评估它们的换能效率。

对于扬声器正前方的声压级来说，灵敏度增加 3dB 相当于放大器功率增加一倍。换句话说，假设有两只扬声器，其中一只比另一只的灵敏度高出 3dB，如果较为灵敏的扬声器受到 50W 持续功率的驱动，那么不太灵敏的扬声器需要 100W 的持续功率才能获得相同的轴向声压级。

通过灵敏度进行的常用计算参见第 5 章"室外

声音"。

13.9.4 阻抗

阻抗被定义为一个电路对交流电的总体阻碍作用。在扬声器参数中，我们通常使用"额定阻抗"这一术语。这一说法反映出，扬声器的实际阻抗会随着频率发生改变。扬声器的额定阻抗通常是其相对于功率放大器的最小阻抗（高于共振频率）。图13-26 展示了一只扬声器常见的阻抗曲线，其额定阻抗为 8Ω。

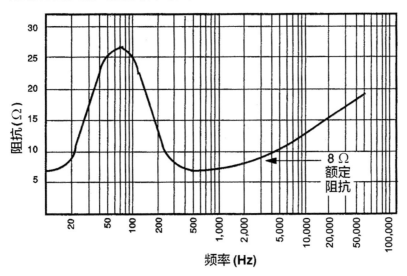

图 13-26　扬声器阻抗参数图

额定阻抗直接关系到扬声器能够从功放中释放出多少功率。如果功放在 8Ω 负载下的功率为 100W，那么一只 8Ω 的扬声器就能够从这台功放释放出 100W 的功率。而一个 16Ω 的扬声器只能从该放大器中释放出 50W 的功率。

如果根据这个思路，有人可能会认为一只 4Ω 的扬声器能够从放大器释放出 200W 的功率。但这并不符合实际情况，因为当负载为 4Ω 时，功率放大器在输出功率到达该数值之前就会发生电流限制。（由于散热或电源的限制，功放的阻抗和削波功率间的关系有时并不是严格遵循数学规律。关于功放和负载阻抗之间的关系，我们已经在第 12 章讨论过。）

13.9.5 指向性特征

扬声器的指向性特征可以通过多种方式来表示。最为常见的方法是通过角度分别标记横向和纵向的辐射角。这一角度通常被规定为低于轴向声压级 6dB 的点（之间）形成的角度。在这种情况下，我们需要注意两点：

（1）在没有标记频率范围的情况下，该指标通常对应中高频，因为扬声器在低频段呈全指向性；

（2）上述参数表达的角度是针对特定参考轴的，即一个 30° 的纵向辐射角可能意味着以轴向为 0° 展开的 +15° 和 −15° 范围。

另一个用于表示指向性信息的方法是波束宽度图。图 13-27 展示了一个常见的波束宽度图。

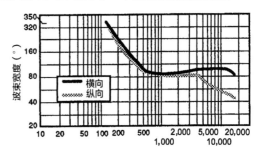

波束宽度 vs. 频率（6dB 衰减点）

图 13-27　扬声器的波束宽度图

注意：这是相对上一种方式更为详细的方法。它描绘了以 −6dB 衰减点界定的波束宽度随频率变化的情况。

还有一种描述指向性特征的方法是，给出一系列频率响应曲线（图 13-28）。

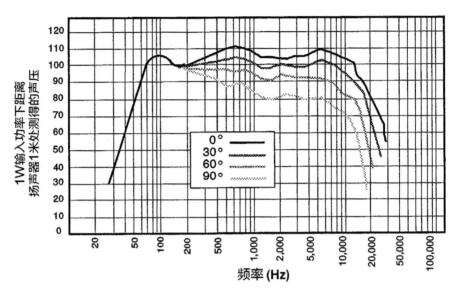

图 13-28　一只普通全频扬声器系统在轴向和偏轴向上的频率响应

在这种极性图中，曲线给出了轴向和偏轴向频率响应的情况。事实上，该图展示了更多关于不同轴向上扬声器的音质信息，但它提供的与辐射角相关的信息较少。对于扩声来说，这种图表是十分有用的。

扬声器参数还包含指向性因数（Directivity Factor）和指向性指数（Directivity Index）。这些数据的计算已经超出了本书讨论的范围。它们通常被声学设计师和顾问用来进行语言扩声系统的设计，对于音乐扩声系统来说并不常用。

还有一种标记扬声器指向性特征的方法是极性图。图 13-29 以横向极性图和纵向极性图描述了与图 13-27 相同的全频扬声器。

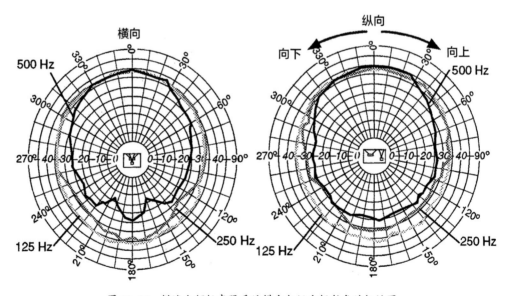

图 13-29　描述全频扬声器系统横向与纵向辐射角的极性图

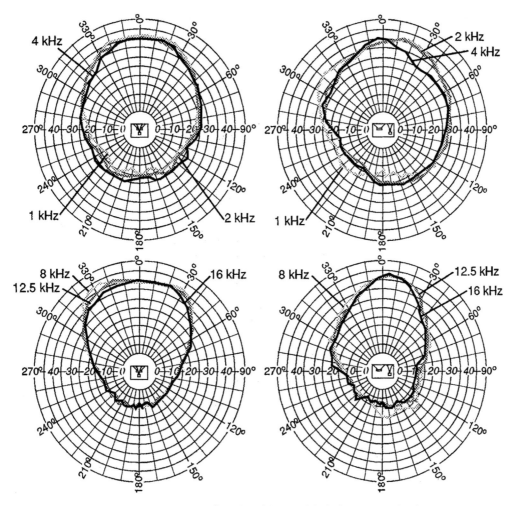

图 13-29 描述全频扬声器系统横向与纵向辐射角的极性图（续）

注意该图显示了扬声器在不同频率下的指向性特征。根据这些信息，我们可以判断当我们偏离轴向时，声音会如何变化。

13.10 失真来源

在驱动器或扬声器系统中有很多潜在的失真来源，其中有些是驱动器、箱体或号筒设计导致的固有问题。而其他方面的问题则能够通过系统设计者和操作者的操作在一定程度上得到解决。我们在这里仅讨论后者。

13.10.1 机械损伤

当功放或者信号链中的其他处理设备被要求传递超出其承受范围的信号时，就会发生削波。

机械损伤对于驱动器来说，相当于失真之于功放。在一定频率范围内，当驱动器被要求生成一个超出其承受范围的声压级时，就会发生机械损伤。在峰值时，

振膜可能会击打驱动器的框架，产生一个与实际信号非相关的高频冲击。在极端情况下，线圈会跳出磁间隙，拉扯悬吊结构，甚至导致音圈脱离磁间隙，快速损坏驱动器。

机械损伤会产生恶性失真。这意味着扬声器系统无法承受演出所需的功率。常规的解决方法是增加更多的扬声器，提高系统输出声学功率的能力，以便在扬声器不过驱的情况下，产生适宜的声压级。

13.10.2 互调失真

音乐信号是十分复杂的，对音乐进行扩声要求扬声器能够在同一时间内真实地还原很多频率。在一些情况下，节目信号中两个甚至更多频率之间会发生相互干扰，生成原始信号中没有的额外频率。这种现象被称为互调（IM，Intermodulation），由于互调产生的额外频率是失真的一种形式。

我们已经在第 13.7.3 节讨论过一种形式的互调

失真（放大器在处理一个强低频音符时会由于一个伴生的高频分量产生削波）。经分析，这种互调失真主要存在于使用无源分频器的系统中。

当驱动器在某一频率的强信号作用下接近机械损伤极限时，互调失真也会出现，它会生成具有一定能量的伴生频率。当驱动器到达机械损伤极限时，它会受到悬吊结构的牵引。这会导致声音在还原的过程中出现轻微的削波。信号中的其他频率分量会受到最强频率分量的调制，生成互调失真产物。

当驱动器受到的驱动力过大，音圈被拉出电动机组的磁间隙时，相似的现象也会出现。永磁体产生的作用力是集中在磁间隙内的。如果音圈在磁间隙以外运动，那么该作用力就不再起作用，线圈的运动也不会随着电流的增强而增强。这样得到的结果仍然是削波，同时生成互调失真产物。出于这种原因，振膜运动距离较长的低频驱动器，通常会采用叠绕式线圈（Wound Coil），保证始终有一部分线圈在磁间隙中运动。

还有一种更加微秒的互调失真，它出现在使用锥形驱动器来还原较宽频率范围的情况下。低频能量导致锥形纸盆以较快的速度和较远的行程进行往复运动，并在同一时间还原较高的频率。这就像一辆运动的汽车，当它靠近时，鸣笛声的频率会逐渐变高；而当它远离时，鸣笛声的频率会逐渐降低。由低频能量导致的锥形纸盆振动会对信号的高频分量产生调制作用，产生互调产物。这种现象被称为多普勒失真。

在号筒式扬声器中，互调失真可能由号筒喉部非线性的空气压缩引起。该现象与若干因素直接相关：较高的压缩比、较低的频率、较高的声压级或者较小的号筒喉部尺寸都可能导致失真的增加。出于这种原因，低频号筒和中频号筒的设计通常采用较低的压缩比。所以通常我们只需考虑高频号筒和驱动器设计中与互调失真相关的问题，因为对高频投射高效率的追求通常使我们倾向于使用较高的压缩比。

13.10.3 机械缺陷

扬声器箱体或驱动器中的简单机械问题也会导致失真。在多数情况下，只要能找出问题所在，我们就能够较为容易地解决问题。

尤其是低频扬声器，其箱体侧壁的振动会导致失真。出于这一原因，低频箱体通常需要很厚、密度很高的材料和坚固的支撑结构。箱体共振不仅会导致声音失真，还会造成换能效率的损失，因为原本通过扬声器系统投射的能量被箱体侧壁耗散掉了。

与此相关的一个失真来源是设计缺陷或松动的箱体配件。松动的把手、螺丝，没有经过阻尼处理的金属号筒或声透镜等类似的问题都会引发噪声。因此硬件的选择应谨慎，安装应稳固，在必要时应覆盖一层隔震混合材料。

如果采用导向管结构，低频箱体就必须具有良好的密闭性。这么做是因为即使在中等声压级条件下，箱体内部也会产生很高的气压。空气将会通过任何一个细小的孔洞，产生哨音或者哗哗的噪声，而这种声音对失真的"贡献"通常高得超乎想象。板材、把手和驱动器的连接必须通过垫压圈来进行空气密闭，箱体连接处必须整洁紧密。

高频和低频驱动器都容易受到外来颗粒物的影响。最危险的颗粒物成分就是铁或者钢，因为它们容易被吸附到磁体的磁间隙中，从而进入磁场内部。随着线圈来回运动，这些颗粒产生的摩擦噪声会传递给振膜，导致一个非常糟糕的声音。对于丢失的防尘罩应当立即填补，针对扬声器的任何修理工作都应该在干净无尘的环境中进行。

驱动器本身的机械缺陷也会导致失真。最常见的缺陷是线圈摩擦。当音圈在磁间隙中来回运动时，它与磁间隙的侧壁发生接触。即使只是十分轻微的接触，线圈摩擦也会带来非常高的失真。导致这一问题的原因有可能是悬吊结构的线圈没有固定在磁间隙中心，或是线圈发生形变。无论是上述何种情况，我们都需要对驱动器进行维修或更换。

最后，驱动器中一些小的机械缺陷，如悬吊结构的某一部分黏合不良，线圈引线晃动，或者振膜轻微变形（尤其是高频驱动器），都可能导致较小的失真。有时需要通过大量的检测工作才能发现这些问题。每个因素都很重要，每一个失真来源最好都能得到分析和解决。这样才能在各种环境中都能获得一个更好的声音。

13.11　常见的损坏模式

当一只扬声器元件发生损坏时，找出损坏原因并在可能的条件下进行修复是极为重要的。在某些情况下，我们需要进行一定程度的监测工作。

扬声器的驱动器损坏通常可以归结为一两种来源：制造缺陷或操作失误。驱动器也有可能由于音响系统中其他环节的信号处理器的问题导致损坏。这些问题比较难被发现，尤其是以间歇性方式出现的时候。针对这些情况，我们需要得到使用者的配合才能够确认并修正这些问题。

确认导致扬声器损坏原因的第一步是对损坏元件本身进行分析。根据损坏引发的物理特征，我们通常可以找出原因并对其进行修正。

13.11.1　制造缺陷

专业音频设备制造商心知肚明的一点是，客户的生计在一定程度上有赖于产品的质量和可持续性。出于这种原因，每个专业音频设备制造商都会采用一些质量控制手段作为其生产过程中不可缺少的组成部分。

扬声器驱动器作为批量生产和销售的元件，有时只采用质检抽查的方式，偶然出现的制造缺陷可能无法引起制造商的注意，在驱动器抵达用户手中之前都不会显现出来。

驱动器的制造缺陷通常是机械结构本身的问题。表 13-1 列出了常见情况，以及它们表现出的症状。

表 13-1　扬声器制造缺陷诊断一览表

缺陷	驱动器框架组装不良或未经测试	结果
悬吊配件黏合不牢	正弦波扫频	杂音；锥形纸盆或振膜（折环与定心支片）分离
音圈与振膜连接不完整	正弦波扫频	杂音；线圈，与振膜分离
线圈引线接头处虚焊	音圈连接处的直流电阻	线圈阻抗高于驱动器额定阻抗，或呈无穷大
线圈接线柱与线圈管之间焊接错误	音圈连接处的直流电阻	线圈阻抗无穷大或发生间歇性变化；声音减弱或充满静电噪声
驱动器框架组装不良或未经测试	肉眼检查	杂音或破音；配件不牢固

对制造缺陷的妥善处理需要制造商在相应的质保和售后服务过程中具有相关的技巧和严谨的态度。当发现产品制造方面的问题时，参考供应商的质保政策，和他们的售后服务或退换部门进行联系。负责任的制造商对产品问题持欢迎态度，因为这些信息可以帮助制造商完善制造流程。更为重要的是，遵守维修或退换政策能够使用户的权益得到保证。

13.11.2　操作失误

对于较为简单的系统安装或专业知识较少的操作人员而言，错误的连接或操作方式是导致元件损坏的主要原因。这种损坏的表现形式多种多样，但它们通常是毁灭性的，可以立刻被察觉出来。

多数由于操作失误而导致的设备损坏都能够通过肉眼检查得到确认。在很多情况下，我们需要对元件进行拆解甚至破坏才能进行完整的检查。这种行为可能导致保修失效，因此请三思而后行。当然，如果设备损坏的确是由操作不当导致的，它无论如何也不属于正常质保的范围内。然而了解导致设备损坏的原因对避免同样的问题再次发生是十分重要的。在任何一种情况下，如果设备损坏可能享受质保政策，请在拆解元器件之前咨询制造商。

表 13-2 和表 13-3 分别列出了常见的操作失误导致低频驱动器及高频驱动器损坏的情况。

表 13-2　由于操作不当导致低频驱动器损坏一览表

现象	可能的原因
音圈看上去烧焦了	过量且持续的放大功率
线圈引线烧焦或发黑	过量且持续的放大功率
音圈跳出磁间隙	过量的峰值放大功率
悬吊结构撕裂	过量的峰值放大功率；如果以阵列方式安装，可能存在反相连接
线圈摩擦	驱动器安装不当导致框架变形；过量且持续的放大功率导致线圈从线圈架上脱离；箱体或驱动器被摔坏，或在运输过程中出现严重振动导致框架变形；定心支片移位
锥形纸盆烧毁	极端且过量的持续放大功率
锥形纸盆撕裂或破损	过量的峰值放大功率；运输不当；故意破坏
盆架破损或磁体移位	箱体或驱动器被摔坏

表 13-3　由于操作不当导致高频驱动器损坏一览表

现象	可能的原因
音圈看上去烧焦了	过量且持续的放大功率；功放损坏（功放输出直流电电流）
线圈引线烧焦或变黑	过量且持续的放大功率
振膜脱出防尘罩或者与定心支片撞在一起	过量的峰值放大功率；（高音单元）在一个两分频放大系统中接入了低频功放
振膜损坏或呈粉末状	过量且持续的放大功率（通常与频率相关）；过量的峰值放大功率；（高音单元）在一个两分频放大系统中接入了低频功放
振膜出现凹纹或撕裂	在维修或者拆解过程中对工具的错误使用
线圈摩擦	箱体或驱动器被摔坏；更换振膜时安装不当；过量且持续的放大功率导致线圈脱离线圈架
磁体或定心支片发生机械错位	箱体或驱动器被摔坏

13.11.3　由于信号链中其他元件导致的损坏

功放或信号处理器的工作在某些情况下可能导致一只或更多扬声器元件的损坏。我们需要对整个系统进行仔细地检查才有可能使这些问题得到确认。被损坏的驱动器的物理状况能够为我们确认问题提供线索。

导致驱动器损坏的一个常见原因是功放输出的直流电电压。这种情况通常仅对低频驱动器产生影响，因为高频驱动器通常是容性耦合的。

如果直流偏置十分明显，在极性错误的情况下，它会导致线圈跳出磁间隙并且燃烧，这与过量的峰值放大功率导致的损坏十分相似。如果直流偏置的极性将纸盆向内推动，纸盆会因为线圈烧毁而停留在这一位置。

较弱的直流偏置可能会使纸盆停留在偏离中心的位置。在这种情况下，悬吊元件最终将会停留在偏离中心的位置，即使断开功放与驱动器的连接，纸盆仍然会表现出向内推或向外推的情况。驱动器可能没有完全损坏，但它通常会产生大量的失真。（当一个悬吊结构较为松散的锥形驱动器被竖直吊挂时，重力会导致一个机械性的直流偏置。这种情况也会出现相似的失真。）

如果怀疑功放输出端输出了直流电，而功放为交流耦合（直流电无法通过），这意味着功放即将或已经损坏。如果功放为直流耦合，那么这种偏置则可能来源于前面的环节。在这种情况下，功放本身和向功放馈送信号的前级设备应该分别进行检测。

信号链中的高频振荡也有可能摧毁扬声器元件——通常是高频驱动器，因为低频驱动器通常受到分频滤波器的保护。在两分频放大系统中，功放的振荡可能非常容易将低频驱动器"煮熟"。

由于高频振荡通常发生在超高频段，因此往往不被注意到。事实上，它们可以在系统刚刚打开还没有任何信号输入和输出的时候就把线圈烧毁！

音响系统中的振荡很难被察觉。如果怀疑它是导致驱动器损坏的原因，通常需要使用一个宽频带的示波器来仔细追踪信号的成分，检查应先从功放的输出端开始，然后逐渐向信号链前端移动。此外，还有一种没那么科学但成本较低，且行之有效的方法来追踪无线射频振荡。只需将一台便携式调幅收音机放在系统连接线旁边，就可以检测是否存在无线射频振荡（我们可能会在某个电台中听到噪声，或者在电台频率之间听到杂音）。

最后需要提到的是，设备开关时产生的瞬态信号也会摧毁低频和高频驱动器。这种瞬态信号是电子设备在通电或断电时产生的峰尖信号。出于这种原因，我们应该遵循以下原则：

最先关功放，最后开功放。

通过这种方式，系统中任何一个信号处理设备在开关时产生的瞬态信号都无法进入扬声器中。

第14章　信号处理设备

信号处理器是一种以非线性方式对音频信号施加变化的装置（或电路）。根据此定义，简单的推子、电平控制或者放大器并不是一个信号处理器，而均衡器、滤波器、压缩器、相位处理器、延时器及其他改变声音的装置才是。在本部分我们会针对多种常见信号处理器做详细讲解，内容包括一些历史回顾、工作原理、在不同应用和使用场合下的限制等。在这里我们不会提及的产品是分频网络（也称频率分配网络），它已经在第13.7节进行了详细的说明（很多人不认为分频网络是一种信号处理器，虽然它的确改变了信号）。

我们讨论的绝大多数信号处理器都像是独立于调音台之外的周边设备。事实上，很多调音台，甚至是小型调音台也具有一些内置信号处理器设备，如多种多样的输入均衡器、输出端图示均衡器、回声或混响效果，有时也会配有压缩器或限制器电路。

信号处理器还可以通过其他常见术语来描述，如效果器（Effect Unit）或效果装置（Effect Device），有时会简写为EFX。信号处理器主要用来制作特殊效果，如电吉他使用的镶边效果器（Flanger）和失真效果器（法兹盒，Fuzz Box）。其他信号处理器则被用来对整体声音平衡进行精确控制（均衡）、塑造空间感、增加透视感（混响和延时）或控制节目中较大的音量变化（压缩器）——这些则是无须特殊效果的情况。同样的设备在进行极端设置时也能够产生特殊效果。我们使用信号处理器这一术语是因为它能够涵盖方方面面，无论其用途是获得较为柔和的效果，还是制造极端的特殊效果。

14.1　均衡器

14.1.1　总论

在早期的电话领域，当人们通过长信号线传输语音时，会发生非常严重的信号损失（衰减）。虽然我们可以通过放大的方式来进行弥补，但实际上这些损失都是和频率相关的，某些频率会比其他频率衰减得更为严重。因此我们需要研发特殊的电路来提升那些衰减更为严重的频率。由于这些电路使所有频率在电平上更加均等，因此它们被称为均衡器。最早"均衡"这一术语特指对音频信号的某一频率范围进行提升的电路。

你可能会认为对某一部分频率起作用的电路应该被称为"滤波器"。总的来说，滤波器对某些频率起"切除"作用。如果切除大多数频率，仅允许一部分通过（带通滤波器），结果其实与提升这些能够通过的频率相同，尤其是为被衰减的频率提供增益补偿时，效果更为相似。因此在某种意义上，滤波器也可以用于提升能量。最终，那些用于切除频率的滤波器，与那些用于提升能量的均衡电路被整合到单一的设备当中。今天，这种被用来制造能量相对提升或衰减的设备得到了广泛的使用。

虽然从历史和技术的角度来说，均衡这一术语仅在提升能量时才适用，但如今我们对该术语的解读同时包含提升电路和衰减电路两个方面。你也能够看到一些文章中使用"滤波装置"这一术语。如1/3倍频程滤波器，它并不完全等同于均衡器（一些滤波装置仅提供切除频率的功能，因此根本就不是均衡器）。我们并不会特别纠缠在术语的准确性上，但了解人们对这一领域进行严格划分的原因是十分必要的。

14.1.2　普通的音色控制

在高保真功放或汽车音响中常见的音色控制也是一种形式的均衡器。它通常可以控制2个频段：低频段和高频段。图14-1描述了常规低频和高频音色控制的外观，以及在对其进行调整时可能影响到的频率。

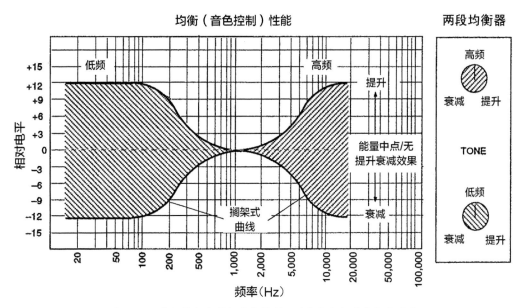

图 14-1 常规低频和高频音色控制以及它们如何改变频率响应

相对于节目的其他频率成分来说，增加低频音色控制等同于提升较低频率声音的电平。这会带来一个更加丰满的声音，如果效果太极端，则会导致声音浑浊。相反，当减小低频控制时，相同频率的电平被衰减，这会导致一个很薄或很小的声音。

图 14-1 中展示了一个典型的均衡，它被称为搁架式特征或搁架式曲线。让我们注意通过低频控制获得的搁架均衡曲线。电平的提升或衰减从 1,000Hz 的转折点以下逐渐开始。随着控制量变得最大或者最小，该电路在 100Hz 能够产生 10dB 的提升或衰减，在该频率之上，能量提升或衰减的效果越来越不明显。100Hz 以下的能量提升或衰减保持不变。正如响应图展示的那样，图中曲线已停止倾斜并再次变得水平。这个新的电平提升或衰减曲线看起来很像一个架子，因此被称为"搁架式"。

高频音色控制与低频控制呈镜像效果，虽然提升或衰减了 1,000Hz 以上的频率，但这并不会

对 10kHz 以上的频率产生进一步的影响。不同音色控制转换的频率各不相同，对低频和高频电路也可能不一样。低频控制的转换点可能在 500Hz，而高频控制的转换点可能在 1.5kHz，这导致无论进行何种处理，500Hz~1.5kHz 这一频率范围都不会受到影响。此外在实际应用中，因均衡作用发生最剧烈变化的频率范围也可能不同，低频控制在 50~150Hz 达到最大值，而高频控制则在 5~12kHz 达到最大值。

图 14-2 描述了均衡在没有进行最大提升或衰减时所产生的效果。我们可以看到，搁架本身保持平坦，转换频率点保持不变，但曲线上的提升量或衰减量发生了变化。

如果我们要将这种特定的音色控制归为均衡器的话（事实上它是一种均衡器），它应该被定义为一个二段、固定频率范围的搁架式均衡器，在 100Hz 和 10kHz 处能够带来最大 10dB 的提升或衰减。

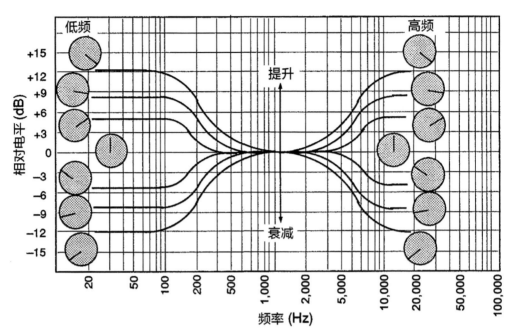

图 14-2　常见的几种低频和高频音色控制曲线，与具体设置相对应

14.1.3　常见的多段均衡

与上一章节描述的高保真音色控制设备相似，常规调音台的每个输入通道都会配有一个二段均衡器，但更为常见的则是能够至少同时控制三个不同频段的均衡器。在三段均衡器中，用于控制中频段的电路总是具有"峰值"（Peaking）特征（图 14-3）。

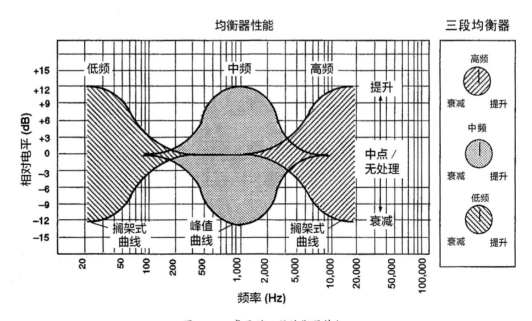

图 14-3　常见的三段均衡器特征

用来描述峰值均衡的另一个术语是峰／谷（Peak/Dip），它反映了峰值均衡可以通过提升能量来增加电平（产生频率响应曲线上的峰值），也可以通过衰减能量来降低电平（产生频率响应曲线上的谷值）。所有的峰值均衡器都存在一个最大峰值或者谷值的中心频率，在中心频率以上或以下的频率受到的影响会随着逐渐远离中心频率而越来越弱，直到在频率轴的某一点上完全不再受影响。与之截然不同的是搁架式均衡，在有效频率以上或以下的频率范围内，其作用保持不变。

很多调音台的通道均衡都提供了两个或者更多的

中频峰值均衡，它们的作用范围位于高频和低频搁架均衡之间，这一频率范围包含了绝大多数音乐能量，是人耳最为敏感的区间（500Hz ～ 4kHz）。通过这些峰值均衡，我们可以对它们进行更好的控制。遗憾的是，仅仅对若干固定的中心频率进行处理通常无法满足各种声音特定的缩混要求。出于这种原因，一些制造商提供了改变峰值均衡中心频率的方法（以及改变搁架均衡的拐点频率），即在四段均衡中选择 2 个不同中心频率的机制（图 14-4）。可以观察到，低频段和高频段使用了搁架均衡（可选择不同频率），而中低频和中高频则使用了峰值均衡。

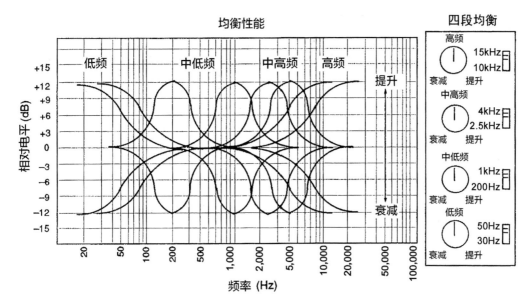

图 14-4　四段均衡器，每个均衡器都有 2 个可选频率

你可能会认为一个三段均衡（图 14-3）是一个有 3 个旋钮的均衡，而四段均衡（图 14-4）则是一个有 4 个旋钮的均衡。这种认识是有问题的，一个四段均衡通常不仅仅只有 4 个旋钮。频率选择开关可能以旋钮的形式出现，这使四段均衡配有 8 个旋钮。我们通过能够同时控制的频段数量来对均衡器进行命名，而非它所配备的旋钮数量。（高级的、可遥控的均衡器可以通过两个旋钮和若干开关控制多个频段，包括频率、提升衰减等其他参数，这意味着准确使用术语是十分必要的。）

在成本和面板空间都允许的情况下，我们更倾向于同时控制更多的频段。这意味着我们能够控制声音的不同方面。假设调音台接收了一段来自电吉他的输入信号。如果只有一个二段均衡（音色控制），我们

所能做的只有提升低频以获得一个更加丰满的声音，但同时也会造成低频区某些音符的浑浊；我们也可以提升高频来获得更多明亮感，但同时也会突出手指划过琴弦的声音。通过四段均衡处理同一把电吉他则是截然不同的。我们可以使用低频的搁架均衡来消除浑浊的音色，然后通过一个中低频的峰值均衡对 200Hz 左右进行提升以获得一个丰满声音，中高频的峰值均衡可以在 2.5kHz 处提升出冲击感，而高频搁架均衡可以减少 8kHz 以上的频率以减少外来噪声。对于均衡频率的选择、提升或衰减量，以及使用峰值还是搁架曲线取决于很多因素：个人的品位、乐器特性、使用的话筒、声学环境、音响系统的质量，以及使用的均衡器等。

一些调音台的输入通道上设置的四段或五段均衡

可以对 20 个甚至更多的均衡频率进行控制。即便如此，它也可能无法使我们获得满意的声音，这也是为什么会出现其他类型均衡器的原因。我们将在后文进行解释。

14.1.4 连续可变频率（Sweep Type）均衡器

长久以来，大家一致认为如果均衡器的中心频率或者拐点频率能够连续可变的话，就能够获得对声音更加精确的控制。对于早期的均衡器来说，由于电路自身的特性，这种技术造价很高。线圈（电感元件）

的参数要么是固定的，要么改变起来十分困难。较新的电路采用了成本较低的集成电路运算放大器以及相对便宜的电容和电阻来模拟电感的功能，这使得我们可以轻松改变电路的参数，在实际应用中具有很大的优势。这种技术使制造性能稳定、性价比高的连续可变频率均衡器成为了可能。连续可变均衡器与我们在第 14.1.3 节介绍的传统多段均衡器相似，但它的中心频率或者拐点频率连续可变。图 14-5 展示了这种均衡器。

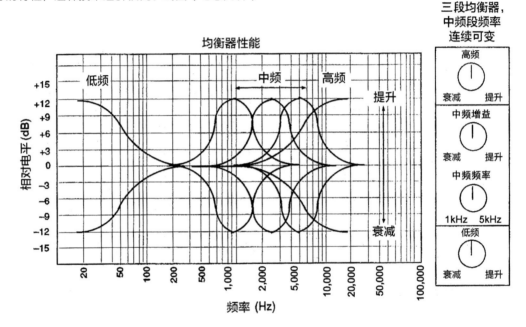

图 14-5　一个三段均衡器，中频段的中心频率连续可变

图 14-5 中的均衡器通过 4 个旋钮控制 3 个频段。在这个例子中，高频和低频段为搁架式均衡，与之相关的频率旋钮调整搁架曲线的拐点，中频段是一个峰值均衡，它的频率旋钮调整的是峰／谷处的中心频率。这种均衡器具有连续可变的中频频率和固定的高／低频频率。

14.1.5　参量均衡

截至目前，我们在本章节讨论的所有均衡器，均衡曲线的斜率都是固定的。在提升或衰减量确定的条件下，均衡曲线的带宽（均衡器影响的频率范围）由制造商给定且不可调整。有时我们希望获得一个非常宽的均衡曲线，从频率轴上看，它从起始点到中心频率的峰值或谷值（或者搁架均衡的提升／衰减值）的变化十分温和平缓。如，从已经混合好的歌曲中对人声频段做少许提升，我们可能需要使用一个在 6~8kHz 较宽的峰值均衡。从

另一方面来说，某个特定的音符或噪声可以在尽可能不影响相邻频率的情况下被增强或衰减。均衡器的这种特性——曲线的宽窄——具有特定的称谓 Q。Q 值越高，曲线越陡峭。

一些均衡器具有可选的固定 Q 值，但是大多数能够控制 Q 值的均衡器提供了连续可变的 Q 值（常见的范围是 0.5~3 甚至是 0.5~5）。一个带宽非常窄的陷波器，其作用范围仅有几个赫兹，它所具有的 Q 值往往更高。这种滤波器通常不会出现在调音台的通道均衡上，而是用于某些特殊场合，如去除摄像机的噪声及谐波，或者减少 60Hz 供电网络的二次谐波（120Hz）噪声等。同时提供连续可变中心频率和连续可调 Q 值的均衡器被称为参量均衡（因为它允许使用者调整均衡的所有参数）。图 14-6 展示了一个参量均衡。

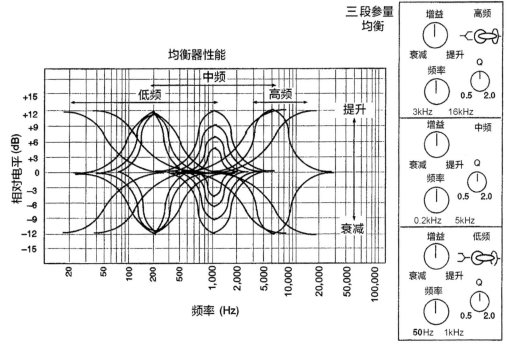

图 14-6 一个三段全参量均衡

通常一个参量均衡器配有若干个滤波器，一些周边设备（并非设计在调音台内部，而是作为独立的外部设备来使用）的参量均衡被用于进行立体声制作，通过调整一个通道的设置可以同时控制两个通道的参数（这对于保证立体声声像的一致性是十分必要的）。参量均衡中每个部分的滤波器都能够在其频段内对能量进行衰减或提升，相邻滤波器的中心频率范围往往是重叠的。

一些参量均衡器的 Q 值并不可调，但它所能控制的频率范围仍然连续可变。有些均衡器只能在一个或某几个频段上提供完整的参量调整功能（如仅有中频段），在其他频段只能提供固定参数或在固定参数之间进行切换。这些都不是图 14-6 展现的全参量均衡。在实际情况中，我们所能想到的任何固定频率、连续可变频率或者参量均衡的组合都可以通过搁架或峰值均衡的形式出现，我们需要仔细检查这些设备，搞清楚它们的具体工作方式。

参量均衡器公认的优势之一，是能够准确地选择频率，通过 Q 值调整影响范围，使我们在使用最小提升或衰减量的情况下完成工作。这种模式能够尽可能降低对相邻频率的不良影响，避免进一步的矫正工作。一个宽 Q 值的滤波器可以用作房间均衡调整，起到与图示均衡器类似的作用，同时它也能够对不同频率进行提升或衰减，担当音色的控制工具。在使用窄带（高 Q 值）模式时，参量均衡器能够被用来控制回授，或者在不影响相邻频率节目内容的情况下去除某些噪声（前文已经解释过）。

由于所有的均衡器都会导致相位偏移，能量提升会减少峰值余量，而衰减则有可能去除部分节目内容。因此通过尽可能少的均衡处理来获得所需的效果无疑是参量均衡的优势所在。有些人不喜欢参量均衡，因为他们觉得有太多的参数需要调整，同时也不易于对具体参数进行记录，因而几乎无法在别的调音工作中重复使用该设置。如果调音台的使用者经验不足，且只有很少的时间去熟悉调音台，那么使用一个较为简单的均衡器不失为更好的选择。但对于经验丰富的专业人士来说，好的参量均衡一定是非常好的工具。

有关最佳均衡类型的争论由于具体均衡电路的音质不同而变得复杂。即使对声音的修正没有那么准确，一个高品质的固定频率均衡可能比普通的参量均衡听上去好得多。相比质量较低的设备来说，高品质均衡器能够展现出更低的失真和噪声。由于良好的质量控制，它的使用寿命更久且不需要维护。虽然相位偏移是与提升量或衰减量相关的函数，但一些元器件仍然带来较小的相位偏移。对于音响设备来说（事实上是任何技术型设备），某一功能被呈现的方式与功能本身同样重要。

当为一个节目的整体而非某个通道施加参量均衡时，需要留意的是，过量的提升会降低系统的峰值余量，造成削波，使功放和扬声器承受极端的功率负担。此外，当参量均衡在高 Q 值（窄带）条件下进行能量提升时，有可能出现振铃（Ringing）。当滤波器开

始表现出振荡器的特征，就有可能出现振铃问题。（振铃是当滤波器受到固有频率正弦脉冲的激励时，在该频率上发生的共振。）从某种程度上来说，振铃会出现在所有的均衡器中，但它通常被音响系统的余音[1]掩盖。尽管高 Q 值的滤波器能够产生过多的振铃或共振，但这种振铃或许能够为某个输入信号制作特殊效果。总的来说，我们不会将这种效果施加在整体的音响系统之上。通过细致的使用，一个参量均衡可以成为现场扩声或录音过程中极为有用的工具。

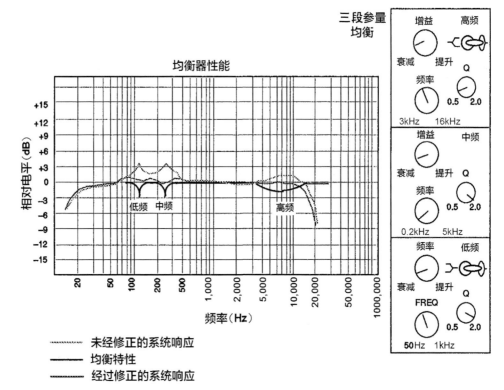

图 14-7　通过参量均衡修正特殊问题

14.1.6　图示均衡

图示均衡器是一种多频段的带阻滤波器，或者也可以被认为是带通 / 带阻滤波器。与输入通道上常见的三段或四段均衡器不同，图示均衡器能够同时针对 8 个或者更多的频段进行操作，其中心频率通常选择在倍频或 1/3 倍频程上。多数图示均衡器选用的中心频率符合 ISO 标准（国际标准组织 International Standards Organization 的缩写）。虽然比较少见，但我们也会看到一些图示均衡器以 2/3 倍频程、1/8 倍频程、1/6 倍频程来划分

中心频率，甚至在罕见的情况下，也会出现以 1/12 倍频程为中心频率的情况。

这种设备之所以被称作"图示"，是因为它具有线性的推拉控制器。在使用过程中，这些控制器会给出视觉化的曲线，它恰好反映了均衡器的整体频率响应（注意，并不是音响系统的响应）。而一些图示均衡器则采用旋钮控制来实现同样的功能（当然它们无法呈现均衡曲线）。一个图示均衡器可能只提供衰减控制（带阻），不过同时提供衰减和提升（带通 / 带阻）的设备更为常见。

1　原文为"Reverberance"，可理解为扬声器箱体自身的共振——译者注

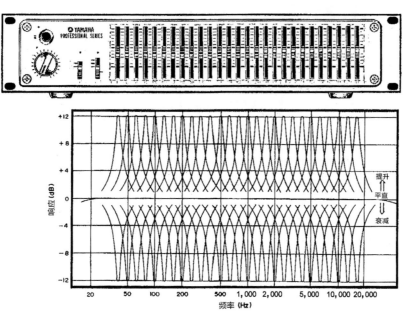

图 14-8　1/3 倍频程图示均衡器

倍频程、2/3 倍频程和 1/2 倍频程图示均衡器被认为是频带精度较宽的设备，它们通常被用于进行粗略的矫正或是改变声音整体的频率响应。虽然从技术角度上来说属于宽带设备，但 1/3 倍频程、1/6 倍频程和 1/12 倍频程均衡器通常作为窄带均衡来使用。真正的窄带滤波器具有的带宽通常只有 4~10Hz 而非 1/12 倍频程。我们为什么要考虑均衡器中滤波器的相对宽窄？因为交流电噪声或发电机噪声通常出现在很窄的频段，许多房间共振的带宽也很窄。使用较宽频带的滤波器来修正这些问题意味着会对没有问题的频率成分产生影响，引发可闻的不良结果。试想，10~20kHz 的倍频宽度为 10,000Hz，而市面上精度最高的 1/12 倍频程图示均衡器在这一频段所影响的能量宽度约为 833Hz。当然，对于 20~40Hz 这一倍频程来说，其宽度为 20Hz，1/12 倍频程滤波器在这一区间的精度小于 2Hz。上述例子告诉我们，随着频率的升高，中心频率以分数倍频程排列的均衡器影响的频带也会变宽，因此当我们需要对很窄的能量区间进行矫正时，滤波器带宽也越窄越好。

图示均衡器采用 1/6 倍频程或 1/12 倍频程的设计基于很多原因。有一点需要注意，27~31 个 1/3 倍频程频段所能够覆盖的频率范围，需要大约 60 个

1/6 倍频程或者超过 100 个 1/12 倍频程频段来覆盖。这样的设备十分昂贵，体积巨大，而且在调试房间响应的过程中十分费时。带宽越窄，滤波器带来的相移就越严重，这会导致在还原扫频信号的过程中，出现令人不快的沙沙声。除此之外，需要矫正的问题频率可能会随着房间声学环境的变化而发生改变。在这种情况下，需要矫正的问题更多是与波长而非频率相关。此外，温度的变化会导致共振频率发生显著的改变。（当波长一定时，空气密度越低，声速越慢，其频率越容易发生变化。）如果使用很多窄带滤波器，整个调整过程会由于环境的变化而不断重复，这在演出过程中是不可行的。在这种情况下，带宽较宽的滤波器就不会这么敏感，它可以提供更加稳定的音响系统特性。到目前为止，技术因素和市场因素共同决定了倍频程图示均衡器适用于总体音色矫正，而 1/3 倍频程图示均衡器适用于大多数的房间均衡调整和回授处理。

图示均衡器减少了扬声器响应中的共振峰值和谷值，并且能够在较小的程度上影响声学环境，减少声学回授发生的可能。随着音响系统总体增益（音量）提升，回授最先出现在系统的（一个或多个）峰值频率上。它通常以轻微的振铃声为起始，随后变成很响的啸叫。通过图示均衡器来衰减这些峰值，

系统的整体增益就可以得到进一步的提高，直到第二强的峰值频率开始回授。我们可以通过使用图示均衡的另一个滤波器来处理这个峰值，从而进一步提升系统增益。当这些峰值被均衡器正确处理之后，相比最初的回授前增益，系统的整体增益能够提升6~10dB。

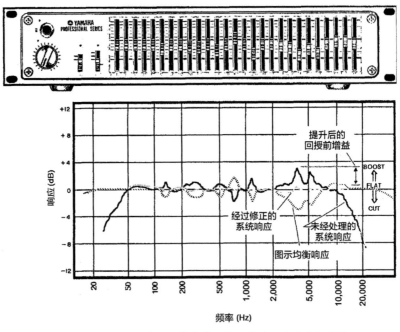

图 14-9　通过图示均衡器来减少回授，使系统响应更加平缓

图示均衡器的另一个用途是修正调音台输出的频率响应以获得令人愉悦的音质或者实现可懂度的改善。我们很少需要一个完全平坦的频率响应，在现场扩声应用中这种情况几乎不会出现。音频信号可能在中频段有着相对平坦的响应，但低频段有时会为了某些效果进行提升，有时也会出于功率和混响的考虑进行滚降衰减。高频区间通常会因为听觉的偏好进行适当的滚降（虽然我们会通过提升高频来补偿空气吸收和长距离传输所造成的损耗）。有时中频部分（1~5kHz）必须被提升以改善人声辅音和唇齿音的辨识度，尤其是这些声音被相邻频率的其他声音掩蔽的时候。

图示均衡是一个非常有用的工具，但它无法取代良好的声学环境和设计优良的功放／扬声器系统。过多的能量提升，尤其在低频区间，会过多地消耗放大器的可用功率，为扬声器系统的驱动器带来过重的负担，并且减小系统整体的峰值余量。过多的能量衰减则会明显地去除节目内容和我们需要的响应峰值及噪声成分。

驱动每只扬声器（每组主扬声器或返送扬声器）的信号通常需要单独的图示均衡，它通常被安装在调音台的输出端（或者输出电路的插接点回路中），位于电子分频器和功率放大器之前。如，舞台返送信号与主扩信号需要的均衡不同。在录音和广播制作中，图示均衡通常用于音色的调整，避免节目内容超出记录媒介的响应限制。对于录音棚监听或观众返送系统等不同场合来说，图示均衡的设置也十分不同。

一些图示均衡电路具有如下特征：当对相邻两个频段进行提升时，两个中心频率之间会出现很大的谷值。如果需要对两个中心频率之间的频率进行处理，则需要在现有中心频率上进行过量的矫正。另一种均衡器在相邻频段之间具有较为平缓的过渡，这意味着无须对中心频率做过量处理就可以影响相邻中心频率之间的频率。我们更倾向于后者所呈现的性能，这种特征被归类为组合式滤波器（Combining Type Filter）。非组合式多段均衡器（或滤波器）通常被用于测量，而不是用于节目信号矫正（图 14-10）。

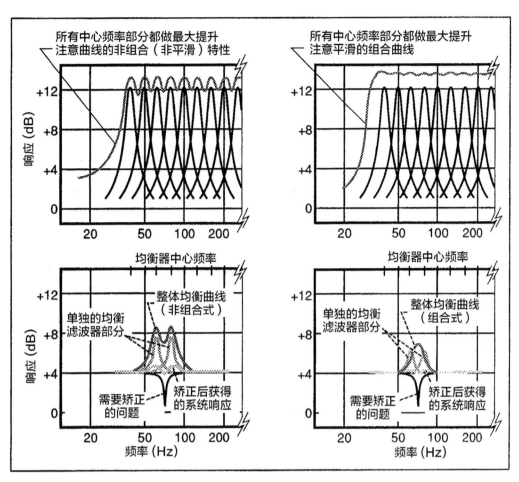

图 14-10　图示均衡器中非组合式滤波器与组合式滤波器的区别

14.1.7　参量图示（Paragraphic）均衡器

参量图示均衡器并不是一件表面文字描述的工具。它是一种中心频率连续可变的图示均衡，而不是选用符合国际标准化组织（ISO）规定的固定频率或其他预设频率。这种均衡器的 Q 值可能是可调的。正如你所看到的，它的命名是参量（Parametric）和图示（Graphic）的组合。

这种设备通常被用来消除回授或其他系统问题。它们可以作为普通的图示均衡器来使用，同时还具有中心频率连续可调的优势来锁定回授出现的频率点，以最小的衰减量解决问题。由于这种电路造价更高，旋钮数量相比普通图示均衡器更多，因此参量图示均衡通常不会提供 1/3 倍频程的模式。尽管如此，一个倍频程参量图示均衡仍然能够提供8~10 个滤波器，如果每个中心频率的可变范围能够充分交叠，那么对于提升系统的有效增益来说，

它能够获得与传统的 1/3 倍频程图示均衡器相同的效果。

使用参量图示均衡器的问题在于如何获得平滑的系统响应。我们可以借助音频频谱分析仪和粉红噪声来完成这项工作。对于图示均衡来说，使用合适的推拉衰减器来修正问题是较为容易的，而参量图示均衡在这方面就无法提供明确的选择。是应该使用这个衰减器，还是与它相邻的那个？在寻找最佳中心频率的时候应该采用多大的提升量或衰减量？这些问题的答案应该从具体设备的使用手册中寻找，因为这取决于不同频段之间的交叠情况、滤波器的 Q 值，以及它们是固定的还是可变的等。因此我们再次强调，虽然参量图示均衡能够提供更多的控制潜能，但它也要求使用者需要有更好的判断力和技巧，以便发挥设备的潜能。

YAMAHA
扩声手册
（第 2 版）

199

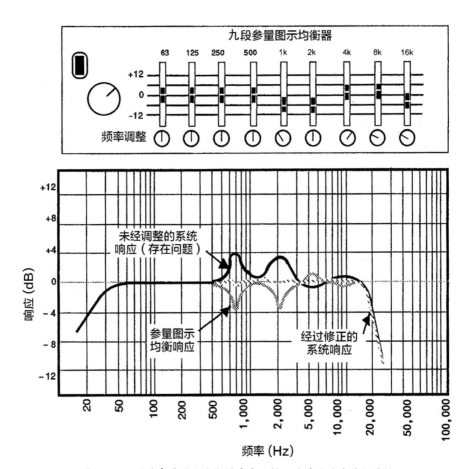

图 14-11　通过参量图示均衡器减少回授，使系统响应更加平缓

14.1.8　使用图示（或参量图示）均衡调试系统

　　我们必须了解，均衡是音响系统调试过程中的最后步骤。只有在系统被正确设计和搭建的基础上，均衡才有可能起到好的作用，否则就很可能造成声音的劣化。以下是在对系统进行均衡调试之前需要检查的事项。

　　（a）检查音响系统中每个独立的设备以及系统整体的性能（频率响应、噪声和失真特性）。一个出现故障的扬声器会导致无效的均衡处理。低频噪声或高频震荡同样也会使结果发生偏差。

　　（b）确保所有输入源（话筒、直接输出的乐器拾音器和录音机等）到调音台、信号处理器、功率放大器和扬声器的信号极性保持一致。确保所有的功放和扬声器通道具有相同的极性（保持同相）。这一规则并不适用于两分频或三分频系统中的每个驱动器，因为在这些系统中可能存在特定的信号反极性处理。相关问题可以参考电子分频器或扬声器系统的操作手册。

　　（c）确保使用常规节目信号在常规工作电平下检查系统。当测试信号或噪声处在较弱的（或极端的）电平条件下，我们可能无法通过初步的听评来发现系统的明显缺陷。

　　关于系统调试的进一步讨论参见第 17 章。

　　有两种基本方法可以用于系统调试。一个是刻意使系统产生回授，通过引发回授，使用均衡器逐一削弱发生回授的频率。这一步骤在第 11.13 节中已有描述。另一种方法是测量系统的频率响应，通过调整均衡获得所需的房间曲线，有时需要通过倍频程图示均衡器来完成。随后再使用 1/3 倍频程或参量均衡器引发回授，进一步调整系统。

　　当针对系统的响应进行测量时，应当使用合适的实时分析仪。如果使用 1/3 倍频程均衡器进行调试，那么分析仪的精度也应该至少为 1/3 倍频程。配有 LED 或 LCD 显示功能的便携设备可能是最为方便的，但请记住，一个配有硬拷贝功能的设备（如图表记录仪或者配有打印机的电脑）对记录工作十分有用，尤其是固定安装系统。其他用于测量系统响应的方法，如时间延时谱（TDS，Time Delay

Spectrometry），以及其衍生技术时间能量频率（TEF，Time Energy Frequency）的测量系统都可以从一些供应商处获取。

当你测量系统响应的时候，应该以常规听音位置为起始点。然后在不同的听音点进行三四次测量，检查这些测量数据。如果不同位置的声压级或响应相差很大，则可能需要先重新调整部分扬声器的指向和位置，或者改变某些扬声器的功率。如果测得的曲线相似，则可以将结果进行平均（有些设备能够自动完成）。这会为你提供具有代表性的测量结果。针对测得的系统响应施加修正性的均衡，提升谷值、衰减峰值。再次对系统响应进行测量（在不同位置），然后做出进一步的修正。将此过程重复三四次是必要的。你也可以使用噪声源或测试信号来进行这些测量，但请务必在完成系统调试前，使用节目素材聆听系统的表现。如果声音听上去不好，那么均衡调整就需要在好的曲线和好的听感之间做出权衡。

最后需要注意的是，我们不仅应该测量和记录系统响应，也需要记录与该响应对应的均衡设置（以防别人在你不在场时改变了设置）。

14.1.9　高通和低通滤波器

一个高通滤波器（也称为低切滤波器）从其输入端到输出端，允许截止频率以上所有的能量在没有衰减的情况下通过，而其截止频率以下的能量会被衰减。截止频率被定义为信号跌落 3dB（相比平坦或带通区间）的频率。在截止频率以下，随着频率越来越低，滤波器展示出的衰减特性也越来越强。这种衰减的趋势被定义为每倍频程变化的分贝数，即 dB/Oct。标准的高通滤波器的衰减趋势通常为 6dB/Oct，因为每 6dB 代表了一个滤波器极点（一个滤波电路元件）。因此，常见的高通滤波器的衰减趋势为 6dB 每倍频程、12dB 每倍频程、18dB 每倍频程和 24dB 每倍频程。

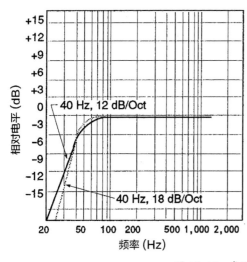
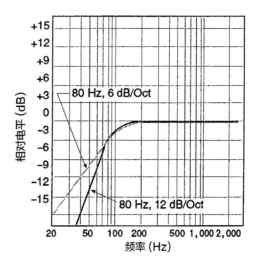

图 14-12　常见的高通滤波器特性

高通滤波器是衰减信号中噪声、失真或其他我们不需要的理想工具。如频率很低的脚步声、舞台地板的谐振都会通过话筒架进入话筒中，这些信号通过调音台进入功率放大器，最后进入扬声器系统。这些低沉声音的频率范围往往在 5~30Hz，多数音响系统无法对其进行还原，但它们会过度占用放大器的功率，减少提供给节目信号的功率（通常表现为峰值余量变小，功放更容易在节目峰值发生失真）。低频振动和噪声还会导致低音扬声器的振膜发生过量机械位移，

尤其对于号筒负载式系统来说，截止频率以下的能量会造成失真显著增加，甚至有可能损坏驱动器的悬吊系统。即使话筒为手持使用，或者配有非常好的防震架，风噪或者说话人的喘息声也会引入低频噪声，这些位于 40~70Hz 的能量对于人声节目来说几乎毫无作用。

出于这些原因，几乎所有的扩声系统都需要配备一个截止频率不低于 20Hz 的高通滤波器（也被称为次低频滤波器）。这一滤波器的最佳衰减率（Slope）

为 18dB/Oct。12dB/Oct 也是不错的，而 24dB/Oct 则有可能超出你的需求（不仅如此，更高的衰减率会造成带通频段内更多的相位偏移，进而造成听觉上能够被察觉的不良痕迹）。

事实上，大多数系统很少还原 40Hz 以下的声音，因此截止频率为 40Hz 的高通滤波器对节目信号并没有直接影响，不仅如此，它还能够保护驱动器并减小失真。这些滤波器通常由普通的电子分频网络或图示均衡器提供，有时也会出现在功率放大器上。高通滤波器可能配备了一个固定的截止频率，也可能能够在若干频率之间来回选择，或是截止频率连续可调。如果你的分频器、图示均衡器或功率放大器提供了高通滤波器，我们强烈建议务必使用。如果在调音台输出和功放输入之间的信号链路上存在多个高通滤波器，无论使用几个，请尽可能达到我们所需要的18dB/Oct 衰减率。这可以是一个单独的 18dB/Oct 滤波器，也可以是图示均衡中 6dB/Oct 滤波器与分频网络中 12dB/Oct 滤波器的组合。如果功放提供了滤波器，也请使用它们（即使这是两分频系统中用于高频驱动器的功放）。功率放大器中的滤波器会削弱前级信号处理器产生的低频瞬态或失真信号，保护放大器不受损坏。

如果在调音台和功率放大器之间的信号链路上没有滤波器，请考虑购买一个单独的高通滤波器（截止频率为 20~40Hz），并将其设置在功率放大器的前端。这种滤波器带来的额外好处是保护扬声器。如果演员将话筒掉在地上，由此产生的低频撞击声通过低音振膜传递到观众的能量会大大降低。

为了消除人声的喘息以及人声和乐器话筒的风噪，减少低频噪声或来自邻近低频乐器的串音，高于 40Hz 的截止频率是最为适宜的。尽管如此，我们也不希望使用一个 80Hz 或 100Hz 的高通滤波器来处理整体节目信号。这种滤波器通常包含在调音台的输入通道电路中，在不损失所需节目频率内容的情况下，我们应该尽量使用它们。

一个低通滤波器（也被称为高切滤波器）与高通滤波器十分相似，它们的不同之处在于，低通滤波器衰减的是截止频率以上的能量。相对来说，低通滤波器并不那么常见，但它仍然经常出现在音响系统中。它们可以被用来去除节目信号中不需要的高频信息，这些能量通常是嘶声和噪声。在一些情况下，扬声器或传输系统存在一定的高频响应限制，如果超出频率限制范围的节目进入系统，就会产生失真。相比无法得到正确还原的高频信息以及随之而来的失真，通过低通滤波器将这些频率处理掉会是更好的选择。如果你曾经尝试将节目信号送入电话线路中，使用低通滤波器对节目信号进行处理，使其不超出电话线路的响应上限（或不超出太多），这是一个绝佳的选择。低通滤波器的衰减率通常为 6dB/Oct 或 12dB/Oct，其截止频率从 3kHz 开始（用于电话线路的语音传输）直到 8kHz（用于早期的电影院）、15kHz（用于高质量扩声系统）、18kHz（用于调频广播），直至 20kHz（用于质量极高的扩声系统）。

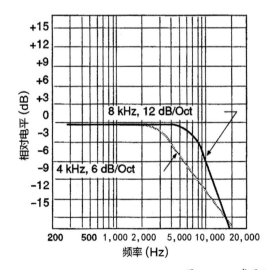

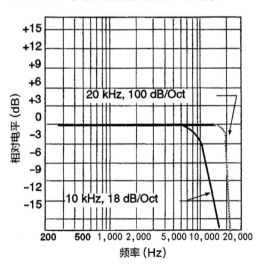

图 14-13　常见的低通滤波器特性

一种特殊的低通滤波器拥有非常高的衰减变化率（从 48dB/Oct 超过 100dB/Oct），它们被用于数字信号处理和数字录音设备。这些滤波器的砖墙式设计实际上阻断了截止频率以上的能量进入数字电路。由于这种技术避免了混叠这一恼人的、可闻现象的发生，因此被称为反混叠滤波器。这些滤波器被设置在数字设备中，因此你不必对它们过于在意（除非某些滤波器对节目信号可闻部分的影响大于其他滤波器，这有可能由于严重的相位偏移和极高的衰减率设计导致）。

还有一种特殊的低通滤波器专门为降噪设计。这些滤波器不仅拥有可调的截止频率，而且截止频率还能够根据节目内容的变化自动进行上下调整。当节目（在特定的频率）跌落到某个阈值以下时，低通滤波器的截止频率点会向下变化。这一功能带来的结果是在没有节目信号出现的情况下去除嘶声和噪声，进而降低信号的整体噪声。这种被称为水平滤波器（Horizontal Filter）的设备在设置时需要颇高的技巧，它的处理痕迹在很多情况下会被人耳所察觉，但它的确为单端降噪（即节目信号没有经过前序编码的降噪）提供了一种方法。

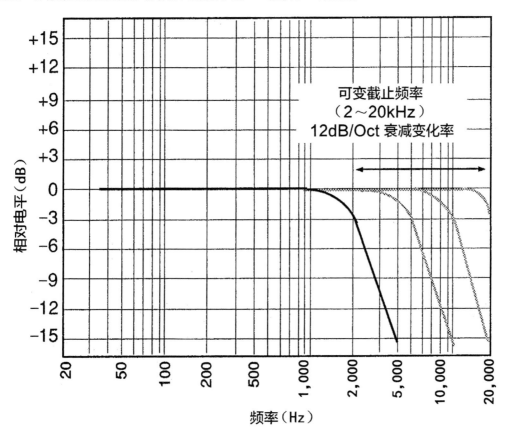

图 14-14　使用水平（可变）低通滤波器作为单端降噪系统

14.2　混响和延时

混响包含了由墙壁、地板、房顶和其他界面反射引发的多个混合声像[2]（并非独立离散的回声），它们是由房间界面无法吸收所有的声音而产生的。混响自然而然地发生在大多数室内环境中，在硬反射面环境中则会更加明显。混响也可以通过若干人工方式获得。自然混响（来自回声室）和人工混响（来自电子或电声混响器）可以被用于现场扩声、广播或录音的效果制作。在这一部分，我们将介绍诸多方式中的几种，并讨论它们的使用。同时我们还可以参考第 6 章，尤其是第 6.3 节，它讨论了室内环境的混响问题。

混响通常和延时（或回声）混淆在一起，尤其是

2　原文使用"Sound Image"一词，表示"声音的形象"，因此译为"声像"。我们在描述"声像电位器"时也会用到"声像"一词，但与它相对应的英文为"Panorama"，简写为"Pan"——译者注

现在的某些信号处理设备能够同时提供两种效果，就更容易被人混淆。延时指的是一个或多个清楚的声像[3]（回声）。事实上，真实的混响通常以若干相对近距离的回声（又称为早期反射）作为起始。这些早期反射是由

距离声源较近的界面的初始反射形成。随着声音不断地反射，越来越多的反射声混合在一起，逐渐形成愈发均匀的声场，我们称之为混响。图14-15展示了包括早期反射声在内的混响自然发生的过程。

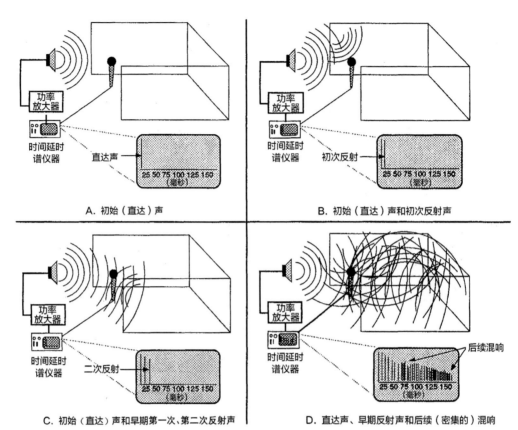

A. 初始（直达）声

B. 初始（直达）声和初次反射声

C. 初始（直达）声和早期第一次、第二次反射声

D. 直达声、早期反射声和后续（密集的）混响

图14-15　通过脉冲信号在声学环境中的传播，展示早期反射声和后续混响声的自然产生过程

图14-15所示的环境是一个小房间，这意味着反射会发生在很短的时间内。在一个容积更大的环境中，早期反射的扩散会经历更长的时间。注意，测试仪器上显示的每条竖线都代表一个完整的频谱（如同从侧面观察频率响应图）。竖线的高度表示振幅。竖线之间的横向间隔表示时间刻度。可以看到，随着时间推移，反射密度增加（竖线之间的间隔越来越近），声音的整体能量逐渐衰减。通过测量声源从发出瞬间到衰减60dB所用的时间，就能够获得这一环境的RT_{60}。

在大型室外空间，如峡谷中，相邻界面之间产生

的反射可能只有一次或者少数几次，它们之间通常时间间隔较长（超过30~35ms）。这种情况是不具备产生混响声场的条件的（空气衰减在多次反射累积起来之前，就已经把声音耗散掉了），因此我们在这种环境下会听到回声。

从理论上来说，如果回声之间的间隔很短，是可以等同于混响声场的早期反射的。我们注意到，回声和混响之间的确存在非常紧密的关系。那些能够生成回声（延时线）和混响的电子设备间，存在着很多的相似之处，这也是为什么有些设备能够制作上述两种不同的效果。

3　详见上文注释2。

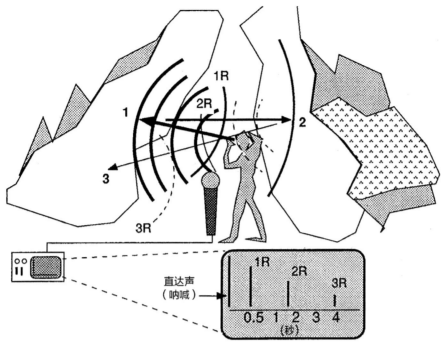

图 14-16 回声的自然产生

声音与峡谷侧壁的第一、第二和第三次接触都通过标有数字的箭头来表示。反射声陆续到达听音者的耳朵（以及测试话筒），它们被分别标记为 1R、2R 和 3R。第三次反射声已经十分微弱，很难被听到。这些反射声实际上就是回声。

对于信号延时的使用并不局限于制造回声效果。很多分布式扩声系统需要对送往中部和后部扬声器组的信号进行延时，才能够保证这些声音在舞台直达声到达听音者之后到达。这就需要一个独立、高品质的延时声像（对于每只扬声器位置都是如此）。在这种情况下，延时量需要调整为声音从主扬声器组传播到延时扬声器组所需要的时间，然后再加上 10ms 左右的额外延时以确保听音者感知的声音仍然来自主系统。这里涉及的计算将在第 18.7 节进行讨论。与之相关的声学因素我们已经在第 6.3 节讨论过。

接下来，我们将讨论制造这些效果的方法，以及关于如何获得最佳效果的小技巧。其中一点不论何时何地都适用于以下效果。

通常来说，任何效果都只占据最终节目信号很小的一部分。如果你不喜欢听到的声音，而调音台混响返回的电平已经和节目信号电平相似甚至比它更高时，降低效果电平极可能在很大程度上改善声音。

14.2.1 混响室

混响室是一个声学环境十分活跃（有强反射面）的房间，它通常配有一只或两只话筒（两只用于立体声混响）以及一只或者多只扬声器。来自调音台回声母线的信号被送入功放和扬声器，再由话筒拾取，经放大后被送入调音台的回声返回通道（即这些话筒被连接在调音台其他输入通道上）。来自扬声器的声音在墙壁、地板和房顶之间来回反射，这样形成的自然混响被话筒捕捉。一个好的混响室不会出现一些电子效果器呈现出的人工痕迹，但它很容易受到噪声（机械振动或放大器电子元器件）和失真（来自扬声器和话筒）的影响。事实上，混响室对外部串音的隔离要求极高（有些录音棚曾使用走廊作为混响室，但容易受到关门声或其他细小声音的干扰）。

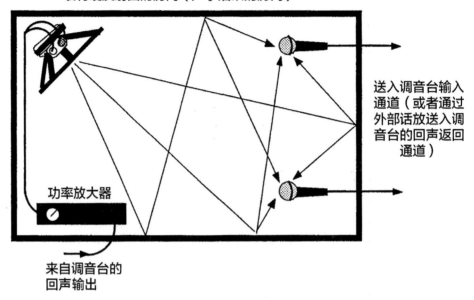

装有硬反射面的房间（声学活跃的房间）

送入调音台输入
通道（或者通过
外部话放送入调
音台的回声返回
通道）

功率放大器

来自调音台的
回声输出

图 14-17　实际混响室的基本设计思路

混响室是为录音或广播增加混响的最初手段。它仍然存在于一些录音棚中。但是混响室的建设十分昂贵，尤其在地产价格极高的今天。除非房间拥有正确的尺寸，并且通过正确的材料进行装修，否则它很难具有正常的功能。而一旦房间建成，你就很难对其进行较大的改动。如果你需要不止一个混响，或者多个项目同时进行，那么你需要多个房间（有些较早的录音棚专门设计了三个房间用于混响，这绝对是造价高昂的投资）。当然，在工作地点发生变化时，你也不可能把房间带走。混响室显然不适合对便携性要求较高的现场扩声。出于这些原因，混响室已经被全电子设备或电子机械设备所取代。

14.2.2　管道式混响

你可能已经琢磨出这样的方法，将一只小扬声器连接在浇水用的软管一端，再将话筒放置在软管的另一端，这样就能够获得混响效果（同时也包含一些回声）。这种相当直截了当的技术在商业化设计上找到了属于自己的出路。根据相同的原理，一些产品将下水管道和较大的扬声器及话筒组合在一起。这类设备中较早的产品——库伯时间方块（Cooper Time Cube）——至今仍然能够在一些录音棚中找到。这套系统包括一个机架安装的外壳，里面配备了驱动电子元器件和话放，此外还有一个内置管道的盒子。该系统存在频率响应和动态范围的限制，它的声音特征有些"鼻音"（Honky）。当然我们很难从这种设备中获得超过一种类型的混响。尽管如此，它们还是被成功地投入应用，并且具有一定的便携性（图14-18）。

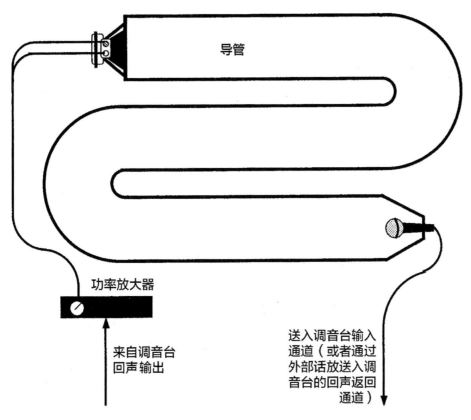

导管

功率放大器

来自调音台
回声输出

送入调音台输入
通道（或者通过
外部话放送入调
音台的回声返回
通道）

图 14-18　管道式混响的基本设计思路

14.2.3　弹簧混响

混响的概念总是基于获取声音的反射声。早期，有人发现将声音转化为机械波能够获得同样的效果。这种设想最早通过将合适的换能器（一个压电晶体或扬声器使用的线圈）与金属线圈（一个弹簧）进行连接得以实现。来自调音台的信号驱动换能器，进而使弹簧发生形变，声音在弹簧中来回传导，这种具有扭矩的波动在弹簧两端来回反射。与弹簧另一端连接的换能器将这些机械能重新转化为电信号，然后再馈送给调音台的效果返回输入（图 14-19）。

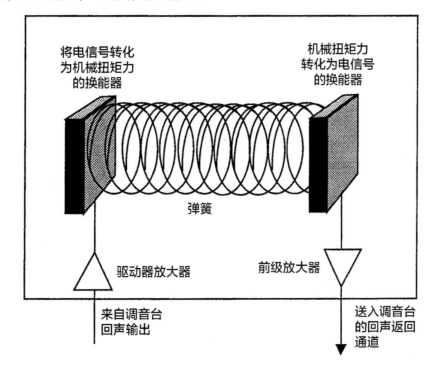

将电信号转化
为机械扭矩力
的换能器

机械扭矩力
转化为电信号
的换能器

弹簧

驱动器放大器

前级放大器

来自调音台
回声输出

送入调音台
的回声返回
通道

图 14-19　弹簧混响基本设计思路

很明显，单一的弹簧拥有非常独特、有时甚至是恼人的音质，因此多弹簧的组合被设计出来。有些设备以平行的方式放置三四个弹簧，每个弹簧都配有不同的线规、直径或者张力以获得更加丰富的混响织体（更加随机的反射）。有些设计使用较少的弹簧，但改变了每个弹簧在不同部分的特征（如改变线圈直径或者线圈的粗细）。

有些弹簧混响能够对其阻尼进行机械调节，而其他混响器则能够通过滑动条来改变弹簧的长度。这两种设计都能够改变混响的衰减时间。

弹簧的长度通常为 8~12 英尺（2.44~3.66m）不等，如果在运输过程中来回摇晃，它们有可能被永久性拉伸或者缠绕在一起。出于这种原因，一些弹簧混响器配备了弹簧锁，它通过机械方式固定弹簧，使其避免过量拉伸。这些弹簧锁在使用设备前应予以解除。

弹簧混响还有一个更容易引起人们反感的特征，是它很容易产生金属脉冲（Sproing），这种情况通常出现在起振边缘陡峭的瞬态信号作用于弹簧时。为了避免此类问题，一些弹簧混响配置了起振时间限制或者简单的压缩/限制电路。如果在使用弹簧混响的过程中遇到这一问题，请尝试减小送入混响器的电平，或者在输入端之前，接入一台压缩器。

弹簧混响可以拥有很好的音质，价格可以从非常便宜到相当昂贵，具体取决于设计。这些设备作为混响效果被设计在很多吉他音箱箱头中。尽管如此，弹簧混响通常缺乏瞬态响应和高频响应，它们中大多数的品质不足以胜任顶级录音棚的工作或扩声制作。此外它们还容易产生机械回授的问题（声场能量会直接激励弹簧），因此不适合与扬声器放得太近，也不适合放置在舞蹈演员跳动的舞台上。较好的设备通常会针对外部振动设计较高的机械隔离。

14.2.4　板混响

板混响与弹簧混响采用的原理相同，它使用一块悬吊在框架中（四面受到张力）的金属板代替了弹簧。金属板被一个或多个类似线圈的换能器驱动，驱动放大器的输入信号则来自调音台的效果输出端。通过换能器产生的振动在金属板中发生前后反射，沿着金属板的边界不断运动。接触式话筒或者类似的换能器将振动再次转化成电信号，馈送给调音台的效果返回电路（图 14-20）。

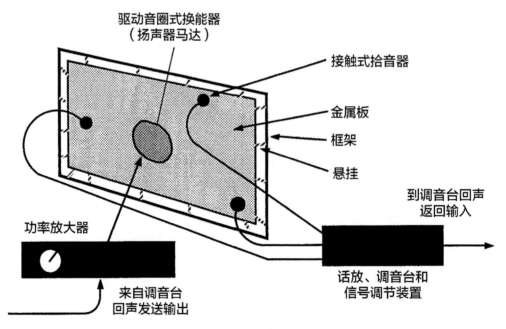

图 14-20　板混响的基本设计思路

混响的品质可以通过调整金属板悬挂的张力，或者在金属板表面施加阻尼来调节。如果使用不同尺寸的金属板、改变金属板的材质，或者改变换能器的类型及位置，都会为混响带来品质上的巨大改变。

常见的金属板尺寸为 3~5 英尺（0.91~1.52m）或更大，连同框架一起，整体重量能够达到几百磅。

这种设备被广泛应用在录音棚或广播节目制作中，但并不适合来回移动。有几家制造商曾经通过最小尺寸的金箔板研发出相对便携轻巧的板混响，它虽然价格高昂，但的确便捷。

板混响同样也具有独特的混响特性。相比弹簧混响来说，它的瞬态响应和高频响应更好。虽然当框架受到物理撞击仍然会产生可闻噪声，但总的来说，板混响对外部振动的隔离更好，也比弹簧混响更加昂贵。

14.2.5　数字混响

截至目前，我们讨论的混响都是通过机械方式产生的声反射。在 20 世纪 70 年代中期，第一个高品质数字混响器诞生了。相比今天的产品来说，它们的功能较为有限，而且当时的价格高达 10,000 美元。

当代计算机技术能够允许我们以高性价比设计一个完全电子化的混响（图 14-21）。在数字混响中，输入信号被模拟 - 数字转换器（ADC，Analog-to-Digital Converter）转换为若干数字。这些数字表示

信号的电压和极性，数字变化的速度提供了频率信息。针对信号的电平检测、调整，甚至是限制器处理有时仍然发生在模拟域中（在 ADC 之前）。当信号被数字化后，它被存储在缓存器（RAM，Radom Access Memory）中，随后被计算机电路读取，再根据复杂的算法进行处理（算法是一系列操作组成的程序框图）。这些算法在以精确的时间间隔从缓存中读取信号时，可能会改变其电平。随后发生的信号读取可能会使其频率响应发生改变。此外，根据各个设备复杂程度的不同，不同频段信号的延时（在信号被读取前所需要的时间）可能也不同。这种与频率相关的混响时间正是自然混响会发生的现象。数字电路会重新合并经了不同处理的若干信号，存储合成声像，然后对其进行处理。这种处理是连续的，输入信号的声音也必须包含在内，即使较早的声音已发生了衰减。简言之，数字混响中包含了很多数学运算和控制。

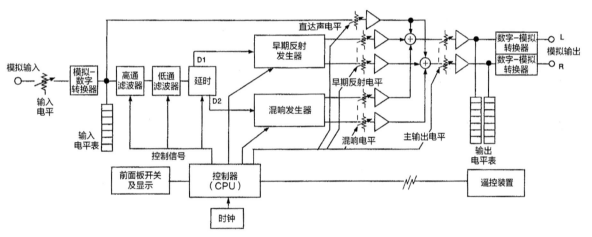

图 14-21　数字混响器的框架图

声音在数字领域再次由数字 - 模拟转换器（DAC，Digital-to-Analog Converter）处理，重新变成模拟音频信号。模数转换器的输出通过一个低通滤波器（使信号在转换过程中出现的高频波动变得平缓），随后通过增幅放大器来驱动调音台的效果返回输入。

在这个过程中存在一些人为的权衡。数字处理会占用大量的计算机内存。信号的带宽越宽，占用的内存就越大。这是因为采样率（模拟 - 数字转换器测量输入信号并将其转换为数字的速率）增加，从而在一

定时间内需要为某一信号存储更多的数据。虽然内存的造价和中央处理器（CPU，Central Processing Unit）的造价已经逐渐走低，但在数字混响器中获得更宽的带宽仍然意味着更高的成本。在设计合理的情况下，20kHz 的带宽相对容易获得。从另一方面来说，我们很少需要这样的带宽，因为在现实世界中，混响通常由于空气的选择性吸收而在高频产生明显的滚降。一个带宽为 12~15kHz 的混响器就可以获得非常自然的听感，尤其是当混响效果融入直达声，与

节目混合在一起之后。

几乎每个数字音频处理设备都会使用反混叠滤波器。这是包含多个极点的低通滤波器，具有非常陡峭的衰减斜率，从 40dB/Oct 到 100dB/Oct 甚至更高。这些滤波器形成了一道砖墙，高于截止频率的信号都无法进入数字处理电路。如果不使用这些滤波器，高于模拟 – 数字转换器采样频率一半的频率就会出现混叠，这是一种非线性的、听感非常不自然的失真，随着输入信号的频率逐渐升高至尼奎斯特频率（Nyquist Frequency，采样率的一半），失真信号出现的频率会变得越来越低。

数字音频电路可以通过不同的数字和比特来表示音频信号。比特数越多，用于呈现波形的数字精度就越高，造价也会更高（更多的比特数会占用更多的内存，需要计算机做更多的运算处理）。专业音频中最为常见的标准为 14bit 和 16bit，还有一些系统使用 18~24bit，然后在数字 – 模拟转换阶段转回 16bit。在一定带宽条件下，比特数越多，系统的潜在动态范围就越大，低信号电平的失真情况也会大大降低。这个问题必须得到充分的说明，因为某些纠错机制和处理技巧能够改善 14bit 精度或让 16bit 精度劣化，以至于二者在实际使用过程中几乎没有区别。因此，通过实际节目信号进行的听音测试是不可替代的。

模—数转换器和数—模转换器是数字混响器（以及其他数字音频设备）经常出现问题的阶段。转换信号的方式有很多，以最高的准确性、最少的噪声和最低的失真进行转换通常意味着高昂的造价。不同设备之间容易产生差异的另一个方面是反混叠滤波器的种类和质量。一些滤波器对那些本不该受其影响的频率成分有着明显的、令人无法接受的相位偏移和电平改变。其他滤波器的衰减斜率可能不够陡峭，因此高电平的高频声音就有可能出现混叠失真。在数字混响器输出端可以使用"过采样"（Oversampling）来减少相位偏移。在这种情况下，数字 – 模拟转换器在高于实际数字时钟的频率下工作，通常为采样率的 2~4 倍。（数据的采样总数是

不变的，但每个采样都会被转换器检测多次。）在这种情况下，输出端的重建滤波器（Reconstruction Filter）的截止频率可以被设计为采样频率的 2~4 倍，并配合一个较为平缓的衰减斜率，这样可以把滤波器引入的相位偏移控制在音频频段之外。

数字混响器最好的特点之一是它能够通过更改内部算法（实际上是选择新的程序）来改变混响的特征。若干不同的程序通常被存储在只读缓存（ROM，Read Only Memory）当中，一些混响器还允许使用者改变程序，由他们自己设定混响的特征。所有程序通过不同的方式来操作，一台设备与另一台设备的区别就在于不同的使用者对每一个程序的偏好。如早期反射次数，以及它们的相对电平和极性都会对声音的真实感和整体音质产生很大的影响。一些设备只提供一次或几次反射，而其他设备可能提供 6~40 次反射，且能够对每个细节进行精确的控制。随着设置组合的可能性增多，正确设置系统的任务也变得更加艰巨，这也是预置效果始终受欢迎的原因。获得一个听感良好的混响是需要一定"魔法"的。

一些数字混响不仅允许使用者改变程序，还能够将这些修改过的程序进行存储供将来使用。很多产品型号也具有遥控功能，通过基于 MIDI 时间码（SMPTE[4] 制定的标准时间码）的控制器和多种特定的遥控器，不同的程序可以被选择，效果可以被打开和关闭。由于技术较为相似，有些数字混响器还提供一些特殊效果[相位、镶边、合唱、回声和门（Gating）等]。

当使用数字混响器时，我们需要特别注重增益结构。将一个具有正确额定电平的信号送入设备，避免过高的电平导致模—数转换器过驱，或者过低的电平和声音效果的本底噪声混淆在一起。

14.2.6 磁带延时（Tape Delay）

在 20 世纪 70 年代早期，对音频信号进行延时唯一可行的方法就是使用录音磁带。这种方式主要在录音棚和广播制作中使用，它将一个磁带录音机设置为关闭监听的磁带模式，将需要延时的信号送到录音磁头，然

4 SMPTE：Society of Motion Picture and Television Engineers，电影电视工程师协会。

后从播放磁头获得经过延时的信号。由于播放磁头与录音磁头之间存在有限的距离，信号获得的延时由两个磁头的间距以及磁带运动的速度来决定。尽管受限于延时变化的范围以及长度（磁带不可避免会播放到头），但这项技术非常有效。回声控制（Echoplex）是这种机制的变体，这是一个使磁带可以循环转动的设备（转速可调），配有一个录音磁头和若干播放磁头（磁头之间间距可调）。回声控制当然比录音棚的磁带机更加便捷，且成本更低，它能够制造出表演者在录音棚或舞台上需要的多次回声效果。磁头需要经常清洁并消磁，且磨损得很厉害，该设备对整体维护的要求很高。

磁带延时技术并不适合用来调整远端的扬声器系统。经过延时的信号品质不如直达声，它往往受到磁带高频、晃动、失真和频率／相位错误响应的影响。延时的时间无法设置得很短。此外，整个系统的不稳定性也会导致声像游离。

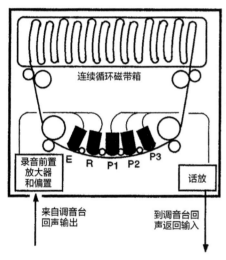

图 14-22　一个磁带延时装置（E 为擦除磁头、
R 为录音磁头、P1~P3 为播放磁头）

14.2.7　数字延时

20 世纪 70 年代早期，数字技术的发展使设计一台在实际应用中能够将音频信号进行延时的设备变得可行。这种设备被称数字延时线（DDL，Digital Delay Line），这样命名也是为了向最早的信号延时致敬。在大约半个世纪前，磁带录音还未出现，最早的信号延时就被用在广播直播中。音频信号通过数千米的电话线路传向另一个城市，然后再通过电话线返回。信号在这数千米的传输过程中出现了延时。现在，数字技术可以在

没有长距离传输线路的情况下产生这种延时。然而非常矛盾的现实在于，数字延时常常被用来将音视频信号在传输过程中进行同步（即把音频信号进行延时），因为通过轨道卫星传输的视频信号要比通过电话线路或（地面）微波中继传输的路径多出上万米。

早期的数字延时造价几乎超过 1,000 美元，可以为一个单独的输出提供 1/10~1/2s 的延时量。更长的延时或延时多次（拥有不同的延时时间）的设备造价则更高。这类设备的带宽通常被限制在 10~15kHz，这主要是由数字存储的高成本导致的。尽管如此，它们的音质总体来说优于磁带延时。由于延时时间是通过晶体振荡器来控制的，因此不需要日常维护。这些设备主要用于对大型扩声系统中位于远端扬声器（场地的中后部）的延时调整。

随着技术不断进步，设备带宽逐渐增加、造价随之下降，数字延时线找到了新的使用方向。能够提供持续可调的延时时间、合理的带宽以及制作多种特殊效果的设备现在仅需要几百美金即可购买到（不久前的价格更高）。花费 1,000 美元左右就可以购买到带宽为 20kHz 且具有多个输出的设备，一些更加复杂的延时线价格在 2,000~3,000 美元不等，它们最多可以拥有 8 个独立可调的输出，延时时间可高达几秒。

一个数字延时线是怎样工作的？输入信号（模拟音频）每秒钟被采样上千次以转化为一系列数字，这些数字代表了信号不断变化的电压值。这些数字是数字音频，它们通过模拟-数字转换器获得。输入信号被采样的频率决定了该设备所能处理的最高频率。采样率必须略高于最高音频频率的两倍。这些代表音频信号的数字被存储在缓存寄存器（RAM，Random Access Memory）中。一个时钟（晶体振荡器）生成选通脉冲（Strobe）或同步信号来将缓存中的各个寄存器按照一定顺序排列。在某个环节，存储设备被数字-模拟转换器读取，存储中的数字被重新转换成连续变化的电压，即模拟音频信号输出。我们能够施加的信号延时取决于两个方面：（1）缓存寄存器的数量，（2）时钟变化的速度。在一些设备中选择更长的延时时间需要以减少带宽为代价。因为内存的总量是固定的，它们只能被用来存储更多的采样以表示更高的频率，或者延时较少数量的

采样以获得更长的延时时间。

很多数字延时系统都包含了多个特殊效果。通过改变内部时钟频率，对信号的读取速度就可以发生改变，进而产生音调偏移。通常我们会通过一个低频振荡电路来对时钟进行调制，这会产生一种类似颤音（Vibrato）的变调效果。通常低频频率（速度）和调制量（调制深度）是可变的，有时低频波形也可以进行调整。有些设备可以通过设置使声音循环，输入信号在设定时间段内被开启，我们所得到的声音采样则在延时内存中不断循环。输出端对这个不断循环的声音进行采样但不破坏，这样的结果就是无限地重复。通过脚踏板或 MIDI 来控制这些参数，使它们成为音乐家或歌唱者在现场演出中十分有用的工具。包括合唱和镶边在内的效果都使用了非常短的延时，经过延时的信号与直达声信号混合在一起以制造出梳状滤波效应。针对这一效果我们将在第 14.4 节进行详细讨论。

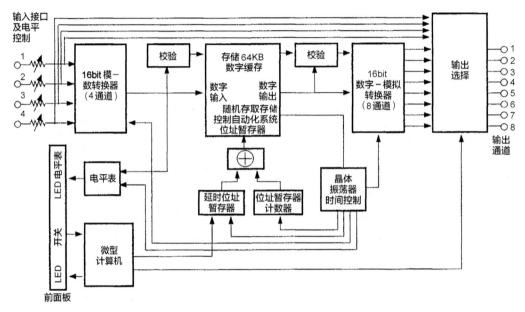

图 14-23　一个 4 输入、8 输出的数字延时线方框图

14.2.8　模拟延时

模拟延时是一种类似于数字延时的效果装置，它是一个全电子设备，通过暂存音频信号来获得时间延迟。模拟延时与数字延时的不同之处在于音频信号被存储的方式。两种设备都对输入信号进行采样，将波形以秒为单位切割成上千个等时长的片段。数字延时设备将每个采样转为数字，而模拟延时将每个采样转换为平均电压数值。在不使用模－数转换器、数字存储寄存器和数－模转换器的情况下，模拟延时线使用采样和锁定电路来将连续输入的信号转化为一系列电压数值，同时配合大量的电容性存储装置，又被称为斗链式器件（BBD，Bucket Brigade Device）。它们被称为斗链式器件的原因是存储在一个电容性存储寄存器中的电压会按照顺序进入后续寄存器，这些采样的电压最终到达输出端。电压通过一个选通脉冲从一个寄存器转换到另一个，这与数字延时技术十分相似，因此模拟延时线也能提供很多与数字延时线相同的特殊效果。相比数字延时线来说，模拟延时线常常受限于较窄的带宽，以及普遍较高的噪声（当然，具体设备的噪声需进行直接比较）。因为制造成本低于数字延时，模拟延时从 20 世纪 70 年代晚期开始流行。从过去到现在，它们在制造音乐性效果方面的使用频率，始终高于调整结构性的系统延时。

一些音乐家声称，模拟延时比数字延时的声音更加温暖厚重。它们之间的处理是存在差异的。我们认为它们的差别是模拟延时或数字延时在基于自身基本技术的特点上，由于具体产品设计不同所导致的结果。无论如何，数字元器件的成本已经下降，它们在音频应用领域的专业性在逐渐上升，因此数字延时已经将模拟延时推向了市场的边缘。

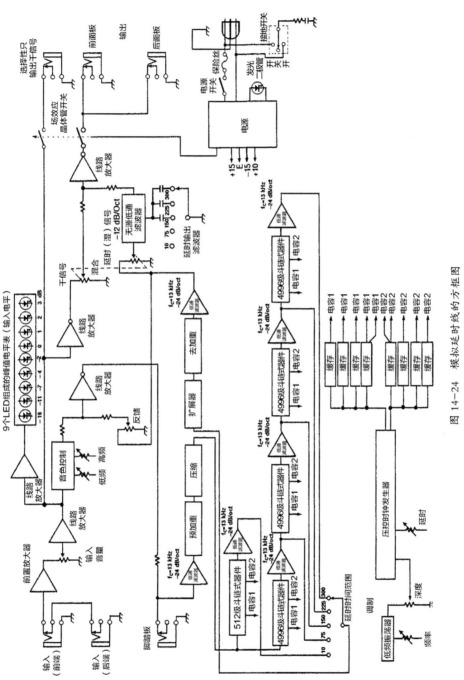

图 14-24　模拟延时线的方框图

14.3 压缩器与限制器

14.3.1 总论

压缩器和限制器是用于减少信号动态范围的处理器。限制器的设计目的是防止信号超出某一给定的阈值（通常数值可调）。有时限制器采用砖墙式设计，在阈值之上不允许输入信号的提升带来任何输出信号的电平提升。有时该效果仅允许输出电平在阈值之上，随输入电平的增加产生少量的（非线性）增加。由于这种作用消除了节目信号中的峰值，因此又被称为电平调节器（Leveling），一些限制器也被称为音频电平调节放大器（Audio Leveling Amplifier）。

输出电平的变化量（以分贝为单位）与输入电平的变化量之间的比值被称为压缩比。大多数限制器的压缩比为 8:1~20:1 甚至更高。如果一台设备的压缩比被设置为 8:1，那么当输入电平增加 8dB（假设输入电平超过阈值），输出电平增加 1dB。一些设备提供无限大的压缩比，只要输入电平超过阈值，无论增加多少也不会带来输出电平的增加。由

于信号的传递特性（输出电平根据输入电平的情况发生斜率改变）在阈值处发生了变化，因此阈值也被称作转换点。

限制器通常仅被用于处理节目峰值，这也是它们被称为峰值限制器的原因。在广播制作中，这种设备用来防止传输信号的过调制。在现场扩声中，它们可以用来保护扬声器不受如话筒掉落等情况产生的机械损坏（它限制了送往功放和扬声器的峰值电平）。在唱片灌录的过程中，它用来防止唱针出现过量偏移，避免在唱片播放时出现脱离唱针轨道的问题。

如果阈值被降低到一定数值，大部分或全部节目信号将受到压缩器的作用，那么此时该设备就作为压缩器在工作。压缩器的压缩比通常要小于限制器，最为常见的压缩比为 1.5:1~4:1，它们的用途非常广泛。在磁带录音、广播或现场扩声当中，压缩有时会被用来挤压一个节目的动态范围，使其能够适应某种存储或重放介质。如果从本底噪声到饱和点的动态范围为 50dB，现场演出节目的动态范围为 100dB（本底噪声到峰值电平），那么 2:1 的压缩比就能使节目适合磁带介质的动态需求。在任何一个本底噪声很高的环境下，系统所能还原的最大声压级是受到限制的（如工厂或商场的公共广播系统）。压缩可以将节目信号挤压到一个很小的动态范围中，这个动态范围在系统最大还原能力下刚好能够被还原出来。以体育馆的公共广播系统为例。假设一场常规活动的环境噪声超出 95dB SPL（欢呼、鼓掌声等），而扩声系统能够送达观众席的最大声压级为 110dB SPL（15dB 的有效动态范围）。一个受过专业训练的播音员语音的动态范围为 30dB（没有受过训练动态范围可能会更大）。通过对语音施加 2:1 的压缩，能够将整个节目的动态范围

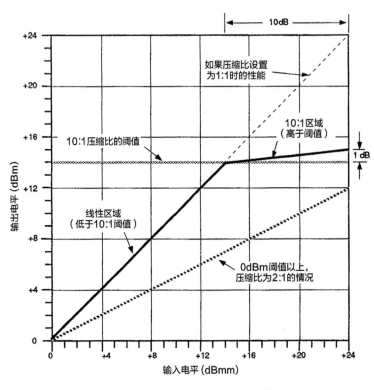

图 14-25 压缩器和限制器的特性

挤压到 15dB，这样就能够以观众听得清的声压级对节目进行重放。（这个解释有些过于简化，因为语音等具有连贯性的节目通常能够在弱于随机噪声时被识别。）

由于电路基本相同，因此压缩器和限制器的实际区别在于设备使用的方式。很多设备同时具备这两种功能。它们具有可调范围很宽的阈值和压缩比数值（有时还具有可调的启动／持续特征），因此被称为压限器（关于此类设备的更多讨论参见第 4.3 节）。

14.3.2　压缩／限制器如何工作

总的来说，一个压控放大器（VCA，Voltage Controlled Amplifier）的增益会根据施加的电压发生改变。一个检测器（或旁链）电路包含了阈值和启动／释放时间调整，该电路对输入信号进行取样以获得控制信号。该控制信号随后被馈送给压控放大器。压限器通常具有输入和输出电平控制，可能还会有一个电平表电路，可以切换观察输入电平、输出电平和／或增益衰减量的实时情况。检测输入信号电平方式的不同是区别不同压限器的主要依据。一些设备，尤其是用于广播或唱片灌录的限制器基于瞬时峰值输入信号电平来工作，其他设备则基于信号的平均电平来工作，还有一些通过检测均方根信号电平来工作。它们之间有什么区别？峰值电平检测，尤其是在与高压缩比组合使用时，任何时刻都能够用来防止超出设定数值的输出信号出现。它还会在出现短暂峰值信号时对输出电平进行衰减处理，相比限制输出端的峰值电平来说，这种情况有时更像是一种故障。对平均电平和均方根电平的检测允许若干高电平音频信号在被衰减前通过压缩器。这会带来更加自然的声音，尤其是阈值的设置使压缩器能够对节目的大部分（或全部）进行中等程度压缩的时候。

对信号电平进行平均可以通过一个相对简单的电路来完成。尽管如此，对信号电压的数学平均并不像均方根电平检测那样近似于人耳对相对响度的感知，而均方根检测则需要更为复杂的技术。对

于一个纯音正弦波信号来说，信号的峰值为均方根电平的 1.414 倍，但是对于一个复杂音频信号来说，其均方根数值并不容易获得。幸运的是，一些聪明的工程师意识到，一个电灯或发光二极管在被交流信号激励时，其光能输出恰好与信号的均方根数值相对应。通过给被采样的输入信号激励一个光源（发光二极管），该光源可以用来激励一个光敏电阻（LDR，Light Dependent Resistor），它可以对 VCA 控制电压进行调制。此外，还有其他的甚至更为复杂的均方根检测器，它们并非基于 LED/LDR 技术来工作。

针对输入信号电平增加做出增益衰减动作的响应速度，被定义为启动时间（Attack Time，以毫秒为单位）或启动速率（Attack Rate，以分贝为单位）。具体使用何种术语取决于电路的特性和制造商如何解读这些参数。在输入激励消失后，增益恢复到初始状态的速度被称为释放时间（Release Time）或释放速率（Release Rate）。

一些压限器的检测或旁链电路配有一对输入／输出接口。这使得这些信号处理器能够以旁链方式进行工作。如果你希望针对高频信号做更多的压缩，可以在旁链中插入一个用于高频提升的均衡器。这种设置通常用于齿音去除，人声的唇齿音可以通过差分式压缩[5]（Differential Compression）进行衰减。如果使用低频均衡切除，压缩器会让鼓声在较少发生改变的情况下通过，但会对能量相对较低（但对扬声器高频单元威胁较大）的合成器高音进行衰减。如果在主信号通路插入延时器，而旁链输入信号来自延时器之前，这样就能获得所谓的零启动时间，甚至是更加奇特的预压缩（Pre-compression）效果，即我们在导致压缩器启动的信号出现之前就会听到压缩效果（类似于磁带倒放的声音）。

14.3.3　设置调整

对于各种情况来说，并不存在一个最优的启动或释放参数。过快的启动时间会导致节目电平发生不自

5　差分式压缩指的是将原信号经过均衡提升后送入压缩器的旁链输入。这种提升带来的差异会导致压缩器工作，进而起到针对部分频率进行压缩的作用。这相当于当代调音台压缩／扩展器旁链功能中的"Self"模式——译者注

然的起伏，以及由于压缩器对波形进行控制产生的一定程度的低频失真。启动时间过慢的问题在于，无论将最大输出电平设置在哪个数值上，在压限器开始工作之前，任何超出阈值的信号都能够不受影响地通过。释放时间过快会带来增益的频繁变化，导致声音出现跳跃或喘息现象；释放时间过慢会导致节目中较为安静的部分丢失，因为增益仍然受到已经消失的输入激励的影响处于衰减状态。一些制造商只提供建立／释放时间的手动设置功能，而另一些制造商则只提供自动功能，从而使压限器可以根据输入信号的特性自动改变建立／释放时间。尽管一些人坚持手动调整，但对参数调整不当会导致声音出现较大的问题。因此一些产品同时提供了自动和手动调整模式。如果你决定对这些参数进行手动调整，请遵循制造商提供的建议。如果没有现成的建议，那么请注意以下几点：

对于一个输入信号来说，调整输入电平控制（如果有的话）使其远离本底噪声，同时避免在输入环节发生削波。随后将阈值设置在任意旋钮位置（Rotation Point）上，再将压缩比调整到适合具体应用场合的数值。对于扬声器保护来说，阈值的设定应该以防止功率放大器输送的能量超出扬声器机械运动限制为标准。假设一只扬声器的持续功率为100W，峰值功率为200W，功率放大器的额定输出功率在扬声器额定负载阻抗条件下（+4dBu 输入）为200W。假设功放输入衰减器被降低了 10dB（为了简化讨论，我们假设压缩器的输入和输出电平控制在压缩器不工作时被调整为零增益 Unity Gain。）。在这种情况下，一个电压为 +14dBu 的信号被送入功放中，使其向扬声器提供 200W 的功率。压限器的阈值和压缩比的设置必须保证功放的输入信号不超出 +14dBu。如果你需要尽可能多地保留节目的原始动态，可以将阈值设置在 +10dBu。这一标准要求任何输入信号无论有多响，都不能使输出信号在阈值基础上增加超过 4dB。我们在此假设，由于

前级设备的性能限制，送入压限器的信号强度不会超过 +26dBu。将 +26dBu 和 +10dBu 相减，得出我们需要将 16dB 的动态范围压缩至 4dB，通过简单的数学计算就可以发现 4：1 的压缩比即可完成此任务。如果我们将阈值设置在 +13dBu，就需要将可能出现的 13dB 输入信号增量导致的输出信号增量限制在 1dB（通过 13：1 的压缩比）。这种做法也许可行，但过高的压缩比会带来不自然的声音，因为压缩效果是在同一时刻突然出现的。当然，如果你仔细观察压限器的输入电平，通过恰当设置以避免其超出阈值，那么这种设置作为限制器来说的确能够起到砖墙式的保护作用。

对于一个常规节目来说，仔细聆听输出信号（并通过电平表或示波器对其进行观测）然后调整压缩器的启动时间。如果使用限制器来保护扬声器，应避免过量衰减，在不出现可闻失真的情况下使用最快的启动时间或速率。如果使用压缩器进行压缩（调整语音电平或增加电吉他的延音），应尽可能使用最慢的启动时间，并配合合理的输出电平控制。提供看似更高的动态范围，这种设置方法避免了对音头冲击感的破坏。

将释放时间设置得足够长，这样就不会听到过多的波动和喘息，或者将释放时间设置得足够快，这样节目信号就不会在一个很响的片段结束后对后续信号产生不必要的衰减。

14.4 噪声门与扩展器

14.4.1 总论

噪声门是一种当输入信号电平低于人为设置的阈值时，对信号进行关闭或显著衰减的信号处理器（图 14-27）。该设备的理念是，保持我们所需要的节目内容不变，但当主要节目源不发声时（低于设定的阈值数值），低电平嘶声和噪声（或来自其他声源的串音）不会被听到。

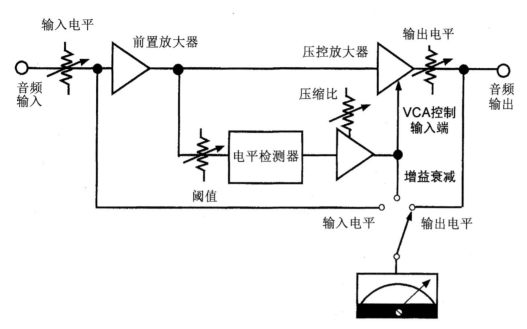

图 14-26 压缩器 / 限制器的电路框图

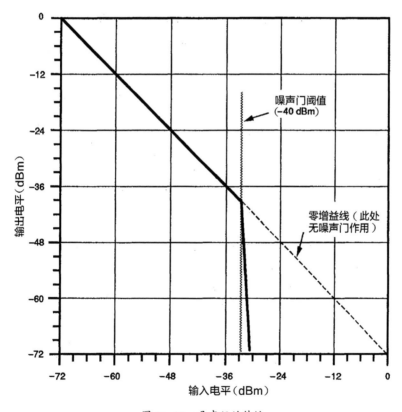

图 14-27 噪声门的特性

从字面意义我们可以看出，当节目信号低于阈值，噪声门会关闭信号流，在关闭和打开的瞬间出现可闻的效果。这种背景噪声级的突然变化可能让人感到不快，这也是为什么有些噪声门的设计可以对信号电平做有限程度（降低增益）的衰减。这样带来的效果是在降低噪声的同时，不带来明显的声音突变。为了进一步避免对背景噪声的可闻调制，我们可以调整在信号低于阈值时噪声门工作的时间常数，通常从触发到增益被衰减需要若干毫秒的时间。

这种降低增益的电路被称为扩展器，虽然在上述例子中并没有使用这个名称。事实上通过这种方式，节目信号的本底噪声被降低了，动态范围也得到了扩展。

当扩展电路仅在设定的阈值数值以下工作时[6]，我们称该设备为噪声门。还有一些信号处理设备可以用于扩展整个节目[7]。在这种情况下，阈值数值需要被设置在适宜的"0"点，通常是节目信号的额定电平。任何低于阈值的信号都会被向下扩展，使它们听起来比现有音量更加安静；而高于阈值的信号则会被向上扩展，从而得到动态范围更大的节目。在这种情况下，我们称这种设备为扩展器。

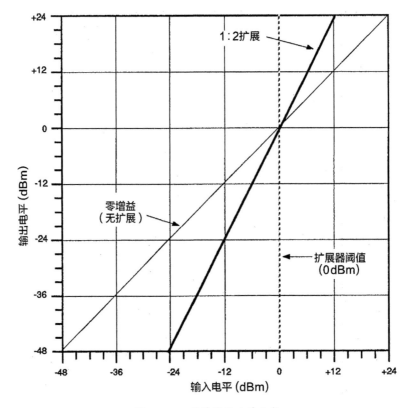

图 14-28 扩展器的工作方式

14.4.2 噪声门及其应用

在录音或扩声系统中，噪声门的用途是对不工作的话筒进行自动的、暂时性的哑音处理。在扩声系统中，打开的话筒数量增多会带来回授前增益的降低，在录音中则会增加背景噪声。尤其在较为复杂的多通道工作环境下，使用噪声门可以在不增加调音师负担的情况下改善声音。对整体节目信号施加噪声门几乎没有价值。在一个节目信号中几乎很难找到真正静音的片段，所以噪声门可能会将我们需要的较为安静的片段静音。为了让噪声门的作用更加有效，并在最低程度上产生可闻的副作用，每个编组，或者每个调音台的输入通道都应该拥有单独的噪声门。噪声门对降低调音台内部电路之间的相互串音也有一定的效果。为每个通道配备噪声门是十分昂贵的，而有些输入源完全不需要噪声门（如安静的、直接输入的电子键盘），这些因素必须在搭建系统时进行周全的考虑。

噪声门不仅能够使一只噪声较高的吉他、键盘或人声话筒在声源不发声时更加安静，它还能让演奏变得更加紧凑。以鼓手为例，可能军鼓被他打得太过火，共振太强，或者相比底鼓来说有些不在拍子上。在这种情况下，我们可以通过底鼓来对军鼓做同步处理（图 14-29）。

6 即向下扩展，对输入电平做衰减处理——译者注
7 即在阈值之下向下扩展，在阈值之上向上扩展，对输入电平做提升处理——译者注

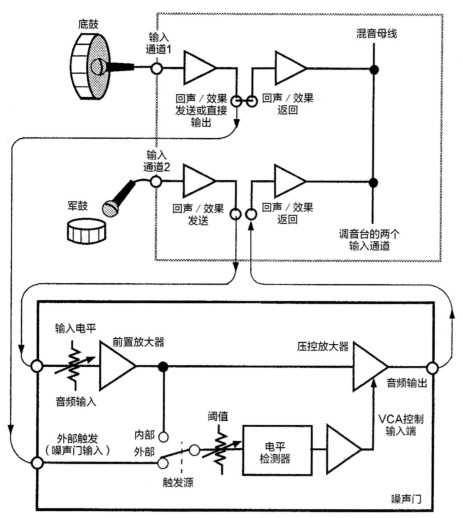

注意：多数时候噪声门都会在内部触发模式下工作，不同的噪声门作用在不同的鼓话筒上以抑制相邻鼓组的串音，以此获得更加紧凑的鼓声。上图展示了一个较为特殊的例子，它表明了外部触发如何在噪声门中得到使用

图 14-29　使用噪声门将军鼓变的更加紧凑

几乎所有的噪声门都有独立的触发或输入端，通常它的连通方式是让输入信号自己进行触发。此外，我们还可以通过一个开关（或起到开关作用的信号线插头）让触发信号来自设备外部。通过将底鼓连接到军鼓噪声门的触发输入端，向下扩展的阈值不再由通过噪声门主路径的信号触发，它改为由底鼓信号来触发。触发信号可以取自调音台上底鼓输入通道的直接输出（Direct output）。当底鼓被敲击时，它的电平能够打开处理军鼓通道的噪声门，当底鼓声音变弱，军鼓的输入信号会被自动关闭，以此使军鼓强行与底鼓同步。对噪声门释放时间（在触发信号高于阈值时噪声门维持打开的时间）的调节可以用来调整军鼓的延音。

14.4.3　扩展器及其应用

扩展器存在于大多数磁带降噪系统中。它们对经过编码（压缩）的音频磁带进行解码，即时还原节目信号的原始动态，并将磁带嘶声或噪声降低至节目信号的本底噪声以下。

扩展器也可以作为单独的信号处理器来使用。如录音磁带的播放、广播节目的接收，或者任何以更好的存储或传输为目的而经过压缩的信号。这种压缩会降低节目的动态范围，使节目丢失了一些冲击力，进而导致它们没有那么令人激动，或者没有那么自然。在这种情况下，通过扩展器可以还原一部分丢失的动态范围。如果需要得到自然的声音，除非节目信号经过非常严重的压缩，否则释放比应该严格控制在 1∶1.4

以内。过量使用扩展比会导致节目电平不自然地涌动，除非扩展比恰好是压缩比的反比。扩展器最佳的应用对象是已经具有合理动态范围的节目。如果你处理的是一个动态范围仅有 6dB（这种情况的确存在）的广播节目，即使 1:2 的高扩展比也只能带给你 6dB 的动态范围增量（整体节目的动态范围变为 12dB，并不十分令人满意）。如果对一个具有 50dB 中等动态范围的节目进行处理，即使 1:1.4 的扩展比也能带来 20dB 的动态范围增量（整体动态范围变为 70dB），这就有可能超出很多音响系统的动态还原能力。

扩展器可以还原（或者制造）整体节目或单独信号缺失的冲击感。根据阈值的设置以及设备调整方式的不同，扩展器也能够作为单独的降噪设备，使噪声问题较为严重的录音、广播和乐器信号变得更加安静。扩展器还能被用来降低磁带中相邻通道、调音台输入通道之间，以及话筒拾取相邻声源的残留串音。

请务必使用扩展器来完成上述工作，不要使用磁带降噪系统的解码电路。降噪解码器通常经过了某种频率加权，它会导致那些未经频率加权压缩处理的节目信号出现不稳定和不自然的信号扩展。

14.5 镶边和移相

14.5.1 镶边

最早的镶边效果是通过卷对卷的磁带录音机获得的。两台录音机以同步状态来回录放相同的节目。如果先降低其中一台机器的速度，然后降低另一台，就会出现不同的相位抵消。降低速度的过程是通过手动控制磁带转动系统的边缘来进行的，因此我们称这种效果为"卷边"（Reel Flanging），即"镶边"（Flanging）。

使机器交替变慢，再将输出进行电学混合产生的结果是两个输出之间的相互作用，它会不断发生一系列的变化。这种相互作用既有增强（相加）又有抵消（相减），它带给我们一种扫频梳状滤波器（Sweeping Comb Filter）的效果。我们用飕飕声或隧道效应来描述这种声音。

使用一对手动控制的磁带录音机显然并不便捷，

同时它也无法轻易重复制作相同的效果。出于这种原因，用于自动生成此类效果的电路被设计出来。如果某个信号在经过延时后再和原始信号进行叠加，那么抵消会出现在周期为延时时间两倍的频率上。这种抵消也会出现在信号频率的奇次谐波上。抵消（或增强）的程度取决于原始信号和延时信号之间的电平关系。等能量会产生最强的效果。我们可以通过不断变化的延时时间获得扫频镶边，通常可以通过一个低频振荡器对延时时钟进行调制。这会导致在整个节目的频带上不断出现响应的谷值，不同频率会交替出现提升或衰减的现象。

如果其中一个信号（原始信号或延时信号）的极性被反转，则得到的效果被称为负镶边。如果该设备允许从输出端提取一些反馈信号送回输入端，那么我们可以获得更加夸张的效果。

你可能还未意识到，镶边效果来自延时，这意味着它通常可以通过数字（或模拟）延时线和数字混响器来获得。一些镶边效果套装专门为吉他设计。整个设备被放置在地上，配备一个脚踏开关，可能还会配备脚踏板来取代低频振荡器对扫频的控制，其输入和输出接口也经过了优化，十分适合吉他使用。

高品质的镶边有可能通过两个通道的延时来获得。这是因为当延时信号和原始干信号（Direct Signal）之间始终存在时间差时，就不可能出现完全抵消。两个被延时的信号不存在所谓的原始信号，但两个通道之间始终存在一个固定的延时值（无论这个数值是多少）。当这两个通道的延时数值以相反的趋势向上和向下变化，它们的输出被合并在一起就可以制作效果。这种设置也为制作更深层次的效果打下了基础。当然，这种方式的造价颇高，因此很少得以使用。（顺便一提，如果不通过电学方式把两个信号叠加在一起是无法得到一个很好的镶边效果的。使用一对立体声扬声器系统，将不同延时的信号分别馈送到两只扬声器上无法获得镶边。）

14.5.2 移相器

镶边和移相具有相似的声音，但获得方式十分不同。移相器是一个配备了一个或多个大衰减量、高 Q

值滤波器的设备（高 Q 值意味着滤波器拥有非常窄的带宽）。一个信号被一分为二，一部分通过滤波器电路，另一部分从滤波器旁通。在滤波器陷波波谷的两侧存在很大的相位偏移，通过上下改变陷波器的中心频率，将输出信号与原始信号进行叠加，就会出现一系列不断变化的相位抵消。

改变原始干声和滤波后声音的音量关系也会改变该效果的特点。在一些情况下，可以将其中一路信号的极性进行反转以获得进一步的特殊效果。

移相对于吉他、键盘和人声来说是十分常用的效果。

由于依赖扫频滤波器而非可变延时，真正的移相效果通常不会包含在数字延时或混响系统中。

14.5.3 我们应该注意什么？

对于任何特殊效果处理器，尤其是镶边和移相来说，使用正确的设备进行工作是十分重要的。对于调音台的信号发送 / 接收插入点来说，那些能够与吉他直接相连的设备可能噪声极高，且不具备正确的工作电平。反之，一个专门为调音台设计的设备可能使电吉他的拾音器发生过载，破坏频率响应，使信噪比出现劣化。此外，它可能不具备适宜的增益，从而导致噪声进一步提高。

不同设备之间存在的差异有可能从具体的效果控制上体现出来——陷波器能够调整到多深、频率和延时的改变范围有多宽，以及是否具有自动设置和遥控功能等。我们可以通过仔细观察设备的前后面板来发掘这些区别。还有一些重要的区别与设备的实际性能相关，我们只能通过使用不同的设备来处理相同或相近的节目，配合主观的声音听评对其进行判断。有时一个用在吉他上非常不错的效果被用在钢琴上就会显得很糟糕，也可能用在人声上非常不错的效果用在吉他上几乎听不出来，诸如此类。你可能需要通过改变设置来调整效果，也有可能该设备就是更加适合某一特定的应用场合。

14.6 激励器

1975 年，Aphex 公司推出了第一款听觉激励器（Aural Exciter）。该设备改变信号的方式是，当经过激励器处理的部分信号被重新混合到节目信号中时，节目整体的冲击力和可懂度会得到提升。激励器在不明显改变频率平衡和增益的情况下做到了这一点。激励器越来越多地用在提升整体节目或具体声音的感知响度（Apparent Loudness）上，尤其在录音（在不减少录音时长的情况下获得更高的感知响度）、现场扩声（虽然通过简单的图示均衡或参量均衡就能对响度进行提升，我们不愿以牺牲峰值余量和可能出现的回授为代价），以及广播节目制作（可以在避免过调制的情况下获得更强的穿透力）的过程中。

虽然早期的设备仅供租赁，但后续生产的设备也开始被销售。再后来，这些电路被写在集成电路芯片中，植入其他制造商的设备（如今该电路被用在特殊的商业内部通信系统和电话设备中）。其他公司也曾模仿 Aphex 产品的功能，尽管它们在实际信号处理方面使用了不同的方法。

Aphex 激励器将输入信号一分为二。一部分直接送到输出端，另一部分进入高通滤波器网络和一个谐波发生器，两个信号在设备的输出端进行混合。这一处理能够产生与频率和振幅相关的谐波。较新的电路增加了对振幅变化的敏感程度，使波阵面更加陡峭，声音的冲击感更加明显。这一效果主要通过偶次谐波来获得，因为它能够使正向运动的峰值（Positive-going Peak）得到增强。有意思的是，上述处理带来的心理声学效果要比任何一个独立参数的作用明显得多，我们可以通过对传统仪器的测量来证明这一点。

使用激励器的关键在于保持适宜和中庸。我们仅仅需要将一小部分经过激励的信号与节目信号进行混合。

尽管 Aphex 声称对"听觉激励器"这一名词和具体的处理技术持所有权，但仍有一些公司推出了能够对信号做相似处理的设备。

第15章 线 材

15.1 好线材的重要性

一根信号线可能是整个音响系统中最便宜的组成部分（多芯缆除外，它们相当昂贵）。然而一个系统中包含了上百根线材，累计起来的费用也相当可观。噪声、破音、由于开路导致的信号丢失、由于短路导致的输出端损坏都有可能由线材引起。试想，无论你的话筒、调音台和功放的品质有多高，一根不好的信号线就可以导致整个系统的品质劣化甚至发不出声音。永远不要试图在线材上省钱。一套系统值得配备价格昂贵且质量上乘的线材。

仅仅拥有高昂的价格并不能保证好的产品。看上去相同的线材也会出现很大差别。所有线材都不相同，那些看上去很像的插头也可能不同。即使整体直径、线规和基本结构相似，两根线材也可能拥有截然不同的电学和物理学特性，如电阻、插头之间的电容和电感、整体柔韧性、屏蔽层密度、耐久度、弯折的承受能力、拉伸的承受能力、线材表面的摩擦力（摩擦力较低则适合套在线管中使用）。几乎所有扩声系统中使用的音频线材都使用了绞合导体（Stranded Conductor），很多具有相同线规的导线采用不同绞数。更多的绞数通常意味着更好的柔韧性，这使线材因为金属疲劳或不经意的刻痕而导致的损坏概率降低。即便是导线本身也是有区别的。纯铜是一种绝佳的导体，但缺乏抗张力度（Tensile Strength）。铜/青铜作为内导体足够强韧且具有适宜的柔韧性。铝坚固而轻，但对于音频电路来说电阻太高。

插头的做工是精良的，它们可能具有低接触电阻（随着时间推移电阻也不会增加），但也有可能不是。它们与线材紧密连接在一起，与屏蔽层和内导体焊接在一起，具有良好的应力消除（Strain Relief），或者仅仅是粗糙地连在一起。

还有一个问题是应该使用何种线材：单导体还是带屏蔽的双导体？线材应使用编织屏蔽、包裹屏蔽，还是锡箔屏蔽——还是根本不需要屏蔽？我们应使用一把分散的信号线，每根对应一个通道，还是应该使用多通道信号线共用绝缘皮的多芯缆？

以下内容将会揭示不同线材和插头的功能和结构。

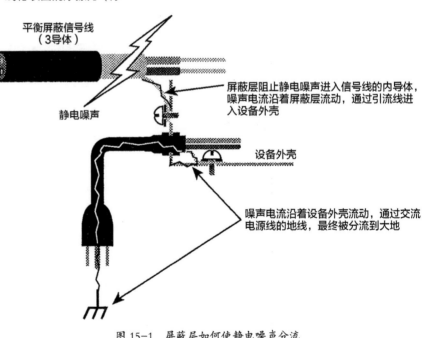

平衡屏蔽信号线
（3导体）

静电噪声

屏蔽层阻止静电噪声进入信号线的内导体，噪声电流沿着屏蔽层流动，通过引流线进入设备外壳

设备外壳

噪声电流沿着设备外壳流动，通过交流电源线的地线，最终被分流到大地

图 15-1 屏蔽层如何使静电噪声分流

15.2 线材的种类、结构及作用

15.2.1 静电和电磁屏蔽

在绝大多数应用场合中，对话筒线和线路电平信号线的屏蔽都是不可或缺的。话筒信号和线路信号电平相对较低，需要后级放大。任何进入线材的噪声都会伴随着有效信号被放大。屏蔽的目的就是隔离静电场，阻截这些寄生电荷，将它们导入地端，不让它们进入信号线中载有音频信号的内导体。如果是一根具有单独中心导体的非平衡信号线，在作为屏蔽的同时还被用作信号的返回路径。

包括由于打火而产生的非常陡峭的波形在内，较高频率的噪声拥有较短的波长，对于较为松散的编织屏蔽层和包裹屏蔽层来说很容易出现问题。（波长越短，噪声就越容易穿透屏蔽层，即使它的间隙十分微小。）我们在固定安装或机架固定设备中使用的最好的屏蔽方式是锡箔屏蔽。金属箔能够提供的屏蔽效率（又称为屏蔽密度）几乎为100%，但这种线材（如 Belden 8451 或 CanareL-2B2AT）并不是特别坚固和柔韧，如果被过度弯折，屏蔽层就会遭到破坏。这也是编织屏蔽层或包裹导线屏蔽层常用于话筒和乐器线的原因。使用包裹（或弯曲）屏蔽层的线材比类似的编织屏蔽线材具有更好的柔韧性，但包裹层在线材被弯折时容易张开，这不仅降低了屏蔽能力，同时也会带来传声器噪声，解释如下。静电电荷可能由于马达或发电机的电枢打火、气体放电光源（霓虹灯或荧光灯）等原因产生。这些电荷能够与线材发生电容性耦合。如果线材自身某一部分的导体间电容发生变化，也会引入噪声。如果在弯折一条信号线的时候能够听见噪声，那么可能存在两种可能，要么一些导线受损，在弯折过程中不间断地发生接触；要么内导体之间的电容（或屏蔽层与内导体之间的电容）不断发生改变。如果电容发生变化，那么该信号线也可以被认为具有颤噪效应（Micro-phonic）。这是话筒线被施加幻象供电面临的主要问题，虽然这一问题可能发生在任何线材中，但你绝不希望这种从内部产生的噪声发生在音响系统中。解决静电噪声和颤噪效应的最佳方式是使用稳定的非传导性（绝缘性）材料，防止中心导体与屏蔽层之间出现电容性关系，同时将紧密编织的屏蔽层与外部绝缘层贴合，使其在信号线弯折时缝隙不会打开。橡胶绝缘层通常十分适合话筒线和乐器线，因为它的手感很好，且在较大的温差下仍能保持良好的柔韧性，此外，品质优良的乙烯材料也开始变得流行。相比橡胶，乙烯材料更容易制作导管。事实上，有一种特殊的夹层阻燃线缆并不需要导管。它们被坚硬、光滑的氟聚合物树脂化合物（如 Pennwalt KYNAR、Allied HALAR 或 DuPont TEFLON）包裹，上述材料所能承受的温度分别高达125℃、150℃和200℃。专门为夹层阻燃线缆或导管安装而优化的外壳，由于并不具备足够的柔韧性，因此不适合大多数用途。

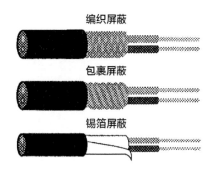

编织屏蔽

包裹屏蔽

锡箔屏蔽

图 15-2　不同类型的线材屏蔽

我们之前讨论过，信号线屏蔽主要是针对静电噪声。但还有另外一种形式的噪声——电磁噪声可能由电动马达线圈、荧光灯镇流器、调光器中大型变阻器线圈，或者可控硅整流器切割后的交流电产生。这种噪声以电感性耦合的方式进入信号线。一般的信号线屏蔽无法隔离这种电磁场（除非屏蔽层使用厚实的铁或者钢导管）。磁场的干扰仅可以通过平衡线路进行抵消，中心导体采用双绞线的结构，和噪声源保持绝对的物理距离也会很有帮助。

接地回路（Ground Loops）通常也是导致信号线出现噪声的原因。但是在这种情况下，噪声是通过屏蔽层中的电流引入的，它与屏蔽层的密度、中心导体相互缠绕的紧密程度没有关系。只有恰当的接地能够解决这一问题。

15.2.2 信号线的自电容

虽然屏蔽对隔离静电噪声是十分有益的，但

它也会对信号线造成不良影响。它增加了信号导体（Signal-carrying Conductor）之间的整体电容分布。由于信号线也具有一定的电阻，电容与电阻的结合构成了一个低通滤波器。对于一定的线规来说，信号线长度越长，每英尺分布的电容就越大，滤波器的截止频率就越低。在实际应用中，如果使用超过 100 英尺（约 30.48m）的话筒线，就需要使用实际分布电容尽可能低的线材。注意，在双导体屏蔽线中有两个需要考虑的电容指标：两个中心导体之间的电容，以及中心导体和屏蔽层之间的电容。屏蔽层内部直径更大的信号线（我们不关心外层绝缘皮的厚度）形成的电容更低，因为导体之间存在更大的间距。尽管如此，就算是两个看上去十分相似的信号线也可能存在很大的区别，因为中心导体相互缠绕的紧密程度、绝缘层的介电常数[1]以及其他因素可能带来不同的结果。你可以通过一系列复杂的计算搞清楚一根信号线对系统的高频响应有什么影响，但这个问题的底限在于，一根错误的信号线的确能够导致系统整体高频和瞬态响应的下降。在评估实际高频损耗时，必须将输出源阻抗和负载阻抗纳入考虑。对于早期的设备来说，负载阻抗从 600Ω 的低阻变为 15kΩ 的高阻会导致滤波器的截止频率减半，造成相当严重的信号损失。在今天，这种情况不太会发生。用于计算滤波器截止频率的公式如下：

$$f_0 = \frac{1}{(2\pi RC)}$$

在该公式中，f_0 是滤波器的 −3dB 转换点，π 为 3.1416，R 为信号线的电阻（单位为 Ω），C 为信号线的电容（单位为 F）。

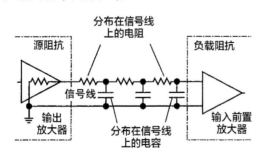

图 15−3　信号线电阻与电容组成一个低通滤波器

我们可以看出，较高的电容或电阻会导致这个衰减斜率为 6dB/Oct 的低通滤波器的截止频率不断变低。

设备内部使用的线材通常较短，直径较小。较小的直径使信号线能够在设备外壳中以较小的半径进行弯曲。美国第 24 号和第 26 号线规能够适用于这些应用场合，因为在相对短的距离下，整体电阻也很低。当信号线较短时，我们也不是特别需要大的绝缘层直径来降低每英尺分布的电容。然而如果将这些线材误用作长距离布线，它们带来的过高的电容和电阻就会导致系统性能的明显下降。

15.2.3　单导体和双导体屏蔽线

单导体屏蔽线用在非平衡回路中，会让平衡电路具有非平衡特性。双导体屏蔽线则用在平衡回路中，虽然有时它们会被用于平衡输出驱动非平衡输入的连接。对于非平衡输出驱动非平衡输入的情况，请避免使用双导体屏蔽线，因为它们展现出两倍于标准状态下的电容数值，进而导致高频和瞬态信息的明显丢失。一些线材配备了 4 个中心导体，它们两两相连，在表现出与双导体信号线相同功能的同时，具备了更好的电磁噪声抑制能力。本书第 11.6 节具体阐述了平衡电路抑制噪声的原理。

一些单导体屏蔽线看上去和用于电视、广播信号传输的同轴线相似（如 RG−58，或者 RG−59），但它们之间有很大的区别。用于射频信号的同轴线通常使用结实的中心导体（或者只有几根导线构成的粗线），线材的电容特性也和音频线十分不同。此外，同轴线的柔韧性较差。换句话说，请不要使用射频信号线来传输音频信号。

在双导体信号线中，一对内导体会通过颜色进行标记，常见搭配有黑和红或者黑和白。如果采用黑红搭配，根据惯例，红色导线应该为热端或导线的高压侧。如果采用黑白搭配，规定就不那么清楚。很多人选择白色导线作为热端，但交流电线的热端

1　介电常数描述了某一材料的电绝缘特性（无论是电缆绝缘还是普通空气）。

为黑色，因此你也能够碰到黑色导线为热端的情况。实际上，只要保证信号线的连接在两端插头之间保持极性一致，无论黑白都没有什么区别（图 15-4a 和图 15-4b，不同线材和插头的不同组合，以及在平衡和非平衡条件下应该遵循的线序）。

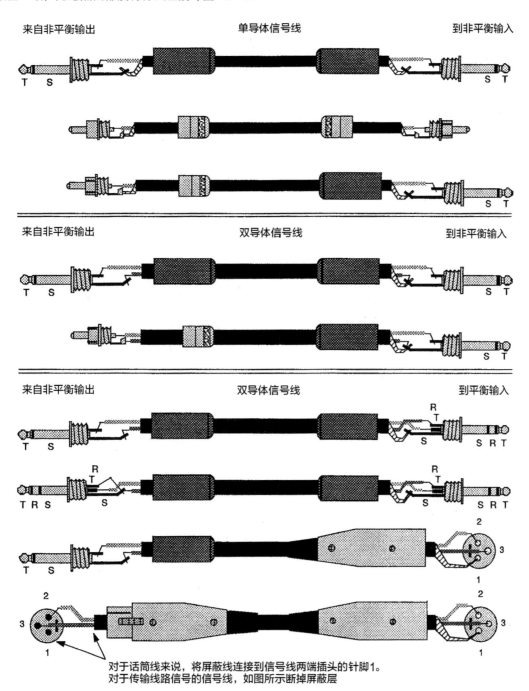

图 15-4a　单导体和双导体信号线用于非平衡信号源的情况

对于话筒线来说，将屏蔽线连接到信号线两端插头的针脚1。
对于传输线路信号的信号线，如图所示断掉屏蔽层

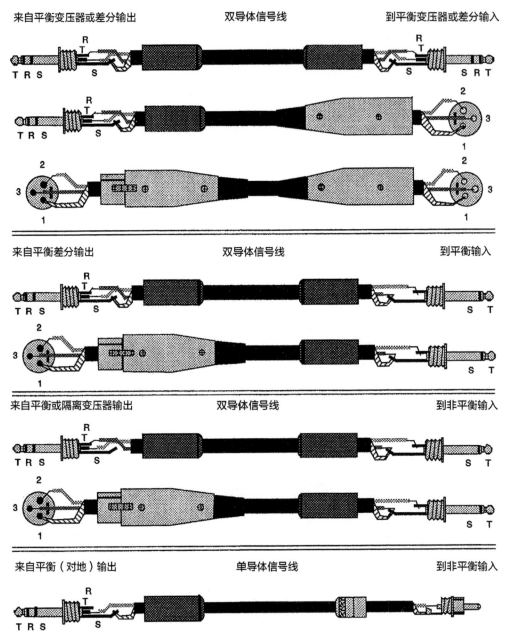

来自平衡变压器或差分输出　　　　　双导体信号线　　　　　到平衡变压器或差分输入

来自平衡差分输出　　　　　双导体信号线　　　　　到平衡输入

来自平衡或隔离变压器输出　　　　　双导体信号线　　　　　到非平衡输入

来自平衡（对地）输出　　　　　单导体信号线　　　　　到非平衡输入

图 15-4b　单导体和双导体信号线用于变压器或差分平衡信号源

注意：不同的平衡输出设计具有显著的区别。当一个平衡输出驱动非平衡输入时，最好使用双导体屏蔽线，将屏蔽层同时接入两端，使信号线的低侧（Low Side）与非平衡输入的屏蔽层相连。这种方式能够提供平衡线路最大程度的低频噪声抑制。在某些情况下，尤其对于相对信号地平衡的输出来说，最好能够使用单导体屏蔽线（图 15-4b）。在其他情况下，如在设备机柜中，插头底座通过机柜的框架接地，此时断掉输出端信号线的屏蔽层被证明是有必要的。遗憾的是，没有任何一种制作信号线的方式能够满足所有情况的需求。

15.2.4　应力消除装置（Strain Relief）

承受外部张力是线材结构非常重要的一个方面。像电话线这样设计成弹性结构的线材，是在其绝缘层中设计了高强度的钢绞线——这并非出于电学结构的考虑，而是通过这种方式保证线材能够承受拉伸的张力，保证较软的铜线不会因此被扯坏。用于话筒和电子乐器的信号线必须具有合理的柔韧性和较轻的重量，因此不会使用钢绞线。反之，有一些非导体线材既具有一定的柔韧性，也不会对信号线的阻抗产生影响。在直径较大的话筒线中可能加入了麻黄纤维或者聚酯纤维。一些直径较小的线材则使用更加特殊的纤维，如 Dupont Kevlar，它虽直径较小但具有相当高的张力。有时内部导体或屏蔽层还会通过合金来制作，以此获得比纯铜更强的张力，但这类线材通常比较坚硬，无法承受反复的弯折。

那些被安装在设备外壳内的线材，或者在使用过程中不会发生拉伸或弯折的线材，并不需要任何应力消除装置。但这些线材对现场舞台演出来说并不可靠。

信号线的应力消除应始终贯穿两端的插头，这是十分重要的。如果应力消除装置没有得到固定，那么在插头处的导线将会承受绝大部分的牵引力，很容易在发生过早的损坏。无论使用何种方法，请务必将信号线稳固地固定在插头内部。

在固定信号线的时候，请记住尖锐的弯折也会导致线材过早损坏。最好能够在插头处做进一步的处理，避免信号线被侧向拉拽时出现弯折半径过小的情况。多数 XLR 插头包含了一个锥形的橡胶底座作为其固定装置的一部分。随着信号线不断远离插头，圆锥所提供的支撑越来越小，这会在信号线被侧向拉拽时提供一个平缓的最大半径弯折。你可以通过其他类型的插头获得类似的效果，或者在信号线套管出口处使用若干热塑绝缘管。将每个热塑管调整到略短于下一个，围绕信号线进行热塑，这样每个热塑管的末端都会嵌入插头中（然后被信号线的固定装置钳住），不同的热塑管长度在插头外部形成了缓冲支撑。

有些套管使用了长得像枷锁一样的应力消除装置，然而我们更倾向于使用锥形橡胶或者绝缘热塑管。尽管这种方法避免了信号线被扯出接线盒，但在枷锁的末端仍然会发生尖锐的弯折。

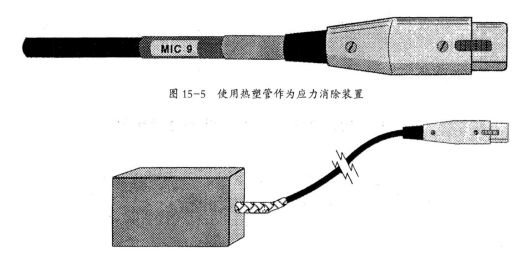

图 15-5　使用热塑管作为应力消除装置

图 15-6　避免使用枷锁型的应力消除装置

15.2.5　无屏蔽线材和扬声器信号线

屏蔽层不仅会增大信号线的电容，还会在相当程度上增加线材的体积、重量和造价。虽然我们永远不应该在音响系统中使用无屏蔽的话筒线或乐器线，但仍然有一些实际情况并不会使用屏蔽，如长距离的电话线路。除此之外，以缠绕导线结构组成的平衡线路也能够避免电磁场干扰。只要附近不存在很强的静电噪声源，且信号线中的信号电平很高。扬声器信号线就符合这种情况，它内部的信号电平太高，以至于几乎不需要使用缠绕结构。在这种低阻抗电路中，除非电磁噪声能量非常大，才有可能通过馈送到扬声器的信号被听到。

扬声器的信号线所承载的功率通常为数十瓦至数百瓦，相对于话筒信号和线路信号这种以毫瓦计量的低电平信号来说，这种特点使我们需要以一套完全不同的思维方式来考虑扬声器信号线的问题。显然，扬声器信号线需要更大的线规来承载更高的电流。电容仍然是一个问题，这种阻抗较低的电路对其有所缓解。但是，信号线的电感却会成为严重的问题。我们知道，磁场产生的信号与其电流强度成正比。扬声器信号线中较高的电流会产生更大的磁场，因而对线材电感导致的低频损耗更加敏感。由于导线之间的相互缠绕会增加电感，因此扬声器信号线不仅不应被紧密缠绕在一起，而且最好完全不缠绕。

这样一来，对扬声器信号线的要求与交流电源线十分相似，因此普通的电源线也常常被用于连接扬声器。此外，具有高负荷能力的、用于工业240V交流电的延长线也适合用作扬声器信号线，它具有更大的线规和更好的柔韧性，以及橡胶绝缘层。

由于导线电阻产生的信号实际损失取决于负载阻抗。表15-1列出了功放和扬声器之间距离100英尺（约30.48m）的情况下信号线产生的大致损耗。

表15-1　100英尺扬声器信号线产生的信号损失

线规（美国线规标准）	扬声器阻抗		
	4Ω	8Ω	16Ω
#10	0.44dB	0.22dB	0.11dB
#12	0.69dB	0.35dB	0.18dB
#14	1.07dB	0.55dB	0.28dB
#16	1.65dB	0.86dB	0.44dB
#18	2.49dB	1.33dB	0.69dB

可以看到，使用标准的#18线规连接4Ω的扬声器会导致2.49dB的损耗。3dB的损耗意味着放大器有一半的功率被导线耗散，这并不是一个小的损耗。显然，使用较大的线规在这种情况下是较为有利的。我们还可以看到，较高的阻抗也会降低损耗（送入扬声器的功率也会降低）。这也是大型分布式扬声器系统工作在70V额定功放输出电压下，并且为每只扬声器使用变压器的原因。功放所面对的负载阻抗保持在较高的水平，这样就可以通过较小线径的信号线来覆盖很远的距离（几千米）且不产生过多的线损。

顺带一提，300Ω的双引线天线（Twin-lead Antenna Wire）在紧急情况下也可以用于扬声器连接，但它的线规较小，且柔韧性和耐用度都不适合便携系统的使用。

注意：即使是扬声器信号线中相对较小的阻抗（或电阻）也会带来扬声器阻尼系数的显著降低。虽然由于线材导致的功率损失对你来说并不重要，但由于阻尼系数降低导致的音质下降，给了我们充分的理由来使用短距离、高线规的扬声器信号线。

15.2.6　多芯音频线（信号缆）

当你使用一个具有8个、12个、16个甚至24

个输入通道的调音台并将其放置在远离舞台的位置时，就会需要在一个相对较长的距离布置大量的话筒线。如果全部使用单独的线材，最终堆积起来的线捆会非常粗，不规整，这在有些场馆中是无法操作的。除此之外，如果舞台的布局发生了变化，你会需要使用各种不同长度的延长线，这种做法降低了系统的可靠性，也使舞台变得更加杂乱。事实上，很多音响公司都使用了特殊的信号缆。它们是多通道的音频分配系统，使用的多芯线缆包含了8~24（甚至更多）通道的带有屏蔽层的导线组。每一路带屏蔽的组合都包含了两个相互缠绕的中心导体以及包裹在外部的屏蔽层。这种线通常不配备绝缘层，而是一个整体的绝缘层（有时是一个整体的屏蔽层）包裹在信号导线的外面。有时，多芯缆以散尾（Pigtail）的形式位于调音台一端，它对每一组屏蔽信号线分别做绝缘和应力缓冲处理，并通过XLR插头与调音台相连。多芯缆的另一端则以接线盒的形式置于舞台上，该接线盒配有固定的XLR插头。舞台接线盒通过话筒线与具体的话筒及乐器相连接。有时在调音台处也会使用功能相似的接线盒来替代散尾。

信号缆可以节省大量的系统搭建时间，相比松散的话筒线捆来说，它显然更加整洁。当然，它也存在缺点。首先，应该避免在同一个信号缆中进行双向传输，尤其是来自调音台的线路信号被送往舞台。事实上这种做法往往是为了将调音台输出馈送给舞台上的功率放大器，但它会导致回授。回授出现的原因是，来自调音台的线路信号与来自舞台的话筒或乐器等低电平信号之间发生电容性或电感性的耦合。这些包含通道间串扰的、电平较低的信号在调音台中得到放大，在输出到信号缆的过程当中形成了一个闭合的回授回路。如果电容性耦合占主导地位，回授主要发生在高频，我们可能无法听到这种回授。然而它导致的信号振荡会很快摧毁高频驱动器，即使驱动器得到了保护，这种信号振荡仍然会占用大量的放大器功率，降低系统峰值余量并且在可闻频段内增加失真。为了避免这一问题，针对从调音台送往舞台的信号应单独走线或准备另一条信号缆。总之不要让从舞台向调音台馈送的低电平信号，与从调音台向舞台馈送的高电平信号共享同一根信号缆。

事实上，无论是低电平信号线还是高电平信号线，或者是这些信号线与扬声器信号线之间，都需要在平行的状态下进行长距离布线。这种情况导致的串扰可能非常严重，信号振荡的可能性始终存在。为了尽可能减小串扰，我们应尽量将低电平（话筒）信号线与高电平（线路）信号线保持最大的物理距离，同时让扬声器信号线远离上述两种线。在这些信号线的交汇点，将低电平信号线与高电平信号线或扬声器信号线垂直放置。如果这些信号线不得不以平行的方式近距离放置在一起，它们应该被分别绑成不同的线捆。

需要对信号缆仔细检查的另一个方面是结构质量。在多芯线缆与插线盒的连接处，以及从多芯线分割出散尾的位置应提供良好的应力消除装置。信号缆本身应配备一个坚固的外层，在受到设备的碾压时不至于被切开。如果可能，为信号缆准备至少 1~2 根备用的双绞线，以避免出现一根信号线损坏导致整条信号缆报废的情况。有些信号缆使用了带有锁扣的大型多针插头，能够与不同插线盒和散尾匹配，或者与其他多芯线互为延长。这种设计使系统搭建更加灵活，

但实施起来造价更为昂贵。这种插头应具有结实的外壳和坚固的锁扣以防止意外断开，插头针脚应采取镀金处理将接触电阻最小化。最后，适用于话筒线的线规、电阻和屏蔽密度等指标同样适用于信号缆，具体请查看它们的参数指标。

有些信号线具有多芯插头和屏蔽层，但并没有针对高品质的音频传输进行优化。这些信号线可能被用来传输内通、摄像机、电源和计算机控制信号等。在选择信号线时应确认这是专门为平衡的话筒或线路信号设计的。

对待信号缆应该精心维护。不要过度弯折以避免出现无法察觉的损伤（内部导线的损坏）。为了存放和运输，应将它们仔细缠好，打开时也应避免过度扭曲。一些信号缆配有缆轴，或者将缆轴作为选配组件。这种便捷的装置在存放和运输沉重的大型信号缆时会让工作变得更加轻松。缆轴应该配备一些锁定机制避免意外滑脱。此外，它还应该具有一定的摩擦阻力，以避免在拉线时缆轴持续转动导致过多的信号缆被拉出。

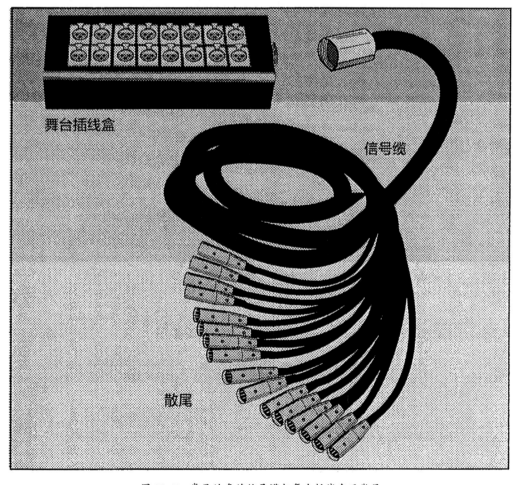

舞台插线盒

信号缆

散尾

图 15-7　常见的多芯信号缆与舞台插线盒及散尾

15.3 插头

15.3.1 总论

在理想情况下，一个插头应该易于使用，不容易被意外断开，不会带来额外的电阻且不对音响系统引入干扰。针对不同的应用场合，某些插头相比其他类型更接近理想情况。如果一套系统不需要被重新设置或者移动，那么焊接的、压线的（Crimped）或者绕线（Wire-wrapped）的连接是最佳选择。这种连接具有较小的电阻，也不易在长时间的使用过程中发生电阻变大的情况，同时也不会意外断开。事实上，它们常常被用在录音棚连线中，在这种环境下，调音台、话筒线和其他信号线被永久固定在一起。在移动系统中，我们需要使用别的连接方式。

无论何种情况，只要在音频信号路径中出现插头和底座，就会对信号流动产生额外的电阻。即使接触电阻在系统搭建时最小，但随着时间的推移，灰尘或腐蚀也会导致电阻增大。插头之间进行的常规插拔能够保持它们的清洁，电阻不会多度累加。这也是为什么在固定系统中应尽量避免使用插头的原因，因为通过日常插拔带来的清洁过程并不存在。如果需要在固定（或半固定）安装系统中使用插头，最好的选择是使用镀金针脚，因为它们具有很低的初始电阻，且不会因为腐蚀导致长期的电阻累加。

本书的这一部分将讨论常见的话筒和线路信号线材

插头的利弊。扬声器的连接将会在第 18.4 节中进行讨论。在这一部分，我们使用插头（Plug）这一术语来表示公头，用插座（Jack）来表示与之匹配的母头，需要特殊说明的情况除外。根据习惯，插头不会被称为"Plug"或"Jack"，它们通常被称作 "XLR" "XLR 插头" 或者简称为 "插头"。（即使插头是一个 A3[2]，我们也会使用 XLR 这一说法。）

专门用于非平衡回路的插头只需要两个触点。如包含两个回路的电话插头（T/S）和留声机插头（又称为针式插头或 RCA 插头）。包含 3 个回路的电话插头（T/R/S）[3] 和 XLR 插头对于平衡连接来说必不可少，但它们也可以被用于非平衡连接。

为什么要使用这种或那种插头？通常设备制造商会替我们做出选择，它们可能会在设备中安装一种插头。有时在不止一种选择的情况下，集成商会做出选择。在此过程中，了解每个插头的好处与坏处是十分有帮助的。

15.3.2 电话插头（Phone Plugs）

这种插头之所以被称为"电话"，是因为它最早被用于电话跳线盘上。由于电话系统使用的是双绞线，因此最早的电话是一个具有尖、环和套[4]三个回路的插头（图 15-8）。电话插头很容易与信号线焊接（或以其他方式连接），价格相对便宜（虽然军用级别的全黄铜材质较为昂贵），而且可以对与之相匹配的底座进行设置，在有插头插入时能够自动在多个电路间来回切换。以下是一些注意事项。

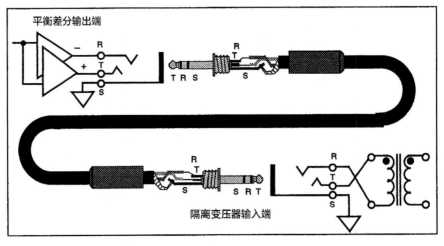

图 15-8 平衡回路中 T/R/S 结构的电话插头和底座

2 A3 是由 Switchcraft 公司制造的一种类似于卡侬头的插头——译者注
3 在大多数情况下，T/R/S 可以代表常用的大三芯插头／底座，T/S 代表常用的大二芯插头／底座。但由于存在立体声耳机等较为特殊的应用，译文遵循与原文保持一致的原则，不出现"大三芯"或"大二芯"等名词——译者注
4 尖、环、套分别与电话插头上的 T(Tip)、R(Ring) 和 S(Sleeve) 三个部分相对应。后文会根据具体语境交替使用中英文，特此说明——译者注

在一个平衡音频线路中，尖与信号的热端或高侧相连，环与低侧（冷端）相连，套则与屏蔽地相连。如果这种插头插入一个非平衡（只有尖和套）的插座当中，线路将变为非平衡，但信号极性仍然保持正确。在一个调音台中（尤其是大型的录音或广播调音台），跳线盘上 T/R/S 结构的底座可能会使用非平衡模式，此时尖为负端（Audio Common），环为音频信号高侧，套为外壳地。这种设计避免了插头插入时由于静电放电或不同的地电势导致的爆音，因为尖（负端）比携带信号的环更早接触底座。如果一根信号线连接的跳线盘采用此种焊接方式，当它的另一端连接在非平衡设备 T/S 结构的底座上时，信号会被短路。

上段内容引出了关于电话插头的一个问题：如果在系统运行过程当中插入插头，则有可能产生爆音。另一个潜在的问题是它的外壳（或把手）可能损坏，尤其在使用塑料材质时，这方面的问题尤为突出。我们更倾向于使用金属外壳的插头，不仅仅因为它不容易损坏，还因为它能够为信号连接提供屏蔽。军用电话插头采用黄铜制作，它包含一个十分坚固的信号线固定结构。虽然这些插头有可能在把手处采用塑料外壳，但它们仍然十分坚固。相比较为便宜的电话插头使用的普通的、经过冲压得到的金属配件来说，这种插头的黄铜部件更加厚实。这使我们可以在上面钻小螺丝，从而使信号线的固定可以直接通过接线片按压（Crimp-on Lug）来固定而非通过焊接。相比焊接，通过按压接线片安装导线不仅更快，而且避免了焊接带来的导线硬化问题，使其能够承受更大程度的弯折而不发生损坏。此外（如果通过正常的插拔操作来进行清洁的话），黄铜的接触电阻比镀镍或电镀合金更低。关于黄铜材质的电话插头还有很多优势可说，即使它的造价是普通产品的 3~5 倍甚至更多。这种插头的主要问题在于，很难在信号线与把手的连接处提供应力消除装置。

电话插头常被用于电吉他的连接。为了避免信号线从吉他拔出时产生嗡声和爆音，有些信号线在电话插头上设计了一个开关。这个开关在插头没有插入插座时，将尖和套短路。这种方式将吉他音箱的输入端接地（Ground Out），防止噪声出现。当插头插入吉他（或其他乐器）时，一个从插头肩部伸出的小转轴会将开关打开。由于信号线在与吉他连接后不会被短路，因此避免了噪声。这种插头的设计十分巧妙，但显然它增加的复杂环节为噪声的出现或信号断开提供了可能。这种带开关的电话插头只能用作吉他线且绝对不能用于连接扬声器，因为它会导致功率放大器输出端发生短路。

还有一些关于电话插头的问题，包括缺乏锁扣机制（意味着它们可能会被意外断开），在受到侧向拉拽时容易损坏。多数电话插头／底座的组合展现出很高的接触电阻，这也会成为功率损耗和扬声器电路中噪声的来源。有一种高电流（低损耗）的电话插头／底座能够在这方面提供明显的改善。

T/R/S 这种三回路的电话插头也被称为立体声电话插头，大多数立体声耳机也使用这种插头。在这种情况下，信号传输回路为非平衡，尖被用于左声道，环被用于右声道，套则为负端（Audio Common）。在其他应用场合中，如某些调音台和吉他音箱的效果发送／返回回路，这种类型的插头同时提供了非平衡的输入和输出以节省设备的空间（尖可能与输出端相连，环与输入端相连，套为负端，图 15-10）。这种将输入／输出进行合并的电路具有如下缺点：(a) 为了连接远端周边设备的输入、输出并将两个电路分开，需要非常规线材；(b) 底座可能被误用，导致外部设备损坏，或因为外部设备造成损坏；(c) 可能产生的信号串扰会导致信号振荡。虽然这种情况在零增益电路中不太可能发生，但在回路连接中则经常出现。

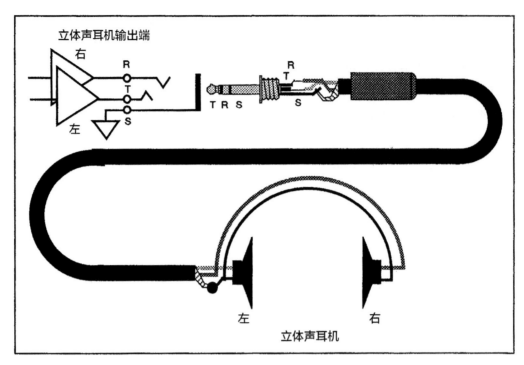

图 15-9 用于立体声耳机的 T/R/S 电话插头的连线模式

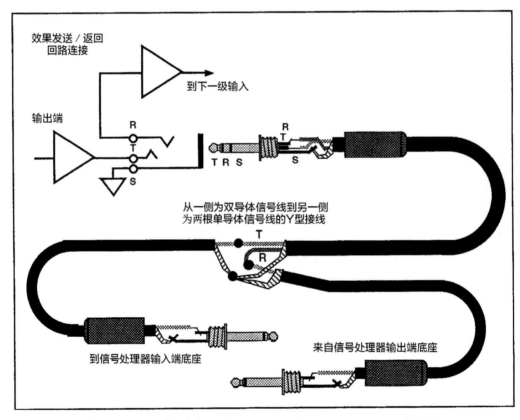

图 15-10 用于单信号线效果发送／返回回路的 T/R/S 电话插头连线模式

标准的 T/R/S 插头或 T/S 插头的圆轴直径为 1/4 英寸（6.25mm）。还有一些外观相似但直径更小的圆轴，有时会在特殊应用场合出现。另一类结构相似的插头被称为 Tini 插头，使用这种规格的插头可以

将跳线盘尺寸最小化。它们有着长度为 0.175 英寸（4.45mm）的圆轴直径和较小的把手。请确保你购买的插头或插座适用于手头的工作。

小型和超小型的电话插头与标准电话插头拥有很

多相似之处，但你不能将它们和标准插头混淆。小型电话插头常见于便携式卡带机使用的小型轻质耳机和民用卡带录音机使用的廉价话筒，它们极偶然地被用在 120V 转 6V、9V 或 12V 的电压适配器中。

对于任何尺寸或规格的电话插头来说，请确保它与导线连接的触点被紧紧固定在插头上。确保尖（环）和套保持同轴同心（Concentrically Centered），分隔它们的绝缘体没有破裂、松动或者损坏。确保线材

配备了一定的应力消除手段。避免用手捏住插头，如果非要这么做，应提前将手上的油擦干净，因为油脂会加速腐蚀。如果通过标准电话插头连接的系统出现噪声问题，可以通过棕毛刷、橡皮擦或 #600 的砂纸来清洁插头。用 0.25 到 0.30 口径的枪式棕毛清洁刷来清洁底座。

T/S 和 T/R/S 电话插头的正确连线方式如图15-11 和图 15-12 所示。

A. 部件识别。

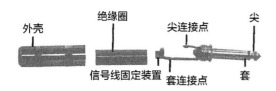

B. 先在信号线末端套上外壳，然后是绝缘圈。以套连接点的长度剥开信号线的绝缘层。散开绝缘层，将其拧成一根引线。

C. 将外部绝缘层放在信号线固定装置的前面。以尖连接点为边界，将中心导体绝缘层剥开。给中心导体和绝缘层上锡。将屏蔽导线弯曲，将它焊在套连接点的外表面上。（立刻通过钳子来降温。）将中心导体插入尖连接点。将它们焊在一起并剪掉末端残留导线。将尖连接点末端轻微地弯向套连接点以防止（被剪断的导线所产生的）毛刺割破绝缘圈。

向这个方向弯曲

D. 使用钳子将固定装置弯向信号线的外部绝缘层。信号线应当固定牢固，同时又不会因为过紧而破坏绝缘层。

E. 将绝缘圈向前滑动到螺纹末端。将外壳向前滑动，并且和插头拧紧。

图 15-11 一个标准的 T/S 电话插头的连线方式

外壳　绝缘圈　尖连接点　尖
信号线固定装置　套连接点　套

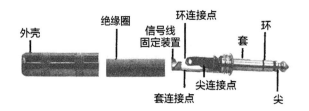

A. 部件识别。

外壳　绝缘圈　信号线固定装置　环连接点　套　环　尖连接点　套连接点　尖

B. 先在信号线末端套上外壳，然后是绝缘圈。以套连接点的长度剥开信号线的绝缘层。去除加固线（Tracer Cords）和应力消除装置。将屏蔽线拧成一条引线。将外部绝缘层放在信号线固定装置的前面，以尖连接点为边界将红色（或白色）导体绝缘层剥开。然后以环连接点为边界，将黑色导体绝缘层剥开。给引线上锡，将两根中心导线的裸线剪至大约 1/8 英寸（3.175mm）。

C. 将屏蔽导线焊在套连接点的外表面上，留出足够的空间使其能够弯曲到固定装置的另一侧。立刻通过钳子对连接处进行降温。

轻微地向这个方向弯曲

D. 分别将中心导线插入与它们对应的连接点上，对它们进行焊接并修剪残留导线。将尖连接点末端轻微地弯向套连接点以防（被剪断的导线产生的）毛刺割破绝缘圈。

E. 使用钳子将固定装置弯向信号线的外部绝缘层。信号线固定应当牢固，同时不会因为过紧而破坏绝缘层。

F. 将绝缘圈向前滑动直至螺纹末端。将外壳向前滑动，并且和插头拧紧。

图 15-12　一个标准的 T/R/S 电话插头连线方式

15.3.3 留声机（针式）插头

美国广播公司（RCA，Radio Corporation of America）最早为收音机和电视机内部的导线连接研发了针式插头。它们被广泛用于留声机头与前级放大器的连接中，其原因是成本低，并且能够和留声机使用的小直径屏蔽引线良好地整合在一起（当时的留声机为单声道，所以单导体屏蔽线是合适的）。经过多年的发展，这种插头已经成为大多数民用设备进行线路信号传输的标准。这种熟悉的插头在外壳中心有一个突出的针脚。出于上述原因，这种插头有若干种命名，包括 RCA 插头、留声机插头（Phono Plug）或者针式插头（Pin Plug）。这种插头还用于一些无线射频信号线，以及诸多视频录机的输入 / 输出连接。这种插头也会用在一些专业音响设备中，因为它不仅便宜，还能够允许多个插头分布在相对较小的区域中。

留声机插头有两种主要类型，一种是简单的一体化模式，屏蔽必须焊接在整个圆周上；另一种配有分离式的外壳，屏蔽层可以焊接在其中一个外壳上。对于一体式的插头来说，很难做到均匀地对屏蔽线进行焊接而不烧坏信号线或熔化中心导体的绝缘层。出于这种原因，一体式插头更加适合由工厂的自动化流水线来生产。分离式插头的直径相对较小，不允许内部有太多空间。你不能将直径很粗的信号线与其搭配使用，并且有可能在套装或固定外壳时碰到一些困难。

由于这种插头与信号线的焊接需要较高的技巧，且不容易固定。因此，作为民用领域需求量很大的留声机线材，这种插头通常会在塑料筑模的过程中预先与导线连好。如果你需要挑选这种信号线，可以试着弄坏一根以检查它的制作质量。选择紧密的编织屏蔽而非螺旋状的缠绕屏蔽层。选择具有足够直径且内导体股数尽可能多的信号线。将塑料筑模的插头切开，仔细观察屏蔽线，它仅与一个或两个点连接，还是覆盖了插头的绝大部分以形成良好连续的屏蔽并提供最大的固定张力。即使制作精良，这种信号线也存在缺点，由于其直径相对小，它具有很高的电容。一些绝缘体具有较好的绝缘特性，因此看上去相似的线材可能电容数值截然不同。一条好的信号线不会便宜，但一条昂贵的信号线不见得一定好。

留声机插头的一个问题在于当插头和底座接触时会产生很高的电阻。尤其对于民用音响系统这种安装后很长时间不动的情况来说，接触表面发生的腐蚀最终会导致整个系统性能的劣化。为了避免这个问题，你可以选择镀金插头，或者选择带有轻微凹陷外壳指针（Dished Shell Finger）以及优质的、具有弹性触点的插头，通过将插头和底座来回扭动可以对接触面进行打磨使其更加清洁。请确保定期扭动插头来保持其清洁。

A. 组件确认和线材准备：将信号线的绝缘层剥去约 1/2 英寸（12.7mm），将屏蔽层拧成一股引线。将中心导体的绝缘层剥去约 5/16 英寸（7.938mm）。给两股引线上锡。

B. 将屏蔽线焊在外壳连接点的外表面上，留有足够的空间以使信号线能够绕到连接点的中心。用钳子快速冷却连接点。

图 15-13　留声机插头的连线方式

C. 将中心导体插入套销（Hollow Pin），并向其中灌注焊锡。立刻用钳子对连接点进行冷却。将焊锡残渣清除干净，检查是否有绝缘层被烧坏。使用钳子将固定装置弯向信号线的外部绝缘层。信号线固定应当牢固，但不会因为过紧而破坏绝缘层。

D. 将外壳向前移动并将其和插头螺纹拧紧。

图 15-13　留声机插头的连线方式（续）

上图描绘的是 Switchcraft No3502 插头。很多大直径的信号线更加容易与简单的、没有外壳的 RCA 针式插头相连接（如 Switchcraft No3501M 以及同类产品）。它们的编织屏蔽层可以直接焊在插头的外壳上。

15.3.4　XLR 插头

拥有 3 个针脚的 XLR 插头最早由 Cannon（现为 ITT- Cannon）推出，该公司仍然拥有 XLR 这一术语的相关法律权利[5]。XLR 有很多不同的型号，但对于专业音频领域来说最为常见的就是 XLR-3，一个用来和屏蔽层以及双绞线进行连接的三针插头，它的外壳可能与屏蔽层相连，也可能不相连。（实际上，XLR-3 有公头和母头两种，它们都可以作为底座固定在设备外壳上，也可以作为插头与信号线相连，具体可以通过 XLR-3 之后的编号进行区别。）其他制造商也提供了相似的插头，它们通常被称作 XLR-type、XLB 或者 XL-type。如 Switchcraft 制作了 A3 插头，Neutrik 生产了相似的产品。2 针脚、4 针脚、5 针脚甚至是 7 针脚的 XLR 插头都实际存在，但很少在专业音频系统中出现。（4 针脚或 5 针脚的 XLR 插头偶尔会用在特殊的内通、耳机分配或两分频扬声器的连接中。）这些插头共享的特征最终形成了这一设计约定俗成的工业标准。

XLR 插头可以相互锁住，在信号线被使劲拉拽的情况下它们不会脱开，解锁只需要按下插头上的开关即可。还有一点需要说明的是，当 XLR 的公母插头彼此相连，最先接触的是针脚 1（它始终为屏蔽地），因此当插线时，静电电荷或接地电势差在实际音频信号流通前就已经被消除了。这避免了在电话插头或留声机插头中可能发生的爆音（屏蔽层在接地之前，音频信号就已经流通了），进而保护设备不受损坏。XLR 插头的另一个优势是它能够容纳大直径的话筒线并提供良好的应力消除。最后，XLR 插头具有的大面积触点也为它带来了很低的接触电阻。它唯一的缺点是造价较高，在与信号线进行连接时需要非常仔细。

图 15-14 和图 15-15 展示了如何将一个 3 针脚的 XLR 公头与带有编织屏蔽层的、耐用度很高的话筒线（Belden 8412）进行连接，以及一个三针脚的 XLR 母头如何与带有锡箔屏蔽层的、耐用度较弱的话筒线（Belden 8451）相连接。显然这两种插头可以任意与这些线材搭配使用。在这里展示两种不同的线材仅仅是为了表明 XLR 能够与不同的线材组合在一起。我们也建议在较细的信号线上额外增加热塑管来为插头本身提供更好的应力消除。

5　这也是我们常常把 XLR 称为"卡侬"的原因。我们所常见的卡侬插头不仅有 3 针脚模式，还有 5 针等其他规格。在没有特别指出的情况下，本书使用的"XLR"或"XLR-3"均表示 3 针脚的卡侬插头——译者注。

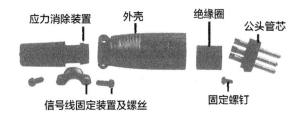

应力消除装置　　外壳　　绝缘圈　　公头管芯

信号线固定装置及螺丝　　　　固定螺钉

A. 部件识别（插头在常规包装中的各个部件）。

加固线

B. 在外壳尾部套入应力消除装置。将外壳和绝缘圈套入信号线末端。将信号线的绝缘层剥去 1/2 英寸（12.7mm）。（图中展示的是 Belden No8412。）

应力消除线

编织屏蔽层　　　中心导体

C. 切除加固线，散开屏蔽层，切除用于应力消除的棉线。

D. 将中心导体的绝缘层剥开约 1/4 英寸（6.35mm），给它们上焊锡并修剪至约有 1/8 英寸（3.175mm）导线露出。将屏蔽层拧成一股引线，将其调整到与针脚管芯相对应的位置。给屏蔽线上焊锡后，将其修剪至与中心导体同样的长度。

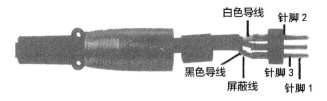

白色导线　　针脚 2

黑色导线　　针脚 3
屏蔽线　　针脚 1

E. 将中心导体焊接到与它们对应的针脚上，使用适量的焊锡填充针脚的末端。目前通用的标准是黑色导线连接针脚 3，白色（或红色）导线连接针脚 2。将屏蔽线焊接到针脚 1。清理焊锡的残渣，观察是否有烧坏的绝缘层。

F. 将绝缘圈向前移动至公头管芯的边缘。信号线绝缘层必须与管芯的末端齐平，或者被遮盖。（如果有中心导体露在外面，固定装置就可能无法稳固地抓住信号线。）随后将绝缘圈移回外壳处。

G. 将外壳向前移动，将其内侧的锁迹（Keying Channel）与管芯外侧的凸起对齐。通过固定螺钉将管芯与外壳固定住（先松开螺钉使管芯能够套入外壳中，然后再上紧）。将固定装置放在外壳的末端，注意固定装置的朝向。对于较细的线材（如 Belden No8451）来说，固定装置内侧的凸起应该和外壳的凸起恰好对齐。对于较粗的线材（Belden No8412）来说，应该将固定装置调转方向以提供足够的空隙。插入固定螺丝，将它们完全上紧。

锁迹

图 15-14　XLR-3 公头与信号线的连接

应力消除装置　外壳　绝缘圈　母头管芯

信号线固定装置及螺丝　固定螺钉　锁扣按钮

A. 部件识别（插头在常规包装中的各个部件）。

B. 在外壳尾部套入应力消除装置。将外壳和绝缘圈套入信号线末端。将信号线的绝缘层剥去 9/16。（图中展示的是 Belden No8451。）

C. 去除锡箔屏蔽层。将每个中心导体的绝缘层剥开约 5/16 英寸（7.938mm），在外部绝缘层和裸线之间留出 1/4 英寸（6.35mm）的中心导体绝缘层。给中心导体上焊锡并修剪至约有 1/8 英寸（3.175mm）导线露出。给屏蔽线上焊锡后，对其和中心导体的朝向进行调整，使它们与管芯上的针脚对应。将屏蔽线修剪至比中心导体长 1/16 英寸（1.588mm）。

D. 将中心导体焊接到与它们相对应的针脚上，使用适量的焊锡填充针脚的末端。目前通用的标准是黑色导线连接针脚 3，白色（或红色）导线连接针脚 2。将屏蔽线焊接到针脚 1。清理焊锡的残渣，观察是否有烧坏的绝缘层。如图 15-15 所示，插入母头管芯上的锁扣按钮，让小尖端面对着插头的正前方。

E. 将绝缘圈向前移动至母头管芯的后边缘。信号线绝缘层必须与管芯的末端齐平，或者被遮盖。（如果有中心导体露在外面，固定装置就可能无法稳固地抓住信号线，插头的引线可能很快就会产生金属疲劳。）随后将绝缘圈移回外壳处。

F. 将外壳向前移动，将其表面的凹槽与管芯上的锁扣按钮对齐。通过固定螺钉将管芯与外壳固定住。将固定装置放在外壳的末端，注意固定装置的朝向。对于较细的线材（如 Belden No8451）来说，固定装置内侧的凸起应该和外壳的凸起恰好对齐。对于较粗的线材（Belden No8412）来说，应该将固定装置调转方向以提供足够的空隙。插入固定螺丝，将它们完全上紧。

图 15-15　XLR-3 母头与信号线的连接

第16章 音响系统测试设备

第 16 章描述了在安装和操作音响系统中常用的几种测试设备。

关于系统测量和仪器的完整课程显然超出了本书涵盖的范畴。本章给出的例子只是我们在音频测试中可能用到的少数几种设备，同时我们也希望通过本章内容，阐述音响系统测量的基本原则。

16.1 电压电阻表

电压电阻表（VOM，Volt-ohm meter）是音频技术人员工具箱中最为有用的工具之一。通过电压电阻表能够进行多种测试，它可以用于电子设备的维修。

通过名字我们就可以知道，电压电阻表实际上是两个仪器，一个电压表（测量电压）和一个电阻表（测量电阻）。两种工具被整合在一个仪器中，两种功能可以通过切换拨挡来改变测量的量程。

电压电阻表的电压表部分能够进行直流和交流电压的测量。对于音频应用来说，其交流电压部分应该在整个音频频带（20Hz~20kHz）保持准确。一些电压电阻表在 1kHz 以上的响应并不准确，因此请务必针对其技术参数进行核查。

平均读数和均方根读数的电压表也存在区别。对于测量纯音正弦波来说，平均读数足以满足要求。而对于包含了复杂波形的音频信号的准确测量，需要真正的均方根检测器电路。这种电路通常比较昂贵，因此一些电压电阻表偷工减料，采用不那么复杂的平均检测电路。对于不同的频率和波形来说，通过这种方式获得的均方根读数会变得不准确。这对于粗略的音频信号测量来说可能没有什么，但如果需要进行精确测量，就必须使用一个配备了真正均方根检测器的电压表。

电压电阻表最常用的显示方式是指针运动，它将一个由检流器（Galvanometer）驱动的指针安装在标有读数的刻度上。在数字电压电阻表中［我们也称为数字电压表 DVM，Digital Volt Meter——不要误

认为是"兽医"（Doctors of Veterinary Medicine）的缩写］，能够显示多个数字的液晶屏幕得到了使用（较早的数字电压表甚至会用到多达 7 个部分的液晶显示，这也会消耗更多的功率）。

电压电阻表有两根导线，又称探针，通过它们和电子测量点进行连接。这些探针通常通过颜色来进行标识。红色探针代表 +，或正端，黑色代表 −，或负端，连接的极性对一些测量来说至关重要，但对于其他一些测量则无关紧要。

图 16-1 展示了通过一台电压电阻表测量一条信号线的一致性。该测量使用电压电阻表的电阻测量电路，即电阻表。注意，这种情况对探针的连接极性并没有要求。如果测得了一定阻值的电阻，对于这条信号线的长度来说，使用的导体可能太小，也有可能这条线存在损坏的导体（有若干股导线发生破损），或者在插头上有一个不良焊接点。从另一方面来说，一致性和电阻测量有赖于电压电阻表内置电池提供的测量电压。随着电池的损耗，仪表必须得到校准。你应该先保证将两个探针搭接在一起时电阻读数为 0。我们可以通过调整仪表上的校准旋钮（基本上所有的电压电阻表都有这种功能）直到指针读数为 0Ω。如果无法获得 0Ω 的读数，就需要更换仪表电池。

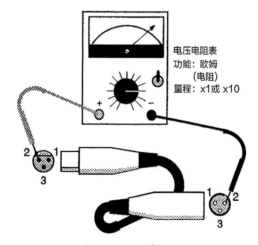

图 16-1 使用电压电阻表进行一致性测试

图 16-2 展示了如何通过电压电阻表测量一个电池。该测量使用了直流电压测量电路。探针的连接极性在这种情况下十分重要。

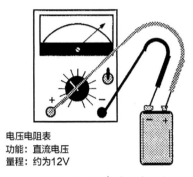

电压电阻表
功能：直流电压
量程：约为12V

图 16-2 使用电压电阻表进行直流电压测量

图 16-3 展示了如何使用电压电阻表检查线电压。这一测量使用了电压电阻表的交流电压测量电路。探针的连接极性并不重要，但我们仍然需要重视两个方面：(1) 确保电压电阻表的量程选择正确（选择交流挡并具有足够的量程）；(2) 对探针的使用应极度小心，避免将探针误碰在一起，从而导致电击和电源短路。

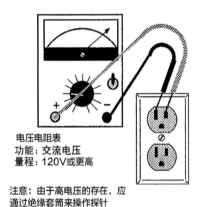

电压电阻表
功能：交流电压
量程：120V或更高

注意：由于高电压的存在，应
通过绝缘套筒来操作探针

图 16-3 使用电压电阻表进行交流电压测量

16.2 正弦波振荡器

正弦波振荡器是一个能够产生正弦波输出的信号发生器。正弦波频率和输出电平通常可调。

对于音响系统测量来说，如果振荡器能够从20Hz~20kHz覆盖整个音频频段是最为理想的。事实上，振荡器如果能够生成超出这个范围的频率会更好，因为可以对设置滤波器的截止频率或放大器的带宽起到帮助。一些正弦波振荡器的输出电平控制能够以 dBu（或 dBm）为单位进行校准，这一功能在音频领域十分有用（虽然不是必须的）。振荡器必须保持尽可能低的失真指标。

正弦波振荡器被广泛用于多种音频系统测量中。由于正弦波是自然界中最为纯粹的声波，没有任何谐波，因此它尤其适合用来监测失真——在失真出现时会产生十分明显的音质改变。我们将在后文介绍正弦波振荡器的使用案例。

图 16-4 展示了使用正弦波振荡器来测试驱动器。通过振荡器的扫频和仔细聆听，我们就能够发现一些机械缺陷（如不牢固的悬吊系统），这种问题多数会在播放正弦波时引发明显的杂音。如果需要对一个中频锥形驱动器的线圈摩擦情况进行测试，可以将振荡器的频率设置在 5~10Hz。线圈摩擦会体现为一种刮擦的声音。一个更为简单但同样有效的方法是，轻轻地从正面按压纸盆，然后以对称的方式从反面按压，在纸盆来回移动的过程中可以感受到（或听到）线圈摩擦产生的刮擦声。

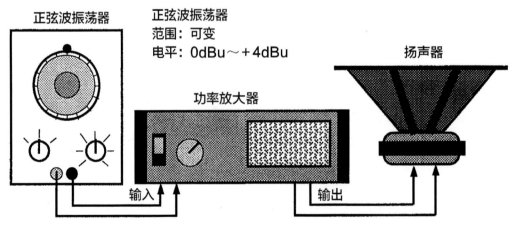

正弦波振荡器

正弦波振荡器
范围：可变
电平：0dBu～+4dBu

扬声器

功率放大器

输入

输出

图 16-4 通过正弦波振荡器和功率放大器进行驱动器测试

如图 16-5 所示，我们将驱动器换成了一个扬声器系统[1]。在这种设置状态下通过振荡器进行扫频，你不仅能够检测到驱动器缺陷，还能够发现箱体共振、松散的配件，以及其他机械缺陷所导致的失真——这些问题通常会出现在低频。需要小心的是，不要将房间的共振（疏松的房顶或墙壁、荧光灯支架）与扬声器本身的共振混淆在一起。如果测试能够在室外进行，那么这种具有欺骗性的谐振就会被消除。从另一方面来说，在实际的听音环境中进行这些测试是十分有益的，这样我们就可以找到由于房间界面不牢固而产生的震动，然后对其进行处理。

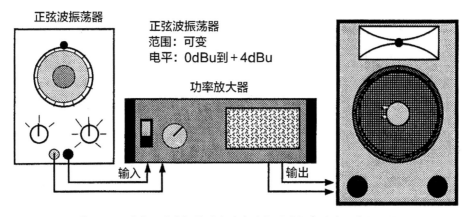

图 16-5　通过正弦波振荡器和功率放大器对扬声器系统进行测试

图 16-6 展示了使用正弦波振荡器和带有均方根读数的电压表（或电压电阻表），检查配有 VU 表的调音台或其他设备组件的工作电平。该测试常用的频率为 1kHz。

首先将系统电平调整到 VU 表读数为 0 的状态。这一操作最好已知振荡器输出电平（通常为 0.775V$_{RMS}$ 对应 0dBu 额定输入，或者 0.316V$_{RMS}$ 对应 −10dBV 额定输入），然后再调整被测设备的电平控制。

当一个设备的输出电平表读数为 0VU 时，电压表上的读数应为额定工作电平。如果电压电阻表上没有提供 dBu 刻度，可以根据换算关系进行比较（参见第 8.6 节"工作电平"）。

注意：如果该设备为变压器输出，则可能需要通过一个与之额定负载阻抗相等的电阻（如 600Ω）作为终端负载。同时，必须断开被测设备与扬声器的连接。仔细查看设备使用手册。当使用 600Ω 电阻作为终端负载时，电压表上的 dBu 刻度代表着输出功率的 dBm 数值。

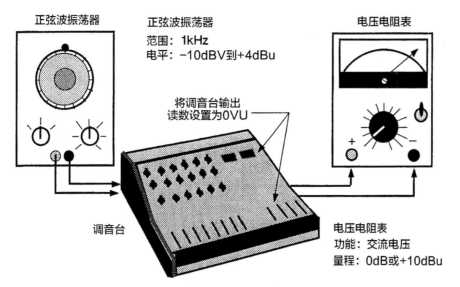

图 16-6　通过一个正弦波振荡器和电压电阻表测量设备的额定工作电平

1　这里的扬声器系统是包含换能器、分频器和箱体的完整扬声器——译者注

图 16-7 展示了一个与上述例子相关的测试。我们使用正弦波振荡器和均方根读数的电压表来测试信号处理器的最大可用增益。首先，将振荡器的输出设定在预定数值（如用 0.775V$_{RMS}$ 来测试线路输入）。将设备上的所有电平控制都设置在 10 点（或顺时针拧到头），然后测量该设备的输出电平。将输出电平与输入电平的比值通过 dB 来表示，就是该设备的增益。

注意：测试信号的电平不能过高，这样会导致被测设备输入端过驱（Overdrive）。举例来说，如果使用话筒输入端，则应该使用话筒电平信号进行测试；如果在这种情况下使用线路输入端，那么就得不到一个有效的测试结果。

正弦波振荡器	电压电阻表
范围：交流电压 电平：按照实际需求	功能： 1 kHz 量程：−10 dBV to +4 dBu 注意：将正接线柱连接到信号正或音频线的热端，将负接线柱连接到信号负端或地

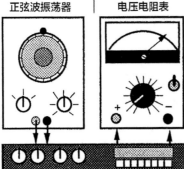

正弦波振荡器　　　　电压电阻表

信号处理器

图 16-7　使用正弦波振荡器和电压电阻表
测量信号处理器的增益

16.3　示波器

示波器能够将一个电信号进行视觉呈现。信号在荧光屏（或阴极射线管 CRT，Cathode Ray Tube）上，通过电子束来追踪其轨迹，它在屏幕上以亮线的形式呈现。

示波器在屏幕上从左到右做电子束的横向扫描，随时间变化显示信号的情况。当电子束到达屏幕的右侧边缘，便会跳回左边缘再次开始扫描动作。扫描的速度决定了屏幕显示信号的时间间隔。扫描速度越快，间隔越短。

与电压电阻表相同，示波器也通过探针与被测电路点进行连接。一个示波器的探针通常会同时与地（或参考点）和需要显示的信号相连接。图 16-8 展示了普通示波器和探针。有时我们也会使用特殊的探针来进行更加精细的测量（如更高的灵敏度或者非常高的频率）。

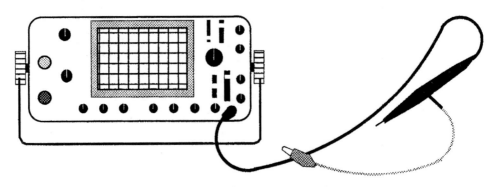

图 16-8　普通示波器和探针

我们将需要显示的信号与探针相连，它的瞬时电压会导致电子束围绕一个中心线不断在纵轴上发生偏转。中心线以上的点表示信号具有正电压，以下则表示负电压（以地为参考）。图 16-9 展示了示波器追踪正弦波发生器输出端信号的图像。

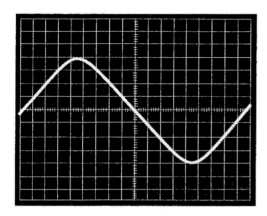

图 16-9　通过示波器显示正弦波

在纵向响应灵敏度经过校准的情况下，一个示波器可以实现电压表的功能。请观察图 16-9，注意正弦波在纵向上整体偏转了 8 个网格（4 个在中心线以上，4 个在中心线以下）。如果示波器的纵向灵敏度为每个网格 0.25V，那么该正弦波峰值间的振幅为 2V。为了获得均方根数值，我们可以将它除以 2 的均方根，然后再除以 2，得到的结果为 $0.707V_{RMS}$。

如果我们拥有均方根读数的电压表，那么就无须计算而直接得到这个结果。测量信号电平并不是示波器十分重要的功能。一个示波器能够告诉我们关于信号的信息要比电压电阻表更多，我们通常将它和电压电阻表及其他测量设备一起使用以获得一个电路特性的全貌。

图 16-10 展示了如何使用一个示波器、一个正

弦波振荡器和一个具有均方根读数的电压表来检查信号处理器的最大输出电平。将处理器的电平控制（如果有的话）开到最大，调整振荡器直到示波器上显示的正弦波开始出现削波，然后将其稍微减小使其刚好不产生削波，然后我们可以通过电压表上的均方根读数了解最大信号电平。

注意：电压电阻表和示波器通常具有很高的输入阻抗。在进行此类测试时，应在被测信号处理器的输出端连接一个终端负载，它等效于信号处理器在日常工作当中经常连接的实际负载。如果不做此处理，测量得到的削波点有可能高于设备的实际工作情况。

如果图 16-10 中的信号处理器是一台功率放大器，我们可以使用这一测试来查看在 8Ω 负载状态下的最大输出功率，只需要在输出端接入一个高功率、非电感性的 8Ω 电阻，然后重复整个测试即可。输出功率为电压表读数的平方然后除以电阻值。假设电压表读数为 $45V_{RMS}$，那么功率为：

$$P = 45^2/8$$
$$= 2025/8$$
$$\approx 250W$$

我们可以通过示波器来确认某个信号是否存在，以及其完整性如何。（如我们能够看清哪些部分是节目的被测信号，哪些部分是寄生的嗡声和噪声。）

16.4　相位检测仪

相位检测仪被用来确定一个电路的极性。相位检测仪通过发射一个极性已知的电脉冲（通常为正向极性）进入被测电路进行工作。电路的输出端再次接回到相位检测仪的测量输入端，它将该信号与检测仪发射的信号进行比对。

通常，检测仪会通过两盏灯给出正负结果（或者类似的表示方法）。如果进入测量输入端的脉冲与发射脉冲同相，那么正信号灯就会闪烁；如果反极性，负信号灯就会闪烁。

图 16-11 展示了使用相位检测仪检查一台信号处理器的极性。

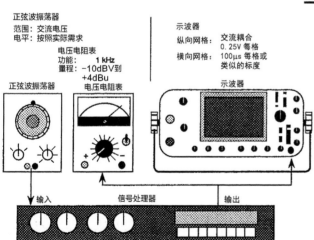

图 16-10　测量最大输出电平

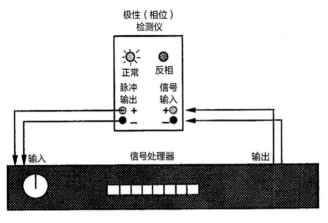

图 16-11 检查信号处理器的极性

相位检测仪有时还能被用来检查扬声器的接线，以确保各扬声器之间同相。在这种情况下，需要使用一只话筒来捕捉扬声器的输出（图 16-12）。

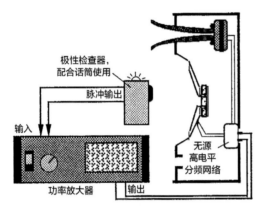

图 16-12 检查扬声器的极性

关于相位检测仪的使用有一些需要注意。它们是相对灵敏的设备，在不同的情况下有可能会给出误导性的结果。为了避免错误结果的出现，在使用检测仪的过程当中注意以下事项是十分重要的。

（1）一些相位检测仪十分灵敏。如果测量输入端的输入电平没有控制在某一范围内，读数可能会不稳定或不一致。

（2）如果被测设备具有非线性相位特征、有限频率响应或大量的纯延时，这些特性会对相位检测仪产生干扰，导致测量读数不一致。

（3）在测量一组扬声器时，每只扬声器必须被单独测量，测量某一扬声器时其他扬声器必须关闭。如果 4 只扬声器中有 1 只反相，在测试其他扬声器时仍然发声，那么这些扬声器产生的声学信号有可能掩盖了真正反相的设备，使它看上去同相。这种效果在低频区域十分明显，当然，在这个频段你可以不需要分析仪，而是直接通过耳朵来判断相位问题。

16.5 声压级计

声压级计是一个相对简单的仪器，它包含了一只经过校准的话筒、放大电路和指针运动系统。声压级计既可以选择量程，也能够选择加权曲线。正如它的名字所描述的，声压级计是用来测量声压级的仪器，以分贝为单位。

在声压级计经常使用 4 种标准的加权曲线（图 16-13）。这些曲线的作用是修正声压级计在不同的频率上的灵敏度。

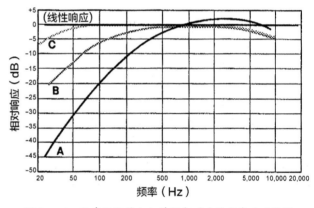

图 16-13 与声压级计加权特性相对应的频率响应曲线

在 4 种加权曲线中，有两种是现场扩声最为常用的，它们是线性（平坦）曲线和 A 计权曲线。较为便宜的声压级计上不会提供线性曲线，取而代之的是 C 计权曲线。

请注意，A 计权曲线在低频区域有着十分明显的滚降。该曲线是用来模拟人耳对响度的实际反应，它由 Fletcher 和 Munson 研究得到。通过 A 计权曲线测得的声压级以 dB(A) 或 dBA 来表示。同样，线性加权的测量结果应使用 dB(lin) 来表示。

大多数声压级计都提供快和慢两种响应模式，可以通过开关进行切换。慢模式是通过对表头的运动施加阻尼，使其显示平均声压级。快模式通常用来获得峰值声压级。更加昂贵的声压级计可能还会提供峰值保留功能，在测量过程当中，表头可以持续停留在它所获得的最大峰值读数上。峰值保留功能使峰值声压级的读取和记录变得更加方便。

使用合适的加权曲线是十分重要的。通常A计权曲线会被用于测量马路上机动车的噪声。它在低频区域的滚降衰减了很大一部分低频震动，使一些低频噪声较多的车显得稍微安静一些。A计权曲线并不适合测量100dB SPL左右的音乐会声压级。Fletcher-Munson等响曲线显示，人耳在高声压级状态下的响应更加倾向于线性，因此C计权或线性计权更加适合这种情况，尽管如此，还是有很多人错误地使用A计权来进行高声压级的测量。A计权更加适合测量低声压级，因为该曲线模拟了人耳在低声压级下对低频较为不敏感的特性。

16.6 实时分析仪

实时分析仪（RTA，Real-Time Analyzer）是音频工程师工具箱当中最为精密和复杂的设备。它被用于获得扬声器系统或信号处理器实时的频率响应。

实时分析仪是一种形式的频谱分析仪，它经过优化，从而更加适合应用于音频领域。它包含一个特定的信号源、经过校准的话筒和话放、信号放大及滤波电路，同时还带有显示功能。实时分析仪最常使用的

显示方法是一组LED、小型内置阴极射线管（与示波器相同）显示器，或者通过视频输出外接到显示器。信号源通常使用粉红噪声发生器，当然多数分析仪也会对实际节目内容作出响应。

图16-14显示了一个实时分析仪的简单框图。粉红噪声被用来在全频带上激励被测系统，它在每倍频程上具有相等的振幅。系统的输出被滤波器分割为不同的频带，通常带宽为1/3倍频程，每个频带内的信号振幅通过电子方式来显示。分析仪的显示部分标明了每个频段的能量量值，这些数据需要通过监测每个滤波器的输出端来获得。

当通过一个经过校准的话筒来评价音响系统时，实时分析仪与声压级计的使用并无二致，两种仪器采用了同样的话筒处理步骤。分析仪可能被用来测量室内或室外任意一个位置上音响系统的频率响应，以确认整个系统的覆盖特征。分析仪通常还配有一个线路电平输入端，它可以被用来测量一个单独的信号处理器，或者从话放到调音台、信号处理器和功率放大器整个链路上的响应特征（在功放输出端应予以适量的衰减[2]）。

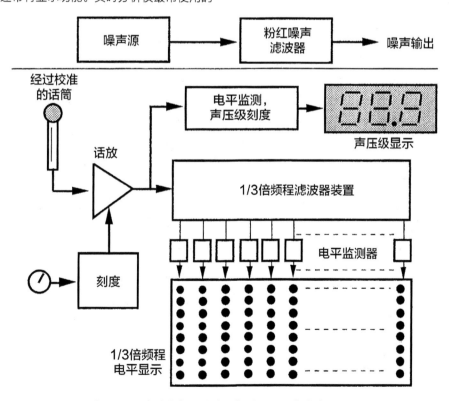

图16-14　实时分析仪的简化框图，用于音响系统测试

16.7 响度表

经典的 VU 表出现于 50 年前，它是一个准平均值读数装置，几乎完全无法对主要的峰值信号作出响应。我们也从来不会用它来对经过处理和未经处理的素材做声学上的比较。在它出现大约 10 年后，标准的节目峰值表（PPM，Peak Program Meter）出现了。它只显示并保持波形的峰值，无法显示信号的平均电平。为了能够同时为工程师提供峰值和平均（VU）电平信息，一些电平表的设计采用了一个针对峰值作出响应的 LED，当峰值电平到达或超过一个阈值时，通常为电路最大输出电平以下 3~10dB，指示灯就会亮起。这种设计所带来的困难在于我们永远不知道在峰值指示灯亮起的时候还剩下多少峰值余量，可能此时的平均电平已经过高。这就是此类电平表的全部功能，通过这种电平表是无法对信号压缩效果进行评估的。

为了满足同时显示均方根（平均）电平和峰值电平的需求，位于加州 Woodland Hills 的 Dorrough Electronics 公司研发了一种特殊的响度表。这种设备长得有点像 VU 表，但是它的刻度由数个 LED 块所组成。一个特殊的驱动电路使 LED 条显示均方根电平，另一个单独的 LED 显示峰值电平。它的峰值灵敏度甚至比标准的峰值表更高。表头提供了同时读取峰值和平均电平的方式，我们可以同时看到它们之间的区别（显示刻度之间的距离），这也为节目的峰值因数带来了非常直观的呈现。随着这种表头的愈发普及，我们可以看到越来越多的工程师已经意识到能够同时准确监测平均电平和峰值电平的价值。

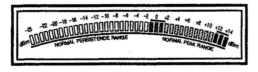

图 16-15　Dorrough 响度表

16.8 总结

我们已经阐述了一些用于现场扩声的标准测试设备的基本特性和使用方法。要通过这些仪器进行有效的测量并获取可靠的结果还需要大量的知识，这远非本书内容所能涵盖。如果想要进行音响系统的测量，那么仔细学习测量设备的使用手册是非常重要的。

没有任何一种测量设备能够在所有环境下都获得准确的结果。通常在测量中使用的源阻抗和负载阻抗对于电平、噪声和失真测量都有着显著的影响。如，对一个没有接入负载终端的图示均衡器进行测量，获得的削波电平肯定是错误的，因为它被接入到输入阻抗为 100kΩ 的示波器上，相比使用 600Ω 或 1,200Ω 电阻作为终端负载（假设这两种负载阻抗适用于该设备）来进行测试，这样测量所得到的结果会出现高达 6dB 的误差。测量设备针对的单一频率或多个频率所采用的不同量程也会对测量结果产生很大的影响。使用一个简单的、能够准确测量 120V$_{RMS}$，60Hz 动力电电压的简单电压电阻表在测量一个 1V，10kHz 音频信号时一定会出现极大的误差。温度甚至也会成为重要的影响因素，尤其是测量设备在极冷或极热环境工作的情况下。我们必须了解这些测试设备的误差范围。由于测量设备的本底噪声的原因，总谐波失真的读数在 0.005% 时才是有效的，在这种情况下得到 0.001% 的总谐波失真显然是没有意义的。当测量噪声时，测量设备的带宽对结果影响十分显著。通常我们需要借助一些滤波器或者矫正均衡的帮助，否则测量结果中毫无意义的热扰动噪声会比有意义的声音频率多得多。以上是在测试音频设备时需要考虑的部分要素。

第 17 章　电子电路

第 17 章提供了选择、连接和检修现场扩声和重放系统的电子元器件的指南。其中与扬声器组件相关的信息会在第 18 章进行阐述。

电子电路可以作为音响系统神经中枢的代名词。在这里，音频信号被路由、处理及混合以产生由扬声器重放的声波。电子元器件的控制和指示设备是音响工程师的主要工具。一个高品质的电子电路系统——对其正确的连接和操作——对获得优质的声音是至关重要的。

详细说明并连接设备，这一工作涉及很多相互关联的重要问题，它们中的每一步都会显著影响系统的性能。这方面成功的关键是深厚的电子音频电路知识，以及对系统使用者实际需求的尊重。

17.1　基本音响系统类型

多数音响系统的功能可以被归为两类，扩声和声音重放。虽然一些应用同时包含两者，但为了讲述清楚，我们还是将它们分开论述——请记住，每一个应用都是独特的。将基本原则通过创造性的方式结合在一起来解决每一个问题，这就是专业音频的本质。

17.1.1　声音重放系统

在声音重放工作中，音响系统的功能是依照一个特定的性能标准来还原预先录制的输入信号。这种应用的案例包括夜店音响、多媒体秀以及电影或视频制作的现场重放等。

由于节目素材会在录音棚内预先录制并进行缩混，任何信号的处理通常被局限于电平控制、基本均衡，或许还有多信号源的混音。这些操作可能通过一个小型调音台来完成，它不需要具有复杂的功能。设备应当是高品质的，因为信号失真和噪声远比现场演出内容本身更让人无法接受——尤其对于那些熟悉录音内容的人来说（如果一个录音在舞池里的效果不如家庭音响的效果，他们会很失望）。

我们在选择信号源重放设备时必须考虑其性能，当然，这并不是唯一的要素。播放控制系统应当满足系统

操作者的需求和喜好，尤其是那些需要快速转场或者技巧性较高的、要求音乐同步的场合。在便携系统应用中，如室外现场重放中，耐用和可靠是我们首先要考虑的问题。最后，商业多媒体应用（Corporate Multimedia Application）经常需要考虑声音重放与视频投影的同步问题（在大型多媒体秀中，控制和同步系统往往比音频信号路由的控制复杂得多）。

在声音重放过程中，信号处理器并不会参与太多的声音修饰以提升重放的声音标准，无论从技术性还是主观性上来说都是如此。如，系统总输出上的均衡器通常被用来调试扬声器，以优化当前环境下的系统性能。在一些情况下，我们会将一个特定的频率响应特性施加在系统上。这种使用房间频响曲线的案例就包括用于电影声音重放的 SMPTE 标准。噪声门或其他降噪方法也可能会被用于提升录音的品质。从提升主观听感的角度来说，夜店系统有时会使用大型电子扬声器或其他类型的低频增强设备。

17.1.2　扩声系统

正如名称所描述的，扩声系统的作用是对现场声源进行放大，使其能够满足大范围观众的听音需求。扩声在不同应用场合下的复杂程度不同，从相对简单的呼叫广播或会议系统到大型的音乐表演，具体情况各不相同。

在呼叫和广播系统中，语言清晰度是首要考虑。因此语言扩声系统从电路上来说十分简单，由一只或多只话筒、前置放大器（如果需要可带有混音功能）和功率放大器组成。信号处理通常局限于扬声器均衡，压缩和噪声门，这些都能够显著提升语言清晰度。有时，滤波器会被用于减少低频响应，以此来补偿近距离使用心形话筒导致的近讲效应。

音乐扩声则完全是另一种情况。随着音乐会声音技术的不断进步，音乐家和观众的需求也在不断提升。当今音乐会演出的目的不仅仅是获得录音一样的效果，更要超越它。因此，当代大型音乐会音响系统

的复杂性远远超出了专业音频的其他领域，混音工程师在音乐的创造性活动中成为了至关重要的参与者。

一个典型的音乐扩声系统实际上是两个独立又相互依存的电子系统，主扩声系统专门负责将声音传递给观众，而舞台返送系统服务于舞台上表演者的需求。在较小规模的应用中，如现场音乐俱乐部，这两方面的工作可能会合并，统一由主扩调音师来完成。在大型音乐会扩声系统中，它们会由非常复杂的独立系统来完成——由不同的工程师团队来进行控制操作——来自舞台话筒和乐器的信号会被分为两份送往两个系统。

主扩系统的设备分别接收来自舞台的每一个信号，为它们施加必要的效果，并为主扩扬声器系统提供总输出混合信号。这个混合信号通常为单声道。有时，主扩系统也会采用立体声模式，或者更加少见的三声道模式（左、右和中置声道）。虽然输出信号的馈送相对简单，但调音台所进行的信号处理则可能十分惊人，包含数量众多的编组母线以及在信号链的某些节点上插入的周边效果设备。因此主扩调音台的复杂程度往往等同于多轨录音调音台，它所使用的周边信号处理设备也会比很多录音棚更多。

舞台返送设备则通过十分不同的方式来处理相同的信号。这一部分的工作是为了满足每个音乐家不同的需求，因此返送调音台的设计使其能够提供大量独立的母线输出。虽然在这种情况下的输出设置十分复杂，但每组输出上进行的信号处理却相对简单。每个话筒到扬声器的组合必须经过独立的均衡处理来抑制回授以获得最大的声学增益。窄带的图示均衡或参量均衡的功能都能够满足这一需求。限幅器或压缩器也可用于帮助返送扬声器在舞台的高声压环境中获得保护，或者在回授出现时整体降低扬声器的音量。除此

之外我们很少需要别的效果，因为过多的效果往往会导致舞台上的声音浑浊。

17.2　制定一个合理的系统架构

每个音响系统——无论它看上去多么简单——都需要经过仔细的规划。规划的第一步通常是分析系统所需要服务的应用场合，从技术和预算两方面进行考虑。从这些信息出发，我们可以确定系统需要具备的功能，并制定一个切合实际的设备列表。

一个成功的系统不仅仅是设备的堆积。每个设备的连接目的都是为了使其成为整体系统中有效功能的一部分，一个具有合理架构的系统往往会更加适合进行某种工作。我们很容易得到以下结论，设备的连接顺序以及操作结构是组成一套专业音响系统的基础。

17.2.1　通过不同功能进行分组

在本书的第 1 章第 3 节中，我们详述了一个经过简化的音响系统的概念模型（图 1-5，我们在下文将重现它）。在模型中，系统被简化为 3 个模块：输入、信号处理和输出。当我们通过这个模型来分析一个实际的系统时，每个模块都代表了具有一定功能性的设备分组。

在"输入"这个分组中包含了输入换能器以及与之相关的接口组件，如变压器、衰减器、外部话筒放大器或针对某一特别的输入信号的内嵌（In-line）信号处理器。

"信号处理和路由"这个分组是整个电子电路系统的心脏。它包含了对系统中音频信号执行中心控制和处理的所有线路电平组件。

"输出"这个分组包含了输出换能器（通常为扬声器系统）、功率放大器和所有相关的调校电路。

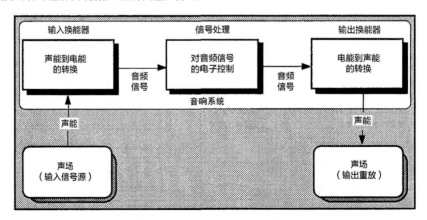

（重复图 1-5）　音响系统的概念化模型

17.2.2　系统案例

要弄清楚这些功能类别如何被用于分析和规划一个系统，让我们查看一些典型的音响系统。

图 17-1 展示了一个简单的立体声重放系统。输入设备组包含 (1) 一个配有动圈式唱头的转盘唱机，为唱机配备的变压器以及 RIAA 前置放大装置；

(2) 一个立体声卡带机；(3) 一台 CD 机。

信号处理和路由设备组包含了一个紧凑型调音台，它能够对来自 3 个输入源的线路信号进行选择、处理和混合。

输出设备组包含了一个用于扬声器均衡处理的立体声图示均衡器，一台立体声功率放大器以及一对全频扬声器。

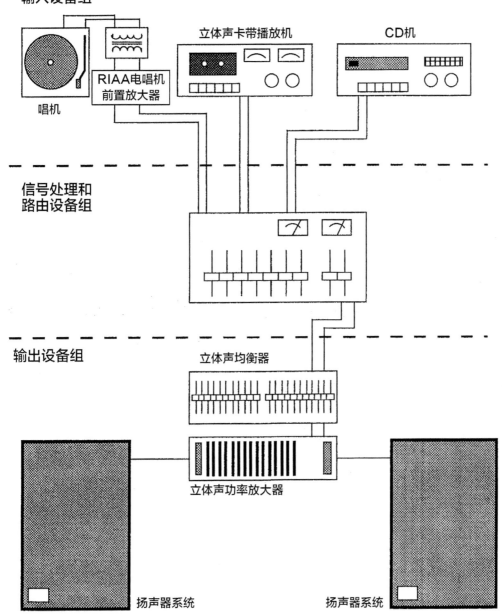

图 17-1　立体声重放系统

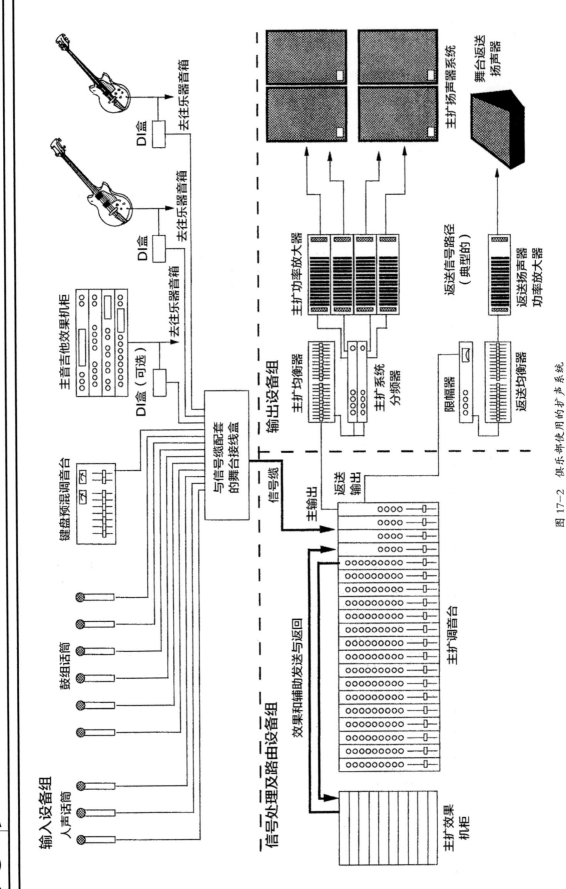

输入设备组

人声话筒

鼓组话筒

键盘预混调音台

主音吉他效果机柜

DI盒（可选）

DI盒

去往乐器音箱

DI盒

去往乐器音箱

去往乐器音箱

与信号缆配套的舞台接线盒

信号处理及路由设备组

效果和辅助发送与返回

主扩调音台

主扩效果机柜

信号缆

主输出

返送输出

输出设备组

主扩均衡器

主扩系统分频器

限幅器

返送均衡器

主扩功率放大器

返送信号路径（典型的）

返送扬声器功率放大器

主扩扬声器系统

舞台返送扬声器

返送扬声器

图 17-2　俱乐部使用的扩声系统

主扩调音台是信号处理和路由设备组的中枢。它能够在不同信号路径的多个节点上连接多个周边信号处理设备，能够创造性地增强来自舞台的音乐信号。由于假想中的俱乐部环境是具有较强吸声处理的（尤其在坐满人的情况下），因此需要在总输出上增加一台混响器。

舞台上的返送信号也同样由主扩调音台来馈送，因此出现了两个独立的输出组。主输出以单声道方式馈送，它包含了主输出均衡器、有源分频器、功率放大器和主扩扬声器系统。舞台返送是多个输出信号，它们要么取自主扩调音台的监听矩阵输出，要么取自推子前的辅助输出发送。（为了能够清楚地显示，图中仅画出一条返送信号路径。通常这种规模的系统会用到4~6个此类信号输送路径。）我们通常选择推子前的发送模式，以保持主输出和返送输出之间完全独立。每个输出母线都配有独立的均衡器以进行回授抑制，此外它们还配有独立的限幅器、功率放大器和扬声器。

图17-3a到图17-3c展示了一套完整的音乐会扩声系统。图17-3d以通用列表的方式显示了典型的信号处理器以及它们在音乐会扩声中的典型应用。

图17-3a中的输入设备组包含了一个并联的多电路信号分配盒，为主扩和返送系统提供相互隔离的信号输送路径。注意磁带机和CD机位于主扩调音台旁边，它能够在演出开始前和结束后播放预先录制好的音乐（同时也可以作为系统初步调试时的声源）。

图17-3b中的主扩信号处理及路由设备组是前一组图的内容扩展。

图17-3c展示的输出设备组的连接顺序值得我们深究。假设主扩系统包含了3组阵列——左、中、右阵列以及各自相对应的下方补声扬声器来覆盖主阵列无法覆盖的座位区。在这里，中置阵列被指定为主扩系统。

来自主扩调音台的单声道输出被送往一台均衡器，它为整个主扩系统提供修正。从这一环节开始，输出端被分割开来。一个输出分支被输送给中置阵列以及超低扬声器使用的有源分频器和功率放大器。其他分支则将信号送入不同的均衡器中，它们分别服务于中置下方补声扬声器和左右阵列。每一个单独的阵列都使用了单独的均衡器，它们的连接方式较为类似。

这种网络状的连接方法显示了每只扬声器元件在声学上具有的逻辑性分层。在这一设置中，各个阵列将按照这一分层进行测试和均衡调整，具体顺序如下：

（1）中置主阵列单独进行测试和均衡调整；

（2）增加中置下方补声扬声器，对其进行均衡调整，使其与主阵列响应保持一致；

（3）左阵列和右阵列应使用独立的均衡器进行测试和微调；

（4）增加左右下方补声系统，通过均衡处理使它们与各自的主阵列响应保持一致。

图17-4中展示了一个典型的舞台返送系统。

图17-3c展示了典型的音乐会扩声系统：输出设备组。

图17-3d展示了一个典型的音乐会扩声系统：信号处理器的常见应用。

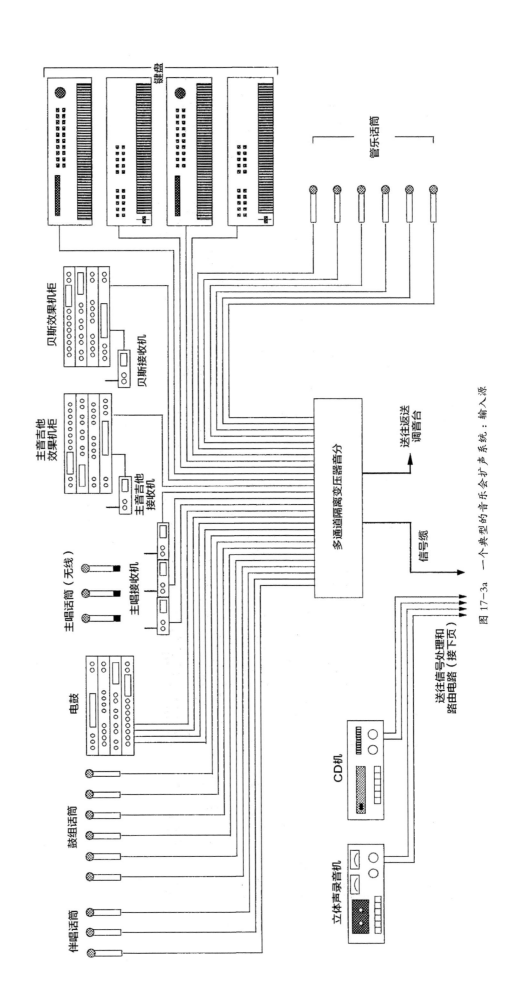

图 17-3a 一个典型的音乐会扩声系统：输入源

信号处理及路由设备组

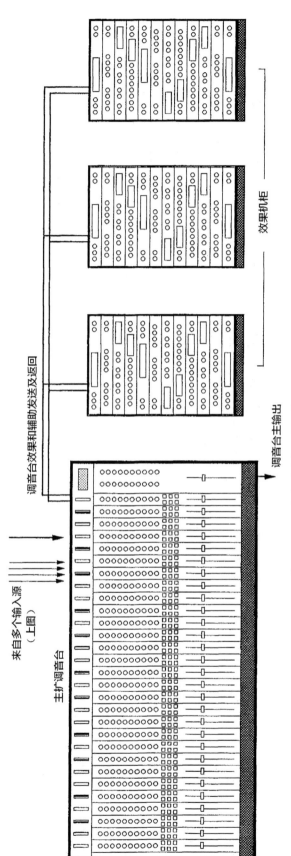

图 17-3b 一个典型的音乐会扩声系统：信号处理设备

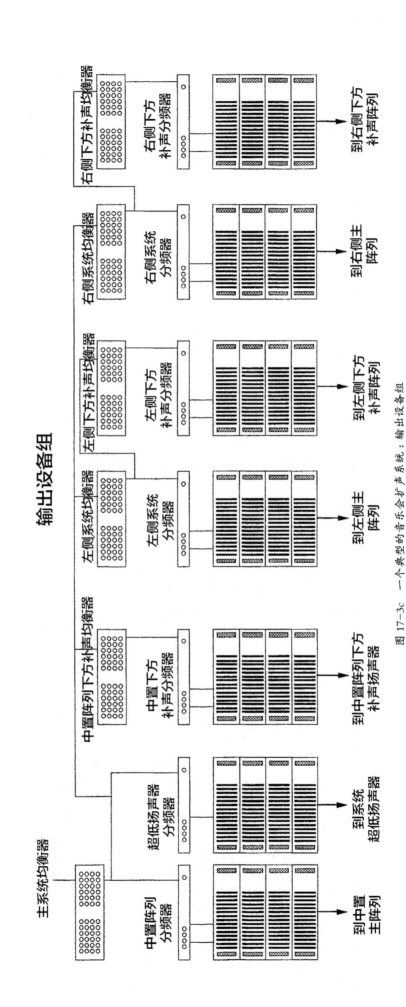

输出设备组

图 17-3c 一个典型的音乐会扩声系统：输出设备组

乐器	信号处理
军鼓上方话筒	噪声门 - 均衡器 - 限幅器
军鼓下方话筒	噪声门 - 均衡器 - 限幅器
踩镲话筒	*
左侧通鼓话筒	噪声门
右侧通鼓话筒	噪声门
地通鼓话筒	噪声门
左侧 overhead 话筒	压缩
右侧 overhead 话筒	压缩
电鼓军鼓 DI	*
电鼓底鼓 DI	均衡
电鼓左输出	均衡
电鼓右输出	均衡
电吉他左话筒	噪声门
电吉他右话筒	噪声门
低音合成器 DI	均衡器 - 限幅器
合成器 DI	限幅器
主唱话筒	均衡器 - 限幅器
	激励器
伴唱话筒	限幅器

图 17-3d 一个典型的音乐会扩声系统：信号处理器的常见应用

* 无外部处理

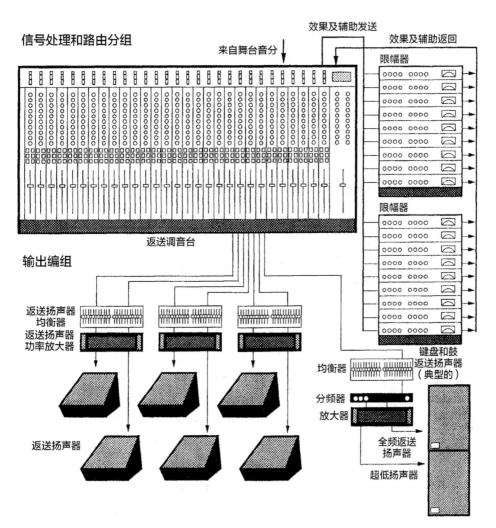

图 17-4 音乐会舞台返送系统

图 17-4 描绘了一个典型的、独立的舞台返送系统，它与图 17-3 描绘的主扩声系统相匹配。该系统与图 17-3a 共享输入设备组。

信号处理和路由设备组的中心是一张专门用于返送调音的调音台。请注意它配备了大量的独立输出。周边设备仅有限幅器，它被用来对人声进行一定程度的压缩，并对可能发生的回授进行整体音量的抑制。

输出分组的配置也十分简单，包括用于回授抑制的均衡器、功率放大器和返送扬声器。

17.3 基本连接

虽然音频信号的连接在一定程度上（并非全部）具有标准化的特点，但设备之间的不良连接仍然是专业音响系统中出现问题的重要原因之一。要解决连接问题，有一半工作是选择电学上相互匹配的设备，另一半工作则是将它们正确且具有一致性地连接起来。

17.3.1 信号电平和阻抗

本书的第 8.7 节提供了关于音频设备额定工作电平的详细描述。我们再次提醒，专业音频设备的标准线路电平为 +4dBu。仅仅依照这一标准来选择设备就能够避免很多常见的设备连接问题。但从另一方面来说，一些现有的 −10dBV 设备的质量和通用性又使严格遵循 +4dBu 的标准变得困难，毕竟这些 −10dBV 设备（有时也被称为半专业设备）通常比 +4dBu（专业）设备便宜。

对于这一进退两难的境地，我们仍有解决方法。由于认识到市场对 −10dBV 设备在信号链的某些环节上有使用需求（播放设备和周边信号处理设备是两个明显的例子），一些设备制造商会在设备上同时提供 +4dBu 和 −10dBV 两种连接点（尤其是调音台的制造商）。除此之外，一些公司还提供有源接口转换盒，用于在这两种标准之间进行转换。我们强烈推荐使用这种转换盒，因为它们提供了一种简单、快速且高性价比的电平（以及阻抗）匹配问题的解决方案。

很多专业音频从业者对于阻抗的理解要弱于信号电平，一些由于阻抗不匹配而导致的问题却常常会被归因到与阻抗无关的问题上。这种困惑有一部分来源于过去使用电子管设备的工作习惯，相比现在来说，通过变压器进行设备的连接在那时更为普遍。（关于输入和输出阻抗的讨论参见第 8.6 节。）

实际上，当前关于线路电平的问题很少导致阻抗差异。因为现代音频设备几乎都配备了相对高的输入阻抗（10kΩ 甚至更高）和较低的输出源阻抗（通常为 100Ω 或更少），线路信号连接牵扯的功率传输很少——通常在微瓦至毫瓦这一区间。此外，无变压器有源输出级——这一当今最常见的类型——不容易受到负载阻抗变化的影响（当然这种说法也只限于一定的范围）。

但这并不意味着我们可以忽略阻抗问题。在多数音响系统中，与阻抗相关的问题几乎都会出现在输入和输出部分的设备中。在这两端我们使用了换能器，因此需要考虑功率传输问题。

举例来说，输入换能器（话筒、吉他拾音器、电唱机等）只有十分微小的功率，因此需要相对高的负载阻抗。由于它们的电学特性还包含很大成分的电抗分量（线圈或电容），因此，它们的输出电平和频率响应都会受到与它们所连接的负载的影响。

虽然早期的话筒（尤其是带式话筒）由于使用变压器而需要特定的终端负载，现在的话筒所产生的信号源阻抗通常约为 150Ω，它在与 3kΩ 或者更高的负载相连接时十分适宜。从另一方面来说，电吉他拾音器对负载十分敏感且电抗极高，因此需要一个输入阻抗为 500~10,000Ω 的前级放大器。普通的动磁式唱机所需要的输入阻抗通常约为 47kΩ，而动圈式唱机则需要高得多的输入阻抗（它们的输出电平也低得多，必须要配备升压变压器或前级放大器）。

对于输出设备来说，计算实际阻抗是十分必要的。扬声器系统所表现出的净负载阻抗会同时影响与功率放大器输出相连的信号线尺寸和功率放大器所提供的功率总量（参见第 12.5 节和第 18.4 节）。不仅如此，针对无源分频器的设计，虽然这并不是日常音频工作中需要接触的功能，但也需要将单个驱动器的阻抗一起列入考虑。

最后，无论在哪里使用变压器来解决设备的连接问题——是输入端、输出端或两端都用——都应该同时考虑与它们相连的源阻抗和负载阻抗。为了正确合理的操作，多数音频变压器都需要特定的终端负载（参见第17.5节）。

17.3.2 非平衡连接与平衡连接

非平衡连接（有时又称单端连接）采用两个导体，一个处于地电位，另一个承载信号。非平衡连接有可能通过变压器耦合，但通常情况下都是直接耦合。工作电平为 −10dBV 的设备总是一成不变地使用非平衡连接。

平衡连接采用两个导体，每个都承载信号电势，但极性互为相反。平衡连接可能以地为参考点，也可能不是。如果不以地为参考点，那么它被称为悬浮连接（Floating Connection）。以地为参考点的平衡连接需要 3 个导体，第 3 个导体处于地电位。（悬浮连接也可

能配有第 3 个所谓的接地导体，但它通常被用作屏蔽层，其连接方式并不能够将电路以地作为参考点。）

有时平衡输入和输出会使用变压器，它可能有中心抽头，也可能没有。如果有中心抽头，它们通常不会接地。通常，现代专业设备会使用直接耦合的方式。直接耦合的平衡输入有时会被称为差分输入。差分电路的一个缺点在于它们可能没有采用悬浮结构，因此有时需要插入变压器来断掉接地回路。

相较于非平衡连接，平衡式连接是首选，因为它们的干扰抑制能力更强。专业的 +4dBu 设备通常（但并不总是）配备平衡输入和输出。

图 17-5 展示了不同组合条件下针对非平衡与平衡连接的基本应用标准。请尤其注意电子平衡（有源）输出与变压器耦合平衡输出的非平衡连接方法。

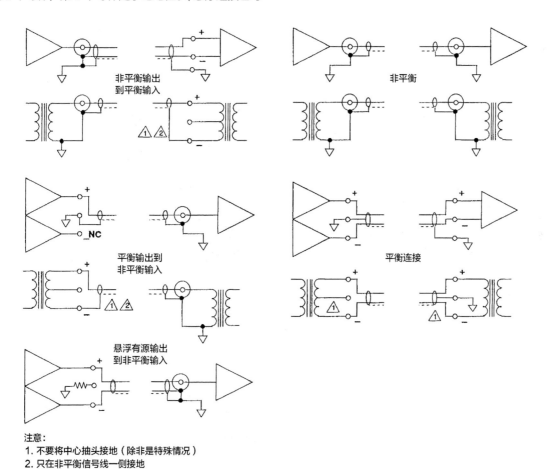

注意：
1. 不要将中心抽头接地（除非是特殊情况）
2. 只在非平衡信号线一侧接地

图 17-5 非平衡连接和平衡连接

有源输出的性质决定了平衡输出与非平衡输入相连接时所需的线材类型。我们通常会使用一根双导体屏蔽线，这使信号线在到达非平衡设备输入端之前

或多或少能够保持平衡。这种方式实际上有助于去除噪声，因为屏蔽层会将噪声排向大地，而信号传递却不依赖它。屏蔽层有限的电阻也意味着在非平衡设备

输入端将信号线的低侧接地，这一做法在功能上并不等同于在平衡设备输出端上做同样的操作。

注意：我们通常会通过"推挽式"（Push-Pull）这一术语来描述平衡输出，但实际上它应该被用来描述功率放大器的输出而非线路电平驱动器电路。

17.4　接地

地是用来表达电势（电压）的电学参考。在一个实际音频系统中，有多个不同的独立参考存在于不同的子系统中。它们可能具有相同的电势，也可能不是。如果处理得当，它们当然不必具有相同的电势。

为了对实际的音频连接进行清楚的讨论，我们首先来区分 3 种特定的接地参考。

- 信号地（Signal Ground）——在某个具体的设备或设备组中用来表达信号电势的参考点。

- 大地（Earth Ground）——大地的电势。在实践中，大地是美国标准 120V 三插电源上位于中心的圆形端的电势。有时我们可以通过一个金属质的冷水管来获得接地（虽然这种做法受到了质疑，因为在实际情况下，由于水管开始越来越多的使用非导电性的 ABS 塑料，这种方法开始变得不可靠），也可以通过插入潮湿大地的化学接地棒来获得。

- 外壳地（Chassis Ground）——某个设备的外壳连接点。当一个设备配备了交流电源三插插头时，它的外壳通常会与大地相连接，按照规定，信号地也会与大地相连。配有两插交流电插头的设备，其外壳通常与信号地相连。

我们将会看到，在这些不同的参考点之间所进行的连接是一个音频系统获得成功的最为重要的因素。

对于很多音频技术人员和工程师，以及使用音频系统的人来说，接地都是一个黑魔法区。每个人都知道接地关乎安全，也和低频交流噪声和噪声抑制相关，但很少有人了解如何设置一套正确的交流电分配系统，以及如何连接音频设备的不同接地参考以将噪声最小化。本书的这一部分并不会让任何人成为这一领域的专家，但会明确指出一些大家都应了解的原则和预防措施。无论你是否阅读本书所提供的材料，在切断屏蔽或者进行浮地操作前，请阅读以下警告。

警告：在任何音频系统的安装过程中，应严格遵守政府及保险担保人出台的基于安全和各地具体情况的电气规范。在任何情况下，施工地出台的电气规范的优先级高于本书提供的任何建议。Yamaha 不为任何附带的或间接的损害负责，包括任何由于对设备的不规范、不安全甚至违法操作带来的人员伤亡和财产损失。（通俗地说，如果你独断专行，任何可能发生的电击事故都是你自己的责任！）

永远不要仅仅因为某人告诉你没有问题，就相信具有任何潜在风险的系统，如任何类型的交流电系统。有人可能会因为失误或连接不正确的音响系统而丧命，因此请确保亲自进行检查。

17.4.1　为什么正确的接地如此重要？

在实际工作环境中，任何信号导体都会受到来自若干种干扰源引入的电流的影响，如无线射频（RF，Radio Frequency）辐射、交流电源线、开关装置，以及马达等。这也是为什么音频信号线毫无例外地使用屏蔽层的原因。屏蔽的作用是截断这些我们不需要的辐射。接地技术的一个主要作用就是把进入屏蔽层的那些我们不需要的信号电流与信号导体隔离，并且尽可能直接地将它们排入大地。

除了将噪声和低频交流噪声最小化之外，接地还有一项与之同等重要的作用，那就是安全。设备外壳与大地的连接通常被认为是安全接地——这种说法不无道理。假设由于错误的接线，一个设备外壳与交流电源的热端相连（交流电 120V$_{RMS}$），此时出现意外短路或者水汽凝结。突然间，这个看上去无害的盒子就变成了我们常说的"寡妇制造者"。如果有人在触碰这个带电外壳的同时正摸着一把接地的吉他、话筒架或者其他能够使这个回路闭合的设备，那么立刻就会被极大的功率击倒。如果外壳接入大地，那么它会烧掉保险丝或断路器。

即使不存在短路，危险的电势差也会产生。两个单独的地，如果没有被直接连接在一起，就不能假设它们拥有相同的电势——实际上它们之间的电势相差甚远。有过乐队演出经历的人通常遭遇以下情况，即同时接触吉他和话筒的时候会遭到电击。吉他的接地点在舞台上，而话筒的接地点在房间另一端的调音台上，这两个地具有十分不同的电势。在同时触碰两者时，演员已经使这个回路闭合，因此受到了电击。良好的接地则会控制这种电势差，使所有人都能过得舒适。

17.4.2 接地回路（Ground Loops）

交流电的线路噪声毫无疑问是音响系统中最为常见的问题，而导致低频交流噪声的最常见原因就是接地回路。

当两台设备之间存在超过一条接地路径时，接地回路就会发生。多个接地路径形成了类似于环形天线的效果，它对于干扰电流的拾取十分有效，这些干扰电流通过引线电阻，进而转换为波动的电压。因此，系统的参考电势不再是一个稳定的电势，信号和干扰同时出现。

即使对于经验丰富的音频工程师来说，接地回路通常也很难被隔离。有时，在一些设计上存在缺陷的设备中（有时也包括一些昂贵的设备），即使配备了平衡输入和输出，接地回路仍然会在设备外壳内部发生。在这种情况下，除非让经验丰富的工程师重新设计内部地线，否则无法消除低频交流噪声。此外，应尽量避免在

专业音响系统中使用非平衡设备（除非这些设备之间距离很近，且连接在交流电源的同一相电上，同时保证系统不会受到交流电源所产生的电磁场的影响）。

如果所有的连接都是平衡连接，且设备的设计和组装都没有问题，那么这种接地回路是不会引入噪声的。不幸的是，很多在售的所谓专业音频设备的内部都没有经过良好的接地，因此这种由于系统导致的接地回路会带来很实际的问题。

图 17-6 展示了典型的接地回路的情况。两个相互连接的设备在不同位置上接入了接地的交流电插座，它们的信号地都与大地连通。大地的接地路径和重复的信号接地路径会形成回路并拾取干扰。通常这种接地回路不会导致音频电路出现噪声，当然它需要满足两个条件，（a）电路为真正的平衡电路或悬浮电路，以及（b）设备内部的信号负端与外壳地是保持分离的。如果上述条件有一个没有被满足，这些循环的接地回路噪声电流是不会进入大地然后消失的，它们会（像信号那样）在路径中流动，但却不包含任何信号。这些电流转而会对传输信号的导体的电势进行调制（附加在音频信号上），产生无法与节目信号分离的低频交流噪声和噪声电压。这些噪声随后会与节目一同被放大。

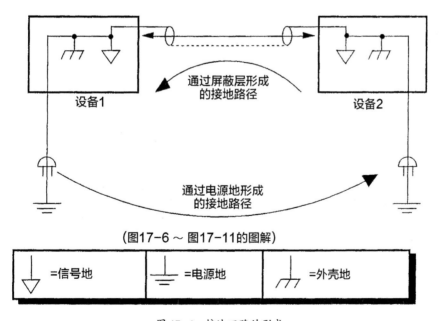

通过屏蔽层形成的接地路径

通过电源地形成的接地路径

（图17-6 ～ 图17-11的图解）

=信号地　　=电源地　　=外壳地

图 17-6　接地回路的形成

17.4.3 基本的接地技巧

我们将讨论音频系统中处理接地的4种基本方法：单点、多点、悬浮和套管式屏蔽。每种方法在不同类型的系统中都具有特定的优势。

图17-7展示了单点接地的原理。每个设备的外壳地都与大地相连。信号地相接于设备之间，并且只在某一中心点与大地相连。这种方式能够十分有效地去除电源线路的低频交流噪声和开关噪声，并且在相对固定的系统（或子系统）当中比较容易实施。单点接地常常用在录音棚系统集成中。对于一个独立设备机柜的接线也十分有效。但它几乎无法用于复杂的移动扩声系统。

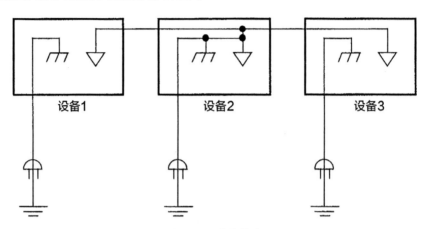

图17-7　单点接地

图17-8展示的是多点接地。这种情况常用于系统中使用了非平衡设备，且信号地与外壳相连接的情况。它的优势在于实施起来非常简单，但缺点是不稳定——尤其在系统连接方式经常发生变化的情况下。使用非平衡设备的多点接地系统从本质上来说充斥着接地回路。随着设备的接入或者移除，低频交流噪声和其他噪声问题时隐时现。当噪声出现时，我们很难隔离并解决问题。采用平衡电路且设计优良的设备组成的多点接地电路则不会出现特殊的噪声问题。

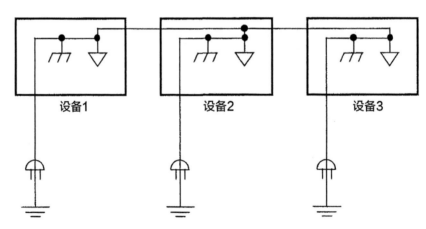

图17-8　多点接地

图17-9展示了悬浮接地的原理。注意信号地完全与大地隔离。这种方法在大地系统带有明显噪声时十分有效，但它有赖于设备输入环节来排除信号线屏蔽层中引入的干扰。

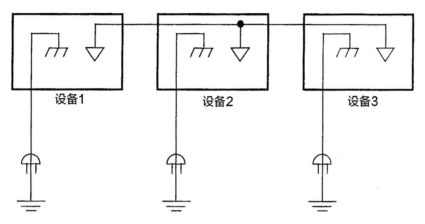

图 17-9　悬浮接地

　　图 17-10 展示了套管式屏蔽原理。这种方法对消除接地回路来说十分有效。如果屏蔽层只与大地连接，那么它引入的噪声信号不会进入信号路径中。我们需要平衡线路和变压器来实现这种方法，因为设备之间不存在接地连接。这种方法的缺陷在于信号线可能不会完全相同——有些信号线在两头都与屏蔽层相连，而其他则不是，这取决于具体的设备——因此在搭建和拆除移动系统时为线材进行归类是十分麻烦的。

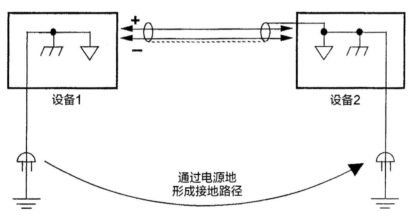

图 17-10　套管式屏蔽

　　图 17-11 展示了一个典型的音响系统，它将多种不同的接地技术组合使用。我们将选择接地方法的基本原则总结如下。

　　（1）找到各个子系统（或设备环境）中可能带有静电屏蔽并将干扰排向大地的设备。

　　（2）将各个子系统中的信号地通过一点接入大地。

　　（3）通过变压器耦合的悬浮平衡连接在子系统之间提供最大程度的隔离。

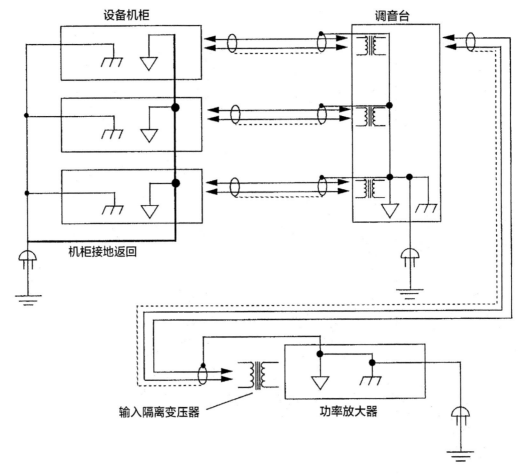

图 17-11　在一个系统中整合不同的接地技巧

设备不一定非要通过接地来防止噪声进入系统。我们对音响系统进行接地的主要原因是安全：正确的接地可以防止致命的电击。针对交流电供电的系统来说，接地还有另一个原因，即在某些情况下，正确的接地有可能可以减少对外来噪声的拾取。虽然正确的接地并不总是能够减少对外来噪声的拾取，但不正确的接地一定会增加对外来噪声的拾取。

交流电源插头的地端（交流电插头上接绿色线的第三针脚）将电子设备的外壳与电源连接在一起，通过建筑物与大地相连。任何一个地方的电气规范都要求与大地相接，它也会产生接地回路。

如果只有一条路径到达大地，就不存在接地回路。然而，需要注意的一点是，假设只有一条音频线从调音台连接到一台功放，那么接地回路是否存在？是

的！通过电源线和两个设备的外壳与大地的连接形成了第二条路径。它与音频信号线的屏蔽层一起，提供了一个连续的接地回路，噪声电流可以在此回路上流通。有一种破坏接地回路的方法是断掉设备的交流电源地，在上述例子中通常为功放，我们可以使用三插转两插的交流适配器，保证适配器上的绿色电源线不被连接，这样就能够破坏接地回路。但与此同时，你也去除了交流安全地[1]。现在，这套系统通过音频信号线来提供接地，这种做法是具有危险性的。事实上，这种类型的接地回路并不会自动引入噪声，正如我们之前所说，除非设备为非平衡，或者内部接地有问题，噪声才有可能出现。

在一些情况下可以将信号线一端（通常是输出端）的屏蔽层隔离（断开），以此消除最可能携带接地回路

电流的路径。在一个平衡线路中，屏蔽层不传递音频信号，它只负责隔离静电和无线射频干扰。因此可以在不影响信号线信号传输导体的情况下断开屏蔽，同时对屏蔽也几乎不会产生影响。但是，这对于移动音响系统来说并不是一个非常实用的解决方案，因为它需要一端屏蔽层断掉的特殊线材。幸运的是，一些专业音频设备在平衡输入端配备了浮地（Ground Lift）开关，它可以在多个非平衡信号线连接两个设备时使用。在这种情况下，只有一个屏蔽层需要被断开，这样就能够使音频连接的低侧保持不变，避免出现多个接地路径，进而避免接地回路和它引入的噪声。如果需要避免浮地，可以尝试将信号线紧紧地捆绑在一起。

以下是一些建议，以确保在处理由接地回路所导致的噪声的同时避免安全隐患。

（1）不要对任何一台设备的安全地进行断开，除非它可以显著降低噪声[2]。

（2）绝不要断开调音台或任何与话筒直接相连的设备的交流电安全地。话筒在接地安全中具有最高的优先级，因为表演者需要手持使用（他有可能同时触摸了其他的接地设备，包括一个潮湿的舞台）。

（3）在可能的情况下，将所有设备接入交流供电的同一相电上，这包括调音台、信号处理器、吉他放大器或键盘等电声乐器。这种做法不仅在接地回路出现时能够减少噪声电势，还能够降低电击的风险。灯光、空调和电机等应该被接到主电源分配系统的另一相电上。

警告：

话筒外壳通常会被连接到线缆的屏蔽层，屏蔽层会通过 XLR 接口的针脚 1 连接到调音台外壳。如果有任何电势存在于任何外部设备上，比如吉他放大器外壳，那么握着话筒并触摸其它设备的演员可能会受到致命电击！这就是为何如果有其他方法消除地线回路时，你应当避免在交流电连接中使用浮地转换器。

17.5 使用音频信号变压器

由于一部分廉价的、设计不良的变压器在音频领域被大量使用，因此信号变压器在一些圈子里获得了本不属于它的糟糕口碑。的确，一个糟糕的变压器会严重地降低音质——廉价的调音台、磁带录音机和话筒也会这样。在音频系统中并不是所有连接环节都需要变压器耦合。从另一方面来说，变压器在很多场合都体现出了绝对明显的优势（不仅如此，在某些情况下它是必不可少的）。在使用得当的情况下，当代性能最为优良的音频变压器能够提供极端线性的工作性能。

17.5.1 信号变压器的特性和功能

图 17-12（a）展示了一个简单的变压器。两个独立的线圈在屏蔽层内共享同一个金属芯。通过电感性耦合，进入初级绕组的交流信号会传递到次级绕组中。从初级绕组到次级绕组没有内部直流路径。

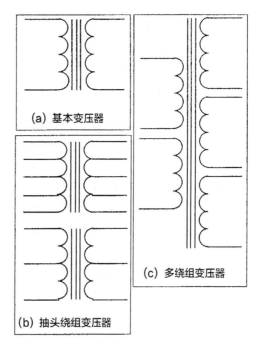

图 17-12　基本变压器类型

初级绕组与次级绕组的匝数比决定了这个变压器的电学特性：

$$次级电压 = 初级电压 \times T_r$$
$$次级电流 = 初级电流 / T_r$$

2　参见上页备注 1。

次级阻抗 / 初级阻抗 = T_r^2

上述表达式中 T_r = 次级匝数 / 初级匝数

变压器通常会通过抽头［图 17-2b）］来组成不同的有效匝数比。位于绕组电学中心的抽头被称为中心抽头。变压器也可能提供多个绕组［图 17-2c）］。

变压器可以通过几个方面来保护自己不受外部干扰的影响。通常，磁（铁制的）屏蔽和静电（铜制的）屏蔽同时存在。实际上，静电屏蔽和金属芯常与大地相接以排除干扰电流。

音频信号变压器可以通过非平衡或平衡方式进行连接（图 17-13）。

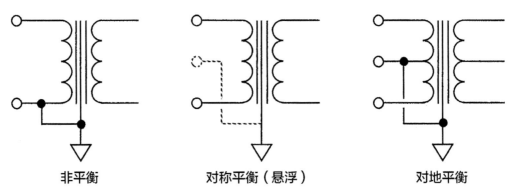

非平衡　　　对称平衡（悬浮）　　　对地平衡

图 17-13　变压器的非平衡与平衡连接

很多音频变压器需要对初级绕组、次级绕组或两者施加电阻性终端以确保正常工作。针对某一特定装置的终端要求，必须通过阅读制造商提供的相关技术文件才能够确定。

对于音频系统来说，变压器耦合所带来的实际益处包括：

• 隔离来自信号导体的高共模电压；
• 完全分离互联设备之间的接地回路；
• 通过阻抗转换，避免不良负载（或者优化负载）；
• 通过电压的转化，可以在不影响信号固有信噪比的情况下对信号电平进行大小调整。

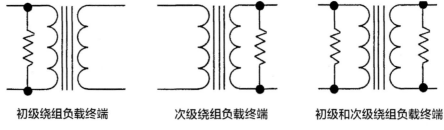

初级绕组负载终端　　　次级绕组负载终端　　　初级和次级绕组负载终端

图 17-14　变压器的终端

17.5.2　一些实际应用

假设我们希望将一个电吉他或电贝斯直接接入调音台的话筒输入端。假设调音台输入阻抗为 3kΩ——这十分适用于低至中等阻抗的话筒。但这一阻抗水平对于吉他拾音器电路来说远远不够，它需要至少 500kΩ 的负载阻抗。不仅如此，乐器为非平衡输出，很可能受到噪声的影响。解决方案是在乐器的输出端之后，乐器音箱之前使用名为 DI 盒（Direct Injection，直插盒）的设备。

图 17-15 展示了一个简单的无源 DI 盒的原理图。经过特殊设计的变压器对于非平衡输出的乐器来说呈现出很高的输入阻抗，同时向调音台输送一个平衡的低阻信号源。值得一提的是浮地开关，它能够将调音台信号地和乐器的地端断开。当吉他被连接到音箱或箱头时，可以通过打开开关（图 17-15）来破坏接地回路。

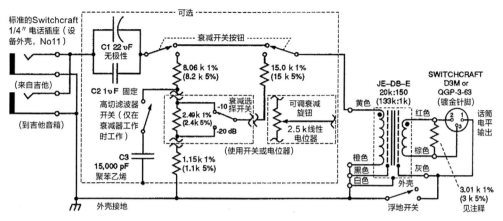

图 17-15　乐器 DI 盒

以下是关于图 17-15 的注释。

1. C1 是一个高品质、无极性的铝制电解电容，如 Roederstein 型的 EKU。它的额定电压应在 25V 或者更高。如果没有无极性电容，可以使用 2 个 47μF、25V 经过极化的电解电容串联在一起，具体情况可参见 Jensen 变压器 JE-DB-E 的参数表。由于存在很高的失真，因此钽片电容通常不建议作为 C1 使用。

2. C2 是一个可选的高品质（聚丙烯或聚碳酸酯）薄膜电容器，它与 C1 共同使用以改善输入电容器的音质。

3. C3 是一个高品质（聚丙烯或聚碳酸酯）薄膜电容器。可以通过调整它的数值来获得所需的高频滚降（该滤波器仅在衰减按钮工作时工作）。

4. 当信号源为线路电平信号或扬声器电平信号（合成器、吉他音箱输出等）时，必须要使用衰减电路。

5. 1% 的金属膜电阻器（如 Roederstein MK-2），由于其低噪声和良好的音质而被使用。然而与之相近的 5%，1/4W 的碳膜电阻器（具体参数详见图中括号）则会导致准确性的降低。

6. 可选的 2.5kΩ 线性分布电位器使衰减量在 -20~-10dB 连续可变。虽然我们更倾向于使用导电塑料，但是碳已经能够满足我们的要求。

7. 话筒信号输出接口的针脚 2 是信号"高"侧，针脚 3 为"低"侧，这符合 IEC 标准。这一标准与 Neumann、AKG、Beyer、Shure、Sennheiser、Crown、EV 和 Schoeps 话筒相对应，它们的针脚 2 均为"热"端。

8. 跨接在变压器次级线圈上的 3kΩ 电阻，在 DI 盒的后级输入阻抗大于 2kΩ 时应得到使用（如标准的 Yamaha PM2800M 的输入端）。当然在后级输入阻抗为 1kΩ 时（Yamaha PM2800M 的输入端配有可选的隔离变压器），将该电阻保留在电路中也不会有什么问题。虽然不使用该电阻会获得更好的效果。

9. 只需收取正常的费用，就可以获得 Jensen 变压器公司（加州北好莱坞）提供的 DB-E-PK-1 零件包，其中配备了构建上述电路所需的所有电阻和电容。

一些低端调音台使用高阻抗的非平衡话筒输入，因此十分容易受到无线射频和低频交流噪声干扰的影响。这一问题通常由阻抗不匹配和非平衡输入端噪声抑制能力不佳所导致。使用一个外置话筒变压器能够起到一定程度的改善作用（图 17-16）。对于话筒来说，变压器的初级绕组具有适中的低阻抗平衡输入，次级绕组则表现出较高的阻抗，以非平衡方式驱动调音台输入端。由一些制造商所提供的此类变压器通常被设计为一个一体式的直插式接口盒，它的一端配备 XLR 母头插座，另一端配备 1/4 英寸（0.635cm）的电话插座。

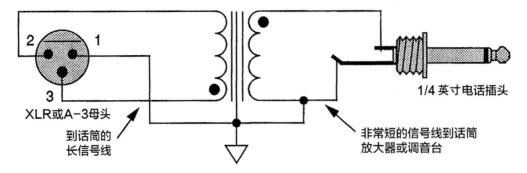

图 17-16　常见的话筒变压器连接

图 17-11 展示了另一个对 1:1 线路变压器非常有效的应用——隔离本地的地线以消除接地回路。（顺便一提的是，虽然 1:1 的变压器在初级绕组和次级绕组两侧的阻抗相同，但你不能认为没有输入和输出之分。如果将变压器反接，电路的性能会发生显著改变。）

图 17-17 展示了在设备机柜输入端上一个带屏蔽的线路变压器的接线方式。注意，平衡式的（或者推挽式）的驱动方式是必然的。

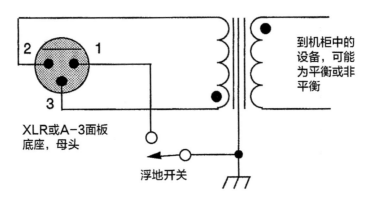

图 17-17　隔离设备机柜的输入端

在大型音乐会系统中，我们还使用变压器的隔离特性将舞台上的乐器信号分配给主扩和返送调音台系统。图 17-18 展示了话筒信号分配器的基本原理。

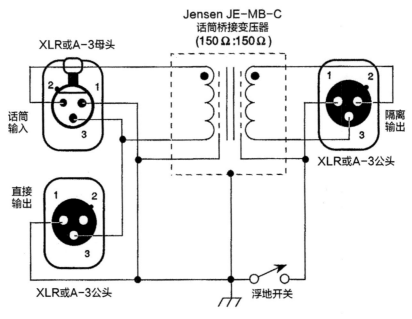

图 17-18　话筒信号分配器

17.6 主电源

根据前文所述，我们得到一个清楚的结论，即无论出于安全目的还是噪声隔离目的，使用安全接地的交流电插座是十分重要的。图17-19展示了符合美国标准的120V交流电单相接地的电源双插座的电学特性。在安装音响系统时，应保证你的主电源与此图表保持一致。

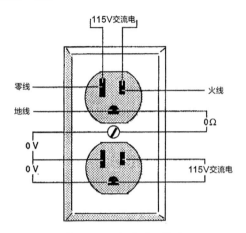

图 17-19　标准的双插座

17.6.1　确认正确的电源电压

在美国和加拿大销售的大多数Yamaha扩声产品的电源都能够在110~120V、50Hz或60Hz的交流电源下工作，用于出口的型号则在220V或240V、50Hz或60Hz交流电源下工作。其他制造商基本上也遵循相似的标准。如果你的设备需要在不同地区使用，应先确认当地供电规格，然后使用匹配的电源。也可以咨询具有相关经验的经销商或制造商。

电压过高或过低会损坏设备，对于美国和加拿大的型号来说，电源线测得的电压必须高于$105V_{RMS}$且低于$130V_{RMS}$。出口设备对于电压偏差的要求大概在正负10%以内。一些供电线路的特性较软[3]，这意味着当负载网络中负担过重时会发生电压下降或者电流提升。为了确保电压正确，在打开整个系统电源后重新再检查一次，如果功放被接入到相同的电源上，那么它们也需要被打开。

从源头上来说，如果电力线上的电压不处于可接

受的范围内，不要给设备接电。此时应该请一位符合资质的电工来查看并调整这个问题。忽略这一步骤有可能损坏你的设备并导致保修无效。

你可以使用一个电压电阻表来检查交流电插座，但整个操作过程需要极为谨慎。此外我们还可以使用单独的插入式插座测试器，在一般的电子器材店都可以买到它。插座测试器是一个便宜但十分必要的工具。如果一个插座看上去有问题，请不要使用它。请咨询具有相关资质的电工了解应对措施。

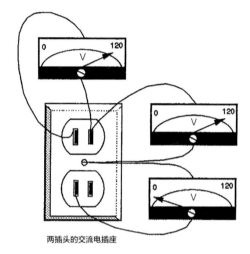

两插头的交流电插座

图 17-20　测试一个两插头的交流电插座

在大型系统当中通常很难获得足够数量的20A电路来承受设备打开时出现的电涌。很多现代功率放大器仅在一台设备通电时就需要使用一个满负荷20A容量的电路，虽然它们的实际工作电流要求要低得多。解决这一问题的方法是按顺序逐个通电。在固定安装系统中，设备通电顺序有时是通过一个自动计时控制电路来完成的。

17.6.2　务必确保良好接地

通常，出于安全和屏蔽的原因，调音台必须接地。一个三线的电源线通常被用于此目的。使用特殊的电路测试器来确保插座正确接地，零线没有虚接或者被断开。如果没有接地的三线插座，或者插座没有正确接地，那么一定要使用单独的跨接线将调音台外壳和大地连接起来。

过去，我们通常以冷水管作为大地，但现在这种

3　"软"是一种对电源特性的描述，当电路中的电压或电流非常容易受到负载变化的影响时，我们称其为"软"特性，即具有较高的内阻。

方式在很多地方已经不可行。当代的建筑规章要求水表和主水管道之间必须通过一段塑料管（PVC）隔开。这种做法可以保护自来水公司的工作人员在检查水管时避免遭受电击。它同时还将冷水管与大地隔离开来。虽然在一些地方会通过一根导线来旁通水表，但这一接地路径变得不再可靠。出于类似的原因，我们也应该避开热水管。天然气管道是万万不能使用的，因为如果两条管道之间连接的电学特性不佳，或者一个地电流通过管道释放，就有可能出现发热或者打火导致的火灾甚至爆炸。最为安全和可靠的方式是自己来接地。将一个带有铜质外层的钢制接地管插入潮湿的、盐碱性大地中，深度至少为 5 英尺（约 1.5m），以此作为接地，或者使用一种特制的化学接地棒来完成此工作。

注意：虽然有些原则是世界通用的，但以下讨论的内容仅限于美国和加拿大地区使用的交流电插座接线情况。其他地区请务必查看相关规定以确认正确的接线标准。

17.6.3　在使用两线插座时如何获得一个电源保护地

一个两线插座没有为三线插头的安全地提供插

口。如果设备上配套的是三线插头，就需要使用三插转二插的适配器才能接入两线插座当中。如果将适配器上松开的绿色导线与两线插座上的接地螺丝钉相连，这些适配器就能够为你的系统提供一个安全地。如何确定螺丝钉是否接地呢？

（1）将适配器上的绿色导线与两线插座上的接地螺丝钉相连。

（2）将适配器插入插座。

（3）将三线交流插座测试器插入适配器中。测试器将显示该螺丝钉是否接地。

如果螺丝钉没有接地，请将适配器的绿色导线接到别的接地点以保持系统安全接地。如果插座测试器显示接地良好，但适配器的极性反了，你可以将适配器从插座当中拔出，将它转动半圈后重新连接，如果插座或适配器采用了插针大于另一插针的"偏极"式插头时，这种情况不会发生。

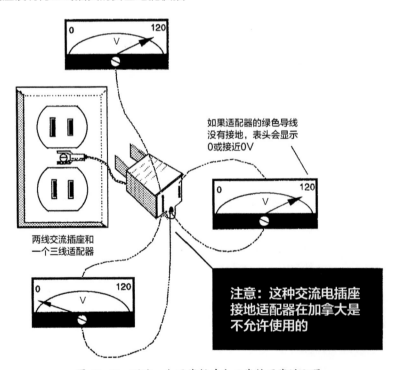

如果适配器的绿色导线
没有接地，表头会显示
0或接近0V

两线交流插座和
一个三线适配器

注意：这种交流电插座
接地适配器在加拿大是
不允许使用的

图 17-21　测试一个两线插座和三线转两线适配器

17.6.4 错误的交流插座接线：保护地断开（Lifted Grounds）

如果插座上的保护地线（或绿色导线）没有被正确连接或者缺失，我们称这种情况为保护地断开。在早期的接线规则中，深绿色的导线有时会在墙内插座上被省略，这样有利于通过柔软或刚性的金属套管作为供电口的接地路径。这种接地方式通常是可以被接受的，前提是埋在墙体中的金属套管完好，且所有接缝处的螺丝钉都能紧紧地固定在一起。但是，一旦在某一导管连接处发生螺丝钉的脱落，就会导致该线路的后续插座保护地断开。

警告：绝不要断掉三线交流电源插头上的接地针脚。我们无法保证该设备（或电源线）在某一时刻会被用在存在电击危险的场合。

17.6.5 错误的交流插座接线：断开零线

如果插座处的零线被断开，那么接入其中的设备所承受的电压有可能变为220~240V，而非我们需要的110~120V。

这种插座可能可以用，但电压可能会在0V到220V甚至240V（以供电口的最高电压为上限）来回浮动，产生电击，并且有可能损坏你的设备。假设一个配有两组插座的插线板中有一组插座的零线断开，当一台设备插入零线断开的插座，信号处理设备或功率放大器的机柜插入另一个，那么系统通电时保险丝会烧毁，一些设备可能会损坏。

当没有负载接入时，如果你在插座的较大插孔中

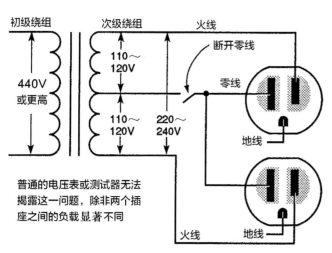

图17-22 一个零线断开的插座原理图

（白色导线）和接地端（圆形插孔，绿色导线）检测得到电压，应该与具有相关资质的电工联系以检查并修正该问题。

虽然白色导线（零线）和绿色导线（地线）从技术上来说具有相同的电势（电压），在使用电压表时应测得相同的电压数值。但插座的地线也应该与大地安全地进行连接以作为进一步的安全措施，它能够预防建筑物中的供电变压器出现问题，或者设备内部出现问题进行带来危险。如果设备内部发生短路，希望电流会找到通往安全地的路径，而非穿过人体。在测试插座处的交流供电线路时，确保使用正确的工具，并且十分了解交流电击所具有的危险。遵循以下警告，不要用手触碰金属。不要将测试器探针短接。如果对交流供电系统不熟悉，不要做尝试。应通过具有相关资质的电工来进行测试并修复问题。

警告：在交流电源接线规则中，黑色代表火线，白色代表零线——这与绝大多数音频信号线和扬声器信号线相反。保证安全的重要方法就是假设所有的电源线都具有潜在危险，假设有人接错了系统，或者存在短路现象。总之请亲自测量电压，保证自身安全。

17.6.6 交流电安全须知

1. 如果需要确认一个交流电源的接线是否存在问题，你需要携带两个很便宜的工具，一个是普通的插座测试器，另一个是氖气灯交流电压测试器。这些工具在普通的电工或灯具用品商店就能够买到。

我们建议你还应该配备一个带有均方根（或平均）读数的电压表以测量准确的交流电压。

2. 插座测试器应该用在所有电源插座上。氖气灯电压测试器应当被用于检查话筒和吉他音箱之间，或者话筒与键盘外壳等设备之间的电压差。

3. 如果不能确定插座是好是坏，请不要使用它。为了以防万一，可以携带一条耐用的长导线作为延长线。一个很好的延长线的标号通常为 #12-3（12线规、3导线），长度不超过15m。

4. 如果剧场中没有合适的电源,不要给设备接电。任何交流电在接线过程中发生的错误都会造成潜在的致命危险。与其冒着设备损坏和人员伤亡的风险,不如拒绝使用有问题的电源直到具有相关资质的电工将其修复。不要冒任何风险。

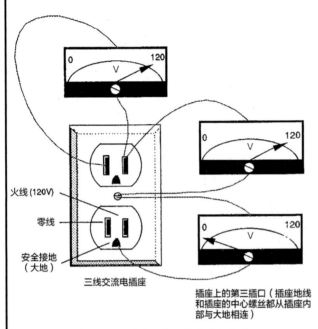

火线(120V)
零线
安全接地
(大地)
三线交流电插座

插座上的第三插口(插座地线和插座的中心螺丝都从插座内部与大地相连)

图 17-23　测试一个三线交流电插座

17.6.7　设备开启顺序

较大规模的系统很难获得足够数量的 20A 电路来承受设备打开时产生的电涌。很多现代功率放大器在仅一台通电时就需要使用一个满载 20A 容量的电路,虽然它们的实际工作电流要求要低得多。解决这一问题的方法是按顺序逐个通电。在固定安装系统中,设备通电顺序有时是通过一个自动计时控制电路来完成的。

17.6.8　电源的完整性

最后,请想尽一切办法确认你使用的电源是干净可靠的。尤其对于合成器、电脑音序器和其他数字设备来说,一个经过滤波且带有电涌保护的电源是它们需要的,有了上述保障才能够避免有害电涌、系统杂症或是可能出现的设备损坏问题。我们现在能够购买的插线板多数具有这种保护功能。在此基础上,使用电力线隔离变压器能够提供终极的保护,如由 Topaz 销售的 Ultra Isolation 变压器。这种设备的设计不仅仅

针对交流信号的噪声和失真,还能够保持设备电源输出端电压基本稳定,无论其输入端电压发生何种波动。

17.7　安装设备机柜

绝大多数音频设备制造商的设计都能够使设备被安装在一个符合 EIA 标准的 19 英寸(48.26cm)宽的机柜当中。(该设备的宽度可能只要 17~18 英寸,即 43.18~45.72cm 甚至更少,但它的固定耳朵能够延伸到 19 英寸以便安装在机柜的轨道上。)能够进行机柜安装设备的面板高度通常为标准高度 1U(1.75英寸,约 4.45cm)的整数倍。

在选择电子设备时,考虑后续的机柜安装问题是十分必要的。我们不仅要考虑设备高度,还要考虑其深度。尤其在流动扩声系统中,前面板与固定耳朵的完整性和强度,以及与外壳重量之间的关系都会经受考验。像功率放大器这种沉重的设备应该同时在设备后部进行支撑,而非仅仅依赖于前面板的强度。事实上,这种半固定的方式在遭遇振动和撞击时会很快导致固定耳朵的弯折和断裂,最终导致设备从机柜中脱出。

在将设备固定到机柜前,应根据信号流向、散热和重量分配等因素来仔细规划设备的放置顺序。将服务于同一功能的设备安装在一起不失为一个很好的选择。如单一扬声器或扬声器组所使用的均衡、有源分频器和功率放大器可以被安装在一起。另一方面,有人倾向将所有系统均衡放置在一个机柜中,所有功率放大器放在另一个机柜中,以此类推。如果采用这种方法,你会发现功放机柜会异常沉重。此外,如果一个机柜被损坏,你就什么也做不成了,而一个混合机柜损坏只会导致部分系统丧失功能。在安装机柜之前就对这些问题进行考虑,远比出现重大问题后再进行修正要好得多。

在最佳状态下,安装设备机柜需要从实用性、工程学和外观简洁等多方面因素进行综合考虑。在一个安装良好的机柜中,所有设备在易于操作的同时也受到保护,在使用正确安装方式的情况下整洁一致。内部和外部工作灯、完整的电源分配、接地错误指示以及备用保险丝等配件的储存,都是出色的机柜安装应

包含的内容。那些有可能产生强电磁场的设备（配有大型变压器的功率放大器）应该与需要施加高放大增益的设备（话筒或电唱机前置放大器或卡带录音机）分开放置。

一个专业机柜的品质是由其内部接线的精细度所决定的。颜色标记和／或者合理的线标易于问题排查，也反映出对信号走向的理解。功能相关的设备组之间进行的连线干净整洁，并通过扎线器有序捆绑在一起。音频信号线与电源线分开整理，低电平信号线与高电平信号线分开整理。多余的线被整洁的盘好固定好，所有的连接都能够在运输过程中保持稳定。

最后，专业巡演的音响工作者还会使用安装了泡沫垫的航空箱来保护设备，这些航空箱配有轮子和把手便于移动。考虑到整个机柜中的设备、物料和时间投入，采用这种保护措施是十分必要的。很多制造商都能提供标准尺寸的航空箱，自己制作航空箱不仅昂贵且没有必要。

17.8　故障排查

能够有效地隔离并解决音频电子系统中出现的问题是一个专业音频从业者所能获得的最佳技能之一。有效地排查故障需要连贯的逻辑思维、经验以及少许直觉判断。

经验不能仅仅依靠阅读专业书籍，也不可能通过只言片语就会获得对电子电路的直观理解。我们可以描述故障排查技术的逻辑基础。在这一部分讨论的原理能够扩展到更为宽广的领域以解决问题。

17.8.1　信号缺失

录音机正运行在播放模式，或者表演者正在对着话筒说话，但却没有任何声音出现在系统的输出端。此时我们应该做什么？

1. 从最简单的做起，检查并确认所有设备都打开了，所有的保险丝都完好。即使从业时间很长的专业人士也有可能犯这种错误。

2. 查看从输入端到输出端的信号路径，按照一定方法检查整个路径上所有的控制和开关。音量控制的设置是否合适？在调音台上选择和分配的是正确的通道吗？该通道是否被哑音，或者其他通道处于监听状态？

3. 检查信号路径是否完整，是否有连接缺失。

4. 如果做出改变，请每次只做一种调整。

如果上述所有问题看上去都正常，但问题仍然存在，那么就需要开始追踪信号。在没有信号的状态下，从输入端到输出端进行逐级检查。

首先，检查声源本身。如果不确定的话，更换一个你确定没有问题的声源（如新的话筒、测试振荡器、磁带播放机等）。在信号链上逐级检查，检查声源输出的信号线，然后是次级设备、输出信号线，以此类推。故障设备迟早会暴露出来，我们可以进行更换或者旁通有问题的环节。

17.8.2　出现不良信号

我们所说的不良信号包括低频交流噪声、其他噪声、射频信号或者失真，它们夹杂在我们需要的信号中。有诸多原因可能导致这些不良信号的产生。它们中有些很容易通过专业知识进行识别，有些则难以被追踪。

假设问题并非由常见信号线或设备导致，摇晃线材或拍打设备也无法使它们好转，唯一能够依赖的就是追踪信号的路径。对于不良信号来说，检查顺序应该从输出端到输入端。排查问题的起始点取决于干扰信号的特征。如果你确定问题并非来自扬声器信号线，那么就可以从功率放大器开始查起。

将功率放大器输入端的信号线拔掉。（可以插入一个测试振荡器或者便携磁带播放机来替代声源。）如果问题仍然存在，那么显然它存在于功放当中；如果问题消失，那么可以再向上一级进行排查。一直到信号的源头，直到发现出问题的设备或线材，然后将其更换或者旁通。

以下是一些不良信号以及可能产生的原因。

• 低频交流噪声（Hum）—— 低频交流噪声通常由接地回路或者错误的接地导致。（参见第 17.4 节关于接地的若干建议。尤其注意在不同参考地之间发生的短路，它有可能由于设备外壳堆放在一起或者插头外壳接触在一起导致。[在系统接地架构允许的情况下，将所有设备外壳通过机柜或者汇流条（Bus Bar）统一进行接地是没有问题的。]千万不要以为将一个设备安装在机柜里就相当于对它做了接地处理。喷漆等因素可能使它与机柜产生电学上的隔离。对那些可能存在问题的信号线应尝试对其屏蔽层连接做导通测试。低频交流噪声也会由于相邻电子设备之间的电感性耦合而产生。例如，功率放大器电源部分的变压器有时就会产生很强的低频交流噪声场。如果一个灵敏的低电平设备恰好被安装在一个功率放大器的上方，就有可能拾取并放大这种低频交流噪声。当话筒线和电源线挨得太近时也会发生电感性的耦合。从位置上错开这些设备或者信号线是最好的解决办法。如果无法将线材分开，就将它们十字交叉放置而非平行放置。

• 高频交流噪声（Buzz）——通常这一术语指供电线路所产生的高频谐波。

如果高频交流噪声从一套两分频放大的扬声器系统中的高频换能器发出，而低频换能器却不产生相应的高频交流噪声时，我们可以考虑检查高频功率放大器、分频器的高频输出以及它们之间的信号线。此时可能存在接地回路，或者信号线屏蔽层没有接地。

高频交流噪声也可能来自话筒线和可控硅调光器电路之间的电感性耦合。请试着调整话筒线的方向和位置。如果高频交流噪声仅出现在线路信号电平连接中，则有可能由静电耦合所导致。在这种情况下，插入一个合适的带有法拉第屏蔽的隔离变压器，或者尝试不同的接地方法都有可能改善情况。一些信号线，如带有 4 根导线的 Canare 的"星绞四线"平衡信号线具有更好的噪声抑制能力。

• 嘶声（Hiss）——嘶声通常由信号链路前端设备自身内部不良的增益级设置所导致，经过后级设备放大后达到一个不可接受的水平。

请检查信号链上每个设备的工作信号电平情况。它们是否都处于相似的、良好的工作状态？最容易导致嘶声的是过大的功率放大器增益。我们是否需要从调音台输出一个 0VU 的信号以获得满功率呢？如果不是，请降低功率放大器的增益。如果主输出和输入

通道推子需要推到头才能获得一个恰好能听清楚的声音，那么就需要在降低推子位置的同时降低输入通道的衰减量或者增加输入增益。

嘶声也可能由于信号链中的一个或多个设备产生信号振荡或者其他故障而导致。我们可以通过追踪信号走向来确认有问题的设备，然后再通过示波器进行检查。如果该设备在脱离信号链后能够正常工作，则说明它的输入或输出端连接可能有问题。检查信号线是否出现部分短路，或者输出负载是否过大。如果用设备的推挽式输出去驱动一个非平衡输入，请确认驱动信号的低侧（负端）在信号线两端都没有被短路接地。

然而，有些设备并不具备这些经过精心设计的输出驱动电路，输出电路的不稳定或者信号振荡可能仅仅由于长距离信号线产生的电抗而导致。

• 静电噪声（Static）和爆音（Crackling）——这些问题通常由于间歇性的信号或屏蔽层连接造成。

通过追踪信号路径，我们可以隔离或更换有问题的信号线。有时进行粉尘控制可能是有益的。这种除尘可能能够提供短暂的缓解，但实际上该部件应该尽快得到全面的清洁或更换。静电打火可能由无线射频干扰所导致。良好的接地以及对变压器的审慎使用通常会解决该问题

• 失真——失真通常由信号路径上某个环节的过载所导致。

仔细检查系统的增益结构。在系统达到其最大输出功率之前，调音台上或周边设备的削波指示灯是否持续亮起？如果出现这种情况，就需要进行一些增益调整。请确定你没有在未使用衰减器的情况下通过一个 +4dBu 的输出驱动一个 –10dBV 的输入。在调音台内部，当 VU 表尚未到 0 刻度时，输入电平表是否已经显示削波？如果是这样，则应该减小输入增益或使用衰减器，然后增加输出电平。

失真还可能由输出端负载过大（负载阻抗过低）而导致。原因可能是阻抗不匹配或者信号线的部分短路。请检查这两种情况是否存在。最后，失真也可能由于输入或输出换能器的损坏所导致。通过对其进行测试或替换，就能够找出损坏的设备并对其进行更换。

第18章 扬声器系统

第 18 章提供了在现场扩声应用中对扬声器进行选择、放置、连接、测试和操作的参考和指南。第 13 章则着重于讨论扬声器的设计和功能。

扬声器系统是连接表演者（演讲者）和观众的终极纽带。无论话筒、调音台和功率放大器的质量如何，如果扬声器的质量不佳，或者没有经过正确的连接和操作，那么最终的结果将会是品质低劣的声音。

与之相反，一个经过精心设计和科学操作的音响系统将会产生绝佳的效果。能够获得这种效果的关键在于了解扩声系统的基本原理，并将这些原理细致地应用在每个环节中。

18.1 分析应用场合

确定一套音响系统构成的第一步就是评估它的应用场合。为了完成这一步工作，需要提出若干具体的问题，这些问题的答案将会帮助你确认系统应满足何种要求。

18.1.1 节目素材

这套系统是用来干什么的？它仅用于语言扩声，或需要用于音乐扩声？如果用于音乐扩声，是何种音乐风格？

这些问题的答案将会告诉我们：

（A）需要何种频率响应特性？

（B）平均声压级和最大声压级应为多少。

如果这套系统是用于简单的语言扩声（例如用于演讲或集会），那么低频响应的下限就不需要延伸至20Hz 甚至 50Hz。事实上，这种低频响应将会突出一些我们所不需要的噪声，例如风噪、话筒架和信号线的摩擦，还有演讲台的噪声。一个符合实际情况的系统低频响应应在 100~150Hz。在高频段，至少应该满足 5kHz 的高频上限才能够获得一个较好的语言清晰度（例如电话的频率响应为 300Hz~3kHz）。

相比音乐扩声来说，语言扩声在单位面积上所需

要的声压级通常较低。70~80dBA 的平均声压级通常就能够满足良好语言清晰度的需求，在此基础上还应该再留出 10dB 的峰值余量。在非常嘈杂（无秩序）的环境中，则有可能需要更高的声压级。

如果扩声系统被用来放大声学乐器，那么情况则有所不同，系统的低频响应下限应延伸至 40~50Hz，高频响应上限在 16kHz 则比较理想。这种应用场合所需要的平均声压级为 80~85dBA，最少需要 10dB 的峰值余量，在品质更好的系统中则具有 20dB 的峰值余量。

一个用于摇滚乐重放或扩声的音响系统应具有30~40Hz 的低频下限，它的大多数功率储备应该集中在低频区域（500Hz 以下）。高频响应应至少达到10kHz，较为理想的情况则为 16kHz。此类演出所需要的平均声压级通常能够达到 100dBA，系统应至少具有 10dB（最好是 15~20dB）的峰值余量。

18.1.2 环境因素

这套系统是在室内还是室外使用？观众区域的大小如何？如果在室内，它的尺寸——长、宽、高数据如何？如果有可能的话，需要估算观众区能够坐多满。

这些问题的答案将会帮助我们决定：

（A）对于系统的覆盖要求；

（B）与节目素材一起综合考虑，决定系统所需的声压级还原能力。

一套音响系统可能会超出小型俱乐部的需求，但它在大型体育馆或音乐厅中就无法满足观众的需求，因为不适宜的功率无法产生节目所需的声压级，如果扬声器的指向性过宽，就容易产生很大的混响。一套适合音乐厅的音响系统在室外圆形剧场中却听上去十分不合适。出现这种情况的原因是不充足的功率容量（我们不仅需要声压级，还需要足够的功率来填满一个大容积的空间），以及可能存在的系统带宽不足的

问题。如果一套系统能够出色地胜任大型音乐厅的扩声，但在一个房顶很低的法院审判室中，它可能因为过多的混响而导致语言清晰度不足。作为专门为房顶高较高的声学空间进行的优化处理，扬声器较宽的垂直辐射角在这种低矮的环境中很可能使问题加剧，因为它向房顶投射了过多的声音，进而产生过多的混响。

18.2 指向性控制

对于音响系统指向性的控制是构成高品质扩声系统不可或缺的重要组成部分，这里有两重原因。

第一，我们希望在整个观众区域中的声音质量能够尽可能保持一致。在整个听音区中，不应该出现某个位置的声音明显大于其他位置的情况（除非我们刻意而为之）。声音在任何地方都应该做到清晰可闻——即系统的指向性应在所有频率上都大致保持一致。

第二，我们不希望浪费有效的能量，让声音去往我们不需要的地方。通过将系统能量集中在观众区域，我们提升了它的效率。

只有在极少数的情况下我们才会使用一只单独的扬声器为某一应用场合提供全部的功率和声音覆盖。构建一个多扬声器系统的诀窍在于理解多个辐射器之间是如何相互作用的。在实践中，每套系统都会因为物理原理、经费预算和视觉原因有所妥协。在这些因素所带来的限制条件下，我们仍然能够使用一些技巧来组合多个扬声器以获得一个良好的指向性控制。

我们提出的这些技巧都必须满足一个前提，即所有全频扬声器都是相同型号的产品。这当然不是一个必需的限制条件，因为在实际系统中，我们可以把多个不同类型的扬声器混合在一起使用。我们仅在这里假设所有扬声器相同，以便更好地理解其中的概念。

18.2.1 扩大覆盖范围

图 18-1 展示了通过依次摆放全频扬声器的方式来扩展水平覆盖的基本方法。注意扬声器之间的摆放呈一个弧形，使它们的 -6dB 衰减辐射角之外的

区域相互重叠[1]。这种方式能够实现扬声器之间较为平滑的过渡，模拟一个辐射角宽得多的单一扬声器所获得的效果。这套系统的垂直辐射角与单个扬声器相同，因为这种摆放方式不会影响垂直覆盖。当多只扬声器组合在一起的时候我们称其为扬声器组（Cluster）。

图 18-1　带有一定弧度的扬声器组合以获得更宽的辐射范围

对于图 18-1 中展示的扬声器组来说，在重放波长与阵列水平尺寸相当的声音频率时，该频率的水平辐射角会变窄。这种现象可以通过将扬声器的弧度张开来进行一定程度的缓解，但它在较小的扬声器组中

图 18-2　通过多个扬声器获得更宽的垂直辐射角

1　通常扬声器辐射能量衰减 -6dB 的点会随着考察频率的不同而有所不同，因此这一理想化的辐射区域交叠仅发生在以考察频率为中心，相对较窄的频率范围内。我们最好能够以 2~4kHz 的频率范围作为 -6dB 辐射角的交叠区域，因为这是语言清晰度最为重要的频段。

最为明显。阵列越大，指向性变窄的频率就越低。

还有一种相对少见的情况是需要较宽的垂直辐射角。图 18-2 展示了获得较宽垂直辐射角的方法。在这种情况下，主要的原则是调整扬声器的朝向，使每只扬声器都仅仅指向自己所覆盖的区域，将扬声器之间的耦合作用最小化。这种方式对于水平覆盖的影响不会被察觉，其效果仍然等同于一只单一扬声器。

注意：关于这种扬声器设置，上方的箱体角度应向上调整以确保号筒能够覆盖不同的区域。而下方的箱体可能可以完全倒置，以改善低频的耦合。

18.2.2 缩小覆盖范围

我们通常在投射距离较远、需要系统在一个主要方向上集中能量时缩小覆盖范围。通常我们需要对垂直覆盖范围进行缩小，因为水平上较宽的辐射角往往是我们所需要的。

在长距离投射的扩声环境下，一个常见的错误是使用窄覆盖角的高频号筒，而对很宽的低频辐射角度置之不理。这会导致长距离投射的声音非常不自然。由于低频能量的辐射范围比高频能量更宽，来自号筒的高频能量在扬声器远离听音区时会成为声音能量的主导。同时，由号筒辐射的最高的频率会被空气大量吸收。这样获得的最终结果就是一个带有鼻音的、中频很重的声音。

为了避免这种情况的发生，应该按照一定的比例

图 18-3　刻意使垂直辐射角变窄

将低频能量的垂直辐射角变窄。其中的一种做法就是使用号筒负载的低频音箱箱体，它相比有限障板或导向式（Vented）直接辐射器箱体来说具有更强的指向性。

图 18-3 展示的技巧可以通过导向式低音和放射型高音号筒所组成的全频扬声器来获得。高频号筒被放置在一起，这种放置方式会导致它们的垂直辐射角变窄。在低频段，系统的辐射角也在某种程度上变窄，因为其整体有效辐射区域与重放频率的波长相近。

注意 1：这一部分给出的技巧假设每组扬声器符合以下条件：

（1）所有扬声器具有同样的设计；

（2）所有扬声器都具有相同的实际频率响应、覆盖范围和分频特征；

（3）所有驱动器的极性都必须保持一致。

注意 2：图 18-3 展示的扬声器设置方法仅在扬声器使用放射型或经过改良的放射型高频号筒时有效。

18.2.3 对声压级的估算

如前文所述，当扬声器组合在一起构成扬声器组时，我们希望了解系统的平均声压级和最大声压级会受到何种影响。然而，当扬声器被组合使用之后，会出现一系列影响因素，准确计算声压级是一件很难的事情。

在近场条件下，除了低频段之外，整个扬声器组并不符合平方反比定率。因此在短距离投射条件下，最好参考对主要区域进行覆盖的单只扬声器参数来预估大致的覆盖情况。

在长距离投射条件下，我们可能能够根据扬声器组的总体声功率，通过平方反比定律来估算听音区的声压级。因此我们需要一种方法来估算输出声功率。

总的来说，阵列尺寸增大一倍，阵列主轴上的声压级会增加 3~6dB（6dB 为理论上的最大值）。声压级实际的增加情况取决于扬声器相互作用所产生的效率提升以及整个阵列的指向性，而两者都会受到具体扬声器特性的影响。

我们首先以最坏的 3dB 提升来估算声压级，任何估算之外所增加的声压级则被视为系统峰值余量这一额外的礼物。从这一步开始，我们可以通过测量进一步加深对所选扬声器系统的了解，在必要时甚至可以对一些参数进行修改。

18.3 对于扬声器摆位的考虑

在了解了观众区域尺寸和扬声器系统指向性的基础上，我们可以规划扬声器的摆位并预测整个系统的性能表现。我们的目标是将系统增益最大化、回授最小化、获得语言清晰度且满足实际应用的覆盖和声压级要求。

18.3.1 指向性和覆盖

图 18-4 展示了一个全频扬声器在高频区域的垂直覆盖极性图。如果我们将扬声器按照图示摆放以进行观众区域的覆盖会出现什么情况？

调整扬声器的朝向，使它的主轴直接指向观众区域后方的一点，将这一点的声压级作为我们的参考声压级，或者 0dB。我们将扬声器到达这一点的距离设为 D。我们现在希望了解在不同的偏轴向点上的相对声压级情况，以了解这套系统进行覆盖的均匀程度。

(b) 点为离轴 15°，从扬声器到达该点的距离为 0.7D。让我们来确认该点的相对声压级。

（1）计算该点与参考点之间的平方反比差值：

$$20 \log (1D/0.7D) = 3\ dB$$

（2）根据 4kHz 极性图，找到扬声器偏轴方向 15° 的辐射情况，它比轴向减少 1dB（即 −1dB）。

（3）将步骤（1）所获得的数值减去 1dB：

$$3\ dB - 1\ dB = 2\ dB$$

相比观众区的后方来说，(b) 点上的声压级要高出 2dB。现在假设 (c) 点为 30° 离轴。从该点到达扬声器的距离为 0.6D。让我们再根据参考点算出平方反比关系：

$$20 \log (1D/0.6D) = 4.4\ dB$$

参照极性图，我们发现 4kHz 在 30° 偏轴方向上的辐射能量下降大约 5dB。因此 (c) 点的声压级相比观众区后排的声压级小 0.6dB（4.4~5dB）。

我们可以认为这套系统的覆盖是很均匀的，因为从 (c) 点到观众区后排的声压级差别在 ±2dB 以内。通过计算我们也可以得知，如果将扬声器的轴线指向观众区中部的 (b) 点，那么覆盖的均匀度会下降，会有过多的声音到达观众席前部的 (c) 点。

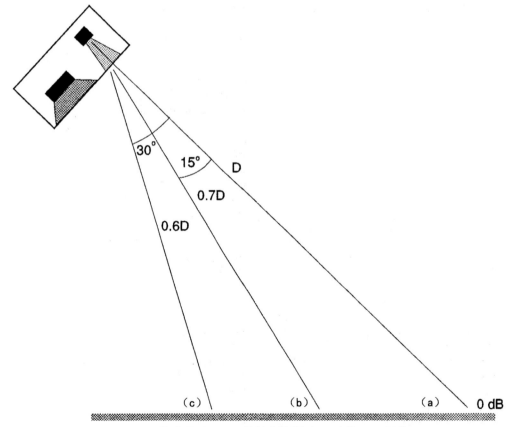

指向位置（a）& 偏轴向位置（b = 15°，c = 30°）

图 18-4　一个全频吊挂扬声器系统的高频覆盖情况，其中上图为扬声器的物理位置，图续为它的频率响应极性图

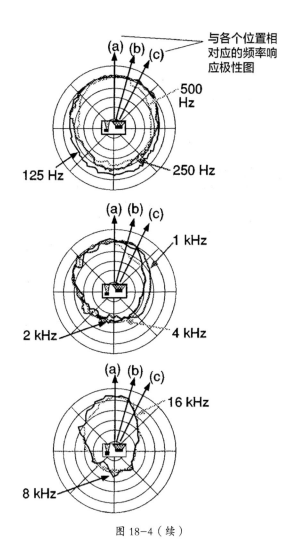

与各个位置相
对应的频率响
应极性图

图 18-4（续）

18.3.2 回授控制问题回顾

让我们回顾一下关于室外声场的讨论。通过遵循以下原则可以对回授进行控制。

使用指向性扬声器和话筒以减小它们之间的相互干扰；

在允许条件下让扬声器尽量远离话筒；

让话筒尽量靠近声源。

通过这些方法可以使系统增益最大化。

此外还有第 4 条原则，即从话筒和扬声器中获取尽可能平滑的频率响应。响应中的峰值会成为潜在回授的触发点，它会减少系统的最大可用增益。

18.3.3 室外音响系统

假设在自由场条件下（没有任何反射面），扬声器在室外环境的摆放是相当简单的。

首先，通过分析节目内容和环境，我们要确定所需的频率响应、平均声压级和最大声压级，以及对声场覆盖的要求——尤其是投射距离。在了解这些因素的情况下，我们可以根据前文介绍的相关知识，通过频率响应、灵敏度、功率容量和指向性特征来选择设备。

我们希望进行均匀的覆盖。即在平方反比定律衰减规律的制约下，期待整个观众区的声压都能够得到合理均匀的分布。这一要求就意味着我们需要将扬声器进行吊装，从头顶投射到观众区。通过扬声器参数表所提供的垂直指向性信息，结合平方反比定律，我们可以使用第 18.3.1 节给出的步骤来估算覆盖的均匀程度，以此作为扬声器朝向的依据。

出于实际考虑，将扬声器放在舞台两侧是十分普遍的。在这种情况下，将扬声器指向后墙的中点能够帮助这套系统获得最好的效果（图 18-5）。随着声压级在水平方向上的逐渐衰减，来自（左右）两个系统的声音将会进行合并并相互增强，以此在观众区的中轴线上获得一个均匀的声压分布。

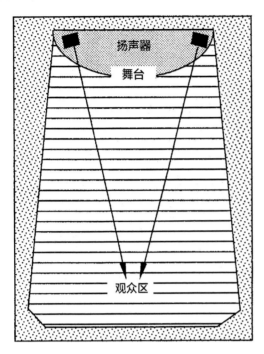

图 18-5　将两只扬声器组放置在舞台两侧以
获得一个优良的声音覆盖

18.3.4　在室内环境控制回授

我们在第 18.3.2 节提到的基本原则也同样适用于室内系统。假设在一个混响丰富的室内环境中，此时的情况相比室外环境要来的更加复杂。

从本质上说，房间共振影响了系统发生回授的总体趋势，回授频率也和房间共振频率紧密联系在一起。受到房间几何形状和话筒摆放位置的影响，音响系统通常会在某一特定频率上更容易发生回授[2]。

事实上，房间共振与激励声源在房间中的具体位置无关，因此改变扬声器的位置对房间共振并无改善。将话筒挪到某一个波结上则有可能解决问题。使用可调整的均衡滤波器来衰减共振频率也是可行的，但它是以损失保真度为代价来解决问题的。相比之下，我们更加倾向于通过声学方式来解决问题。当我们不得不使用均衡时，窄带滤波器通常更好，因为发生回授的共振通常仅有若干赫兹的带宽。因此可以使用 1/3 倍频程、1/6 倍频程甚至 1/12 倍频程的陷波器。虽然倍频程均衡可能会起到一些作用，但它更加适合用于从美学角度来调整频率响应，并不适合修正回授问

题。（频带非常窄的均衡器所带来的问题是回授频率可能会随着温度和湿度的改变而改变，导致回授频率偏离陷波器的工作频率，进而导致系统不稳定。）

扩散混响声场也会影响系统增益，导致潜在的回授问题。在容积相对较小的无混响房间中，这并不是一个十分突出的问题。而在声学高度活跃的空间里，一个指向性话筒近距离放置在声源的旁边可以隔绝大多数房间的声音。请注意确保话筒在偏轴向上也具有平坦的频率响应，因为针对回授问题而言，话筒灵敏度极性图上的任何旁瓣都能够抵消指向性所带来的优势。

共振和混响效果都可以通过对话筒周围的环境进行处理（如使用窗帘）使其最小化，或者将话筒放置在与混响场相对隔离的区域（例如舞台上经过吸声处理的区域）也能够缓解这一问题。

18.3.5　室内扬声器摆位

适用于室外环境扬声器摆位的基本原则同样也适用于室内系统，但由于反射界面的出现，整个情况就变得更为复杂。

我们希望系统所传递的声音尽可能清晰，我们也希望能够对声音做尽可能多的控制。这两个标准意味着我们需要将系统的临界距离最大化，即把激励混响场的程度最小化，使观众听到的大多数声音都是直达声，进而获得良好的语言清晰度。我们已经知道指向性扬声器会帮助我们获得这一效果。而这些扬声器的摆放位置也十分重要。

通过将指向性扬声器的朝向对准观众区，我们能够保证观众位于系统的直达声场中，而混响场会因为观众对于声音的吸收而被最小化。扬声器较弱的偏轴向能量也会降低来自侧墙和房顶的反射强度。

如果我们将扬声器指向观众区的后方，那么将不可避免地把声音投射在房间的后墙上。将扬声器指向房间后三分之一可以部分解决这一问题，因为它使最后方的声压级衰减相对更多。在观众区后方获得一个较低的声压并非不可接受，这种效果通常被认为是一种自然的表现。事实上，很多观众会选择后排座位，

2　事实上，回授的发生基于特定的波长，因此回授频率会随着温度和湿度的改变而改变。

尤其是摇滚乐演出，这样就不会那么吵。

除了调整位置之外，在条件允许的情况下还可以为后墙安装吸声材料。简单的窗帘处理能够有效地吸收中高频的直达声，但对于低频能量没有明显的效果。

18.4 扬声器的连接

18.4.1 信号线尺寸

在进行扩声扬声器的连接时，我们希望尽可能降低导线电阻所带来的损失，将系统效率和功放对驱动器的控制最大化。信号线越长，电阻越大，线径越粗，电阻越小。线阻的影响视负载阻抗的情况会有所不同。

在针对不同阻抗情况选择线规时，表 18-1 可以作为简单的参考。注意较低的线规编号对应更粗的线径。

这里给出的线规是实际情况中的最小值。在每种情况下，由于线阻而产生的损失通常小于 0.5dB。对于低频驱动器来说，功放的阻尼系数十分重要，在远距离布线的情况下，应尽可能使用线规最大（编号最低）的信号线。

表 18-1　建议扬声器连接所使用的最小线径
（线规编号越低越好）

负载阻抗	布线距离	
	<100 英尺 （30.48m）	>100 英尺 （30.48m）
16Ω	16ga.	14ga.
8Ω	14ga.	12ga.
4Ω	12ga.	10ga.

请记住在一根扬声器信号线中，两根导线之间的电感或电容也会对声音产生明显的影响。电容、电感再加上信号线的电阻会形成一个低通或高通滤波器，对送往扬声器信号的频率产生滚降。仅使用粗导体是无法确保获得良好的结果的。同轴线和小直径、薄绝缘层的多芯缆也并不适合。厚绝缘层不仅避免了有害的短路，还能够分隔导体，减少电容性和电感性耦合。一些用于传输高交流电电流的线材非常适合作为扬声器信号线（为了避免在连接系统时混淆电源线和扬声器信号线，应确保在扬声器信号线上使用不同的插头）。

18.4.2 插头

一些民用扬声器中经常使用的插头为图 18-6 中展示的标准接线栓（Binding Post）。接线栓能够和标准香蕉插头（Banana Plug）配套使用，这种插头有时会用在如图 18-6（A）所示的录音棚系统中。对于扩声工作来说，我们更倾向于使用的方法是剥开导线，上焊锡，然后插入接线栓的孔洞中，如图 18-6（B）所示，最后向下拧紧螺帽。这种连接方式不太容易因为振动或绊到人而松动或断开。有时，如果导线太粗以至于无法插入接线栓的孔洞中，就会把一个较大的铲型接线片（Spade Lug）固定在导线的末端，然后再将接线片夹在接线栓上进行固定。如果接线片与接线栓尺寸不匹配，还可以将接线片的一个脚插入接线栓的孔洞中，与图 18-6（B）所示的裸线相同。一个不太好的替代方案是把导线顺时针绕在接线栓上，然后再通过螺帽向下拧紧。接线栓通过颜色进行标记，红色为正极，黑色为负极。

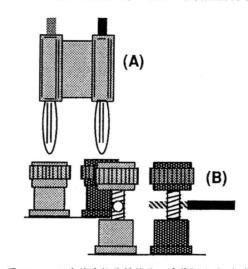

图 18-6　五向接线栓能够接收双香蕉插头（A）或裸线（B），以及铲型接线片和单香蕉插头

在扩声实践中我们还经常使用 1/4 英寸（6.35mm）电话插头（图 18-7）。这是一个具有两个回路的插头：尖（Tip）被用于连接正极，套（Sleeve）被用于连接负极。电话插头是一种十分通用的插头，它对于低电平信号（话筒信号和线路信号）来说十分有效，但并不是连接扬声器和功放的优良选择。插座内部表面积相对较小的接线片容易造成很高的接触电阻，

它容易造成功率的浪费，同时变成电噪声的来源。此外，电话插头没有锁扣装置，因此连接十分容易脱开。电话插头可能出现的最为显著的问题是容易导致短路。尖和套之间相对较小的绝缘层十分容易造成打火，这种短路很可能导致功放的关闭甚至损坏。这种插头永远不会用于存在高电流的大型扩声扬声器系统中。它们可能能够满足小型低功率系统的快速安装，当然必须对其进行良好的维护以防止意外断开等情况的发生，同时进行日常检查以防止系统中使用了损坏的插头。

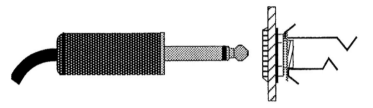

图 18-7　电话插头和插座

图 18-8 中展示的 XLR 插头也常常用在扬声器的连接中。

注意这是一个具有 3 个回路的插头。当 XLR 插头被用于扬声器连接时，扬声器一端通常为公头。这么做的原因有以下两个。

A. 由于同样的插头经常被用在话筒和线路电平设备中，因此将公头设计在音箱上降低了使用标准话筒线时功放的输出被意外送入话筒或线路电平输入端的可能（相比标准话筒线来说，我们建议使用特殊的，搭配其他插头的信号线来进行扬声器的连接。至少它应该具有足够的线径来进行电流的传输）。

B. 在扬声器信号线的末端通常带有较高的电压。在这里使用母头减少了发生电击的可能性，因为没有针脚露在外面。

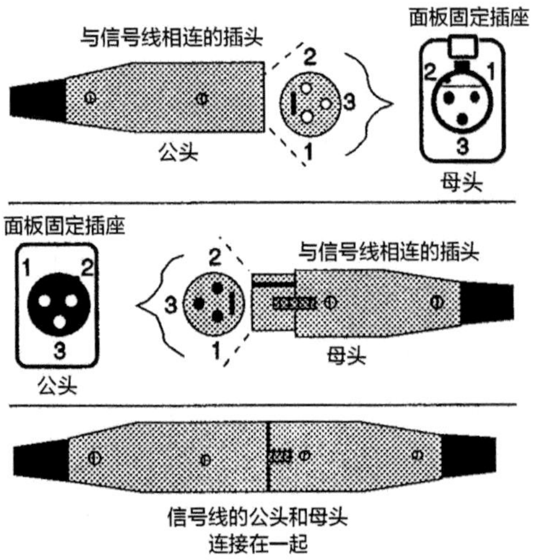

我们还可以使用带有 4 个回路的 XLR 插头进行扬声器的连接，它们提供了明显的优势。第一，使用四回路插头排除了将扬声器信号线接入话筒或线路电平设备的可能。第二，四回路插头可以用于一个两分频放大的扬声器，为两个驱动器分别提供不同的信号。这使得设备的连接更加方便，减少了错误连接出现的可能性。四回路 XLR 插头采用的线序被标注在图 18-9 中。我们还可以使用相似的卡侬 4 针脚 P 型插头或转锁式插头来代替 4 针脚的 XLR 插头。

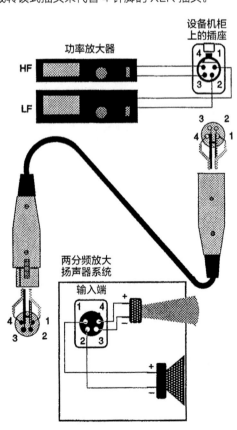

图 18-9　通过一个 4 针脚的 XLR 插头将来自两个通道功放的输出信号送入一个两分频的扬声器系统中

图 18-8　3 针脚的 XLR 插头（与信号线相连以及面板固定的模式）

注意：如果你需要使用一个 4 针脚的 XLR 插头，在两分频放大系统的基础上再驱动一只超低扬声器（将其变成三分频驱动系统），将针脚 3 与超低扬声器的正接线柱相连，将针脚 2 与负接线柱相连；这样即使不小心插错线，也不会导致两分频的部分烧毁。4 针脚的 XLR 插头还可以用来驱动一只全频扬声器。在这种情况下，两个针脚被用来与正端连接，两个针脚被用来与负端连接；在这种情况下，这种包含四个内部导体的信号线会具有更低的电阻和更好的连接冗余备份。如果使用这种连接方式，千万不要将它用于两分频扬声器的连接。在一些情况下，信号线的误用会导致高频驱动器被烧毁。

18.4.3 扬声器连接的极性

注意：再次强调，"极性"（Polarity）这一术语在讨论扬声器信号线使用相反的线序时是正确的。在这里使用"相位"（Phase）这一术语是不正确的。当扬声器的极性被反转（正负导线颠倒），我们得到的结果和 180° 反相十分相似。相位与频率相关，而极性不是。当然，有很多人在进行极性反转时仍然会使用反相这一说法。这种错误的习惯会一直延续，但你应该了解其中的区别。

在一套扩声系统中，扬声器的连接极性尤为重要，它必须被严格遵守。原因主要有以下两个。

A. 如果扬声器阵列中的某一个扬声器的极性被反转，就会导致原本同相的扬声器声音部分被抵消。对于一个由 4 只扬声器所组成的阵列来说，如果有一只扬声器的极性被反转，那么这组扬声器的输出可能只相当于两只扬声器甚至更少。

B. 在一组工作在高声压级状态下的低频扬声器中，对一只扬声器进行极性反转可能会导致其损坏。当其他扬声器的振膜向外运动时，极性相反的扬声器向内运动，反之亦然。这些同相振动的扬声器的合力会导致极性相反的扬声器进行更大程度的机械运动。在声波的另外半个周期中也是如此。在短时间内，这个工作状态不正常的驱动器就会由于过度拉伸而支离破碎。

出于上述原因，对扬声器的连接进行标准化的颜色标记和线序规范，并且严格遵循这些标准是十分明智的。每次在系统运行之前都应该对扬声器极性进行检查。

18.4.4 基本原则

在安装前，如果能够对所有与扬声器相关的连接进行规划和测试是最为理想的。尤其对于流动扩声系统来说，将功率放大器和有源分频器安装在同一个机柜中，留出一个插头面板用于扬声器信号线的连接是最有保障的设备搭配方式。它在最大程度上降低了错误连接的可能，让安装和测试的速度变得更快。很多专业的扩声服务公司会在一个排练厅中搭建起一套完整的巡演系统，进行彻底的检查、对每处连接进行标记，然后再将系统拆开运往第一场演出地。这不仅能够节省巡演过程中的时间，还能够帮助我们在技术人员和设备齐全的情况下找出问题。此外这种工作流程还能够为演员提供评价系统的机会，提出修改意见，使他们能够在巡演的时间压力出现之前熟悉系统。

如果系统中出现一个功放通道驱动多只扬声器的并联连接方式，进行并联连接的最佳位置是功放的输出端——尤其是负载阻抗低于 8Ω 的时候。虽然这种连接方式要求我们使用更多的扬声器信号线，但它能够获得更好的效果——功放能够对每个驱动器进行更好的控制，驱动器之间发生相互干扰的几率也会降低。

上述情况存在一个例外，即需要并联的两个驱动器位于同一个箱体内部。在这种情况下，在箱体内部进行驱动器的并联，再通过一根大线规的信号线与功放进行连接的方式，操作起来更为简单。

在此基础上，确保所有扬声器的连接都具有相同的极性。

18.5 设置电子分频器

细致的扬声器系统设计能够带来平坦的频率响应和受控的辐射指向性，同时避免由于分频器带来的相位偏移所导致的响应异常。

18.5.1 分频点和滤波器斜率的选择

相比内分频系统来说，两分频放大或三分频放大系统为设计者带来了更多的选择。很多电子分频网络都能让用户根据特定的应用来调整分频点和滤波器斜率，并且在系统搭建完成后对这些参数展开进一步的精细调整。一旦对系统的优化完成，通常就会使用一个特殊的、参数不可调的电子分频器对现有分频器进行替代，这样就不会出现由于误操作而导致的分频器参数变化。我们也可以使用保护外壳套在可调参数设备的面板上达到同样的目的。这种措施的重要性不言而喻，因为一个简单的、如改变分频点的操作就有可能立刻导致多个压缩驱动器的损坏。

多数品质优良的扬声器单元制造商都会提供详细的功率容量和频率响应参数。对于分频点的选择可以基于这些信息。所有元件的频率范围应该进行某种程度的交叠。以下 3 个例子都基于一个配有高频压缩驱动器 / 号筒组合的扬声器，其额定功率为 20W，重放 2~20kHz 的粉红噪声，直到 12kHz 都保持着较好的指向性。

A. 使用上述压缩驱动器来构建一个两分频放大系统，2kHz 是一个很好的分频起始点。在此基础上对低音单元进行选择，其频率响应上限应至少保证在 2kHz 可用，与高频驱动器的频率响应相衔接。低音单元的指向性特征是我们需要考虑的因素。它在到达 2kHz 前会出现显著变窄的情况，因此会提供一个不均匀的覆盖。

B. 为了在中频区域获得更加统一的覆盖特性，使用一个三分频放大系统可能更加合适。使用前文所描述的高频驱动器，再选择与之配套的中频和低频驱动器。例如，低频单元可以在 800Hz 以下提供一个平坦的频率响应，我们会在 500Hz（在其指向性变窄之前）对其进行滚降。对中频驱动器的选择则基于它能够在 500Hz~2kHz 的频率范围内提供平坦的频率响应。如果中频驱动器能够还原更高的频率，如 4kHz，那么高频驱动器的分频点可以调高一个倍频程，变成 4kHz。这就意味着高频驱动器的振膜不需要进行位移较大的运动，进而能够在更高的功率级下工作（或者在同等功率级下获得更长的寿命）。

C. B 中描述的三分频放大系统还可以进行变化，它使用例 A 中提到的低音单元和高频驱动器，并额外增加一个单元。我们有可能会发现高频驱动器在最高的频率范围无法获得一个合适的指向性，可能对最高频率范围进行均衡矫正（以补偿长距离传输的空气损耗）会带来失真的显著增加。在这种情况下，我们或许可以通过增加一个超高频驱动器来构成一个三分频放大系统，它被用于还原 8~20kHz 或者 12~20kHz 范围的信号能量。（我们也可以在 B 的基础上通过增加一个超高频驱动器来构成一个四分频放大系统。）

分频滤波器的斜率选择与系统响应的平滑程度以及驱动器的机械运动极限相关。在一些系统中，12dB/oct 的斜率会产生最佳效果；而对于另一些系统来说，18dB/oct 或 24dB/oct 的斜率效果更好。在一套扬声器系统中，或者两个驱动器的分频点上，不同斜率的分频滤波器可以进行混用。例如，一个 12dB/oct 的斜率十分适合低音单元和中频驱动器的划分，它能够提供一个平滑的低频到中频的过渡，但出于对高频压缩驱动器的保护，18dB/oct 的斜率可适用于中频和高频的划分。如果一个驱动器具有固有的滚降特性，而另一个驱动器没有，就有可能需要将不同的斜率组合在一起使用。如一个 15 英寸（38.1cm）的低音单元在 500Hz 以上有着自然的 6dB/oct 滚降，而 10 英寸（25.4cm）中频驱动器直到 400Hz 还拥有相当平滑的频率响应。为了在 500Hz 分频点上获得一个 12dB/oct 的衰减斜率，中频驱动器所使用的高通滤波器的斜率为 12dB/oct，而低音单元所使用的低通滤波器的斜率可能为 6dB/oct（与低音单元固有的 6dB/oct 的衰减特性相结合以获得一个有效的 12dB/oct 衰减斜率）。

如果在一个曾经使用无源高电平分频器的系统中使用电子分频器（通过该无源分频器也能够获得一个良好的频率响应和指向性特征），电子分频器的分频点和滤波器斜率可以与原有的高电平分频器设置相匹配。如果从头开始设计一套系统，可以从 18dB/oct 的斜率开始进行调整，并遵循后文所提供的工作步骤。

18.5.2 构建扬声器系统

选择高品质的、具有适宜功率输出能力的专业功率放大器。对扬声器的选择应保证各个设备之间的频率响应、指向性特征和灵敏度一致或者互为补充。我们很少能够看到相同额定功率的高频压缩驱动器和锥形低频驱动器有着相同的灵敏度，当然这是完全没有必要的。通过扬声器系统的不同部分投射到观众区不同部分的整体声压级应尽可能保持一致。这就需要进行一些计算。

假设低音驱动器的额定灵敏度为 100dB SPL，1W，1m，能够承受 100W 的粉红噪声。这告诉我们该驱动器轴向上 1m 处获得的最大声压级为 120dB（100W 比 1W 的功率高出 20dB）。高频压缩驱动器的额定灵敏度为 110dB，1W，1m，但仅能够承受 10W 的最大功率。这种搭配是错误的吗？并不一定。10W 比 1W 的功率高出 10dB，因此高频驱动器在轴向上 1m 处所能获得的最大声压级为 120dB——这与低频驱动器相同！那么这种搭配是完美的吗？当然也不一定。高频驱动器 / 号筒系统的覆盖角度可能只有低频驱动器的 1/3，这意味着需要为一个低频驱动器配备 3 个高频驱动器（这种情况在音响系统中十分常见）。这种配置就要求我们为高频驱动器提供一个 30W 的功放，为低频驱动器提供一个 100W 的功放以准确匹配驱动器的额定功率。为了获得一定的峰值余量，我们可能会选择 200W 的低频功放和一个 60W 或 70W 的高频功放，这样就有了很宽的范围来适应驱动器的功率需求。

使用高品质的驱动器是十分重要的，因为在驱动器工作频带上的谷值和峰值都不易修正。即便如此，低频、中频和高频驱动器的物理摆放、对于分频点和滤波器斜率的谨慎选择都会在整个工作频带上对系统的频率响应进行优化。一旦选好了扬声器和相关电子设备，应使用正确适宜的信号线和插头进行连接，参见第 18.4 节。

如果整个系统都采用直接辐射器作为驱动器（如锥形扬声器），请尽可能将它们的音圈对齐（图 18-10）。

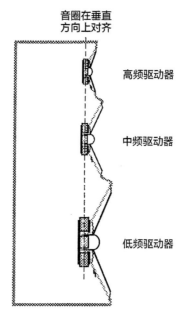

图 18-10　全直接辐射器组成的扬声器系统的驱动器初始位置

如果整个系统都是由直射式号筒和驱动器组成的（在中频或高频换能器上使用压缩驱动器搭配放射型 / 扇形号筒，在低频驱动器上使用前负载式号筒，）请根据图 18-11 进行相似的设置。这种做法并不适用于使用一个或多个折叠号筒（W 箱体或内凹型号筒）的系统。如果你使用的系统是直接辐射器和号筒负载驱动器的组合（图 18-12），或者是直射式号筒和折叠号筒的组合，它们的对齐优化方式很难确认，必须通过不断地试错来进行。

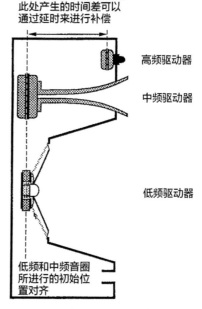

图 18-11　全部采用直射式号筒负载的扬声器系统各驱动器的初始位置

故意将高频和中频单元的位置错开以避免遮挡；此处产生的时间差可以通过延时来进行补偿

高频驱动器

中频驱动器

对于一个非号筒负载或折叠号筒箱体来说，低频驱动器与中频驱动器的相对初始位置是不确定的

低频驱动器

图 18-12　号筒负载与直接辐射驱动器混用系统的驱动器初始位置

注意：对时间／相位对齐来说，中频压缩驱动器和高频压缩驱动器最为理想的初始位置就是它们的音圈（振膜的实际声学中心）在垂直方向上对齐。由于中频号筒较长，而高频号筒很短，中频号筒会对高频辐射造成十分严重的遮挡。因此最为常见的做法是将高频驱动器安装在靠近中频号筒前端的位置，再通过电子延时线来对两个单元之间的时间差进行补偿。

18.5.3　系统的测试与优化

图 18-13 展示的测试方法需要一个粉红噪声声源、一只频率响应平坦（或经过校准）的话筒，以及一个以 1/3 倍频程精度进行校准的实时频谱分析仪。如果没有这些仪器，则可以使用男声的语音或者唱歌的声音作为声源，用你的耳朵作为频谱分析仪。

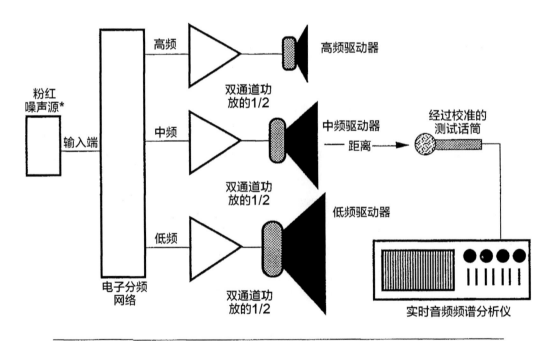

粉红噪声源*

输入端

电子分频网络

高频

中频

低频

双通道功放的1/2

双通道功放的1/2

双通道功放的1/2

高频驱动器

中频驱动器

低频驱动器

——距离——

经过校准的测试话筒

实时音频频谱分析仪

*此外，还可以使用一只话筒、话放或调音台，以及一个男性语音来替代粉红噪声声源。使用你的耳朵而非测试话筒和实时分析仪。（在任何情况下，你的耳朵都应该对最终的调试处理施加很大的影响。）

图 18-13　优化扬声器系统频率响应所需的测试系统

由于系统设计的最终目的就是让声音变得好听（平坦的频率响应是达到这一目的的方法，但并非目的本身），通过你的耳朵和人的语音进行的系统测试结果足以被接受。

如果你无法在实际工作环境中测试系统的话，可以在一个反射（回声或者混响）尽可能小的房间中测试室内扩声系统。对于一套室外扩声系统来说，请务必在室外环境下进行测试，远离建筑物和那些能够影响你的交通或工业噪声。一个消声室或许能够帮助你模拟一个室外环境，但它通常会在低频区域出现误导

性的结果。这种消声室在低频区间的消声能力会出现下降（如要在 150Hz 以下保持消声室特性需要一个容积非常大的房间），因此会显得低频响应过多，进而对其进行过量的衰减。相反，在室外进行扬声器校准测试对于室内系统来说并不是特别有用。在这种没有界面增强能量的情况下，低频输出会显得很少，进而导致对这一频段过量的补偿。

以下建议可以帮助我们在一个较宽的频率范围内对扬声器系统的频率响应以及指向性特征进行优化。

当初始分频点和滤波器斜率被选定，系统可以工作时，将信号源（粉红噪声或者语音）送入系统并对其进行监测——通过实时分析仪或者你的耳朵。

如果系统所表现出的频率响应平坦程度不可被接受（通常在 200Hz~10kHz 范围内，±6dB 的偏差是可以接受的），如果它的辐射特性不足够均匀，或者听感不自然，我们应该首先尝试在所有分频滤波器上使用不同的衰减斜率。（由于分频器所带来的相移而产生的抵消会带来响应的不均匀，它可能会导致语音浑浊、鼻音过重或者听感不自然。）如果没有明显的改善，将分频滤波器衰减斜率调回原来的数值，尝试对高频驱动器（两分频放大系统）或中频驱动器（三分频放大系统）的极性进行反转。

如果这种操作仍然无效，请回到初始设置，然后尝试在扬声器驱动器的位置上做出调整，此时应尽可能将各个驱动器的音圈在位置上进行对齐。

由于移动中频或高频驱动器相对比较容易，所以先从它们开始（移动两分频放大系统中的高频驱动器或者三分频系统中的中频驱动器）。将它们前后移动，直到扬声器的响应变得尽可能平直。这种调整方法对于安装在不同箱体中的直接辐射式驱动器和号筒负载驱动器所组成的扬声器系统来说十分有效。如果所有驱动器都被安装在同一个箱体中，移动驱动器可能就变成了最后才使用的应急手段。如果有可能的话，应在扬声器箱体结构确定之前就进行驱动器对齐的优化调整。

最后，如果系统仍然在分频点附近表现出一个明显的响应谷值，请尝试让不同驱动器的工作频率范围进行交叠。在一个转换点上，针对低频驱动器的分频点（工作范围上限）可以高于高频驱动器的分频点（工作范围下限）。反之，如果在分频点附近出现一个明显的响应峰值，则可以尝试将高频驱动器的分频点（工作范围下限）提高，或将低频驱动器的分频点（工作范围上限）降低。

到这一阶段，如果系统响应仍然无法做到十分平坦，那么你可能需要更换分频点和滤波器斜率，选择新的扬声器，或者接受现有系统，将它用于适宜的场合。也只有到了这个阶段才需要考虑通过均衡来对微小的不规则响应进行修正。过多的均衡会导致显著的相移，它会减少峰值余量、增加噪声，最终在获得平滑频率响应的过程中，导致整体音质的劣化。

18.5.4　高频驱动器保护网络

一个瞬间出现的直流电涌会很快损坏一个压缩驱动器或者高音单元，功放输出端出现直流电涌的原因有可能是非对称的信号波形，或者是系统中设备的通电或断电。虽然很多功放都通过功放输出端继电器的方式进行直流保护，但对于多分频放大系统中将低频功放误接到高频驱动器（或者在电子分频器环节出现的接线错误）的情况则没有保护措施。这种保护只能通过系统通电前的仔细检查来实现。或者我们可以尝试让驱动器自身实现保护。出于这种原因，我们在这里讨论保护压缩驱动器的不同方法。

我们可以在扬声器信号线和功率放大器之间插入一个电容，可能还需要为驱动器并联一个电阻。这个电路包含了半个滤波器。即使在一个多分频放大系统中，我们也可能需要这种保护措施来防止低频能量所导致的过度拉伸所造成的振膜或悬吊系统损坏。功放削波所产生的低频能量足以影响一个多分频放大系统的驱动器。

注意：一个单一频率的正弦波削波只会产生频率高于削波信号的谐波。当两个正弦波同时发生削波时，它们不仅产生高频谐波，同时还会出现互调产物，这其中就包含低于削波频率的成分。当复杂的音乐信号发生削波时，就有可能产生全频段的能量。这一效应的严重程度取决于功放本身以及它被过量驱动的程度——一些功放在这方面所展示出的性能要优于其他功放。

在构建保护网络时，应选择额定电压不小于200V的电容。非极化的迈拉、聚苯乙烯、聚丙烯、电动机启动电容器或者油浸电容器都可以选择，这些电容可能不具备足够高的电容值，因此可能需要和其他类型的电容并联使用。选择电容数值的依据是它能否构成一个拐点频率在分频点下方一个倍频程的高通滤波器以起到保护驱动器的作用。

注意：当扬声器系统具有独立的无源高电平分频网络时，可能就不需要这个保护电容，因为分频网络已经提供了这样的电容。使用低电平（无源或有源）分频网络的多分频放大系统则会从这种驱动器保护措施中受益。我们还可以使用电阻来辅助保护电容进行工作，它能够削弱由于驱动器和保护电容之间的电感作用而产生的谐振电路。相比功放的输出端来说，这种电阻－电感电路能够在其输出端为某些频率提供更高的电压。

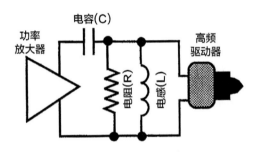

图 18-14　用于保护高频驱动器的高通滤波器网络

该电路提供了一个 12dB/Oct 的滚降斜率。电感为直流元件提供了一个短路电路，所以当功放出现损毁性故障并对电容充电时，该电感会阻止低频分量进入高频驱动器。这个定 K 型网络（Constant K Network）的公式为：

$$X_L = 2\pi FL$$

或者

$$X_C = 1/2\pi fC$$

其中，X_C 为驱动器的阻抗，f 为频率。

为了确定这个隔离直流电容器的电容量（以微法为单位），可使用以下基于滤波器拐点（-3dB）频率的公式：

$$C = 500000\pi \times frequency \times impedance$$
$$= 0.159fZ$$

其中，f 为频率，Z 为阻抗。

这个公式带给我们一个斜率为 6dB/Oct 的高通滤波器，-3dB 拐点频率可以通过该公式计算出来。如果你希望滤波器的拐点频率在分频点以下一个倍频程，请务必将这个较低的频率代入公式进行计算。这些电容体积庞大且价格不菲，但从长远角度来看，它们对于驱动器，尤其是昂贵的压缩驱动器的保护是值得我们投入的。

电路中所使用的电阻阻值应该约为驱动器额定阻抗的 1.5 倍。如可以将一个 12Ω 的电阻用在 8Ω 的驱动器上。电阻的额定功率应该与驱动器的额定功率相等。请记住，该电阻在对谐振电路产生阻尼作用的同时也会降低驱动器的效率，为功放施加一个更高的负载。如，当一个 8Ω 驱动器与一个 12Ω 的分流电阻并联时，等效负载阻抗为 4.8Ω。两组这样的驱动器 / 滤波器电路并联会使功放接入一个 2.4Ω 的负载，而非仅仅考虑驱动器阻抗时所得到的 4Ω。因此使用 16Ω 的驱动器可能是一个更好的选择。

18.6　补声系统的使用

在实际的扩声环境中，我们往往会发现，虽然扬声器主阵列能够满足 80%~90% 观众区的要求，但仍有一些区域的系统响应是不理想的。补声系统则是我们用来解决这些问题点的扬声器系统。

试想图 18-15 展示的情况。注意距离舞台最近的座位（a）已经偏离系统主轴（c）60°。根据扬声器的垂直辐射极性图我们可以看出，虽然低频响应在 60° 离轴的情况下仍然良好，但相比轴向而言，最高频率区间的能量已经下降了 10~15dB。尽管这些座位距离系统更近，但高频能量几乎已经丢失了。

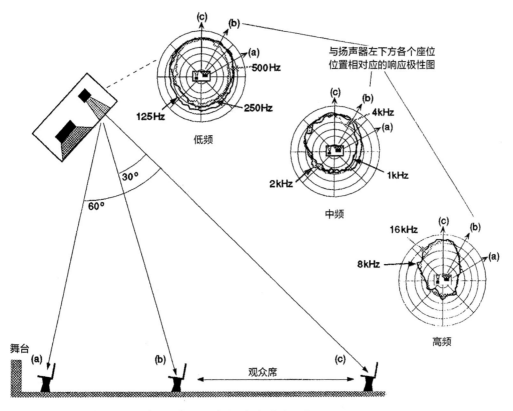

与扬声器左下方各个座位
位置相对应的响应极性图

图 18-15　单一扬声器组（阵列）在覆盖大范围观众区时面临的问题

我们可以通过在主阵列旁边增加一个扬声器来解决这一问题（图 18-16）。由于该扬声器距离需要补声的座位较近，因此不需要和主阵列相近的功率。由于主阵列在低频呈全指向，我们希望仅仅对缺失的频率部分进行补偿，因此补声扬声器只需要提供中频和高频信息。因此我们可以使用与主阵列相比体积较小，且造价较低的扬声器来进行补声工作。

请注意，我们将补声系统放置在距离主扬声器阵列很近的地方，并将它与主阵列进行了对齐。这种方式保证了补声系统和主系统所辐射的声音具有相同的到达时间。这么做的好处有以下两点：

（A）两套系统之间的相位干涉会被最小化；

（B）可以获得来自主扬声器的单一声源听感，补声系统不会被认为是另一个声源。

另一种需要使用补声系统的常见情况如图 18-17 所示。在这里，二层眺台在主阵列和大片观众区之间形成了遮挡。图 18-18 展示了声音被遮挡时的传播特性。由于低频会绕过眺台覆盖到这片区域，因此我们仍然考虑中频和高频的问题，我们对补声扬声器的选择仍然遵循上一个例子中所提到的标准。当然，由于补声系统距离座位更近，我们可能希望补声扬声器具有更宽的辐射角（或者使用更多的扬声器）。如图 18-18 所示，补声系统可以悬挂在眺台的下方。

请注意，补声系统所覆盖的区域距离主阵列较远，其距离为 D。如果我们只是将馈送给主系统的输出信号直接连接在补声扬声器上，主阵列到达听音区的时间比补声系统到达听音区的时间要晚的多。因此送往补声系统的信号应该经过电子延时的处理，这样通过补声系统发出的声音就会与主系统同步，甚至略微晚于主系统。这种做法不仅能够避免来自舞台的回声，还能够保证听音者所感知的声源方位直接来自舞台，进而使得声音更加自然。

图 18-19 展示了为眺台下方的补声系统（或任何观众区后排的补声系统）施加延时的系统连接示意图。

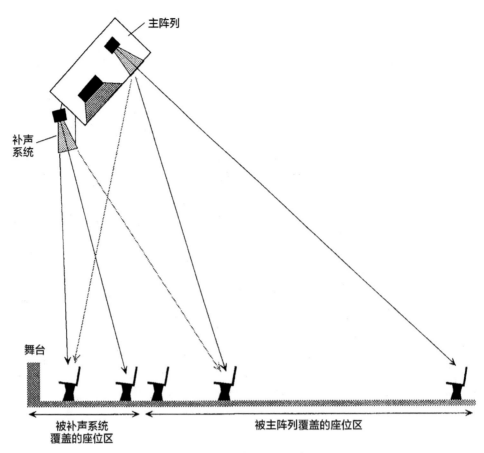

图 18-16　通过使用补声系统来扩大主扬声器阵列的覆盖范围

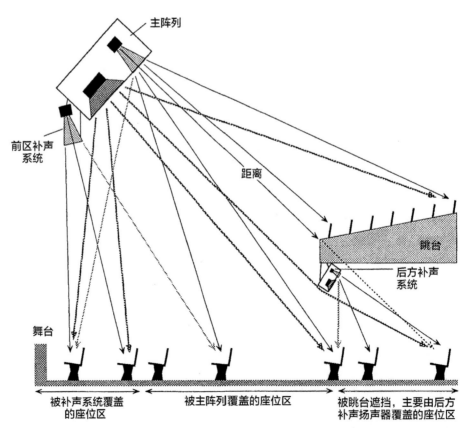

图 18-17　通过补声扬声器来改善眺台下方的中高频覆盖

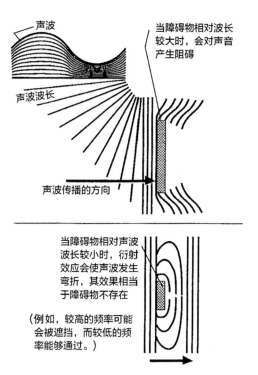

图 18-18 声波在遇到障碍物时的传播规律，解释了为什么在眺台下方低频容易累积（因此补声所需要的高频多于低频）

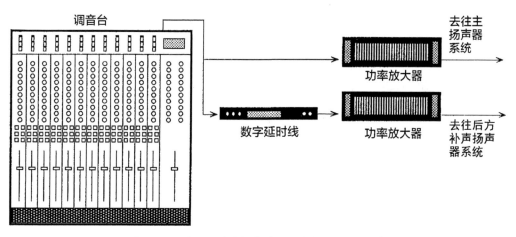

图 18-19 为后方补声扬声器施加延时所需要的设备

延时的数值需要根据图 18-17 中由于距离 D 导致的声音传播延时来进行调整。我们可以通过以下公式来计算所需的延时时间：

$$延时(ms) = 1,000 \frac{D}{1130}$$

如果 D 为 100 英尺（约 30.48m），我们所需要的延时时间大约为 90ms。实际上，我们希望补声系统声音到达的时间略晚于主系统。这样能够保持人们所感知的声源方位来自舞台。因此再加入额外的 10ms 是比较适宜的。过多的额外延时则会导致补声系统出现明显的回声现象。

前文所述的公式是基于干燥的空气、标准气温和海平面的海拔条件来进行计算的。如果气温更高、海拔更高或者气候更加潮湿，声音的传播会更快，进而导致我们所需的延时时间略微变短。一个是炎热潮湿的夏天，在科罗拉多红石公园（海拔 1 英里，约 1.61km）所举办的摇滚音乐会，而一个是寒冷的一月份，在华盛顿室外举办的总统就职集会，前者所需要的延时量肯定远远小于后者。你可以根据每 100 英尺（30.48m）对应 88.5ms（在 70°F 条件下，即 21℃）的经验值来计算主扬声器系统和补声系统之间的延时，所得结果会十分接近最佳值。

补声系统的音量平衡

如果你有一台实时分析仪，可以将测试话筒放置在补声系统覆盖的区域。以粉红噪声作为测试信号源，首先将主阵列开到正常音量，注意观察测试话筒位置上的频率响应。然后，在主阵列打开的情况下逐渐提升补声系统的音量，直到频率响应上的缺陷被补足，但注意不要让测量曲线在总体能量上有提升。

对于补声系统来说，随着它的音量逐渐增大，你会观察到抵消现象（频率响应曲线上较深的、分布具有一定规律的响应谷值），调整延时时间，观察这些谷值能否被削弱。

如果没有实时分析仪，你也可以通过耳朵来调整补声系统。选择你所熟悉的、并且能够很好地覆盖全频范围的音乐。将它通过主系统播放，然后坐在补声系统覆盖的区域中。逐渐提升补声系统的音量，直到你开始听到两个分离的声源。现在将音量稍稍降低，直到补声系统的声音能够融入主系统所发出的声音中。

18.7　测试及均衡处理

如果使用合适的工具并遵循符合逻辑的工作步骤，测试扬声器系统会是一个相对简单的过程。在这一部分，我们会一步一步地按照顺序来讨论扩声系统的扬声器测试所需要遵循的原则。

18.7.1　单只扬声器

在组装扩声系统之前，逐个检查每一只扬声器是极为重要的。在这个过程中，我们必须确认以下几点。

A. 系统中所有的扬声器都能以正确的状态工作；

B. 所有扬声器极性保持一致，以保证它们在一起使用时能够正常工作。

这个环节的第一个步骤是检查系统中所有能够看得到低频锥形驱动器的极性。这对于测试设备的要求十分简单，仅需要一个晶体管收音机所使用的9V 电池和一对导线。（一个 1.5V 的干电池也可以起到相同的作用，但它所产生的振膜运动比较不容易被观察到。）

将电池的负极与扬声器的负极（或黑色接线柱）连接。在观察锥形驱动器的同时（这一步可能需要别人的帮助），短暂地将电池正极与扬声器正极进行触碰（图 18-20）。

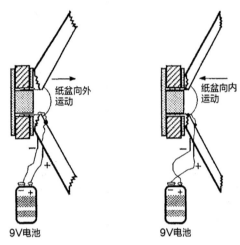

图 18-20　通过一个干电池检查扬声器极性

你应该能够从扬声器中听到明显的"嘭"的一声，同时纸盆应该向前运动。如果纸盆向后运动（即向箱体的后方运动），说明该驱动器的接线极性反了。如果没有任何声音，而且纸盆不动，则意味着存在连接问题，或者驱动器本身损坏（或者电池没电了）。

请注意，如果系统中的低频扬声器使用折叠号筒式的箱体，测试极性就没有这么简单了，因为我们无法观察到低频驱动器的情况。在这种情况下，我们可以通过电子方式来确认极性。这些方法中大多需要一些极性已知的设备，并且需要很长的准备时间。一个简单且相对可靠的解决方案是使用相位测试仪，或者极性测试仪。我们已经在第 16 章"音响系统测试设备"中详细介绍了这种仪器。

中频和高频驱动器的极性测试通常无法通过观察振膜运动的方式来完成。它们是否具有正确的极性取决于分频器的设计。如果低频驱动器的极性已经得到确认，那么当系统的频率响应处于最为平坦的情况下，我们可以认为这些中高频驱动器的极性是正确的。

测试中高频单元的最好方式就是在室外环境下通过实时分析仪来检测系统的频率响应。如果没有实时分析仪，你也可以通过聆听音乐来进行评估，但这显然是不太准确的方法。相关内容我们已经在第18.5节进行了详述。

当扬声器的极性和频率响应都检查完毕，最好能够通过一个正弦波振荡器（如果有的话）向扬声器中送入一个扫频信号。该测试能够发现轻微的线圈摩擦、箱体空气泄漏、箱体或配件共振以及其他形式的失真。上述所有原因都能够使一个正弦波的音质变得嘈杂。进行这一测试所需要进行的设备连接详见图18-21，在16章中有对该部分更为细致的讨论。

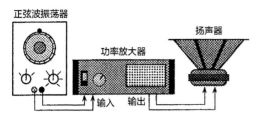

图 18-21 通过正弦扫频信号来测试扬声器

最后，你可能会希望通过聆听音乐播放作为扬声器测试的最后一步。

18.7.2 多扬声器系统

当使用若干扬声器组成一个系统后，首先应按照前文对每个单元进行单独检查。一旦这些步骤完成，最后一步工作就是要确认所有扬声器能够在同一个系统中正常工作。

将扬声器逐个摆放在一起，在保留一只扬声器功放电平不变的情况下将其他所有扬声器的功放电平减小。以单声道方式将音乐或者粉红噪声送入系统中，依次增加各个扬声器的功放电平。随着扬声器逐个被激活，声压应该上升，但音质不应该发生非常剧烈的变化。如果在加入某只扬声器时发生了声音的显著变化，尤其是低频变少了，那么就应该检查该扬声器与其他扬声器之间的极性关系。

如果你使用的全频扬声器系统配有高频控制，可以根据自己的喜好来对其进行调整。一旦你确定系统工作在正确的状态下，开大功放，放些音乐，然后享受声音。

18.7.3 房间均衡

如果你有一台实时分析仪，就可以对系统进行测

试和均衡处理以获得更好的音质。对于系统均衡调整来说，一个具有良好相位特性的多段参量均衡无疑是首选。此外，我们还可以使用一台图示均衡。均衡器应该作为功率放大器之前信号链上的最后一个设备。我们在第14章已经讨论过，窄带均衡器、参量均衡器（或者陷波器）是最为适合这种应用场合的工具。此外，针对多驱动器扬声器所进行的任何延时对齐（无论是跨越分频点还是在不同号筒的相同频带上）都应该在调整系统均衡之前进行。

注意：1/3倍频程均衡器与人耳听觉的临界带宽相匹配。使用窄带滤波器或均衡器所带来的听感变化可能无法与实际参数相匹配，这种调试往往需要参考复杂的测试设备来进行。

首先，将测试话筒放在系统的近场范围内，在轴向上距离扬声器3~4英尺（0.91~1.22m）。把初始调试位置放在临界距离以内（即混响的影响很少时）来进行，这对于室内系统来说是十分重要的。在粉红噪声源接入均衡器之前的系统输入端，提高系统增益以获得一个适宜的测量音量。使用均衡器来调整系统以获得平坦的频率响应。

一旦在近场范围内将系统的频率响应调整平坦，将测试话筒移动到观众区中具有代表性的位置上，距离系统有一定的距离。你会注意到以下两个问题：

A. 高频响应将会发生滚降，通常以10kHz为起点；

B. 对于室内系统，或者扬声器周围存在界面的室外系统来说，会在低频段出现一个或若干个响应的峰值或谷值。

高频滚降是由于空气对高频能量的自然吸收导致的。如果你尝试提升高频，将会发现系统听上去明亮得不太自然，甚至刺耳。这是因为一定距离之外的高频滚降是符合人耳听觉习惯的，这种现象被认为是自然的。高频响应不应该再以这些后续测试为依据来进行调整。我们可以根据自己的喜好来调整系统的高频响应，通过耳朵来判断最终的结果。请务必检查观众席近处和远处的声音。我们可能需要对前后排之间的高频能量分配问题做出一些妥协，或者我们也可以通过改变高音单元的指向来改善这个问题。

低频畸变通常和房间特性相关，它可以在一定程度上得到修正。在进行处理前，将测试话筒移动到若干位置，尝试找到低频响应峰值在不同位置上出现的规律。很多响应峰值只出现在很小的区域中，我们没有必要去对它们进行修正。当你确认在房间的大多数位置上都存在某一低频响应峰值的时候，再通过均衡器将它们处理掉。

最后，播放你所熟悉的音乐，然后根据喜好对系统均衡进行调整。

关于这一话题的更多信息参见第 14 章。

第 19 章 MIDI

从音频技术出现之初到 20 世纪 80 年代中期，从事扩声领域的工程师们打交道的主要对象是从表演者到听音者之间的信号路径。尽管不断进步的科学技术（以及不断扩大的观众规模）使音响系统变得愈发复杂，但这项工作的关键环节仍然保持不变，即输入换能器、信号处理和输出换能器。一个具有良好音频理论基础的工程师能够在相对轻松的情况下掌握一套并不熟悉的系统。

而现在，我们可以断言那个时代已经一去不复返了。在今天，视频投影和大屏幕不断和主扩系统争夺舞台上的位置。灯光控制器被集成在计算机中。音乐家们常常跟随点号，与多轨播放素材以及数字音序键盘同步演奏。快照式（Snapshot）的调音台自动化技术、与音乐和灯光同步进行的频繁变化已经变得越来越普遍。

对于现在的音响工程师来说，无论在哪里谋求一份工作——无论是音乐俱乐部还是教堂、传统剧院还是商业秀制作，直到最高水平的大型音乐会的音响工作——他或她都必须能够与音频路径之外的信号世界打交道。这一工作要求我们说新的语言，理解新的信号家族。

本章将会介绍这些新语言中最为普遍且具有影响力的一支：乐器数字接口（MIDI, Musical Instrument Digital Interface）。这一协议在 20 世纪 80 年代由若干合成器制造商联合开发，包括 Yamaha、Roland、Korg、Kawai 和 Sequential Circuits。MIDI 是音乐演奏数据与电子乐器之间进行通信的一种手段。

19.1 接口详述

在 MIDI 出现之前，绝大多数合成器都使用触发信号和直流电压来控制声音的各方面指标——音高、音量、音符何时开始、延续多长时间，它的振幅和音色如何随时间来改变等。每个合成器制造商都遵循不同的电气标准。如某一制造商采用一个正向的 5V 脉冲作为触发，而另一制造商可能会采用触点闭合的方式；某台合成器的控制电压范围可能在 ±6V，而另一台合成器的指标则可能为 0~12V。

如果我们只使用一台（或者来自同一制造商的）电子乐器，那么这种相对混乱的情况可能是我们能够接受的。但考虑到每台合成器都具有其他合成器所不具备的优点，音乐家们不可避免地需要将来自不同制造商的产品连接在一起。完成这一任务需要自制电压和触发装置的转换电路，很多音乐家因此学会了焊接。随着小型计算机开始变得通用，一些音乐家甚至学习汇编语言，通过编程的方式构建数字－模拟转换器，以此实现数字自动化。

MIDI 则是整个行业对于不同电子乐器之间相互匹配需求的回应。借助近年来飞速发展的数字技术，MIDI 乐器使用了集成电路微处理器将演奏动作（哪个键被按下，力度多大，哪种踏板被踩下，使用了哪些声音程序等）转换为经过编码的数据流。这些数字数据通过一个串行接口从一台设备传递到另一台设备，仅需要一根传输线来进行连接。通过这种方式，不同的乐器可以共享音乐数据。

最早作为现场音乐表演工具出现的 MIDI 正在以惊人的速度发展着。现在，我们不仅能够在合成器上找到 MIDI，也能够在调音台、灯光控制台、效果处理器和个人计算机中找到它的身影。作为设备之间进行通信和自动化的工具，它是当代音频技术最为重要的发明之一。

MIDI 1.0 标准中规定了 MIDI 的外形和数据协议的相关细节，这是由 MIDI 制造商协会[1]（MMA,

---

1 虽然并没有直接隶属关系，但 MIDI 制造商协会和国际 MIDI 协会（IMA, International MIDI Association）共享办公地点。国际 MIDI 协会是用户发起的中立组织，它致力于传播 MIDI 信息，包括 MIDI 1.0 标准。它的地址位于 5316 W. 57th St., Los Angeles, CA 90056，电话为 (213) 649-6433。

MIDI Manufacturers Association）和日本 MIDI 标准委员会（JMSC，Japan MIDI Standards Committee）两家机构共同发布的文件。这两家机构共同主导了 MIDI 标准的实施和改进。

180° 母头面板插座。与之相匹配的信号线由屏蔽层、双绞线导体和两端的公头所组成，根据 1.0 标准的规定，它的最大程度被限制在 15m 以内。针脚 4 和 5 传输数字信号，针脚 2 与屏蔽层相连接（图 19-1）。

19.1.1 硬件构成

MIDI 设备的硬件接口采用 DIN 式 5 针脚的

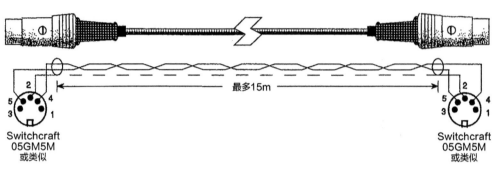

图 19-1　标准 MIDI 线

图 19-2 提供了 MIDI 接口电路的简单框图。数据以一系列 0 和 1 的形式、31.25Kbaud（31,250 bit/s）的速率进行串行传输。数据传输由通用同步收发两用机（UART，Universal Asynchronous Receiver/Transmitter）集成电路来控制。一个光学绝缘体（一个发光二极管和光电晶体管封装在一起所组成的元件）在接收端提供电学隔离，避免发射和接收电路之间产生接地回路。请注意在 MIDI 输入端的插头上屏蔽层被截断以实现套管式隔离接地（Telescoping Shield）。

该接口还配备了一个可选部分，该接口被标记为"串接"（Thru）。它可以提供 MIDI 数据的直接拷贝以便于向其他设备再次传输，使得配备了 MIDI 的乐器能够串接在一起。

图 19-3 提供了一个通用的、完整的 MIDI，我们通常能够在音乐合成器上看到它。在一些键盘乐器上，串接接口可能被忽略。同样，由于自身不会生成 MIDI 数据，因此效果器通常也不会配备 MIDI 输出接口。

图 19-3　常见的乐器 MIDI

19.1.2 数据结构

在一个常规的 MIDI 数据交换过程中，一个信号发出设备在其 MIDI 输出端发出一个指令或者信息，它规定了一个演奏动作的细节（如以中强力度演奏中央 C）。接收设备则执行该指令，除非其中包含的内容超出了它的功能范围（这种情况下它往往会忽视这些指令）。每个 MIDI 信息都被编码成一系列的数字数据。

MIDI 数据被整合为 8-bit 字节，通常以 0 为起始位，1 为停止位。图 19-4 展示了一个普通的 MIDI

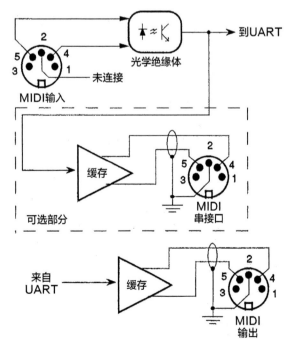

图 19-2　实际接口的框图

数据字节，图形中部是二进制数据，上方则是通过信号线传递的与之相对应的电流。每个字节都携带了不同的信息，起始位和停止位使得接收设备的微处理器能够分辨一个字节的结束和另一个字节的开始。

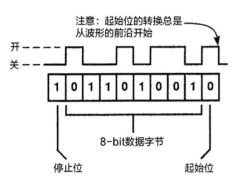

图 19-4　MIDI 数据字节结构

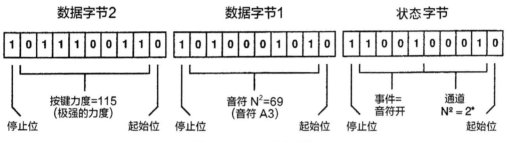

图 19-5　MIDI 信息结构

MIDI 信息被分为两个基本类型：通道信息和系统信息。

19.1.3　通道信息（Channel Messages）

为了对系统中若干个部分进行独立控制，MIDI 数据被分配到 16 个通道上。与电视或者广播的模式相同，MIDI 乐器可以通过设置来决定从某一个或多个通道上接收数据，同时忽略来自其他通道的数据（图 19-6）。乐器接收主指令的通道被称为基础通道（Basic Channel）。

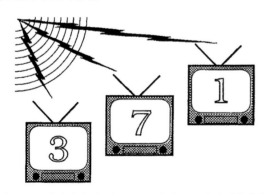

图 19-6　与电视机相同，MIDI 乐器可以通过调整来接收指定的通道（虽然你看不到运动的图像）

注意：通道数据可以从 0 到 15（十进制），而这一数值代表的 MIDI 通道可以从 1 到 16。从右向左读数，这里所显示的二进制数（0001）代表十进制数的 1，或者 MIDI 通道 2。

MIDI 数据字节可以进一步被整合为 MIDI 信息，它包含一个状态字节（Status Byte）以及后续的一个或两个数据字节（Data Byte）（图 19-5）。状态字节定义传输的指令类型（音符打开、弯音、更改音色等），数据字节则传递与状态字节指令具体相关的信息（按键力度、弯音轮幅度、音色号等）。

从名称我们就能够看出，通道信息中所包含的内容是为特定的接收通道所准备的。通道信息有两种：发音信息（Voice）和模式信息（Mode）。

（1）发音信息包含了 MIDI 传输的大部分内容，它位于发音通道（Voice Channel）中。在大多数应用中，它控制合成器的发声电路，定义音符在何时通过何种方式来演奏。此外它还能够被用在其他方面，如音符开（Note On）信息，以及触发节奏合成器的打击乐、舞台灯光，或者调音台上的推子或哑音参数变化。

（2）模式信息定义了接收设备如何对发音信息作出响应，如指挥设备进行单音演奏或复音演奏（参见第 19.3.2 节，"MIDI 模式"）。模式信息必须发送到目标接收设备的基础通道上。

19.1.4　系统信息（System Messages）

与针对通道进行编译的方式不同，系统信息要么直接对应系统中的所有乐器，要么只对应某一制造商生产的 MIDI 设备。系统信息共有 3 类：系统共通（System Common）、系统实时（System Real

Time）和系统专有（System Exclusive）。

（1）系统共通信息对应了 MIDI 系统中的所有乐器，无论它们被指定到哪个通道上。这些信息对于大多数鼓机和音乐音序器来说有效，它们所包含的内容包括即将播放的歌曲，何时开始播放歌曲，以及 MIDI 时间码 1/4 帧数据（参见第 19.6.5 节）。

（2）系统实时信息包含了 MIDI 设备的时间信息（例如鼓机），它具有一个同步时钟。如，时钟信息（Timing Clock Message）以每 1/4 音符 24 次的频率提供了时钟脉冲。其他的实时信息包括用于序列播放的开始、停止和继续指令。

（3）系统专有信息针对具体的制造商有着不同的格式，它们也被用来针对特定的乐器发送特殊数据（例如音色参数数值、采样器存储器或者音序器文件数据）。系统专有信息通过在状态字节（Status Byte）中制造商所指定的编码与特定的乐器相对应。因此，每个公司都会对其乐器进行编程，使其能够识别特有

的身份编码（ID Number），该编码根据制造商的需要，由 MMA 和 JMSC 来进行分发。

19.2 对乐器的控制

MIDI 最早是为了现场音乐表演而研发的，这也是它目前十分重要的应用领域。通过一个键盘使得多个合成器进行工作是 MIDI 最为基本的特征之一。出现之前，控制键盘被称为主（Master），它所控制的乐器被称为从（Slave）。

图 19-7 展示了一个用于现场演出的小型 MIDI 系统。从主键盘的 MIDI 输出连接到第一个从设备的 MIDI 输入，再通过它的串接口送入第二个从设备的 MIDI 输入。从主中产生的演奏数据先到达第一个从设备，然后通过串接方式复制给第二个从设备。通过控制通道分配以及对乐器进行不同的设置，这一配置能够获得多种不同的合奏或者独奏的演奏效果。

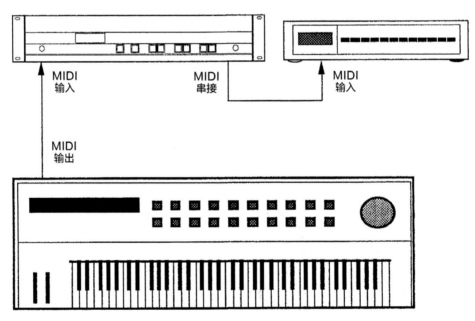

图 19-7　用于小型演出的设置

请注意图中的两台从设备中并没有键盘。提到 MIDI，就不得不提到其衍生设备，它们大多被称为扩展装置或扩展模块，这些设备中包含的电路必须通过外部控制才能够发声。制造商们已经生产出了性价比非常高、体积小巧易于运输的 MIDI 控制乐器，因此我们不再需要使用机械键盘或者其他电子设备来让系统工作起来。这些设备中的大多数都能够被安装到一个标准的

19 英寸（48.26cm）机柜中，音乐家可以通过这个相对便携轻巧的模块来设置功能非常强大的系统。

同样，一些制造商也提供 MIDI 主键盘，它不包含任何发声电路，只用来产生和传输 MIDI 控制信号。这些设备中也有一些较为昂贵的带有特殊配重的型号以模仿传统三角钢琴的手感。由于这些"智能化"都会产生相应的控制数据，因此相比普通的键盘合成器

而言，这一类设备植入了更加全面和复杂的 MIDI 技术。

图 19-18 展示了另一种现场演出使用的设置方法，这套系统使用了 3 个合成器，每个都配有一个键盘。这种设置利用了 MIDI 输出和 MIDI 串接之间的区别来获得不同的组合。如果演奏乐器 1，它和乐器 2 都能够出声，但乐器 3 无法出声，因为它的 MIDI 输入和乐器 2 的 MIDI 输出（从串接口镜像过来的信号）相连；如果演奏乐器 2，则 3 个乐器都能出声；如果演奏乐器 3，则只有 3 和 1 出声。

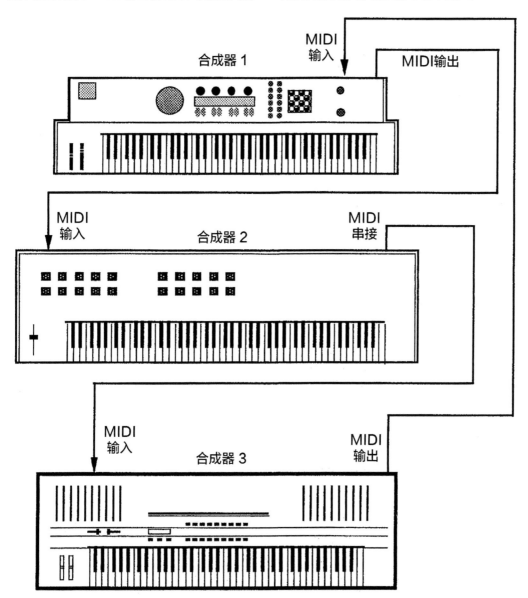

图 19-8　使用三台合成器的现场演出设置

图 19-7 和图 19-8 展示了通过基本 MIDI 设置所能获得的可能性。这些模型很容易得到扩展——如为规模更大、功能更复杂的系统增加更多的乐器或者效果器。

19.2.1　MIDI 模式

MIDI 1.0 标准地规定了图 19-6 和图 19-7 中的从设备对输入 MIDI 信息做出响应的若干种模式。

不同的模式在多合成器系统中具有不同的优势，MIDI 乐器的设计使它们能够在这些模式之间来回切换。在 1.0 标准中通过数字来标记不同的模式。

模式 1

该模式也被称作 Omni On/Poly。术语 Omni 指乐器对于通道信息的响应：在 Omni On 模式下，乐器会忽略所有的 MIDI 通道分配，对所有输入的 MIDI 音符数据进行响应。Poly 是 Polyphonic 的缩写，它指的是复音（一系列纵向堆叠的音符）。在 Poly 模式下，乐器将会在其复音限制数量内同时演奏多个音符。（目前没有任何一个合成器能够同时演奏无数个音符；大多数设备能够同时演奏的音符数量被限制在6~24 个。）

模式 2

该模式也称为 Omni On/Mono。根据上文，乐器将会对所有的 MIDI 输入数据进行响应，无论通道分频情况如何。Mono 是 Monophonic 的缩写，其含义在音乐学术语中与复音相反，表示单音。在 Mono 模式下，乐器一次只能演奏一个音符，即一个设置在 Mono 模式下的乐器无法演奏和弦。[注意，在这一部分的讨论中，Monophonic 这一术语与设备是否输出立体声（stereophonic）信号没有任何关系。换句话说，MIDI 术语中的 Mono 描述的是同时能够发声的音符数量，而非这些发声音符输出的音频通道数量。]

模式 3

该模式又被称为 Omni Off/Poly 模式。在 Omni Off 模式下，乐器仅对它所分配的 MIDI 通道上的数据做出响应。在该模式下，乐器能够同时演奏多个音符。

模式 4

该模式又被称为 Omni Off/Mono 模式。在该模式下，乐器仅对它所分配的 MIDI 通道上的数据做出响应，并且只能同时演奏一个音符。一些合成器具有多重虚拟乐器功能（同时发出不同的声音），又被称为多音色合成器（Multitimbral Synthesizer）。这种乐器的工作方式与多个 MIDI 数据接收器相似，每个接收器都被分配到不同的 MIDI 通道上（每个通道分配一个虚拟乐器）。多音色合成器使用了一种非标准模式——虽然这种模式已经越来越普遍——Multi 模式。总的来说，Multi 模式下的多个接收通道有可能是单音的，也有可能是复音的。当然，有些合成器在多音色状态下也可以在不同的接收通道之间使用混合模式。

19.2.2 控制器

自第一台电子合成器推出以来，乐器研发工程师们所面临的一个主要问题就是人机界面。音乐表演通常需要大量的表情控制。大多数传统声学乐器仅通过最简单的方法就能够为音乐家的表情控制提供丰富的

可能性。想象小提琴所能发出的全部音色振动，然后使用一把马鬃制成的弓子、几根羊肠弦和一个无品指板。为了成为真正令人愉悦且有效的音乐工具，电子合成器必须至少能够提供传统乐器所能够达到的一部分控制机制，并且具有一定的灵活性。

长时间以来，电子音乐行业已经针对这一问题做出了多种不同的设计尝试，从早期特雷门琴（Theremin）的近距离感应触角到现代合成器键盘的力度感应和复音配重技术都是相对应的解决方案。相比 20 世纪 70 年代而言，虽然这一领域已经进入了相对比较成熟的阶段，但人机界面仍然需要大量的研发工作。同样，这些研发工作也不仅仅限于乐器：例如对于未来调音台设计的讨论，同样也涉及围绕控制界面所展开的话题。

为了应对目前对于控制技术的需求和将来可能出现的发展，MIDI 1.0 标准中为可分配控制器提供了一个可扩展的协议。控制器的设置作为通道发音控制变更信息（Channel Voice Control Change Message）来进行传递；两组位于控制变更状态字节（Control Change Status Byte）之后的数据字节分别进行控制器的身份确认和参数设定。

由 MMA 和 JMSC 指定的控制器编号（引自 1.0 标准的 4.1 版本，图 19-9）。针对该列表的说明如下。

• 控制器 0~31 为连续型；即它们能够在一个指定范围内提供连续可变的参数变化。（这与调音台上的推子相似。）注意控制器 32~63 被分配给了 0~31 的最低有效位（LSB，Least Significant Byte）。这使得对于控制器参数的定义精度大大提高，它十分适合一些连续性的功能。（使用最低有效位是一种可选功能，它会将数据精度增加至 14bit，相对应的增量为 16,384 而非普通的 128。）

• 控制器 64~69 为开关类型；它们的通信数据无外乎开（On）或关（Off）。这些控制器和 70~95 编号的控制器都被称为单字节控制器，因为标准中没有为它们提供最低有效位。从理论上来说，编号 70~90 的控制器可以是具有 8bit 精度的连续可变控制器。

• 数据增量和减量（96 和 97）以及数据录入（6）

是 MIDI 编辑控制。它们可以被植入到不同类型的硬件中——如滑奏、阿尔法轮和上 / 下按钮等。总的来说，它们的功能是通过 MIDI 远程修改乐器参数。

• 注册和未注册参数都会作为"声音或演奏参数"被保留［如 3 个注册参数在当前被定义为弯音轮灵敏度（Pitch Bend Sensitivity）、微调（Fine Tuning）和粗调（Coarse Tuning）］。注册参数

需要根据 MMA 和 JMSC 的相关协议来确定；未注册参数可以根据制造商的自由选择进行植入。标准中规定未注册参数的分配需要公布在乐器的用户手册中。

• 灯光控制台等非音乐设备可以根据实际需要来任意使用这些控制器编号。如果在这些设备中发现非标准设置，请不必惊讶。

控制编号		控制器功能
十进制	十六进制	
0	00H	未定义
1	01H	调制轮（或杆）
2	02H	气息控制
3	03H	未定义
4	04H	踏板控制
5	05H	滑音时间
6	06H	数据录入
7	07H	主音量
8	08H	平衡
9	09H	未定义
10	0A	声像
11	0BH	表情控制器
12~15	0C~0FH	未定义
16~19	10~13H	通用控制器 1~4
20~31	14~1FH	未定义
32~63	20~3FH	控制器 0~31 最低有效位
64	40H	弱音器踏板（延音）
65	41H	滑音
66	42H	速度保持
67	43H	弱音踏板
68	44H	未定义
69	45H	保持 2
70~79	46~4FH	未定义
80~83	50~53H	通用控制器 5~8
84~90	54~5AH	未定义
91	5BH	外部效果深度
92	5CH	颤音深度
93	5DH	合唱深度
94	5EH	离调深度
95	5FH	移相深度
96	60H	数据增量
97	61H	数据减量
98	62H	未注册参数数量最低有效位
99	63H	未注册参数数量最高有效位
100	64H	注册参数数量最低有效位
101	65H	注册参数数量最高有效位
102~120	66~78H	未定义
121~127	79~7FH	为通道模式信息预留

图 19-9　MIDI 1.0 标准规定的控制器编号

19.2.3　音色编辑器（Patch Editor）/ 音色库功能（Librarian Function）

出于成本原因，大多数合成器采用小型的数据显示（通常 1~2 行 LED 或 LCD 字符），在同一时间能够同时显示 1~2 种参数。它们同时还配备了有限数量的按钮或者旋钮，它们控制的功能可以根据所需的编辑操作进行改变。由于合成器变得愈发复杂，用户自行制作声音程序的需求受到了合成器有限的显示和控制功能的限制。因此 MIDI 系统专有协议（System Exclusive Protocol，参见第 19.1.4 节）被设计出来以解决这个问题。

系统专有协议使得制造商能够针对自己的乐器研发用户信息，这些信息可以在不与常用 MIDI 数据发生干扰的情况下传输。在很多情况下，乐器软件工程师使用系统专有协议来控制乐器所有的可定义参数，包括程序或采样存储内容，以及内部控制参数设置。在了解重要指令的含义，并具备通过 MIDI 进行传输的方法的基础上，这种协议可以使针对乐器内部数据的远程编辑成为可能（这决定了它所能发出的声音）。

MMA 鼓励各成员公司公布他们的系统专有协议应用案例的细节，并规定第三方硬件或软件制造商可在未经原制造商许可的情况下自由地使用其系统专有协议编码。这一政策孵化出一个专门的市场售后领域，它所提供的服务专门针对便携的、便于使用的乐器音色（音色编辑）控制，以及集中式的乐器设置（音色库功能）的用户需求。

音色编辑器和音色库通常被植入专门用于音乐制作的计算机中。（目前，音乐制作最为常用的计算机为苹果 Macintosh、Atari 512 和 1040ST、Commodore Amiga 和 IBM PC 及配套设备，包括 Yamaha C1。）编辑器程序可以允许用户通过计算机远程编辑合成器的音色，利用了计算机的 CRT 显示器一次性显示音色的所有参数。预置软件控制着计算机和乐器之间的音色数据交换，允许乐器数据存储在计算机的磁盘上。

这两种功能有时会被合并在一个程序中。

按照常规，编辑器 / 音色库软件是专门为某一特定乐器或同一类型的乐器专门编写的；对于频率调制数字合成器来说有效的指令可能对模拟乐器来说毫无作用。采样合成器则是一个例外，它根据指令播放通过数字方式录制的波形，通常根据所接收的按键编号来改变播放的顺序。1.0 标准中提出了详细的采样传输标准（Sample Dump Standard），它规定了采样器存储数据的交换规则，也在某种程度上对采样器通用软件的研发起到了推动作用。除了采样预置程序之外，还有一些波形数据的计算机合成程序被研发出来，这些数据也可以通过 MIDI 传输给采样器。（相比各种乐器来说，这些程序仍然在采样频率和采样长度上有所区别，但我们可以通过计算机在某种程度上达到近似的效果。）

19.2.4　MIDI 功能表（MIDI Implementation Charts）

为了使终端用户能够快速查阅到一个乐器具有的 MIDI 功能，1.0 标准中提供了功能表，它会出现在每件乐器的技术文件中。图 19-10 列出了一个常见的 MIDI 功能表。

功能表被划分为 4 栏，第 1 栏规定了一系列 MIDI 功能。第 2 栏和第 3 栏告诉我们这些功能是被传输还是被接收，第四栏是预留的备注栏。如果某一乐器对 MIDI 在某一方面的使用十分特殊，那么相关信息通常会出现在备注栏中，当然，中间部分的内容中也会包含一些相关的线索。

功能表为 MIDI 乐器之间的相互匹配起到了指引作用。例如，你的主键盘所发出的触后数据（Aftertouch Data）希望能够找到一个相应的从设备对其进行响应，此时就可以参考功能表。同样，你也可以通过此表格来确认一个鼓机能否对系统共通指令做出响应，或者一个采样器软件是否使用了系统专有信息。

数据：4/2,1987

模式：DMP　MIDI 功能表　版本：1.0

功能	发出	识别	备注
基本通道 预置变更	1~16 1~16 X	1~16 1~16 （保留原文）	记录
型号 信息变更	X **************	（保留原文） X	
音符数量 真声	0~127 **************	0~127 X	†1
力度 音符开 音符关	o　9nH, v=0~127 o　8nH, v=0~127	o　v=0~127	
触后 键盘通道	X　X	X　X	
弯音轮	X	X	
0-127 控制改变	o	o	1
程序改变　实际编号	o　0~127 **************	o　0~127 0~97	†2 31~97: 留声机
系统专有	o	o	设置数据
系统共通 歌曲位置 歌曲选择 音调调整要求	X X X	X X X	
系统实时 时钟指令	X X	X X	
辅助信息 本地开 / 关 所有音符关 主动传感重置	X X X X	X X X X	
注意	†1: 每个参数可以根据编号被分配到任何控制改变或音符上，这些分配表可以保存在存储器中 †2: 程序 1-128xuan1 用了存储器 #0-#97		

模式 1：Omni On，复音　　模式 2：Omni On，单音　　o= 是

模式 3：Omni Off，复音　　模式 4：Omni Off，单音　　x= 否

图 19-10　常见的 MIDI 信息表

19.3　MIDI 音序

　　由于 MIDI 1.0 标准将时钟信息和大量与演奏动作相关的通信协议进行了合并，记录和重放 MIDI 数据便自然而然地成为了该接口的一个扩展概念。

　　MIDI 录音机——常常被称为音序器——可以被认为是 MIDI 版本的录音机。它能够记录和重放几乎所有能够通过 MIDI 进行传输的事件或者指令，为录音棚和现场演出工作带来了极大的优势。重放过程会与内部或外部时间标准进行同步；重放速率可以在不影响音高的情况下进行调整；被记录下来的事件甚至可以被分配给不同的乐器或声音程序。

19.3.1　基本理论

　　图 19-11 展示的框图描述了 MIDI 音序的概念。一个能够生成必要的 MIDI 控制数据的主设备，其MIDI 输出与一个音序器设备的 MIDI 输入相连接。该音序器的 MIDI 输出又被送回到主设备，它的 MIDI

串接口可以再与其他从设备进行连接。

在录音模式下，主设备产生的演奏动作被转换成MIDI 数据然后送往音序器，音序器会根据一个内部时间参考来对其进行缓存。音序器缓存中的内容随后会被存储到存储设备中（通常为一张磁盘或硬盘）以备后续调用。

在重放模式下，音序器通过 MIDI 输出来还原被记录的 MIDI 数据，这些事件仍然与其内部时钟参考保持同步。音序器数据返回到主设备的 MIDI 输入口，该数据也可以通过串接口镜像给其他设备。主设备（会根据音序器所提供的信息）还原被记录下来的演奏动作，它的所有从设备也会跟随它进行同样的动作。

图 19-12 展示了 MIDI 音序如何应用于一个简单的音乐录音系统，它由图 19-11 发展而来。在这里，MIDI 音序器是一个配备了 MIDI 接口的个人计算机。主设备是一个键盘合成器，从设备是一个不带键盘的扩展模块和一个鼓机。（请注意它与图 19-7 中的现场表演系统的相似之处。）鼓机通常配有一个自带的音序缓存。通过这套系统，音乐家可以将该缓存用于鼓的节奏型，这样鼓机就能够根据音序器的内部时间参考所发出的 MIDI 时钟脉冲进行同步的播放。

19.3.2 通道 & 轨道

为了最大限度地获得操作便捷性和易用性，MIDI 音序器以多轨磁带录音机为模板来进行设计。

一个音序器可以拥有上百个甚至更多的音轨（对于录音机来说轨道数量则是有限的）。这些音轨记录MIDI 数据而非音频信息。它们有时也被称为虚拟音轨，因为它们存在于数字存储介质而非磁带上。

多轨录音机通道上所有的功能都能够通过 MIDI 音序器来实现。

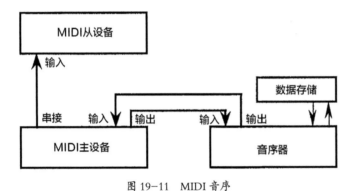

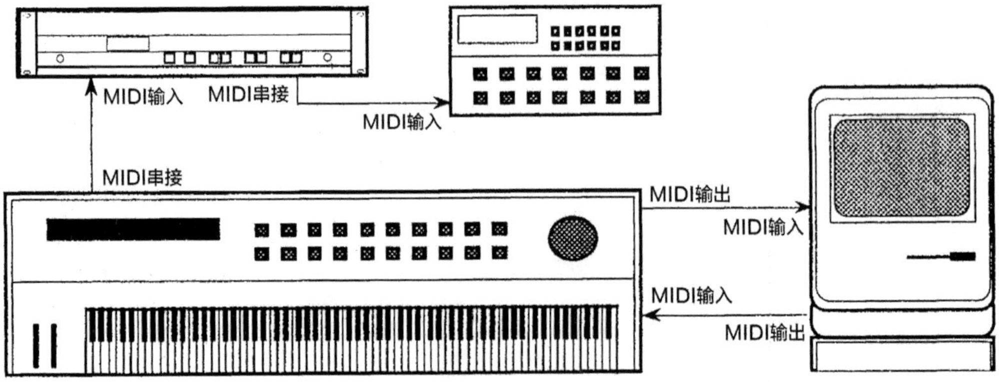

图 19-11　MIDI 音序

图 19-12　一套简单的音乐音序系统

音轨上的内容都可以对之前的信息进行同步的叠录（Overdub）。在重放过程中可以对单独的音轨进行预听或哑音。两轨或者更多轨道上的数据可以进行合并，以留出更多的音轨空间。

音序器和多轨录音机在"通道"（Channel）这个概念上就不再相似了。在录音机上，"音轨"就是"通道"。但在 MIDI 音序器中，在一个或更多音轨上的数据可以被任意分配到 16 个 MIDI 通道中。不仅如此，（通过并轨操作）一个音序器音轨所包含的事件可以同时分配给 2~3 个通道，因为 MIDI 协议会通过通道数据来给每一个事件做标记。

在 MIDI 音序器中，通道和音轨是截然不同的概念。通道是针对特定 MIDI 数据的路由分配，它与具体的接收乐器和特定的声音相关联。而音轨只是记录

MIDI 数据的容器。一个数据的通道分配可以独立于它的音轨分配。

采用多轨模式为 MIDI 音序带来了非常大的便捷性。如我们通常很难一次性将某一设备需要执行的所有操作（如推子的移动或键盘敲击）存储下来。然而在传统的多轨录音模式下，你可以在不同的音轨上进行 2~3 次尝试以获得成功的操作，同样的操作可以在同一 MIDI 通道上执行以获得一个合成的效果。随后你可以选择合并两个轨道，或者你也可以让它们保持分离以便进行编辑。

一些音序器配有多个 MIDI 输出口，它可以允许我们将单独的音轨分配到任何输出接口上。这一功能可以使 MIDI 的应用能力超出 16 通道的限制，允许我们做非常复杂的效果。

图 19-13 展示了一个配有 2 个 MIDI 输出接口和 32 音轨音序器的音轨分配情况。音轨 1~16 和 17~32 被分别分配到 MIDI 通道的 1~16，即一个通道上分配两个音轨。前 16 路音轨被分配到出口 #1，另外 16 路被分配到出口 #2 上。如果每个 MIDI 输出接口驱动不同的 MIDI 系统，这种设置就等同于一个 32MIDI 通道。每个系统中的设备则共享同样的 MIDI 通道分配，接收完全独立的音轨数据。

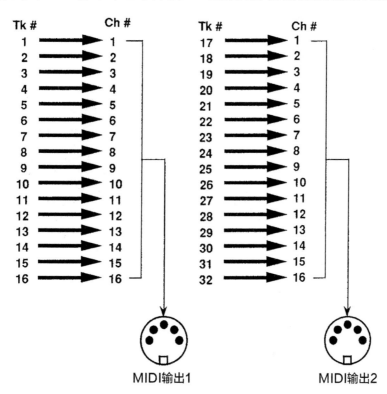

图 19-13 构建一个 32 通道的 MIDI 系统

19.3.3 硬件与计算机音序器

MIDI 音序器被分为 3 种不同的类型。第一类是组合式的音序器，硬件接口和软件程序的配套可以将一台个人计算机变为 MIDI 录音机；第二类是独立的硬件音序器，它是只具有音序（有时在某些情况下也具有音色库）功能的硬件设备；第三类是内置音序器，我们可以在一些 MIDI 合成器中找到它们。

在这 3 种音序器中，组合式音序器可能是最为常见的一种。硬件 MIDI 接口适用于每一个通用的个人计算机（一些计算机甚至配备了内置接口），并配有多个软件包。

虽然比另外两种音序器来的昂贵，但这种组合式的音序器能够提供一系列优势。一个计算机显示器（或阴极射线管）能够同时显示很多信息，使我们能够进行快速而高效的操作，同时避免由于查看参数不全面而发生错误。相比单个按钮来说，鼠标操作模式带来了显著的效率提升。很多附加软件包能够将 MIDI 数据转化为乐谱（或者存储为磁盘文件，然后再通过其他制谱软件打开）。不仅如此，一个通用的个人计算机还能够用于其他工作，例如财务记录、文字处理、通信和娱乐等。但这种系统的缺点在于，在没有进行改装的情况下，很多个人计算机都无法适应流动演出的需求。

独立的音序器设备在价格和功能上都居于中等水平。这种音序器的性价比高于个人计算机，由于具有专用的控制功能，因此更加易于使用。由于专门为MIDI音序任务而设计，它们通常能够提供非常完备的MIDI功能。很多独立音序器即使不需要增加时钟转换设备也能够和多种外部时钟源保持同步。独立音序器的显示功能通常有限，因此相比计算机音序器来说，编辑通常不那么方便。尽管如此，独立音序器在流动演出方面的价值仍然高于计算机音序器。（当然也有例外，如适用于流动演出的 Yamaha C1——一台运行 MS-DOS 系统、且配有内置 MIDI 接口的笔记本电脑。）

合成器中内置的音序器通常具有明显的价格优势：在购买乐器的同时，不增加额外的费用就可以得到音序器。它们不需要单独的外壳，因此只要乐器通电就可以使用。在这 3 类设备中，内置音序器是复杂程度最低的，但通常音轨数量和复音播放数量会受到限制。从总体上来说，它们的数据显示通过合成器来完成，意味着编辑起来很困难。然而对于音乐家表演来说并不需要特别复杂的音序功能，一个内置模块在价格适宜的同时也足以满足他们的要求。

19.3.4 常见的音序器特点

大多数音序器都是为了迎合音乐家的需求。和音序器相关的术语及图形的使用更是说明了这一点。这些细微的差别强调了音序器的音乐性传承。但这不应该成为音序器用于非音乐控制用途的障碍，因为它们的操作方式可以被快速学习，并且十分容易融入其他的功能中。

MIDI 音序器的制造商都在努力提供各种各样的功能以使得它们的产品更加特别。当然，制造商也在试图遵循某些基本的功能和规定。特别值得注意的是，所有的音序器都包含了基本的录音控制功能，这使得它能够模仿录音机的一些功能。这些标准的走带功能（当然它们不会实际控制磁带的运动）包括播放、录音、暂停、停止和插入录音。

可能音序器中使用最多的走带功能就是音轨分配。音轨分配控制着 MIDI 音轨的预录、哑音和监听，以及每个音轨和 MIDI 通道之间的匹配关系。

音序器的其他功能则主要为编辑工具。

19.3.4.1 歌曲编辑

歌曲编辑器是一个通用的编辑工具。音序器存储实时信息，但不仅仅以时间形式记录，还通过节拍和小节的形式来进行记录。歌曲编辑器控制这些小节。一个音频磁带会通过一个磁带长度计数器来记录所用掉的磁带（通常将磁带以英尺或者小时、分和秒为单位进行校准）。音序器同时以节拍、小节和时间（分、秒）的方式来记录它存储的数据量。与磁带录音机不同，MIDI 音序器能够对音轨进行分离，并将它们挪动到别的音轨的不同时间点上。而磁带录音机只能将音轨纵向移动到相同的时间点上。例如一个 MIDI 音序记录了两个音轨，每个长度为 8 小节。歌曲编辑器可以让你对这 8 小节进行复制并插入音轨，组成了一个总计 16 小节的重复信息，或者将它们移动到音轨在小节数规定范围内的任何时间位置。歌曲编辑器还能够增加或删除内容、复制和粘贴内容，以及进行数据混合。

有时，当一个或两个被分配到同一 MIDI 通道和接口的音轨经过了若干次移动之后，音轨的顺序开始变得杂乱无章。我们可以通过音序器的数据混合功能将这些通道进行合并以缓解这种杂乱的情况。

19.3.4.2 步进编辑（Step Editing）

我们可以通过音序器中的另一部分来获得更多的细节控制。在这一区域，你可以每次让素材在时间上向前或向后移动一拍，甚至向前或向后移动一个时钟脉冲（时钟脉冲是一个非常小的变量，通常为 1/96s 或 1/128s）。这一功能对于音效剪辑十分有用。

步进编辑器的其他功能还包括点对点的直接 MIDI 记录，如通过输入合适的数值将一个 MIDI 音符直接放在乐谱中的一个特定时间点上，这一操作不需要实时的录音、改变现有音符的时值、改变音符的开关指令，以及改变 MIDI 音符的数量以及现有音符的音高。一些音序器允许被选中的乐谱区域被整体移动——这对于编辑来说的确是一个非常强大的功能。

19.3.4.3　普通编辑功能

还有一些功能同时涉及歌曲编辑和步进编辑，如移调（Transposing）。移调功能可以让被选中的 MIDI 信息以 MIDI 音符的方式上移或下移。从音乐的角度来说，这意味着把一个 C 大调的作品变为升 C 大调。

还有一个重要的编辑功能是量化（Quantizing），它可以对现场演奏进行调整，使得一个音符的开始和 / 或结束与特定的节拍严格同步。在音乐应用中，一个表演者可以将音序器的节拍器作为参照来演奏 MIDI 键盘，量化功能随后会将他的演奏变得更干净。量化的程度和精度都可以通过改变 MIDI 时间数值来进行调整，这一调整的精度可以做到无比精细，这样就能够在表演的人性和精确性之间做出完美的平衡。（一个 100% 量化的演奏会听上去十分机械，缺乏实时演奏的流动性。）量化功能在扩声自动化应用中可以起到非常重要的作用，尤其是在精确时间点上需要进行哑音和监听操作时更是如此。

最后一个部分是针对 MIDI 控制器数据（数值 0~127）的编辑。MIDI 音符和 MIDI 控制器的工作是被同时记录下来的。如 MIDI 控制器 #1（代表调制轮的位置）和 MIDI 控制器 #7（代表 MIDI 音量）能够通过编辑 MIDI 控制器数据来进行改变。

19.4　MIDI 数据处理器

正如外部信号处理器能够增强音频制作的品质，MIDI 数据处理器也能够优化和增强 MIDI 系统的性能。这些设备并不会对音频信号进行处理，它们所处理的是 MIDI 数据流。

这种设备已经越来越多地出现在市场上，它们中的很多都被用于相对特殊的功能。在这一部分，我们会介绍常见的几类 MIDI 数据处理设备。

19.4.1　串接盒

我们已经在第 19.2 节中介绍过，MIDI 设备可以通过串接接口以菊花链（Daisy-chain）方式串接在一起，这样 MIDI 数据就可以在设备之间传递下去。在实践中，由于 MIDI 接口光学隔离器的速度限制会产生累加并导致数据错误，因此通过串接方式连接的设备数量最多不超过 5 台。除此之外，有些乐器并没有配备串接接口。

一些制造商能够提供 MIDI 串接盒，它的使用可以缓解上述问题。图 19-14 展示了在现场演出中一个 1:4 的串接盒的常见连接方法。主设备的 MIDI 输出将信号送入串接盒的 MIDI 输入，串接盒的 4 个 MIDI 输出则向不同的从设备馈送信号。从理论上来说，图中每个信号分支上还能够串接 2~3 台从设备。

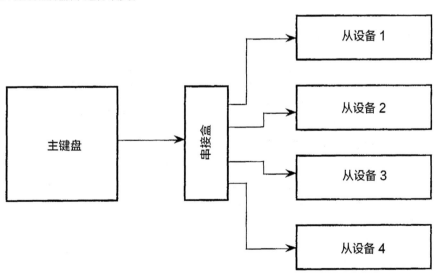

图 19-14　串接盒的使用

习惯了多音频信号的工程师们可能无法理解串接盒的必要性。1.0 标准（以及接口的电气设计）为数

据传输连接规定了一个 +5V、5mA 的电流环路。如果直接将一个 MIDI 输出分割给两个 MIDI 输入，那

么每个输入的信号电平会下降一半，电路的输入端就有可能无法可靠地、甚至完全无法读取数据。串接盒提供了 4 个独立的、带缓冲的 MIDI 输出，每一个都能够提供接收设备所需要的 +5V 信号电压，确保数据传输的准确性。

19.4.2 MIDI 合并器

MIDI 合并器与串接盒的作用是相反的。这种设备通常配备两个 MIDI 输入以及一个或者多个 MIDI 输出。输入端的数据经过合并之后，作为单一的数据流通过输出端送出，这种设备可以让两个主设备来控制一个 MIDI 系统。

MIDI 合并器由于 MIDI 数据传输同步的需求而成为了一种必要的设备。即使两个主设备分享同样的时钟源和锁相（Phase Lock），它们相互之间也不会知道某一时间对方的工作状态。如果两个主设备在完全相同的时刻发出各自的指令，那么就会有一个指令被接收设备所忽略，除非某一设备能够将两个指令以一种有序、不间断且同步的方式合并起来。

由于对两个 MIDI 数据流进行合并需要十分强大的处理功能，因此 MIDI 合并器要比串接盒贵得多。

19.4.3 MIDI 跳线器

尽管 MIDI 协议已经具备了相当程度的便携性，但单通道的 MIDI 连接模式几乎永远无法满足所有的使用要求。

举一个最为简单的应用为例，假设某人有时希望在现场演出中使用另一台合成器作为主设备——因为它的演奏特点更适用于某种风格，或者它具有普通主设备所不具备的控制功能。在这种情况下，我们可以通过手动的重新跳线，或者使用一个 MIDI 跳线器来完成这项工作。

MIDI 跳线器是一个电子数据切换总机（Switch-board），使系统中的 MIDI 跳线连接可以通过编程来进行。这种设备形式多样，通常配备若干个 MIDI 输入和输出接口。不同的路由设置可以经过编程永久存储在存储器中，通过前面板按钮进行调用。除了通过前面板按钮之外，预置的调用还可以通过外部脚踏板或者其他形式的控制来实现。

19.4.4 映射装置（Mapping Devices）

MIDI 映射装置可以在 MIDI 数据流上进行多种多样的数据转换以扩展 MIDI 控制系统的功能或弥补主 MIDI 设备的缺陷。

程序变更映射（Program Change Mapping）就是其中一种数据转换。程序变更命令指挥接收器从存储组中选择一个特定的程序编号（在合成器中，程序决定了声音特征）。通道发声程序变更协议（Channel Voice Program Change Protocol）提供了通过编号来选择程序的方式，编号范围为 0~127。在其到达从设备之前，程序变更映射将程序变更编号转换为一个不同的指定数值。这一功能可以被用来从多个不同的合成器上选择特定的乐器声音，该操作仅需要在主设备上点按程序变更按钮即可实现。

映射功能的另一个例子是键盘信号分离。在一些音乐应用中，我们有时会需要通过主键盘某个音区的按键来触发从设备上的不同音区。通常在我们所需要的音区上会存在一些交叠。在多乐器的 MIDI 设置中，键盘信号的分离可能需要主设备在不同的 MIDI 通道上传输同一键盘的不同音区。如果主设备不具备此功能（多数键盘都不具备），那么映射设备能够提供这种功能。

19.4.5 *系统专有数据存储*

系统专有数据存储设备利用了 1.0 标准中的系统专有协议，通过一套中心设施来存储一套系统中不同设备的设置信息。这种设备通常包含一个或多个磁盘驱动器，并且具有学习，以及向多个乐器传输系统专有指令的能力。

由于这些设备仅处理系统专有数据的存储（不对数据进行操作），它不考虑数据的内容，仅对其进行批量存储。系统专有存储设备可以将一个 MIDI 系统中的绝大多数（或者全部）乐器设置存储在一张或两张磁盘中。同时配合将系统专有数据回传至乐器的功能，这些设备能够让系统设置进行非常快速、可靠的切换。

19.5 通过 MIDI 进行自动化

在过去的十年中，音响系统设计上的技术进步已经极大地扩展了我们对于音质的控制能力，甚至在声学环境十分困难的场馆中也是如此。与此同时，愈发复杂的灯光系统以及多媒体元素也已经被整合进来，它们为现场演出的复杂程度和戏剧冲击力带来了显著的提升。很多风格的音乐都开始利用多个合成器的设置，复杂的设备混用以及对于周边处理设备的愈发重视已经成为演出不可或缺的组成部分。

这些趋势导致的不可避免的结果，就是要求扩声工程师具有更加出色的技术技能。与过去在正常演出过程中保持一个相对简单而静态的缩混不同，现在的工程师必须能够快速准确地实施电平、哑音、发送量、均衡以及周边效果器设置的变化。路由的场景切换甚至会让调音师恨不得有 4 只手。

在使用得当的情况下，MIDI 对这些自动化工作所带来的挑战具有极大的帮助。MIDI 还能够将过去分离的现场演出音乐、音响和灯光团队联系起来：像主输出推子一样的编组控制，灯光伴随着实时音乐音序进行变化，多媒体与 SMPTE 时间码的同步，这些仅仅是一些例子。即使像场景提示器这种单调的工作，如果通过音序功能来实现，也会起到避免演出事故的保障作用。

考虑到 MIDI 在自动化功能上的潜能，既然该协议能够提供计时功能，也就能够用于所谓的快照自动化（Snapshot Automation），记住这一点是十分重要的。在这种应用中，我们可以将场景变化数据作为一组预置来进行存储，然后通过脚踏板或者其他控制器对场景进行调用。

在本书写作期间，MIDI 自动化仍然是一项相对较新的技术，并未得到广泛的使用。在接下来的内容中，我们将大致浏览 MIDI 技术在自动化领域的可能性以及目前投入使用的案例。

19.5.1 乐器音色变化

在大型多合成器设置中，键盘演奏者面临的最为枯燥乏味的工作就是为每首歌曲选择正确的声音程序。首先，他必须记住每个乐器需要调用的程序——仅这一项就存在犯错的可能，因为声音程序通常是通过编号而非名称来调用的。

假设他能够正确地调用所有程序，对每一个乐器进行设置也仍然需要花费很多时间。虽然一些合成器可以通过数字键盘对所有程序进行调用，但其他很多设备都需要通过按键或滚轮来进行程序的上下浏览。假设很多乐器包含了上百个甚至更多的程序，这一过程就需要花费很多的时间。

这些在曲目之间寻找并选择程序所带来的不可避免的延时可以通过 MIDI 通道发音程序变更信息和 / 或系统专有指令来大大降低。程序变更信息可以被发送到接收乐器的基础通道上，指挥乐器选择一个特定的声音程序。系统专有信息可以通过制造商 ID（而非通道）直接传递给特定的乐器，它可以被用来改变音色设置或设备的整个存储内容。

当选择新的声音时，MIDI 合成器通常传输程序变更指令。这一功能可以与程序变更映射结合使用，使其他的从乐器能够选择互补性的程序。除此之外，其他可分配的控制器或开关也可以用来将程序变更信息传递给从设备。

在大型系统中，实施程序变更最为有效的方法是通过一台个人计算机运行专门为此功能编写的程序；这会带来快速的、中心化的乐器设置改变。对合成器或采样器的系统专有批量存储可以通过个人计算机或者带有硬盘的专用系统来进行。

19.5.2 信号处理器

合成声音与采样声音都需要外部处理来帮助其获得活力和音色的完整性。一些音乐风格大量依赖多重效果，在一首歌曲中的不同部分采用不同的设置。商业剧院或传统剧场的视觉制作通常也需要根据提示点来进行效果的突然变化。

为了应对这些实际需求，出现了一系列 MIDI 控制的周边效果设备。尽管这些设备大多采用了数字延时处理，MIDI 控制的参量均衡也开始崭露头角。不仅如此，这一代的延时处理器所提供的效果要远远多于简单的回声或混响：非线性混响程序、相位镶边、合唱以及变调都得到了普遍的使用。

MIDI 信号处理器通常借用合成器的模式，通过存储器中可选编号的预置程序来对不同的效果进行调用，因此实现效果自动化最为常规的手段就是使用程序变更指令（Program Change Command）。很多设备对自动化的使用十分谨慎，因为程序的改变可能伴随着噪声或者短暂的输出信号哑音。

在一些情况下，预延时、混响时间和高频能量衰减等基本混响参数都可以进行连续控制——通常通过控制变更协议的通用控制器来进行。（对于带有 MIDI 控制功能的图示均衡器来说，中心频率、Q 值以及提升 / 衰减的参数控制也可以采用类似的方法。）这种应用可以让我们实时调用处理器的设置——或者将它们送入一个音序器以供后续调用。当使用同一程序时，这些参数的改变可能不会导致噪声或信号丢失，这取决于信号处理设备的复杂程度。

19.5.3　调音台功能

调音台自动化功能是效果和乐器的自动化控制逻辑化的延伸。在本书写作期间，有两种系统可以完成此项工作，外加设备（Add-on Unit）和内置 MIDI 设备。

外加系统对于目前的调音台来说更为常见，它包含了一套内置压控放大器和数字电路以分析和执行 MIDI 指令，这些装置通常被设置在输入通道的信号插接点（Insert）上，它们仅对增益和哑音进行自动化控制。制造商可能会为该设备提供专有软件，或者也可能使用第三方的音序器。

内置 MIDI 自动化功能会出现在一些最新的调音台中——大多数这种设备都是针对录音棚而非流动演出设计的。推子和哑音自动化控制是标准的配置。除此之外，它还有可能对路由分配进行自动化控制。

在上述两种情况下，MIDI 技术的应用方式在每一台设备中都不相同。如在一台设备中我们可能使用控制变更信息来控制推子数据，而另一台则可能使用弯音信息来对其进行控制。由于这一功能仅在设备内部实现，因此使用何种方式并无大碍。但如果两台不同的系统需要进行数据的交换，那么就有可能需要

MIDI 信号处理（映射）将指令从一种协议转译到另一种协议中。

放眼未来，数字信号处理（或数字控制音频）技术将会允许调音台对自身所有功能进行自动化控制。以 Yamaha DMP-7 为例，它是一个全数字的 8x2 调音台，配备了大量的 MIDI 功能。当与音序器共同使用时，DMP-7 不仅可以进行推子和哑音的 MIDI 自动化控制，还能够对通道均衡、辅助和混响发送量、声像和效果设置等参数进行自动化控制。

目前，这种功能的应用主要针对录音棚。但这种设备以及其他定位在录音市场的大型设备都预示着未来扩声调音台的发展方向。

19.5.4　媒体同步

通过与 SMPTE 时间码（详见第 20 章）的结合，MIDI 音序设备可以和多种媒体进行同步，比如多轨录音机、录像机或胶片机等。时间码具有位置标记信号的作用，SMPTE-MIDI 转换器则负责将时间码信号转译为 MIDI 时钟。

MIDI 同步利用了系统共通和系统实时协议。

歌曲位置指示器（Song Position Pointer）：

系统共通歌曲位置指示器信息能够告诉我们从音序开始到当前时间总共经过了多少拍。它通常用于重放某一部分的音序而非从歌曲的开头开始。通常将音序的起点设置为 0，歌曲位置指示器在播放停止前会以 6 个时钟脉冲作为一个增量；如果音序持续播放而不是重新开始，歌曲位置指示器则会从之前的数值继续向上累加。

能够对歌曲位置指示器做出响应的音序器和鼓机可以从音序中的任何一拍开始播放，实现这一功能需要指示器发出指定节拍数的信息，然后再发出持续指令（Continue Command）。

开始、停止、持续：

这些系统实时信息被用来指挥 MIDI 音序器走带控制的动作。"开始"指挥系统从音序的起始点（指示器 =0）开始，"停止"会终止音序播放，"持续"指挥音序继续播放，无须从音序的起点重新开始。

在 MIDI 音序的记录过程中，歌曲位置指示

器可以允许我们在一首歌曲的中间进行插入式的录音,无须从歌曲开始一直播放到录音插入点。通过与SMPTE 时间码的结合使用,它也能够在多轨声学乐器和人声的叠录过程中实现同样的功能。

19.6 问题排查

一套 MIDI 系统全部由电子元器件组成,问题可能会出现在你最不希望它们发生的时候。MIDI 是一个基于微处理器的技术——软件在其中扮演了主要的角色——因此有人可能会认为针对 MIDI 系统的问题排查要远比普通的音频系统来的复杂。幸运的是,多数常见的电子故障——无论是 MIDI 还是其他——都具有颇为相同的排查规律,符合逻辑的信号追踪以及系统性的排除过程。

在寻找系统问题时,对于系统架构的深入理解是不可替代的。我们也无法预测可能发生的大量问题。在接下来的内容中,我们会尝试提供一些关于常见 MIDI 问题的建议。

19.6.1 无响应

MIDI 系统中最为常见的故障可能就是合成器哑音,无论发送何种 MIDI 指令,设备都不响应。

导致这种不发声问题的原因很可能是音频链路的问题,因此应首先查看音频连接和调音台设置。同时查看出现问题的 MIDI 设备音量控制是否打开,是否已经选择了某一程序。

如果音频链路没有问题,而设备上显示没有收到 MIDI 数据,那么接下来的工作就是检查 MIDI 的连接。MIDI 传输问题可能由如下原因导致。

(1)MIDI 线可能损坏了。你可以通过使用一根没有问题的信号线来排查问题。

(2)MIDI 线可能接错了。请记住主设备通过 MIDI 输出而非串接口发送指令。相反,从设备通过串接口传递上一级设备发出的数据,MIDI 输出则和它不同。

(3)接收器的通道分配可能是不正确的。发送到通道 2 的 MIDI 数据是无法被设置在通道 3 上的设备接收的。你可以尝试将接收器设置为 Omni On 模式来进行检查,这会让从设备对所有通道上的数据做出响应。如果设备开始响应,那么请检查通道的分配。

(4)设备的上一级设备可能没有通电。MIDI 是一种有源接口,如果一个设备没有通电,是无法通过串接口对输入数据进行镜像的,这就会导致 MIDI 信号路径断开。如果你必须关闭 MIDI 信号链路中的某个设备,就需要从 MIDI 输入端拔线,然后连到下一级设备的 MIDI 输入端上。

19.6.2 音符卡顿

每个发声的音符都是通过一系列的 MIDI 指令的发送而获得的。这些指令中的第一个便是音符开启(Note On)指令,紧随其后的则是关于该音符的音调和按键力度等细节的数据字节。当一个音符关闭(Note Off)指令被发送并接收时,这个音符才会终止。如果音符关闭指令没有被接收到,那么合成器可能会持续演奏这个音符。

音符关闭指令的接收可能会受到如下因素的干扰。

(1)在音符关闭指令被接收之前,MIDI 信号线就断开了。

(2)演奏某音符的同时在主设备上更改了 MIDI 通道。

(3)如果使用音序播放,音序器上的编辑操作可能会将音符关闭指令抹掉;也可能声音重放在音符关闭指令发出前就在设备链路的中游被断开。

在所有情况下,最快的解决方案就是将合成器关闭,几秒钟之后再重新启动。这一操作会对设备进行重置,消除任何持续不断的声音。

19.6.3 MIDI 回授

MIDI 数据的回授与音频回授不同,它发生在一个主声音设备的 MIDI 输出数据通过某种方式返回了自身的 MIDI 输入端口的情况下。主设备在它自己的基础通道上传输数据,同时播放选择的音符。出现在 MIDI 输入端的回授信号使得它再次播放相同的音符,但由于回授路径的不同,会出现少许延时。

这种问题会产生两种现象。第一它会导致一个明显的镶边或者移相的听感,这是由于信号延时所产生的相位抵消所导致的。第二,由于每个音符都会进行两次发声，合成器的复音发声数量限制看上去减半了，这一问题带来的结果就是某些音符会大幅衰减，甚至完全不发声。

显然，这一问题的解决方案就是找出并消除回授路径。MIDI 回授经常发生在音序记录的过程中，此时音序器被设置在串接工作模式下（图 19-11）。观察音序器和主设备之间的 MIDI 回路。如果音序器在它的 MIDI 输出端还原输入数据，那么就会产生回授。解决该问题可以将音序器的镜像功能关闭，也可以将主设备设置为本地指令关闭（Local Off，在该模式下键盘不会触发其内部的声音）。

19.6.4　MIDI 延时

MIDI 的延时一直是一个争论比较激烈的话题。在 MIDI 技术的早期，音乐家们会抱怨一个问题，当他们将若干合成器通过串接口连接在一起时，会遇到一个微小但可以被察觉的延时，这会破坏节奏的稳定感。他们将问题归咎为接口的速度，并提出应该将MIDI 连接设计为并联而非串联模式。工程师们对接口速度进行了评估，得到的结论是它带来的延时微乎其微，并认为音乐家们的抱怨是庸人自扰。

而后来的研究则揭示了这个问题：音乐家和工程师都没有错！在应用得当的情况下，MIDI 接口本身的速度是非常快的；1.0 标准中要求的最大延时为 2μs。而每个不同的设备会由于信号处理而产生额外的延时（这实际上和 MIDI 无关，而是乐器处理器在发声之前处理数据所需的时间），它们并不是特别明显。但为什么会出现可被察觉的问题呢？

MIDI 信号波形的起振部分在通过多个 MIDI 输入和串接端口的时候会发生显著的变形。这种在每个环节都会引入的波形劣化会导致数据或指令错误。这种错误则会被人耳所分辨出来。

让我们再次强调，2~10μs 的微小时间差是不可能被听出来的。事实上，即使对于受过训练的听音者来说，几百微秒的延时也很难被听出来。将内部处理延时和光学隔离器的延时与端口延时相加也无法获得多于 1ms（1ms 为 1,000μs）的延时。通常我们认为小于 5ms 的延时是不明显的。毕竟，人耳需要 25~30ms 才能够分辨一个单独的回声。

由于串接连接导致的数据错误可以通过增加一个串接盒轻松得到解决（图 19.4.1）。而内部信号处理所产生的延时则不容易处理；如果它的确造成了严重的问题，那么制造商应该对产品的设计做出改进。

第 20 章　同　步

20.1　概述

　　同步是两个或多个设备根据某种协议，按照一致的时间和速率同时进行工作的过程。在音频领域的应用中，这一术语通常表示位于两个独立运行的设备之间的接口，这些独立运行的设备可能是两个多轨机，或者是一个磁带录音机和一个录像机。音频同步源自电影的后期制作（以及后来的视频制作），如今，它们在音乐录音棚中也十分常见。

　　在扩声应用中，商业演出是工程师与同步问题打交道最多的领域。大型的商业演出是非常耗费人力物力的项目，它通常将视频、电影、幻灯片、多轨音乐、特效以及现场演出整合在一起。所有这些媒体都必须同步工作，它们必须在准确的切换点上，而且没有重来的机会。因此，理解同步系统功能的重要性永远不会被高估，尤其是这些技术已经愈发深刻地与扩声世界融合在了一起。

　　本章将会对扩声工程师经常遇到的几种同步方式进行概述，并将重点介绍 SMPTE 时间码（SMPTE，Society of Motion Picture and Television Engineers, 美国电影与电视工程师协会）。本书所呈现的信息并不能够涵盖所有相关内容（事实上关于本章的完整知识需要另一本书来做全面描述），但它足以让我们对现在所使用的绝大多数系统有一个基本的了解。我们鼓励读者对自己所感兴趣的技术进行更加深入的研究。

20.1.1　基本理论

　　为了让两个独立的机器变得同步，就需要通过可靠的方式来决定它们的运动模式，通过对运动模式的调整来获得同步的操作。这就要求每个机器能够提供一个信号——我们称之为同步信号——它反映了机器的运动情况。来自两台机器的同步信号必须匹配；即它们必须用同样的方式来反映自身的运动情况，这样

才能够对它们进行比较。同步信号既可以通过机器的走带控制直接生成，也可以记录在媒介上，随着机器的运动被重放出来。

　　一台机器被定义为主设备（Master），从（Slave）设备需要以它为标准来调整自己的运动模式。在闭环回路（Closed-loop）同步系统中（图 20-1），一个单独的同步器对主设备和从设备所发出的同步信号进行对比，然后生成一个误差信号来迫使从设备跟随主设备的运动。电气工程师也称这种控制结构为伺服系统（Servo System）或反馈控制系统（Feedback Control System）。

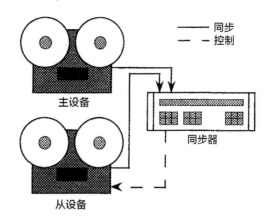

图 20-1　闭环同步系统

　　反馈控制提供了以下两个重要的优势。

　　（1）无论是微调（由于负载或供电条件发生变化所产生的速度变化）还是粗调（将主设备在快进模式下运行），它都能够自动补偿主设备上出现的运动变化。

　　（2）它能够进行自我校正。只要同步信号可读并且能够进行比对，反馈控制就能够将两台设备锁定在一起。

　　反馈控制通常用于两个或多个自由运行的机器需要进行同步的时候。当从机器能够直接被主机器驱动时，我们可以采用一种更加简单的非反馈（Non-feedback）或开环（Open-loop）控制。

例如，我们可以通过一台 MIDI 音序器的时钟源来运行鼓机，对鼓机内部自由运动的节拍发生器进行旁通。这种方式和将两台磁带录音机的走带控制连接在一起的做法十分相似，它们都能够以一台马达为标准来运行。

我们可以进一步将现有的同步技术分为两类——脉冲方式（Pulse Methods）和时间方式（Timepiece Methods）——这种分类以包含在同步信号中的信息为依据。

20.1.2 脉冲方式

脉冲同步方式依靠一个简单的电脉冲流来保持机器之间持续的速度，闭环脉冲同步被笼统地称为"分解（Resolving）"（脉冲方式也被用在开环系统中）。一些常用的脉冲方式如下。

（1）节拍音轨（Click Track）——节拍音轨是一个节拍器信号，现场演奏者可以借助它来和固定节拍的、MIDI 音序生成的或预先录制好的音乐或视频素材保持节奏的一致。节拍信号与音乐的节拍相对应，因此它的速率是可变的。有时节拍器会加重第一拍或者将它变成双音来标识变速后的第一拍。一些 MIDI 音序器能够识别并和节拍音轨保持同步。

（2）专用时钟（Proprietary Clocks）——在 MIDI 技术出现以前，电子鼓机和合成琶音器依靠脉冲信号来保持同步。由于制造商不同，脉冲速率主要有 3 种：每 1/4 音符 24、48 或 96 脉冲。MIDI 采用了 24 脉冲每 1/4 音符的标准，但你也会碰到采用其他标准的乐器。

（3）移频键控（FSK，Frequency Shift Keying）——移频键控是一种将低频脉冲（如上述专用时钟）转换为高频脉冲以便于在磁带上记录或通过低频响应受到限制的媒介来进行传输的技术。时钟脉冲对载波振荡器的频率进行调制，生成一种双频的音频信号。针对移频键控同步而设计的设备能够识别两个信号并将它们转换成相应的低频脉冲。

（4）MIDI 时钟（MIDI Clock）——在最早的应用中，MIDI 采用了一个脉冲类的同步方法，每 1/4

音符 24 脉冲。自那以后，MIDI 标准开始被逐渐细化为更加复杂的同步系统，每 1/4 音符对应的脉冲数变为 48 个或 96 个，但简单的脉冲同步模式仍然得到使用。当通过脉冲模式来和磁带进行同步时，MIDI 时钟会被转换成移频键控信号或 MIDI 时间码。

（5）帧场同步（House Sync）——帧场同步的概念是针对视频提出的。为了获得不同来源视频信号之间平顺切换或交叉渐变，源信号通常需要在视频帧这一精度下进行同步。如果这些素材之间没有同步，在剪辑点上通常会出现图像失真（通常是纵向滚动）。帧场同步使用了一个稳定的同步信号发生器，它向视频系统中所有的信号源馈送与帧率相匹配的脉冲。这些信号源因此可以被锁定在这个参考信号上，使我们获得一个干净的制作效果。

（6）导频音（Pilot Tone）——导频音由便携式录音机中的晶体控制振荡器电路所产生，这种录音机通常用于电影制作。导频音为摄像机和录音机的速度调整提供了方法，保证了音频素材与视频素材的同步。

（7）双相同步（Biphase Sync）——齿轮式的胶片放映机和磁性胶片记录仪能够产生双相同步信号，它可以用来控制发动机的速度。

20.1.3 时间方式

脉冲类的同步方式具有一个共同的缺陷：在所有方法中，同步信号都缺少位置标记功能。脉冲同步信号可以被分解，以帮助两套系统在同样的速率下运行，但它们无法传达速度之外的任何信息。为了获得同步，所有系统必须在节目的同一时间点上同时启动（在一个电影或视频的特定标记点或帧上）。

时间同步方式通过一个更加复杂的同步信号来解决这个问题，位置标记信息被编码到该同步信号中。这些位置标记被用来确认节目素材中的各个时间点。在这种设置下，采用时间同步的不同系统可以互相进行精确的锁定，即使它们在同一节目中以不同的时间和不同的位置开始播放。

本章的剩余部分都将用来描述当前占据主导地位的时间同步方法：SMPTE/EBU 时间码。

20.2　SMPTE/EBU 时间码

SMPTE 时间码是美国在 20 世纪 60 年代早期所采用的一种用于视频剪辑的同步标准。目前，SMPTE 时间码在延续基本用途的基础上，还作为视频编辑的衍生产物（音频后期制作）而被音频行业所接受，广泛用于音频同步中。SMPTE 时间码有时也被称为电子齿轮（Electronic Sprocket），它使得一个或多个磁带走带控制（视频或音频）通过一个同步器被锁定在一起；此外，它还能用来同步 MIDI 音序器和调音台自动化系统。EBU 是欧洲广播联盟 "European Broadcast Union" 的首字母缩写，这个与 SMPTE 性质相似的组织也采用了同样的代码标准。

SMPTE 时间码标准是一个计时信号协议，它不是一种接口的规范。SMPTE 时间码是一个音频频率信号，它与其他音频信号相同：它能够以同样的方式进行跳线和路由（尽管跳线应该以尽可能直接的方式来进行）。不要指望在录音机或录像机上看到一个 SMPTE 插口，它们仅存在于少数机器上。SMPTE 时间码需要使用一个外部同步器，它会通过一个多芯插口与它所控制的机器相连。时间码本身需要被记录在音轨上，或者与视频信号混合在一起。

20.2.1　信号结构

SMPTE 时间码信号是一个数字脉冲码流，它携带了二进制的计时信息。该数据通过曼彻斯特双相位调制（Manchester Biphase Modulation）进行编码，该技术将一个二进制的 0 定义为单时钟跳变（Clock Transition），将 1 定义为双时钟跳变（图 20-2）。它提供了若干十分显著的优势，如下所述。

（1）该信号不会受到极性反转的影响，即一个反相的连接不会影响数据的传输。

（2）由于数据可以通过一种被称为过零检测

（Zero Crossing Detection）的电子技术来进行检测，因此时间码信号的振幅在发生一定程度的浮动时不会影响接收电路的工作。

（3）传输速率不会影响对时间码的识别，这样即使同步源的走带控制工作在快进模式，接受端也同样能够识别时间码。

（4）该数据在逆向传输时也能够被识别，比如当同步源的走带控制为倒带模式时。

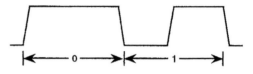

图 20-2　曼彻斯特双相位调制编码

SMPTE 数据以 80bit 或 90bit 构成一个字节与画面帧率进行同步（详见第 20.2.3 节），每字节对应 1 帧。每个字节中的数据以二进制编码的十进制格式（BCD，Binary Coded Decimal）进行编码，它呈现出 3 个要素：时间码地址（Time Code Address）、用户比特（User bits）和同步比特（Sync bits）。图 20-3 展示了一个 80bit 每字节的 SMPTE 时间码。

时间码地址是一个 8 位数字，以 2 位数为一组，每组分别表示小时、分、秒和帧。时间码地址给每一帧画面都指定了单独的位置：如 1 小时 2 分 3 秒 4 帧会显示为 01:02:03:04。有效的时间码范围是 00:00:00:00 到 23:59:59:29（请注意该标准是基于 24 时制时钟来制定的）。

用户比特是 8 位字母数字混合的数码，它传递的是静态信息，如日期、卷轴编号等。用户比特不具备控制功能，它们仅用于传递信息。

同步字具有多种功能，指示播放过程中时间码的方向则是其中之一。如果你将走带控制倒放，时间码变化与磁头方向相反，那么同步字就会告诉接收装置时间码的走向。对于音频应用来说，时间码地址和用户比特可以受到用户的控制，而同步字则通常与系统自动关联在一起。

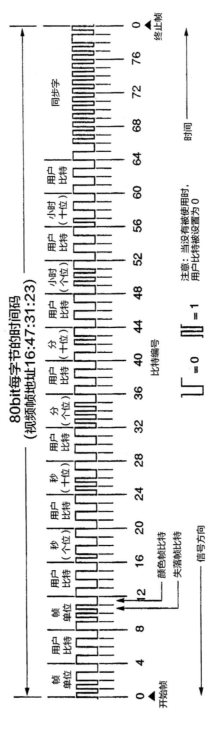

图 20-3　SMPTE 时间码数据格式（某一帧）——图中呈现的时间置为 16 小时 47 分钟 31 秒 23 帧

20.2.2　帧率和线参考（Line References）

目前得到广泛使用的 SMPTE 时间码共有 4 种：30 帧、30 失落帧、25 帧和 24 帧。它们因为各自所对应的胶片或视频帧率而有所区别，这也再一次印证了 SMPTE 时间码来源于后期制作。在美国，黑白视频的帧率为 30fps（帧／秒，Frames per Second），彩色视频约为 29.97fps、胶片为 24fps。在欧洲，电影和视频的帧率都为 25fps。

接下来我们将讨论这几种标准的不同之处。

30 帧——以 30 帧来划分的 SMPTE 时间码是最早的时间码，它也被称为非失落帧（N/D: Non-Drop）。它的帧率与 NTSC[2] 黑白视频相对应。非失落帧编码与时钟相同：它的时间码地址代表了实际经过的时间。

30 失落帧——当电视机被发明出来后，在 30 帧条件下，当时的技术无法在进行正确的色彩传输的同时与黑白信号保持相位一致。因此彩色帧率不得不被降低到大约 29.97 帧，这使得扫描线能够有充足的时间穿过屏幕，同时还原出清晰的图像。

这种方式解决了一个问题，但也带来了另一个问题：该帧率的时间码的运行速度比实际时间要慢，这使得 1 个小时的 30 帧时间码延续的实际时间为 1 小时 3.6 秒。因此一种新的时间码，失落帧（D/F: Drop-Frame）被发明出来以解决这一进退两难的问题，并从那时起一直作为美国播出网络的标准得到使用。

失落帧时间码通过去除 00 和 01 帧（每个 10 分钟除外）对帧率进行了调整。这种方式造成 108 帧在 1 小时的时间内被去除，它补偿了 30 帧时间码在 1 小时中出现的 3.6 秒时间差。

请注意，由于这种补偿机制，失落帧时间码不能准确地还原已经经过的时间，也无法与非失落帧时间码地址数据直接匹配。

25 帧——在欧洲，电力线路的频率为 50Hz。基于这一标准的时间码多数被划分为 25 帧每秒，这也正是欧洲视频和电影所使用的帧率（即 PAL/SECAM 标准，PAL 为逐行倒相制，Phase Alternation Line 的缩写，SECAM 的原文为法文 Sequential Couleur à Memoire，英文含义为顺序制彩色电视存储，英文为 Sequential Colors in Memory）。25 帧时间码也被称为 EBU 时间码，它被用在电力线路为 50Hz 的国家。因为没有使用需求，25 失落帧这种标准也并不存在。在欧洲，彩色和黑白视频都使用同样的帧率。

24 帧——由于电影行业采用 24fps 作为标准，24 帧时间码也得到了相应的使用。这种时间码有时会被电影作曲家们使用，他们所有的音乐切换点记录单都是以 24fps 为基础进行记录的；此外，24fps 也被用在电影的磁带剪辑中。

还有一种很少被使用的 29.97 非失落帧时间码标准，如果失落帧不减掉若干帧的话就符合这种情况。当一个制作项目需要非失落帧时间码与美国彩色视频 59.95Hz 的场频率相匹配时就需要使用这种时间码。

除非视频需要在广电网络上进行播出，否则大多数人都会选择使用非失落帧时间码，因为它能够表示实际的时间。当然，在任何情况下使用失落帧也没有任何坏处，因为大多数设备都会与两者之中的任何一个进行同步。在实际应用中，只要持续使用一种标准，就无所谓到底使用哪一种。然而不同帧率之间的混用则会给我们带来麻烦。

20.2.3　纵向时间码、垂直间隔时间码和可视时间码

无论使用何种帧率，无论记录的方式有何不同，SMPTE 时间码都可以被分为两种基本类型（图 20-4）。

纵向时间码（Longitudinal Time Code）——LTC 被记录在一个标准的音频磁带音轨上。当记录在视频中时，LTC 会被记录在视频录像带的一个线性音频轨道上。它的结构和第 20.2.1 节描述的内容完全一致。LTC 是最早的 SMPTE 时间码标准，如果较早的

2　NTSC：National Television System Committee，美国国家电视系统委员会——译者注

YAMAHA
扩声手册
（第 2 版）

315

录像带包含时间码信息，那么就应该是 LTC 信息。

纵向间隔时间码（Vertical Interval Time Code）——VITC 被记录在视频画面中，位于垂直信号消隐间隔中（Vertical Blanking Interval）。它可以被记录在视频信号中，但无需出现在屏幕上。VITC 的结构和 LTC 相似，但它包含一些整理性质的比特，这使得它的字长达到了 90bit。

目前，LTC 是音频行业最为常见的标准，这主要是因为 VITC 无法被记录在音频轨道上。VITC 为视频编辑提供了显著的优势：它能够从一个静止帧中被读取（而 LTC 则不可以），而且它能够为剪辑提供半帧（场速率）的精度。在视频和多轨音频走带必须被同步的情况下，VITC 和 LTC 可以共同使用。在只涉及音频制作的情况下，使用 LTC 即可。

你可能会拿到一些工作用的视频素材，它的时间码是显示在屏幕上的；这被称为窗口复制（Window Dub）或者刻录时间码（Burnt Time Code）。在录像带拷贝制作的过程中，时间码窗口能够以任何尺寸被放在屏幕上的任何地方；但是一旦被记录在拷贝带上，它就无法被移除。

可视时间码（Visible Time Code）仅仅是时间码的图像显示，而非实际时间码信号。一个显示可视时间码的录像带可能包含 LTC、VITC 两者，也可能不包含任何时间码。

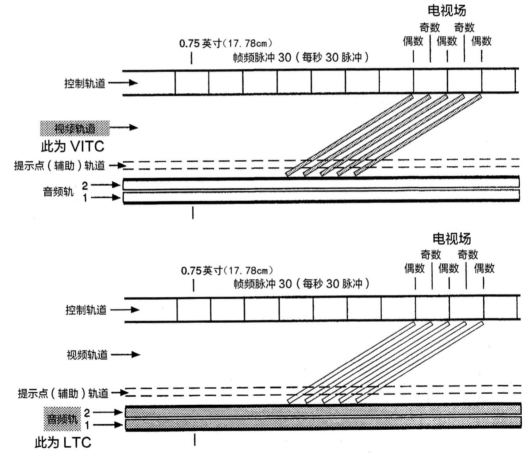

图 20-4　垂直间隔时间码（VITC）和纵向时间码（LTC）

20.2.4　机器控制

SMPTE 时间码同步的一种最为常见的方法是从设备绞盘控制（Slave Capstan Control），这是一种闭环方法。一台同步器对从设备和主设备的时间码信号进行监测，对从设备的绞盘进行加速或减速，直到来自从设备的时间码与主设备相匹配。在这一点上，系统被认为是锁定的。

在现实情况下并不存在所谓的绝对锁定。同步器不间断地对从设备的绞盘速度进行微调以保证主设备和从设备的时间码能够保持在锁相环（Phase Locked Loop）状态下。在系统调校不当的情况下，这种对绞盘速度的微小调整有可能导致颤动或抖动的出现。

时间码机器控制的基本形式有以下 3 种。

追逐锁定（Chase Lock）是最为常见的同步形式。在追逐锁定状态下，同步器同时控制着从设备的绞盘速度和它的走带控制。如果主设备时间码快 3 分钟，那么从设备的走带控制将会收到指令，将磁带快进到这一时间范围然后停住。如果主设备时间码正在播放，那么从设备会自动快进到这一时间范围然后正常播放。绞盘将会收到加速或减速指令，直至到达锁定点。

地址锁定（Address Lock）是一种较为粗放的同步方式，它仅仅对从设备和主设备的时间码地址进行锁定，对帧数忽略不计。地址锁定可以在时间码信号劣化导致一些低位比特（帧或子帧）模糊不清时使用。

调速轮（Flywheel）是所有同步模式中最为粗放的一种：它几乎不考虑主设备和从设备的时间码载频频率，而是将它们作为简单的脉冲同步信号来进行处理。这能够使从设备和主设备运行在同样的速度下。

调速轮锁定可以在一部分时间码音轨被损坏的时候使用。在到达损坏区域之前，你可以将锁定模式从追逐锁定切换到调速轮锁定：机器之间会保持锁定，而被损坏的区域（视具体损坏程度）则可以在保持锁定的状态下被跳过。我们不建议在磁带运动的过程中再次切换回追逐锁定模式，因为此时两台机器的时间码很可能不在同一位置上。这种操作会导致声音跳变。

在实践中，机器的走带控制通常会通过一个同步器的控制面板来操作，面板上显示了主设备和从设备的时间码位置，并配有若干按钮来执行具体的走带指令。该控制面板位于调音师的位置，它与同步器进行远程通信，并且将结果传递给走带控制。

通过控制面板，我们可以通过数字键盘输入具体的 SMPTE 时间码，或者读取运行过程中的走带控制数据来获得具体的剪辑点位置。我们可以人为设定主设备和从设备之间的时间差，并将数值直接输入系统以在整个工作过程中保持此差值。外部事件则能够在

指定的时间码位置被触发。

接下来我们会介绍与 SMPTE 同步器操作相关的主要概念。

20.2.4.1 从设备时间码误差（Slave Code Error）

从设备时间码误差并非用来表述时间码的错误：它只是主设备和从设备时间码之间的时间差。误差既可以为正数，也可以为负数，具体取决于从设备是早于主设备，还是晚于主设备。同步器以小时、分、秒和帧来显示数字。这种误差可以用来确定从设备和主设备之间相隔多远，或者被存储用于后续计算。

20.2.4.2 从设备时间码偏置（Slave Code Offset）

从设备时间码偏置是从设备时间码加上或减去从设备时间码误差得到的结果。这种计算可以将从设备时间码进行偏置使其在数字上与主设备时间码相匹配。如果主时间码读数为 01:00:00:00，从设备时间码读数为 04:00:00:00，那么偏置数值为 03:00:00:00。如果主设备和从设备时间码被调换，则偏置为 −03:00:00:00。当需要将一个预先录制好的音乐轨道与新的主时间码相匹配时，时间码偏置是极为有用的。

20.2.4.3 飞行偏置（Flying Offsets）

飞行偏置是通过使用同步器中的"捕捉"按钮来完成的，它能够在主设备和从设备两者或其中之一处于运动状态时进行捕捉。这对于将音乐中的某个特定拍子与主时间码进行对应时十分有用。如果主设备是一个录像机，而你希望将音乐中某一个特定的拍子和视频中某一个特定的时间点相对应，则可以让主设备停在该时间点上，然后让从设备（未锁定）播放音乐，在你需要的那一拍上按下捕捉按钮。

20.2.4.4 转换（Slew）

转换是一种手动对从设备绞盘进行快进或倒退的一种方式，它可以以帧或子帧为单位进行调整。进行转换操作前走带控制必须锁定。一旦确定了某一转换数值，就可以将其作为恒定的偏置数值进行输入。如果在转换操作前已经存在偏置，那么可以根据现有数值进行加减以获得所需的转换值。这种方式也被称为

偏置微调。

20.2.4.5　高级走带控制

与走带控制的自动定位器相似，一些同步器能够自动对主设备和从设备的走带控制器进行定位，但它们的不同之处在于，定位点与 SMPTE 时间码相关。除了自动定位之外，一些同步器还提供区域限制（Zone Limiting）和自动切入 / 切出（Auto Punch）功能。区域限制会预先设置好一个时间码数值，当从设备到达该时间码时，其走带控制会停止，或者会脱离录音状态。自动切入 / 切出功能能够在特定的时间码位置上让从设备进入或跳出录音状态。这些时间码数值有时可以被存储在事件触发寄存器中。

20.2.4.6　事件触发

事件触发是位于事件触发寄存器中的时间码数值。每个事件都会在同步器的某处产生一个物理触点闭合。触点闭合界面可以让磁带录音机启动或者暂停，或者触发音序。事件触发可以被用来触发那些无法被同步，或者不需要被同步的设备。

20.2.5　时间码和录音带

为了在不同机器的走带控制之间保持精确的同步，时间码必须被记录在磁带上。SMPTE 时间码是一个具有音频频率的方波信号，因此在处理它时需要注意一些问题。如果它串入相邻的音轨会非常讨厌，因为它恰好位于中频段，而且携带一些潜在的谐波。反过来说，信号从相邻音轨串入时间码轨道也会彻底扰乱同步处理。因此，由于带宽限制问题，磁带录音对于还原方波信号的缺陷是众所周知的，因此将时间码在磁带之间进行拷贝时需要进行一些信号调节。

20.2.5.1　SMPTE 时间码影印

对时间码进行影印的过程有时也被称为磁带剥离（Striping Tape，该术语源自电影工业，指的是将胶片边缘的氧化物剥离，这是为了将音频信号记录在胶片上）。你需要一个时间码发生器来进行时间码的影印。一些同步器拥有内置的时间码发生器，一些磁带录音机里也有这样的装置（如数字多轨录音机、一些模拟多轨录音机，以及某些用于同期录音和新闻采集

的 2 轨或 4 轨便携式录音机）。对于那些不具备此功能的同步器或录音机来说，也有很多独立的发生器可以使用。

SMPTE 时间码通过一个标准频率生成。虽然所有的发生器都是非常精准的，但它们之间存在显著的区别，因此我们必须使用一个共同的参考。参考方式共有以下 4 种。

（1）内部参考（Internal），它使用了同步器自身的时钟作为参考。

（2）电源参考（Mains），它使用了交流电源线的线路频率来作为参考。

（3）视频参考（Video），它使用一个视频信号，通常是主视频，将其送入发生器的视频输入端。视频信号中的同步脉冲在发生器内部被剥离，进而作为参考信号来使用。

（4）帧场同步（House Sync），又称为"测试设备同步信号"（House Black），它是一个独立的发生器，不仅能够向同步器馈送信号，还能够向系统中所有的视频设备馈送信号。这种方法在电视行业中得到了广泛的使用。

LTC 必须通过尽可能干净的信号链进行记录——最好能够直接将时间码发生器的输出端与录音机的输入端相连。这会帮助我们获得最为稳定的时间码记录。在磁带录音机上，时间码的记录电平应该为 −10~0VU。通常，−7VU 对于专业设备来说是十分安全的；对于半专业设备，电平应该达到 −3VU。一个独立的读取装置可以通过播放磁头来检查记录过程中时间码信号的稳定性。

如果在一个多轨录音机上进行时间码影印，最好使用最靠边的音轨，并且可以在它旁边预留一路空白轨道（隔离保护轨道），将时间码和录音信号隔离开来。如果有可能，应先记录时间码，再记录音频；这将会减小时间码串入相邻通道的可能性，避免时间码成为录音音频信号的一部分。在大型多轨磁带录音机上，位于边缘的音轨通常不太稳定；我们可以在 23 通道和 24 通道上同时记录时间码，以防止 24 通道上可能出现的掉码。如果你在每天晚上的演出过程中都使用多轨录音机，那么边缘的音轨迟早会损坏。此时一

个备用的时间码轨道就显得格外珍贵。

当你在录像带的音频轨道上记录时间码时，我们通常建议将时间码信息记录在第 2 通道上，电平约为 +3VU（可以通过录像机的电平表来确认）。有些录像机内置音频自动增益控制放大器或限制器；我们必须对这些装置进行旁通以确保时间码音轨干净可读。

在所有情况下，请务必在节目内容开始前让时间码至少走 20 秒的引子。这可以为同步器留出时间，让它将所有设备锁定在一起，同时避免当系统在节目开头需要倒带时可能出现的磁带脱出的情况。绝对不要在节目或者某次录音内容的最开始处进行不同磁带的粘连：位于节目内容最开始的时间码几乎是毫无用处的。每次录音的内容应当通过 SMPTE 码或自动定位器地址来确定位置，而非从磁带的一开始计算。

最后，请注意在一卷磁带上始终使用升序的时间码地址。你可能先在磁带的某个部分印上时间码，然后在另一时间在另一部分印上时间码。只要在每一次录音过程中的编码是连续的，不同次录音编码的不连续性并不是问题（如果在某次录音中存在时间码不连续的情况，则需要拥塞同步以及一个额外的音轨，参见第 20.2.5.2 节）。在一卷磁带上的不同位置复制相同的时间码地址会让同步器和工程师产生困惑。

20.2.5.2　复制 SMPTE 时间码

有时，你需要将时间码从一个录音机复制到另一个录音机，如为一个多轨母带制作备份。时间码的复制总是需要某种形式的信号调节。复制 LTC 共有 3 种方式：刷新、拥塞同步和重新塑型。

刷新（Refreshing）或再次生成（Regenerating）时间码是通过一个时间码发生器来对其进行复制。发生器与一个输入时间码相锁定并对其进行复制，进而生成一个全新的时间码信号。一些发生器甚至能够修复时间码中丢失的比特。

拥塞同步（Jam Synchronizing）时间码与重新生成时间码相同，但除了一点：如果在暂停原来的时间码播放的同时开始拥塞同步，那么它能够紧接着继续生成时间码。这种方式对于磁带结尾特别短的时间码，或者在一次录音中时间码不连续的情况非常有效。一些发生器可以进行反方向的拥塞同步，也可以扩展磁带的前端。对于刷新时间码和拥塞同步模式来说，你既可以选择复制用户比特信息，也可以生成新的用户比特，如不同的日期。

重新塑型（Reshaping）是一种处理过程，它将现有时间码通过一个信号调节电路进行转换，该电路将时间码波形重新整形为方波。重新塑型与刷新时间码相似，但它无法修复缺失的数据。在很多情况下，重新塑型的方式对于制作预算来说更为合适。

20.2.6　SMPTE 与 MIDI 的转换

通过和 SMPTE 时间码的结合使用，MIDI 能够极大地扩展一套同步系统的自动化功能（关于 MIDI 的详细内容参见第 19 章）。

让这种应用得以实现的装置是 SMPTE-MIDI 转换器，它能够识别 SMPTE 时间码并将其转译为带有歌曲位置指示器数据的 MIDI 时钟。该转换器能够将 SMPTE 同步系统和 MIDI 同步系统连接起来。多个制造商都能够提供与电脑音序器相匹配的独立转换器。除此之外，一些配有内置音序器的复杂合成器能够读取时间码，在其内部进行转换。

在录音棚中，SMPTE-MIDI 转换器能够帮助我们将预先制作的 MIDI 乐器音序和多轨声学乐器、人声等素材结合在一起。在现场演出扩声中，音乐的虚拟轨道和 / 或调音台自动化数据可以被存储在 MIDI 音序中，它的重放能够与多轨音频、视频或电影进行同步。这一技术得到愈发广泛的使用，尤其是商业秀。它能够为音序部分的音乐提供良好的音质，在配置上大大增强和丰富了现场乐队，使其多样性远远超出制作预算所允许的范围，同时也为工程师提供了更大的创造空间。

20.3　剪辑列表

剪辑列表（EDL，Edit Decision List）于 20 世纪 60 年代被设计出来，它是一种用来支持视频行业的剪辑标准。在今天，剪辑列表已经发展成为一种包含剪辑事件（剪辑点）的特定列表，它与 SMPTE 时间码相关，同时适用于视频和音频制作。剪辑列表可以在任何时候生成，虽然它通常会在视频离线编辑的过程中出现，并随着使用者的每一次剪辑操作而得到更新。这些事件随后会通过人为或数字的方式被送入计算机中。早期系统的数字数据被存储在打孔纸带上，而现在它们则被存储在软盘或硬盘中。计算机存储器中的事件会自动重新执行以获得一个最终的在线式母带。

注意：CMX 公司在剪辑列表领域处于十分先锋的位置，因此你会听到一些老人说"CMX 剪辑"，而这套剪辑列表系统甚至都不是 CMX 制造的。

20.3.1 视频剪辑流程

虽然本书的内容主要是现场扩声，但我们在这里必须提及视频，因为现在用于音频制作的剪辑列表最早属于视频领域的技术，并且仍然在视频制作中具有广泛的应用。首先，拍摄的视频素材会记录在主录像带上（通常为 1 英寸磁带）。接着这些主录像带会被剪辑。1 英寸磁带的剪辑是十分昂贵的，因此这些磁带需要被转换（拷贝）到性价比更高的介质中——录像带或镭射光碟。这些拷贝的 SMPTE 时间码与原始磁带相同，在剪辑这些拷贝带的过程中，磁带中的原始素材没有被改变。随后在在线式剪辑区中（如那些拥有昂贵的 1 英寸磁带编辑设备的机房），在离线编辑过程中准备好的剪辑列表被送入另一台计算机。这台计算机向自动配置的各个主磁带发出指令。在这一过程中，我们可以更新最后一分钟的在线剪辑列表的内容（如淡入淡出、渐隐、清除以及彩条等特殊图像）。这一过程的最终结果被称为在线剪辑，也是最后播出的节目内容。这里需要指出一个重要的问题，即视频录像带永远不会被实际地剪开；视频剪辑仅仅是一系列的转换过程。最终的在线母带仅仅是其他磁带通过剪辑列表控制而生成的第一代复制内容。

现在，剪辑列表也可以用于音频制作，它在多数情况下适用于将剪辑后的音频与视频或电影进行同步（如音乐录影带）。音频和视频的剪辑列表格式是没有差别的，它们的不同之处仅存在于机器和计算机接口上。

20.3.2 剪辑列表实例

一个剪辑列表并不仅仅提供对于所有剪辑事件和来源的有序记录，还能够描述每个具体事件，以及它们是如何被处理的。在下列例子中，你能够看到一部分实际的剪辑列表。每个横线代表一个单独的剪辑事件。以下是对于每行中从左到右所包含信息的简单描述。

1. 第 1 列给出了事件编号。它的下方是对于剪辑的描述。

2. 第 2 列是磁带识别码。

3. 第 3 列描述了该剪辑是针对视频（V）还是音频（A）。音频剪辑通常会标注是哪个通道得到了剪辑（A1 还是 A2）。

4. 第 4 列给出了该剪辑如何被处理。其中一些选择了剪切（C）或渐隐（D）。当一个剪切（节目片段）的结尾与另一个片段的开始交叠在一起时，就会出现渐隐（Dissolve）。即使是淡出至黑屏，实际上也是最后的画面与黑屏之间的渐隐。

5. 第 5 列给出了某个剪辑在源素材上的时间切入点。

6. 第 6 列给出了某个剪辑在源素材上的切出点。

7. 第 7 列显示了该源素材将会插入到合成母带的哪个位置。

8. 第 8 列显示了源素材的结尾会落在合成母带的什么位置。这一列也显示了整体节目播放的时间。

在图 20-5 中，我们可以看到剪辑列表的一部分，它包含了总计 7 秒 14 帧（约为 7.5 秒）的播放时间。母带上的 SMPTE 时间码为 1 小时 15 分 50 秒 0 帧到 1 小时 16 分 7 秒 14 帧。这显然是在不到 8 秒的时间中进行了一系列的快速剪辑，在这一时间段内发生了 22 个剪辑事件。

第1列：事件编号
第2列：磁带识别码
第3列：音频还是视频剪辑，剪辑音轨
第4列：处理类型（C为剪切，D为渐隐）
第5列：剪辑在源素材的起始点
第6列：剪辑在源素材的结束点
第7列：剪辑在合成母带上的起始点
第8列：剪辑在合成母带上的结束点

```
TITLE: 'A' NETWORK "6:00 NEWS - THE ANCHOR WOMAN" PROMO 5-28-89
FCM: DROP FRAME
001   BL   V    C    00:00:00:00   00:00:00:00   01:15:50:00   01:15:50:00
001   1    V    D    00:04:26:19   00:04:27:27   01:15:50:00   01:15:51:08
FCM: NON-DROP FRAME
002   2    V    C    02:06:49:02   02:06:49:18   01:15:51:08   01:15:51:24
FCM: DROP FRAME
003   1    V    C    00:02:21:26   00:02:22:11   01:15:51:24   01:15:52:09
004   1A   V1   C    01:55:21:06   01:55:22:19   01:15:52:09   01:15:53:22
005   1    V    C    00:04:18:15   00:04:19:00   01:15:53:18   01:15:54:03
006   1    V    C    00:04:57:24   00:04:58:09   01:15:54:03   01:15:54:18
007   1B   V    C    01:27:34:10   01:27:34:28   01:15:54:18   01:15:55:06
008   1    V    C    00:07:04:08   00:07:05:08   01:15:55:06   01:15:56:06
009   1    V    C    00:05:48:16   00:05:49:05   01:15:56:06   01:15:56:25
010   1    V    C    00:05:48:16   00:05:49:05   01:15:56:25   01:15:57:12
011   1    V    C    00:09:04:05   00:09:05:00   01:15:57:12   01:15:58:07
012   1    V    C    00:04:17:16   00:04:18:02   01:15:58:07   01:15:58:23
013   6    V    C    00:01:08:26   00:01:09:24   01:15:58:23   01:15:59:21
014   1    V    C    00:04:22:15   00:04:22:27   01:15:59:20   01:16:00:04
015   1         1    C    00:10:40:23   00:10:41:05   01:15:59:20   01:16:00:04
016   1    V1   C    00:10:47:27   00:10:52:11   01:16:00:04   01:16:00:18
017   1    V1   C    00:04:21:01   00:04:21:11   01:16:01:00   01:16:01:20
FCM: NON-DROP FRAME
018   6    V    C    00:18:18:06   00:18:19:04   01:16:02:07   01:16:03:05
FCM: DROP FRAME
019   1    V    C    00:02:17:05   00:02:17:15   01:16:04:18   01:16:04:28
020   6    V    C    00:11:26:13   00:11:28:25   01:16:04:28   01:16:07:10
021   1    V    C    00:06:44:14   00:06:45:09   01:16:06:12   01:16:07:07
022   1    V    C    00:04:20:10   00:04:20:17   01:16:07:07   01:16:07:14
```

图 20-5　剪辑列表实例，选择电视新闻宣传片的一个片段（我们在列表中加入阴影以便看起来更加清楚）

在图 20-6 所提供的例子中，我们可以看到一个已经进行了 30s 的初始剪辑事件——一个针对录音机第 2 音轨进行的非音乐性剪辑（磁带识别码 149）。

第 6 个剪辑事件经历的时间为 6 秒 26 帧（将近 7 秒），它将来自 1、2 和 4 号录像机的视频素材通过一系列渐隐整合在一起。

```
TITLE: JOHN JONES RH:BCM 4-6-89 GALLAGHER    CMX FORMAT
GVG SUPER EDIT V4.02      SYSTEM 51EM    SE32785    UNITEL WEST #6
DROP FRAME CODE


0001 149  A2 C  00:00:39:00  00:01:09:02  00:00:10:00  00:00:40:00
MUSIC
0002 BL   V  C  00:00:00:15  00:00:00:15  00:00:10:00  00:00:10:00
0002 002  V  D  02:34:33:06  02:34:35:14  00:00:10:00  00:00:12:08
KISS
0003 002  V  C  00:00:00:15  00:00:00:15  00:00:12:08  00:00:12:08
0003 001  V  D  01:12:36:23  01:12:37:23  00:00:12:08  00:00:13:08
WALKING
0004 001  V  C  01:12:37:23  01:12:37:23  00:00:13:08  00:00:13:08
0004 002  V  D  02:34:25:03  02:34:26:03  00:00:13:08  00:00:14:08
HAND ON BACK
0005 002  V  C  02:34:26:03  02:34:26:03  00:00:14:08  00:00:14:08
0005 004  V  D  04:43:51:06  04:43:52:06  00:00:14:08  00:00:15:08
SHOWS BADGE
0006 004  V  C  04:43:52:06  04:43:52:06  00:00:15:08  00:00:15:08
0006 004B V  D  04:09:17:02  04:09:18:20  00:00:15:08  00:00:16:26
* 2ND KISS B&W SLO-MO @ 50%
```

图 20-6 剪辑列表的另一个部分，它选自一个戏剧视频节目，通过一些标记方式来描述不同的剪辑点

可以想象，一个相对较短的 20 分钟视频素材需要的剪辑列表会长达数页。它并不像看上去那么可怕，因为剪辑列表通过一个逻辑性的时间顺序来进行排列，任何一个剪辑点都可以通过计算机来进行搜索和定位。打印列表有助于我们快速查看整个计划并进行相应的记录。

附录 A 对 数

如果你已经理解对数（简写为 log）的含义，则可以跳过本书的这个部分。如果你是从第 3.4 节直接跳到这里，那么我们认为你可能有意避开这种数学运算，或是对它的认识含糊不清，甚至完全不了解它是什么。放轻松，有这种情况的人不仅仅是你一个。我们将尽可能让这一部分针对对数的讨论变得简单。

A.1 乘方：理解对数的关键

在定义对数之前，让我们先来看一些大家都很熟悉的数学关系。

问题：3 的平方是多少？

$$3^2 = 9$$

问题：5 的平方是多少？

$$5^2 = 25$$

问题：10 的平方是多少？

$$10^2 = 100$$

在上述 3 个方程当中，我们对数字做平方运算，并得到了相应的结果。现在，让我们对这些方程中的各组成部分做相应的标注。

被平方的数字（3、5 或 10）被认为是底数（Base）。

底数被乘方的次数（在上述例子中均为 2）为对数，简写为 log。

乘方的结果（9、25 或 100）为反对数（Antilog）。

$$\overset{\text{Base}}{\underset{}{3}}{}^{\overset{\text{Log}}{2}} = \overset{\text{Antilog}}{9}$$

A.2 以 10 为底数的简单对数（以及反对数）

任何数字都可以被用作底数，但我们在音响系统中描述声压级、分贝毫瓦和其他物理量时，以 10 作为底数是常用的标准。在没有特别注明的情况下，当初提及"log"时，我们几乎总是默认它是以 10 为底数的 log，或者是"$\log_{10}$"。

让我们通过对数术语来回顾一下第 3.4.1 节最后一个问题。

问题：2 的反对数是多少？假设底数是 10，那么以 10 作为 log 的下标。

$\text{antilog}_{10}2 =$？（答案是 100）

实际上，我们通过"$\text{antilog}_{10}2$"所表达的是"10 的平方是多少？"而结果，反对数，为 100。

现在，假设我们已知反对数，希望反过来求对数，比如上述例子当中的"2"，那么让我们再来看这个问题。

问题：100 的对数是多少？

$\log_{10}100=$？（答案是 2）

或者我们默认底数是 10，表达同样的意思，

$\log100=$？（答案是 2）

现在是不是开始有点明白了？如果没有的话，我们可以再举几个例子（这里特意使用了一些整数，这样你能够在头脑中跟上计算的步骤）。

问题：1,000 的对数是多少？

$\log1,000=$？（答案是 3）

1,000 的对数（假设底数为 10）是 3。这告诉我们 1,000 是 10 通过三次方（$10 \times 10 \times 10 = 100$）获得的。

问题：10 的对数是多少？

$\log10=$？（答案是 1）

10 的对数是 1，它是 10 的一次方（$10 \times 1 = 10$）。

A.3 以 10 为底数、结果不那么显而易见的对数

如果反对数不是 10 的乘方时会是什么情况？对数当然仍然适用，但实际的数字会延伸到小数点后很多位。

问题：50 的对数是多少？

$$\log_{10}50 = 1.698,970$$

这一结果告诉我们，10 的 1.698,970 次方是 50。换句话说：

$$10^{1.698,970} = 50$$

通过笔算的方式来处理这种运算是十分困难的，而我们如何知道 50 的对数是 1.698,970 呢？在这种情况下，我们需要借助科学计算器，键入 50 然后按下 log 按钮。计算器会给出我们答案。还有一些工具书会提供数页的对数表格，在上面你几乎能够找到所需要的任何数字。通过这两种方式你都能够获得对数值。让我们再看一例。

问题：2 的对数是多少？

$$\log_{10}2 = 0.301,029,995,7$$

2 的对数，可以被四舍五入到 0.301。这意味着 10 的 0.301 次方为 2。

到这里，我们可以总结出反对数（你需要找到对数的数字）和对数（10 通过该乘方数可以得到反对数）之间的数学关系。

$$\log_{10}A = L$$

这里 A 为反对数，L 为对数。我们能够通过下面的表格找到对数和反对数之间的关系。

表 A-1　一些具有代表性的对数

Antilog	log(L)
1	0.000,000,000,0
2	0.301,029,995,7
3	0.477,121,254,7
4	0.602,059,991,3
5	0.698,970,004,3
6	0.778,151,250,4
7	0.845,098,040,0
8	0.903,089,987,0
9	0.954,242,509,4
10	1.000,000,000,0
100	2.000,000,000,0
1,000	3.000,000,000,0
10,000	4.000,000,000,0
100,000	5.000,000,000,0
1,000,000	6.000,000,000,0

对数表或者科学计算器几乎能够提供任何数字的对数。让我们随便说一个数：127.6。计算器会告诉我们 127.6 的对数是 2.105,850,674。10 的 2.105,85 次方为 127.6。这样的好处是什么？大致有以下几点。

A. 对数可以让我们通过较小的数字来表示较大的数字（1 百万的对数为 6）。

B. 对数与人耳感知响度的规律更加接近。因为人耳对于声级的评估是基于对数规律的，因此，基于对数的分贝也是一个更具实际意义的单位。

C. 对数在进行数字较大的乘除法运算时更加容易，我们将在后文解释这一点。

A.4　对数的数学特性

对数会让数字较大的乘除法运算更加容易。

例：我们如何通过对数将 A 和 B 相乘？［即 $\log(A \times B)$ 是多少？］

首先，找到 A 的对数，然后找到 B 的对数，再将两者相加。

$$\log(A \times B) = \log A + \log B$$

我们看到，将两个数字的对数相加而非直接将它们相乘也能够得到我们所需要的结果。将数字的对数相加与将数字本身相乘是一样的。让我们用具体的数字来验证这种关系。

例：使用对数方式计算 1,000 的 100 倍。

$$\log(100 \times 1,000) = \log100 + \log1000$$
$$= 2 + 3 = 5$$

我们可以看到，100 乘以 1000 的对数为 5。为了验证这一点，我们可以取 5 的反对数，结果为 100,000。（10 的 5 次方为 100,000）。你可以查看表 3-5 来进行验证。

例：使用对数方式计算 7 乘 9。

$$\log(7 \times 9) = \log7 + \log9$$

通过查看表 3-5，找到 7 和 9 的对数。

$$\log(7 \times 9) = 0.845,098,04$$
$$+ 0.954,242,509,4$$
$$= 1.799,340,549$$

如果我们计算 10 的 1.799,340,549 次方，得到的结果与 7 乘以 9 相同（都是 63）。为了验证这一结果，我们可以查看 63 的对数，它是 1.799,340,549。

如果需要将两个数相除，我们可以将它们的对数相减。

例：我们如何通过对数将 A 和 B 两个数相除？[即 $\log(A/B)$ 是多少？]

首先，找到 A 的对数，然后是 B 的对数，最后将它们相减。即：

$$\log(A/B) = \log A - \log B$$

我们看到，将两个数字的对数相减而非直接将它们相除也能够得到我们所需要的结果。将数字的对数相加与将数字本身相乘是一样的。让我们用具体的数字来验证这种关系。

例：使用对数方式计算 1,000 除以 100。

$$\log(1000/1,00) = \log 1,000 - \log 100$$
$$= 3 - 2 = 1$$

我们可以看到，1,000 除以 100 的对数为 1。为了验证这一点，我们可以取 1 的反对数，结果为10。（10 的 1 次方为 10）。我们可以通过表 3-5 来进行验证。

例：使用对数方式计算 8 除以 4。

$$\log(8/4) = \log 8 - \log 4$$

通过查看表 3-5，找到 8 和 4 的对数。

$$\log(8/4) = 0.903,089,987$$
$$- 0.602,059,991,3$$
$$= 0.301,029,995,7$$

为了验证这一结果，我们可以查看表 3-5，2 是 0.301,029,995,7 的反对数。当然，我们已经知道 8 可以被 4 和 2 整除，因此这些工作看上去有些无用。但当数字非常大时，对数的确能够让事情变得简单。

我们在这里不再给出更多的细节。还有一些负对数（这与倒数的乘方相同，即底数的倒数）。倒数的对数被称为余对数（colog）。如果想了解更多的内容，请查阅相关的数学教材。对于我们来说，了解对数和分贝之间的关系则是更为重要的。

A.5 再看对数与分贝的关系

首先，让我们来回顾一下分贝的方程。

$$dB_{power} = 10 \log(A/B)$$

dB_{SPL} 或
dB_{volts} 或
$dB_{amps} = 20 \log(A/B)$

在每种情况下，A 和 B 是两个数值，dB 通过对数的方式来表示的功率的比值。让我们代入一些更为实际的数字。B 在不同的情况下代表不同的参考值。如果我们需要 dBm，那么 B 为 1mW，或 0.001W。方程中的 A 则是我们希望通过 dBm 来表示的数值。

例：1W 是多少 dBm？

$$dBm = 10 \log(A/B)$$

在本问题中 B=1mW。

$$dBm = 10 \log(1/0.001)$$
$$= 10 \log 1,000$$
$$= 10 \times 3$$
$$= 30$$

因此我们可以看到，10W 为 +30dBm。

我们知道两个数相除可以通过将它们的对数相减来计算，因此我们可以通过另一种方式来解上述方程。

例：1W 是多少 dBm？

$$dBm = 10 \times \log(1/0.001)$$
$$= 10 \times (\log 1 - \log 0.001)$$
$$= 10 \times (0 - (-3))$$
$$= 10 \times (0 + 3)$$
$$= 10 \times 3$$
$$= 30$$

我们知道 0.001 的对数为 −3，即 $(1/10)^3$。第二种方式解出的方程与第一种方式结果相同。

如果我们想知道一个功率级比另一个高出多少，只是比值，不需要以 1mW、1W 或其他数值为参考，那么也可以使用同样的技巧。

例：9W 比 2W 高出多少 dB？

$$dB_{power} = 10 \log A/B$$
$$= 10 \times \log(4.5)$$

我们可以查到 4.5 的对数然后将它乘以 10，但有可能你并不知道 4.5 的对数是多少。但是在表 3-5 当中你能够查到 2 和 9 的对数，因此让我们换一种方式来解决这个问题。

$$= 10 \times (\log 9 - \log 2)$$
$$= 10 \times (0.954,242,509,4 - 0.301,029,995,7)$$
$$= 10 \times 0.653,212,513,8$$
$$= 6.53dB$$

这一结果是正确的吗？ 9W 是否比 2W 高出 6.5dB？我们知道，功率加倍会带来 3.01dB 的变化。从 2W 到 4W 是 3.01dB，4W 到 8W 再多出 3.01dB，因此 8W 比 2W 多出 6.02dB。所以，看上去 9W 的确比 2W 多出了 6.5dB。

从上述讨论中我们可以了解到，1W 的增幅（从 8W 到 9W）代表了略少于 1/2dB 的变化。如果我们将 2W 和 1W 进行比较，这 1W 的增加代表了 3dB（两倍的功率）。这里要指出的十分重要的一点是 dB 表示的是一个相对值。对于我们的实际听觉来说，绝对功率（或电压等）并不如相对功率重要。我们对 10dB 增强的感觉就是响度加倍，无论有多少功率被用于这 10dB 的增量上[3]。

3　虽然对于绝对功率来说是没有区别的，但音量或声级的确有所区别，因此这种说法并不完全准确。由于人耳灵敏度的变化，一个 10dB 的差别在低音量和高音量水平下听上去是十分不同的。尽管如此，对于常规的听音音量来说，上述关系基本成立。

出版说明

这本手册是"计算机出版"的产物。少数小章节在多年以前就已经被写了出来，那时是 1974 年，我们拥有当时最先进的 Vydec 文字处理系统。[它配有一个 8 英寸、250KB 容量的软盘——并非当时标准的卡带——以及一个 8.5 英寸 × 11 英寸的能够显示整页内容的显示器！] 随后，Vydec 数据被转换成 CorvusConcept 系统，该系统同样拥有整版的点阵图显示，同时配备 MC68000 CPU、720KB 的 5.25 英寸软盘、多硬盘网络以及我们认为在 1982 年最为先进的文字处理软件。这本手册的大部分文本都是由 Corvus 系统记录和编辑的，早期的草稿是由多个菊轮式打印机和点矩阵式打印机印刷出来的。

当然，所谓"最先进的技术"是在不断变化的。Corvus 系统的时代已经过去，在 1986 年被 Apple Macintosh 系统所取代。文章通过美国标准信息交换码（ASCII，American Standard Code for Information Interchange）的方式被拷贝到 Mac 计算机上，我们既把两台设备直接相连，也尝试通过调制解调器进行连接。Ralph 的拷贝也通过调制解调器来传输；早期从他的 Apple IIe 拷贝，后来则是 Apple IIe 的替代产品——一台 Macintosh 计算机。

一旦 ASCII 文本存在于 Mac 计算机中，我们会使用一种专门的软件来对其进行修改，比如说把直引号（"）转换为卷曲引号（""），去除自然段落结尾之外的硬回车，以及一些其他的"清理"工作。这一过程相对简单。

为了画图，我们使用了多种程序，包括 MacPaint、MacDraft、MacDraw、Full Paint、Super Paint 和 Adobe Illustrator。很多插图都是先通过 Abaton Scan 300 扫描仪和 C-Scan 扫描软件来进行照片或手绘图片的数字化，随后在 Super Paint 或是 Desk Paint 中进行"编辑"，或是在 Adobe Illustrator 中

进行重画。书中信号线插头的接线图按照惯例采用半裸露的方式，它们是我们几年前为了编写 PM-1000 使用手册所拍摄的照片。在本书的第一版中，这些插图和文本通过排版软件 Aldus' Pagemaker 1.2 被转换为用于校对的半成稿。

在不同的咨询顾问和校对人员有机会去修订这一拷贝之后，我们决定重新编排这一手册。Aldus 已经发行了 Pagemaker 2.0a，它的提升主要体现在字距调整类型（字母间距）和图像处理方式上。我们对所有字体都作出了改动，从 Helvetica 变为 New Century Schoolbook。第一版的主标题采用 Monterey bold 字体，一部分副标题采用 Helvetica bold 字体，说明文字采用 Times bold 字体。

硬件和软件一直以来都在持续快速地更新换代。我们开始使用 Macintosh Plus（1MB 内存），一个 30MB 的硬盘和一个 Apple Laserwriter 来为第一版进行排版。第二版则在一台速度更快的、配有 5MB 内存的（33MHz 68030）Mac II 计算机上进行，这台计算机配备的对角线 19 英寸单色显示器可以以原尺寸显示两个页面中的大部分内容，并拥有约 240MB 的线上硬盘存储空间（此手册独自占用了约 13 兆字节）。第二版同样也经历了格式修改和字体调整，这次是采用 Pagemaker 3.01a。为了提升质量，很多的插图都通过新软件进行修正或重新绘制。

在这本书中有少数页面（目录和索引的表格）在一台 Linotronic L300 上进行排版，该排字机提供了约为激光打印机 8 倍的分辨率，且页面更加小型化，更加便于阅读。本书剩余部分的原始底板由一台 QumeScripTEMN 激光打印机生成。

在这本书的制作过程中，追求我们想要的，并在适当的时候进行妥协是最令我们满意的一个方面。对于我们来说，"计算机出版"的工作方式所

带来的不仅仅是把控全局的能力，它还极大程度地提高了我们的创造力，进而使得我们的想法能够被那些可能无法完全明白音响系统和设备细节的艺术家们毫无障碍地理解。最后，其实我们在改进和完善最终成品时并没有节约太多时间。如果我们的工作做得不错，那么你就不会太注意这本书是如何被创造出来的。